国网河南省电力公司
电网设备选型
技术原则 2020 年版

国网河南省电力公司　编

中国电力出版社
CHINA ELECTRIC POWER PRESS

内 容 提 要

为提高入网设备质量，推动设备水平迈向中高端，保障河南电网安全稳定运行，国网河南省电力公司编写了《国网河南省电力公司电网设备选型技术原则（2020年版）》。

本书按照设备种类编写，有变电专业、调度自动化专业、通信专业、输电专业、配电专业、直流专业、电能计量装置共 7 篇 61 章。

本书适用于河南电网规划、设计、设备选型以及发电、用电企业接入电网工作。

图书在版编目（CIP）数据

国网河南省电力公司电网设备选型技术原则：2020 年版/国网河南省电力公司编 . —北京：中国电力出版社，2021.6

ISBN 978-7-5198-5096-8

Ⅰ．①国… Ⅱ．①国… Ⅲ．①电网－电气设备－选型－河南 Ⅳ．①TM727

中国版本图书馆 CIP 数据核字（2020）第 232487 号

出版发行：中国电力出版社
地　　址：北京市东城区北京站西街 19 号（邮政编码 100005）
网　　址：http://www.cepp.sgcc.com.cn
责任编辑：陈　倩（010-63412512）
责任校对：黄　蓓　王小鹏　王海南
装帧设计：赵姗姗
责任印制：石　雷

印　　刷：三河市万龙印装有限公司
版　　次：2021 年 6 月第一版
印　　次：2021 年 6 月北京第一次印刷
开　　本：787 毫米×1092 毫米　16 开本
印　　张：25.75
字　　数：636 千字
印　　数：0001—7000 册
定　　价：65.00 元

《国网河南省电力公司电网设备选型技术原则（2020年版）》

编 委 会

主　　任	王金行	王　刚				
副 主 任	安　军					
委　　员	李文启	王红印	张道乾	齐　涛	马　伟	司学振
	戴　飞	刘跃新	宋　伟	吴中越	秦江坡	李应文
	魏澄宙	赵国喜	张　军	王自立	沈　辉	张　凯
	褚双伟	姚德贵	李　清	杨红旗	王文革	周　宁

编 写 组

主　　编	王金行	王　刚				
副 主 编	安　军					
编写人员	马　伟	沈　辉	张健壮	夏中原	张　卓	张　璐
	郭祥富	王　森	廖晓玉	周　冰	孔圣立	张　博
	贺　勇	吴春红	王　默	刘书铭	张江南	刘　阳
	辛伟峰	董曼玲	张宇鹏	孙　芊	姚　伟	庞　锴
	白银浩	马廷彪	李予全	王　伟	马德英	任　欢
	郭　磊	张　科	陈　岑	连进灿	杨艺宁	耿翠英
	郭建宇	胡　鑫	路晓军	郑　征	孙义豪	周月浩
	陈栋新	王晓辉	郭剑黎	丁国君	安超印	彭　磊
	兰光宇	吴　博	宋庭会	王　丹	姚　孟	曹　锐

朱　华	李晓纲	王磊磊	詹振宇	徐恒博	陈泰羽
李宗峰	张小科	李程昊	张世林	王春迎	王　翔
王文峰	陈一潇	许根喜	蒋英爽	刘宏伟	田志勇
罗道军	赵颖煜	刘　岩	王天民		

审核人员

黄小川	郑　伟	郝建国	张朝峰	库永恒	刘文军
颜中原	阎　东	陈　楷	程宏伟	孟宇红	车东昀
张遂江	杨　益	吴　豫	寇晓适	吕中宾	王贺岑
张少锋	王　栋	齐道坤	李　林	舒新建	王　雍

序

十九届五中全会提出统筹发展和安全的关系，同时国家把防控大电网安全风险上升到保障国家安全的战略高度，对电网企业承担的政治责任、经济责任和社会责任提出更高的要求。国家电网有限公司贯彻中央精神和决策部署，顺应时代发展和形势变化，实施"建设具有中国特色国际领先的能源互联网企业"战略，提出构建现代设备管理体系的目标，聚焦安全、质量、技术、经济、服务五大核心要素，实施设备管理"战略+运营"管控模式，提升电网设备本质安全水平和抗风险能力，优化设备全寿命周期管理，深化设备全过程技术监督。

作为大电网本质安全的根本因素，电网设备是保障电网安全运行、确保电力可靠供应、提升电网企业运营绩效的重要物质基础。国网河南省电力公司坚持标准先行，强化技术引领，全面贯彻电网设备全寿命周期管理理念，总结多年技术监督工作经验，在设备装备原则和设备选型原则上进行了多年的探索和实践，依据《国家电网有限公司十八项电网重大反事故措施（2018年修订版）》及标准规程，结合区域电网特点，总结设备运行经验，组织编写了《国网河南省电力公司电网设备装备技术原则（2020年版）》《国网河南省电力公司电网设备选型技术原则（2020年版）》，促进了电网规划、设计、设备选型规范化和标准化。

本套书涵盖了输电、变电、配电、保护及自动化、通信、直流和计量专业，从设备的选型配置、运行环境、性能参数、材料工艺等方面提出了明确的要求，统一了设计、采购、建设和运维等环节的标准差异性问题，更好地服务于电网的发展、建设和运行，同时也能对电网企业项目管理提供指导，提升电网运营的经济性，为电网高质量发展、推动电网设备迈向中高端提供了有益的探索，对电力行业设备管理工作具有一定的借鉴作用。

前　　言

　　为提高入网设备质量，推动设备水平迈向中高端，保障河南电网安全稳定运行，国网河南省电力公司充分调研全省电网设备现状，按照"选好设备、用好设备"的基本原则，全面贯彻电网设备全寿命管理理念，根据《国家电网有限公司十八项电网重大反事故措施（2018 年修订版）》及新的标准规程，并结合各设备专业管理需求、电网发展需要以及实际运行经验，以《国网河南省电力公司电网设备选型技术原则（2016 年版）》为基础，组织编写《国网河南省电力公司电网设备选型技术原则（2020 年版）》，用于指导国网河南省电力公司电网建设、技改大修、物资招标等工作。

　　本书按照设备种类编写，共有变电专业、调度自动化专业、通信专业、输电专业、配电专业、直流专业、电能计量装置 7 类专业，变压器、OPGW 光缆、电缆、换流阀及其控制系统、单相电能表等 61 种设备。

　　本书编写工作得到国家电网有限公司设备部金炜主任的精心指导，设备部各专业同志提出具体的意见和建议，在此表示衷心感谢！

　　本书适用于河南电网规划、设计、设备选型以及发电、用电企业接入电网工作。

　　由于编写时间仓促，编者水平有限，书中难免存在一些不妥之处，恳请读者批评指正。

编　者

2020 年 9 月

目　　录

第4篇 输 电 专 业

第5篇 配 电 专 业

第6篇 直 流 专 业

第7篇 电能计量装置

第1篇 变电专业

国网河南省电力公司电网设备选型技术原则

（变压器类）

1 总体技术要求

应符合《国网河南省电力公司电网设备装备技术原则》及国家电网公司物资采购标准的相关规定，选择性能可靠、经济合理、技术先进、低噪声、少（免）维护、适合运行环境条件并具有良好运行业绩和成熟制造经验生产厂家的产品和型号。

2 标准和规范

GB/T 311.1　绝缘配合　第 1 部分：定义、原则和规则

GB/T 311.2　绝缘配合　第 2 部分：使用导则

GB 1094.1　电力变压器　第 1 部分：总则

GB/T 1094.2　电力变压器　第 2 部分：液浸式变压器的温升

GB/T 1094.3　电力变压器　第 3 部分：绝缘水平、绝缘试验和外绝缘空气间隙

GB/T 1094.4　电力变压器　第 4 部分：电力变压器和电抗器的雷电冲击和操作冲击试验导则

GB 1094.5　电力变压器　第 5 部分：承受短路的能力

GB/T 1094.6　电力变压器　第 6 部分：电抗器

GB/T 1094.7　电力变压器　第 7 部分：油浸式电力变压器负载导则

GB/T 1094.10　电力变压器　第 10 部分：声级测定

GB/T 2536　电工流体　变压器和开关用的未使用过的矿物绝缘油

GB/T 6451　油浸式电力变压器技术参数和要求

GB/T 7252　变压器油中溶解气体分析和判断导则

GB/T 7354　高电压试验技术　局部放电测量

GB/T 7595　运行中变压器油质量

GB/T 8287.1　标称电压高于 1000V 系统用户内和户外支柱绝缘子　第 1 部分：瓷或玻璃绝缘子的试验

GB/T 8287.2　标称电压高于 1000V 系统用户内和户外支柱绝缘子　第 2 部分：尺寸与特性

GB/T 8905　六氟化硫电气设备中气体管理和检测导则

GB/T 10230.1　分接开关　第 1 部分：性能要求和试验方法

GB/T 10230.2　分接开关　第 2 部分：应用导则

GB/T 11604　高压电器设备无线电干扰测试方法

GB/T 13499　电力变压器应用导则

GB/T 16927.1　高电压试验技术　第 1 部分：一般定义及试验要求

GB/T 16927.2　高电压试验技术　第 2 部分：测量系统

GB/T 17468　电力变压器选用导则

GB/T 20840.2　互感器　第 2 部分：电流互感器的补充技术要求

GB/T 22071.1　互感器试验导则　第 1 部分：电流互感器

GB/T 22071.2　互感器试验导则　第 2 部分：电磁式电压互感器

GB 50150　电气装置安装工程电气设备交接试验标准

JB/T 3837　变压器类产品型号编制方法

JB/T 5347　变压器用片式散热器

JB/T 7068　互感器用金属膨胀器

DL/T 726　电力用电磁式电压互感器使用技术规范

DL/T 727　互感器运行检修导则

DL/T 866　电流互感器和电压互感器选择及计算规程

Q/GDW 152　电力系统污区分级与外绝缘选择标准

国家电网有限公司十八项电网重大反事故措施（2018 年修订版）

国家能源局关于印发防止电力生产事故的二十五项重点要求的通知（国能安全〔2014〕161 号）

国家电网公司关于印发防止变电站全停十六项措施（试行）的通知（国家电网运检〔2015〕376 号）

3　选型技术要求

3.1　变压器

3.1.1　铁心和绕组

（1）为了改善铁心性能，应使用优质低耗、晶粒取向冷轧硅钢片，并在芯柱和铁轭上采用多阶斜搭接缝，装配时用均匀的压力压紧整个铁心，变压器铁心应不会由于运输和运行的振动而松动。

（2）全部绕组均应采用铜导线，优先采用半硬铜导线。股线间应有合理的换位，使附加损耗降至最低，连续换位导线应采用自黏性换位导线。绕组应有良好的冲击电压波分布，变压器内部不宜采用加装非线性电阻方式限制过电压；许用场强应严格控制，采用热改性绝缘纸作为匝间绝缘。应对绕组漏磁通进行控制，避免在绕组、引线、油箱壁和其他金属构件中产生局部过热。

（3）绕组绕制、套装、压紧应有严格的紧固工艺措施，引线应有足够的支撑，使器身形成紧固的整体，具有足够的抗短路能力。

（4）器身内部应有较均匀的油流分布，铁心级间叠片冷却油道布置合理并保证油路通畅，避免绕组和铁心产生局部过热。

（5）变压器运输中当冲撞加速度不大于 3g 时，器身应无任何松动、位移和损坏。

（6）受直流偏磁影响的变压器，应考虑其产生的振动所导致的结构件松动和异常噪声等问题。在 500kV 变压器中性点直流偏磁电流不大于 6A 情况下，变压器铁心不应存在局部过热现象，油中气体分析正常，油箱壁振动最大值不大于 100μm（峰—峰值），噪声声压级增加值不大于 5dB。

（7）与变压器油相接触的绝缘材料、胶、漆等与油应有良好的相容性。

3.1.2 储油柜

（1）储油柜中的油应与大气隔离，储油柜应在最低环境温度下显示不报警的最低油位，在最高油温（最高环境温度下的过负荷）下显示不报警的最高油位。

（2）套管升高座等处积集气体应通过带坡度的集气总管引向气体继电器，再引至储油柜。在气体继电器水平管路的两侧加蝶阀。

（3）对采用排油注氮消防的变压器，在气体继电器与储油柜之间设置断流阀。

3.1.3 油箱

（1）变压器油箱的顶部不应形成积水，油箱内部不应有窝气死角。

（2）变压器应能在其主轴线和短轴线方向的平面上滑动或在管子上滚动，油箱上应有用于双向拖动的拖耳。变压器底座与基础的固定方法，应经买方认可。

（3）所有法兰的密封面应平整，密封垫应有合适的限位，防止密封垫过度承压，以致龟裂老化后造成渗漏。

（4）油箱上应装有梯子，梯子下部有一个可锁住踏板的挡板，梯子位置应便于对气体继电器的检查。

（5）变压器油箱的进油阀和排油阀在变压器上部和下部应成对角线布置；取样阀的结构和位置应便于密封取样。

（6）变压器应装带报警或跳闸触点的压力释放装置，每台变压器 1～2 个，根据电压等级及容量确定。

（7）气体继电器的安装位置及其结构应能观察到分解出气体的数量和颜色，气体继电器重瓦斯触点不应因为气体的积累而误动，并应具有引至地面的取气管，便于采集气样。气体继电器应加装防雨罩。

（8）500kV 及以上电压等级或 240MVA 及以上容量变压器的顶部，应预留油温现场检测孔。

3.1.4 冷却装置

（1）冷却装置应采用热镀锌工艺的片式散热器，散热器应有可靠支撑，应采用低速、大直径、低噪声风扇，风扇电机轴承应采用密封结构。

（2）散热器按照不同布置方式，应经蝶阀与变压器油箱相联；壁挂式散热器应采用独立落地支撑，以便在安装或拆掉冷却器时变压器油箱不必放油。

（3）应单独装设冷却器控制箱，箱体采用不锈钢材料制成，内设温、湿度自动控制装置。

3.1.5 套管

（1）66kV 及以上电压等级应采用油纸电容式套管。35kV 及 10kV 套管采用带法兰的纯瓷套管，套管上部压碗应为铜压碗，并有放气结构。

（2）油纸电容式套管应有易于从地面检查油位的油位指示器。

（3）每个套管应有一个可变化方向的平板式接线端子，端子板应能承受 400N·m 的力矩，而不发生变形。

（4）伞裙应采用大小伞，伞裙的宽度、伞间距等应符合 IEC 60815 的规定，其两伞裙伸出之差不小于 15mm，相邻裙间高与大裙伸出长度之比应大于 0.9，当裙管外径大于 300mm 时，其总爬电距离应增加 10%。

（5）套管的试验和其他的性能要求应符合 GB/T 4109 的规定。

（6）套管应能承受变压器出口短路电流冲击下的振动。

（7）油纸电容套管在最低环境温度下不应出现负压。

（8）新型或有特殊运行要求的套管，在首批次生产系列中应至少有一支通过全部型式试验，并提供第三方权威机构的型式试验报告。

3.1.6 套管式电流互感器

（1）电流互感器的二次引线应经金属屏蔽管道引到变压器控制柜的端子板上，引线应采用截面积不小于 $4mm^2$ 的耐油、耐热的单股铜线。二次引线束采用金属槽盒（不锈钢布线槽）防护。

（2）电流互感器的二次接线板应为整体浇注式，接线端子应为直径不小于 6mm 的螺栓。

（3）套管式电流互感器应符合 GB/T 20840.2 的规定。

（4）测量绕组模拟温度的电流互感器应设于高压侧套管。

3.1.7 分接开关

（1）分接开关应符合 GB 10230 的规定。

（2）500kV 主变压器选用无载调压时，调压范围为±2×2.5%或±4×2.5%；选用有载调压时，调压范围为±8×1.25%；220kV 变压器调压范围为±8×1.25%或±8×1.5%；110kV 变压器调压范围为±8×1.25%。

（3）无励磁分接开关要求如下：

1）无励磁分接开关应能在不吊油箱的情况下方便地进行维护和检修。

2）就地应有挡位显示装置。应带有外部的操动机构用于手动操作，该机构应具有安全闭锁功能，可防止带电误操作或分接头未合在正确的位置时投运。

3）无励磁分接开关的分接头的引线和连线的布线设计应能承受暂态过电压，且应防止由于引线通过短路电流时产生的电动力使开关受力移动。

（4）有载分接开关要求如下：

1）有载分接开关的切换装置应装于与变压器主油箱分隔且不渗漏的油室里，其中的切换开关芯子可单独吊出检修。

2）有载分接开关切换油室应有单独的储油柜、吸湿器、压力释放装置和保护用继电器等。从分接开关至分接开关位置远方显示器（数显式）的电缆与开关成套供给。

3）有载分接开关的驱动电机及其附件应装于耐候性好的控制箱内。

4）有载分接开关应能远距离操作，也可在变压器旁就地手动操作。控制电路应有计算机接口。有载调压开关的操作电源电压为 50Hz，AC380/220V。

5）有载分接开关应能在不吊油箱的情况下方便地进行维护和检修。

6）选择开关装置本体应有机械限位。

7）有载分接开关应有挡位显示器及远传装置，开关挡位信号采用挡位一对一接点或 BCD 码上传。有载分接开关具有远方操作、急停和闭锁等功能，满足就地及远方控制操作要求。配置具有不可复归的分接头切换次数的动作记录器。

8）新购有载分接开关的选择开关应有机械限位功能，束缚电阻应采用常接方式。

3.1.8 变压器油

变压器油应符合 GB 2536 和 DL/T 1094 的规定。

3.1.9 温度测量装置

（1）油浸式变压器应配备油温测量装置（油温指示控制器），油温测量应不少于两个监测点。根据需要配备绕组模拟温度测量装置。

（2）油温指示控制器应满足 GB/T 6451 的要求，具备温度就地显示和远传功能。

（3）干式变压器应配置绕组温度监视装置，温度过高时应发报警信号。

3.1.10 联结组别

500kV 变压器采用 Ia0i0；220kV 变压器采用 YNyn0d11；110kV 三绕组变压器采用 YNyn0d11，双绕组变压器采用 YNd11。

3.1.11 阻抗电压

选择变压器阻抗电压时，应根据变电站所在系统条件尽可能选用相关标准规定的标准阻抗值，为限制过大的系统短路电流，应通过技术经济比较确定变压器的阻抗值，优先选用中阻抗或高阻抗电压；新增或技改工程应考虑与其他运行变压器并列运行时的阻抗电压要求。

3.1.12 温升

顶层油温升：$\leqslant$55K。

绕组平均温升：$\leqslant$65K。绕组（热点）温升：$\leqslant$78K。油箱、铁心及金属结构件表面温升：$\leqslant$75K。

3.1.13 噪声

500kV 变压器噪声小于 75dB，220kV 变压器噪声小于 65dB，城区变电站 110kV 变压器噪声不大于 55dB，其余 110kV 变压器噪声小于 60dB。

3.1.14 在线监测装置

220kV 及以上电压等级油浸式变压器和位置特别重要或存在绝缘缺陷的 110（66）kV 油浸式变压器，应配置多组分油中溶解气体在线监测装置。在线监测装置应预留通信接口。

3.1.15 二次回路

（1）气体继电器至端子箱电缆应将每个触点的引线单独引出，不得合用一根多芯电缆。

（2）室外放置的端子箱设计应合理，端子箱应能防晒、防雨、防潮，并有足够的空间，防护等级为 IP55，材质为不锈钢 304。端子箱为地面式布置，应增加升高座。端子接线箱的安装高度应便于在地面上进行就地操作和维护。

（3）控制跳闸的接线端子之间及与其他端子间均应留有一个空端子，或采用其他隔离措施，以免因短接而引起误跳闸。

（4）端子接线箱内应有可开闭的照明设施，并应有适当容量的交流 220V 加热器，以防止柜内发生水汽凝结。控制柜和端子接线箱内设电源插座（单相，10A，220V，AC）。

（5）变压器二次回路配线应采用不锈钢布线槽盒保护。

3.1.16 防锈防腐

（1）变压器油箱、储油柜、冷却装置及联管等的外表面均应涂漆，颜色应依照买方的要求。

（2）油箱外部螺栓等金属件应采用热镀锌等防锈措施。

3.1.17 排油注氮装置

法兰对接面型式选择要求如下：

（1）对于与本体对接的法兰对接面：应根据本体阀门侧法兰型式选择，如本体阀门为凹面或平面，应使用"凹面＋平面"型式，如本体阀门为凸面，应使用"凸面＋凹面"型式。

（2）对于灭火装置内部管道的法兰对接面：优先选取"凹面＋平面"型式，不应选取"平面＋平面"型式。

3.2 电流互感器

3.2.1 结构要求

（1）互感器应具有良好的密封性能，不应有渗漏油、气现象。

（2）互感器的结构应便于现场安装，不应在现场进行装配工作。

（3）油浸式电流互感器为金属膨胀器密封。

（4）油浸式互感器的下部一般应设置放油或密封取油样用的阀门，以便于取油或放油，放油阀的位置应能放出互感器最低处的油。

（5）油浸式互感器应装有油面（油位）指示装置，油浸式互感器的膨胀器外罩应标注清晰耐久的最高（MAX）、最低（MIN）油位线及 20℃的标准油位线，油位观察窗应选用具有耐老化、透明度高的材料进行制造。油位指示器应采用荧光材料。SF_6 气体绝缘互感器应装有压力指示装置，放在运行人员便于观察的位置。

（6）金属件外露表面应根据买方要求着相应颜色，产品铭牌及端子应符合图样要求。

（7）所有端子及紧固件应有足够的机械强度和保证良好的接触。

（8）接地螺栓直径不得小于 8mm，接地处金属表面平整，连接孔的接地板面积足够，并在接地处旁标有明显的接地符号。

（9）二次出线端子螺杆直径不得小于 6mm，应用铜或铜合金制成，二次出线端子板防潮性能良好。二次出线端子应有防转动措施。末屏应密封良好、接地可靠、便于地线拆卸。端子盒应密封良好并有防雨措施。

（10）卖方应提供二次绕组和一次绕组出线端子用的全部紧固件。

（11）SF_6 互感器应保证二次绕组绝缘支撑件的机械强度和绝缘水平，同时应防止内部电容屏连接筒的相互磨损和固定金属筒的螺钉松动。

（12）SF_6 气体绝缘互感器应设置便于取气样的接口，应装有可不拆卸校验的气体密度继电器。

3.2.2 过电压保护

油浸正立式电流互感器，在一次端子与储油柜之间及一次端子间应设有过电压保护装置，以防止绕组遭受过电压冲击。上述保护装置的型号应在投标文件中提出，并应经买方确定。

3.2.3 机械强度

35kV 及以上电压等级电流互感器，一次绕组接线端子任意方向应能承受的静态荷载要求如下：

（1）35/66/110kV 电流互感器：3000N。

（2）220kV 电流互感器：4000N。

（3）500kV 电流互感器：6000N。

3.2.4 防锈防腐

（1）所有端子及紧固件应采用防锈材料。

（2）除非磁性金属外，所有设备底座、法兰应采用热镀锌防腐，其他金属部件均应采用先进的防腐工艺。

3.2.5 电气二次要求

3.2.5.1 总的要求

（1）电流互感器的类型、二次绕组的数量和准确级应满足继电保护、安全自动装置和测量仪表的要求。

（2）保护用电流互感器的配置应避免出现主保护的死区。接入保护的互感器二次绕组的分配，应注意避免当一套保护停用时，出现被保护区内故障时的保护动作死区。

（3）对中性点有效接地系统，电流互感器应按三相配置；对中性点非有效接地系统，依具体要求可按两相或三相配置。

（4）当配电装置采用 3/2 断路器接线时，对独立式电流互感器每串宜配置三组，每组的二次绕组数量按工程需要确定。

（5）电流互感器的二次回路不得进行切换。

（6）电流互感器二次绕组配置应满足继电保护、安全自动装置、测量仪表和远动装置要求，对于接有Ⅰ、Ⅱ、Ⅲ类贸易结算用电能计量装置时，应采用专用的二次绕组。

（7）10kV 及以上电压等级的测量与计量电流互感器二次绕组宜分别配置，35kV 及以下电压等级无功补偿装置用电流互感器除外。

（8）主变压器间隔的计量电流互感器二次绕组宜采用独立电流互感器二次绕组。

（9）当配电装置采用内桥接线时，电流互感器二次绕组数量按工程需要确定。

3.2.5.2 电流互感器参数

（1）选择额定一次电流时，应使得在额定电流比条件下的二次电流满足该回路测量仪表和保护装置的准确性要求。

（2）为适应不同要求，某些情况下，在同一组电流互感器中，保护用二次绕组与测量用二次绕组可采用不同变比。

（3）同一变电站内的电流互感器宜采用相同的额定二次电流，1A 或 5A。

（4）对于新建变电站，220kV 及以上电压等级的电流互感器额定二次电流宜选用 1A。

3.2.5.3 二次绕组数量要求

（1）500kV 电流互感器。当采用 3/2 断路器接线时，电流互感器的二次绕组数量可按 7/9/7 配置，即两个边开关电流互感器按 7 个级次（其中 TPY 级 2 个，5P 级 3 个，0.5S 级 1 个，0.2S 级 1 个），中开关电流互感器按 9 个级次配置（其中 TPY 级 4 个，5P 级 1 个，0.5S 级 2 个，0.2S 级 2 个）。

500kV 高压并联电抗器回路两侧套管电流互感器二次绕组按 4 个级次配置（其中 5P 级 3 个，0.5S 级 1 个），中性点小电抗电流互感器二次绕组按 3 个级次配置（其中 5P 级 2 个，0.5S 级 1 个）。

500kV 主变压器高压侧套管电流互感器按不少于 4 个级次配置（其中 5P 级 3 个，0.5S 级 1 个）。500kV 主变压器 220kV 侧、35kV 侧电流互感器保护级绕组中宜各配置 2 个 TPY 级绕组。

（2）220kV 电流互感器。500kV 变电站中 220kV 电压等级主变压器进线回路电流互感器二次绕组按 7 个级次配置（其中 TPY 级 2 个，5P 级 3 个，0.5S 级 1 个，0.2S 级 1 个）。

双母线接线中，主变压器、母联、旁路、分段回路及出线回路电流互感器均按 7 个级次配置（其中 5P 级 5 个，0.5S 级 1 个，0.2S 级 1 个）。

桥型接线中，进线间隔电流互感器按 6 个级次配置（其中 5P 级 4 个，0.5S 级 1 个，0.2S 级 1 个）；桥间隔电流互感器按 8 个级次配置（其中 5P 级 6 个，0.5S 级 1 个，0.2S 级 1 个）。

220kV 主变压器高压侧（含 500kV 自耦变压器公共绕组侧）套管电流互感器按不少于 3 个级次配置（其中 5P 级 2 个，0.5S 级 1 个）。

（3）110kV 电流互感器。双母线接线中，母联、旁路、分段回路及出线回路电流互感器均按 5 个级次配置（其中 5P 级 3 个，0.5S 级 1 个，0.2S 级 1 个），主变压器间隔电流互感器均按 6 个级次配置（其中 5P 级 4 个，0.5S 级 1 个，0.2S 级 1 个）。

桥型接线中，进线间隔电流互感器按 6 个级次配置（其中 5P 级 4 个，0.5S 级 1 个，0.2S 级 1 个）；桥间隔电流互感器按 7 个级次配置（其中 5P 级 5 个，0.5S 级 1 个，0.2S 级 1 个）。

110kV 主变压器高压侧套管电流互感器按不少于 3 个级次配置（其中 5P 级 2 个，0.5S 级 1 个）。

3.2.5.4 计量、测量要求

测量用电流互感器的额定参数选择除满足前述的要求外，还要满足以下要求：

（1）测量用电流互感器的二次负荷不应超出规定的保证准确级的负荷范围。

（2）测量用的电流互感器的额定一次电流应接近，但不低于一次回路正常最大负荷电流。

（3）为了在故障时一次回路短时通过大短路电流不致损坏测量仪表，测量用电流互感器可选用具有仪表保安限值的互感器，仪表保安系数（FS）宜选择 10，必要时也可选择 5。

（4）为满足负荷变化要求，测量用电流互感器的精度按 0.5S 选取，计量电流互感器的精度按 0.2S 选取。

3.2.5.5 保护要求

保护用电流互感器性能应满足系统或设备故障工况的要求，即在短路时，将互感器所在回路的一次电流传变到二次回路，且误差不超过规定值。

（1）要求保护区内故障时，电流互感器误差不致影响保护可靠动作。

（2）要求保护区外最严重故障时，电流互感器误差不会导致保护误动作或无选择性动作。

（3）保护用电流互感器的性能应满足继电保护正确动作的要求。首先应保证在稳态对称短路电流下的误差不超过规定值。对于短路电流非周期分量和互感器剩磁等的暂态影响，应根据互感器所在系统暂态问题的严重程度，所接保护装置的特性、暂态饱和可能引起的后果和运行经验等因素，予以合理考虑。

（4）220kV 及以上电压等级线路保护、母线保护和主变压器差动保护宜采用 TPY 类型电流互感器；断路器保护应采用 5P 级电流互感器。

（5）故障录波、行波测距等装置应采用 5P 级电流互感器，PMU 装置应采用 0.5 级或 5P 级电流互感器。

（6）主变压器各侧应选用同一类型的电流互感器。

（7）母线保护各间隔宜采用同一类型电流互感器。

3.3 电压互感器

3.3.1 参数要求（见表 1-1）

表 1-1 电压互感器参数要求

额定电压 （kV）	额定输出容量 （VA）	额定电容 C_n （pF）	电容分压器温度系数 K^{-1}
35	50/50/50	20000	5×10^{-4}
66	母线：50/50/50，线路外侧：10/10/10	母线：20000 线路：10000	5×10^{-4}
110	母线：50/50/50/50，线路外侧：10/10/10/10	母线：20000 线路：10000	5×10^{-4}
220	母线：50/50/50/50，线路外侧：10/10/10/10	母线：10000 线路：5000	5×10^{-4}
500	母线：30/30/30/30，线路外侧：10/10/10/10	5000	5×10^{-4}

3.3.2 结构要求

（1）电容式电压互感器电磁单元输入端对地不得安装用于限制铁磁谐振的氧化锌避雷器。

（2）电容式电压互感器应采用速饱和电抗型阻尼器抑制铁磁谐振。

（3）对叠装式结构的电容式电压互感器，应有便于现场进行中压电容试验的装置。

（4）互感器的结构应便于现场安装。

（5）互感器应具有良好的密封性能，不应有渗漏油现象。

（6）电容式电压互感器电磁单元应装有油面（油位）观察孔，安装位置应便于运行人员观察。

（7）油浸绝缘电磁式电压互感器的下部一般应设置放油或密封取油样用的阀门，以便于取油或放油，放油阀的位置应能放出互感器最低处的油。

（8）油浸绝缘电磁式电压互感器应装有油面（油位）指示装置。

（9）对于 SF_6 绝缘电磁式电压互感器，应保证二次绕组绝缘支撑件的机械强度和绝缘水平，同时应防止内部电容屏连接筒的相互磨损和固定金属筒的螺钉松动。

（10）对于 SF_6 绝缘电磁式电压气体绝缘互感器，应设置便于取气样的接口，同时应有一套气体状态监测装置（气体密度继电器）。

（11）金属件外露表面应根据买方要求着相应颜色，产品铭牌及端子应符合图样要求。

（12）接地螺栓直径不得小于 8mm，接地处金属表面平整，连接孔的接地板面积足够，并在接地处旁标有明显的接地符号。

（13）二次出线端子螺杆直径不得小于 6mm，应用铜或铜合金制成，二次出线端子板防湿性能良好。二次出线端子应有防转动措施。

（14）卖方应提供二次绕组和一次绕组出线端子用的全部紧固件。

（15）所有端子及紧固件应有足够的机械强度和保护良好的导电接触。

3.3.3 机械强度

对于 35kV 及以上的电压互感器，其机械强度（任意方向静态承受载荷）要求见表 1-2。

表 1-2　电压互感器机械强度要求

额定电压 （kV）	静态承受荷载 （N）	
	Ⅰ类	Ⅱ类
35	1250	2500
66	2000	3000
110	2000	3000
220	2500	4000
500	4000	6000

3.3.4　防锈防腐

（1）所有端子及紧固件应采用防锈材料。

（2）除非磁性金属外，所有设备底座、法兰应采用热镀锌防腐，其他金属部件均应采用先进的防腐工艺。

3.3.5　电气二次要求

3.3.5.1　总的要求

（1）电压互感器及其二次绕组数量、准确等级等应满足测量、继电保护、安全自动装置的要求。电压互感器的配置应能保证在运行方式改变时，保护装置不得失去电压，同步点的两侧都能提取到电压。

（2）双母线接线时，变压器间隔应装设三相电压互感器。

（3）变压器高、中、低压侧电压互感器应提供两组保护用二次绕组（3P级）。

3.3.5.2　二次绕组选择

（1）电压互感器二次绕组的数量应满足继电保护和计量仪表的要求，共设4个绕组，其中3P级2个，0.2级1个，3P级（剩余绕组）1个。

（2）对于接有Ⅰ、Ⅱ、Ⅲ类贸易结算用电能计量装置时，计量配置一个独立的二次绕组，精度为0.2级。

（3）当配置两套独立的主保护时，两套主保护应分别接至2个独立的二次绕组，测量仪表可与其中的一套保护共用一个绕组，精度均为3P级。剩余电压绕组按保护要求设置，精度为3P级。

3.3.5.3　容量

电压互感器的二次负荷不应超过其准确级所允许的负荷范围，在轻载时，为保证其精度，实际的二次负荷应在额定容量的25%～100%。

3.3.5.4　二次接线方式

（1）在220～500kV变电站中各电压等级的电压互感器应采用零相接地。

（2）在接地线上不应安装有可能断开的设备。当离主控制室较远时，在变电站一次系统发生单相接地短路时，主控制室与电压互感器安装处的地电位差较大，为确保电压互感器的安全，应在配电装置处电压互感器二次绕组中性点加氧化锌避雷器，其击穿电压峰值应大于 $30I_{max}$［I_{max} 为电网接地故障时通过变电站的可能大接地电流有效值，单位为千安（kA）］。

（3）电压互感器一次侧隔离开关断开后，其二次回路应有防止电压反馈的措施。

3.3.5.5　二次电压选定

（1）接于三相系统线间的单相互感器，其额定二次电压为100V。

（2）接于三相系统相与地之间的单相互感器，当其额定一次电压为所接系统的相电压时，额定二次电压应为 $100/\sqrt{3}$ V。

（3）电压互感器剩余电压绕组的额定二次电压，当系统中性点有效接地时应为 100V；当系统中性点为非有效接地时应为100/3V。

3.3.5.6　二次回路电压降

（1）测量用电压互感器二次回路允许电压降不应超过以下值：

1）指示仪表：不大于额定电压的 1%～3%。

2）计费用 0.5 级电能表：不大于额定电压的 0.25%。

3）考核用 0.5 级电能表：不大于额定电压的 0.5%。

（2）在互感器负荷大时保护用电压互感器二次回路允许压降应不大于额定电压的 3%。

国网河南省电力公司电网设备选型技术原则
（开关类设备）

1 总体技术要求

高压开关设备生产企业（包括外资、合资企业）的生产条件和试验条件必须具备生产相应电压、电流等级产品的要求，产品应按国家标准、电力行业标准和 IEC 标准通过型式试验。提供的产品应具有 3 年 3 套以上的成功商业运行业绩。

2 标准和规范

GB 311.1　绝缘配合　第 1 部分：定义、原则和规则

GB/T 311.2　绝缘配合　第 2 部分：使用导则

GB/T 311.6　高电压测量标准空气间隙

GB/T 772　高压绝缘子瓷件　技术条件

GB 1984　高压交流断路器

GB 1985　高压交流隔离开关和接地开关

GB 3906　3.6kV～40.5kV 交流金属封闭开关设备和控制设备

GB/T 8287.1　标称电压高于 1000V 系统用户内和户外支柱绝缘子　第 1 部分：瓷或玻璃绝缘子的试验

GB/T 8287.2　标称电压高于 1000V 系统用户内和户外支柱绝缘子　第 2 部分：尺寸与特性

GB/T 11022　高压开关设备和控制设备标准的共用技术要求

GB 11023　高压开关设备六氟化硫气体密封试验方法

GB 11032　交流无间隙金属氧化物避雷器

GB/T 11604　高压电气设备无线电干扰测试方法

GB/T 12022　工业六氟化硫

GB/T 16927.1　高电压试验技术　第 1 部分：一般定义及试验要求

GB/T 16927.2　高电压试验技术　第 2 部分：测量系统

GB 17799　电磁兼容　通用标准（IEC 61000-6：1997.IDT）

GB 50150　电气装置安装工程　电气设备交接试验标准

DL/T 402　高压交流断路器

DL/T 403　高压交流真空断路器

DL/T 404　3.6kV～40.5kV 交流金属封闭开关设备和控制设备

DL/T 593　高压开关设备和控制设备标准的共用技术要求

DL 5027　电力设备典型消防规程

所有螺栓、双头螺栓、螺纹、管螺纹、螺栓夹及螺母均应遵守国际标准化组织（ISO）和国际单位制（SI）的标准。

3 选型技术要求

3.1 断路器

3.1.1 产品型式和结构要求

（1）产品型式采用瓷柱式、罐式断路器。

（2）252kV 及以下电压等级断路器采用单柱单断口结构，550kV 断路器采用单柱双断口结构。

（3）252kV 断路器除用于主变压器、高压电抗器、母联和分段时应选用三相共用操动机构，一般要求配置分相操动机构；550kV 断路器由三个独立单相组成，配有分相操动机构。

（4）设备接线端子材质要求采用铝或铝合金，布置方向要求为水平。

（5）500kV 变电站主变压器低压侧断路器应为 C2 级。

（6）SF_6 密度继电器应装设在与被监测气室处于同一运行温度环境的位置，并应具有不拆卸校验功能；每个独立气室均应配备单独的、具有温度补偿、带压力显示的密度继电器。户外安装的密度继电器应装设防雨罩；防雨罩应采用防锈、抗老化材料，应能将继电器、控制电缆接线端子一起放入。

3.1.2 合闸电阻配置要求

根据工程实际情况进行合闸过电压计算，并结合运行经验合理选用，推荐线路长度大于 200km 的线路断路器应配置合闸电阻。

3.1.3 操动机构要求

（1）优先采用弹簧机构、液压机构。

（2）相间不宜有液压系统管道，所有压力管道均为不锈钢管或铜管。

3.1.4 机构箱要求

（1）户外汇控箱或机构箱的箱体应选用不小于 2mm 厚的亚光不锈钢、铸铝或耐锈蚀的材料，防护等级应不低于 IP45W，箱体应设置可使箱内空气流通的迷宫式通风口，并具有防腐、防雨、防风、防潮、防尘和防小动物进入的性能。带有智能终端、合并单元的智能控制柜防护等级应不低于 IP55。非一体化的汇控箱与机构箱应分别设置温度、湿度控制装置。户内使用的箱体防护等级为 IP4X。

（2）机构箱应有良好的防水结构，柜内的加热器宜采用多点布置，工作方式为小功率常投加有条件手动投用，以减少温湿度控制器寿命不长带来的影响；同时要求制造厂对加热条件进行计算校核。

3.1.5 二次元件要求

（1）应选用经充分试验验证的优质产品，如辅助开关、空气开关、切换开关、接线端子（端子排外应设有透明防护罩）、继电器等。

（2）辅助开关与传动连杆的连接应可靠，并采用直连传动的方式。二次元件的布置应能防止误碰。

（3）不允许使用熔断器和隔离开关。

（4）二次配线应为耐受工频 2000V 的铜绞线，其截面积不得小于 2.5mm²。

（5）控制和操作电源要求：DC 110V/220V。

3.1.6 防锈蚀要求

（1）除有色金属之外，所有外露金属部件均应热镀锌。

（2）在满足机械强度的前提下，靠近或接触地面及混凝土基础的金属件的最小厚度为 5mm，其他镀锌金属件的最小厚度为 3mm。镀锌层厚度为 80～100μm。

3.1.7 主要技术要求（见表 1-3）

表 1-3　断路器主要技术要求

额定电压 （kV）	额定电流 （A）	额定短路耐受电流 （kA）	爬电比距 （mm/kV）	对地干弧距离 （mm）
550	4000	63	31	≥3800
252	5000/4000	50/63	31	≥1800
126	3150	40	31	≥1050

注　500kV 变电站内 35kV 断路器宜采用 I_e：4000/1600A，I_r：40kA，爬电比距不小于 31mm/kV。

3.2 隔离开关

3.2.1 产品型式和结构要求

（1）500kV 隔离开关由三个独立单相组成，并配有分相操动机构；220kV 及以下隔离开关应采用三相共用操动机构。各相间的连接电缆必须经由地下敷设。

（2）设备端子板材质要求采用铝或铝合金，布置方向要求为水平。

（3）500kV 母线侧宜采用单柱双臂垂直伸缩式隔离开关，线路侧宜采用水平伸缩式隔离开关。220kV 双母线应分别采用水平伸缩式及垂直伸缩式两种型式的隔离开关，线路侧宜采用双柱水平伸缩式隔离开关。110kV 线路侧隔离开关宜采用双柱水平旋转式隔离开关，支柱绝缘子采用垂直式。必要时，母线下隔离开关可采用垂直伸缩式。35kV 隔离开关宜采用双柱水平旋转式。

3.2.2 操动机构配置要求

10kV 及以上（除无功补偿装置外）隔离开关应采用电动操动机构，并可手动操作。

3.2.3 瓷绝缘子要求

（1）支柱绝缘子和操作绝缘子除应满足 GB/T 772、GB/T 8287.1、GB/T 8287.2 等相关国家标准的要求外，还应符合 IEC 60815 规定。

（2）绝缘子颜色为棕色，防污型大小伞结构，伞形尺寸和直径系数等均要满足 IEC 60815 的规定，伞裙下表面无伞棱。

3.2.4 装配要求

（1）为了保证产品的出厂质量和现场安装质量，220kV 及以上电压等级产品应在工厂内进行整台组装，在组装过程中，所有连接部位应有明显的连接位置标记，需拆装发运的产品应按相、柱做好标识，其连接部位应做好特殊标记。

（2）户外汇控箱或机构箱的箱体应选用不小于 2mm 厚的亚光不锈钢、铸铝或耐锈蚀的材料，防护等级应不低于 IP45W，箱体应设置可使箱内空气流通的迷宫式通风口，并具有防腐、防雨、防风、防潮、防尘和防小动物进入的性能。带有智能终端、合并单元的智能控制柜防护等级应不低于 IP55。非一体化的汇控箱与机构箱应分别设置温度、湿度控制装置。户内使用的箱体防护等级为 IP4X。

（3）机构箱应有良好的防水结构，柜内的加热器宜采用多点布置，工作方式为小功率常投加有条件手动投用，以减少温湿度控制器寿命不长带来的影响；同时要求制造厂对加热条件进行计算校核。

3.2.5 二次元件要求

（1）应选用经充分试验验证的优质产品，如辅助开关、空气开关、切换开关、接线端子（端子排外应设有透明防护罩）、继电器等。

（2）电子式计数器应通过电磁兼容试验验证。

（3）辅助开关与传动连杆的连接应可靠，并采用直连传动的方式。二次元件的布置应能防止误碰。

（4）不允许使用熔断器和隔离开关。

（5）二次配线应为耐受工频 2000V 的铜绞线，其截面积不得小于 2.5mm^2。

3.2.6 控制和电机电源要求

（1）控制电源：DC 110V/220V。

（2）电机电源：AC 220V/380V。隔离开关的控制和操作电源应分路设置，且不应采用整流逆变装置。

3.2.7 防锈蚀要求

（1）除了有色金属之外，所有外露金属部件均应热镀锌。

（2）在满足机械强度的前提下，靠近或接触地面及混凝土基础的金属件的最小厚度为 5mm，其他镀锌金属件的最小厚度为 3mm。镀锌层厚度为 80～100μm。

3.2.8 主要技术要求（见表 1-4）

表 1-4　隔离开关主要技术要求

额定电压（kV）	额定电流（A）	额定短路耐受电流（kA）	爬电比距（mm/kV）	对地干弧距离（mm）
550	4000	63	31	≥3800
252	4000/5000	50/63	31	≥2000
126	3150	40	31	≥1050
40.5	2500/4000	40	31	≥400

3.3 组合电器

3.3.1 产品型式和结构要求

（1）500kV HGIS 采用三相分相分体结构，220kV GIS 的主母线、110kV GIS 宜采用三相共箱式结构。在空间允许的情况下，GIS 设备不宜选用小型化设备。全户内变电站，220kV GIS 间隔中心距不小于 3m，110kV GIS 间隔中心距不小于 1.5m。

（2）对计划中有扩建或多期建设工程，宜将同段母线一次上全，且应包括母线隔离/接地开关、就地工作电源。扩建的端部应预留小气室，以便扩建时减少停电影响。

（3）GIS 线路间隔的避雷器和线路电压互感器宜采用外置结构。

（4）GIS 的气室划分应合理，单个独立气室的用气量应小于回收装置的最大容量，应考虑检修维护的便捷性，保证最大气室气体量不超过 8h 的气体处理设备的处理能力。

（5）设备本体接地设计中，应解决外壳地电位抬升问题，分相布置的母线（包括分支母线）外壳接地应三相短接后由一处接地。

（6）有条件时，安装内置式特高频局部放电传感器，或在手孔处预设介质窗。

（7）严禁户内 GIS 设备用于户外。

3.3.2　操动机构要求

优先选用弹簧机构、液压机构。

3.3.3　盆式绝缘子要求

采用带金属法兰结构型式的盆式绝缘子，应预留窗口，以便特高频局部放电检测，窗口封装盖宜采用绝缘材料。户外 GIS 法兰对接面应采用双密封，并在法兰接缝、安装螺孔、跨接片接触面周边、法兰对接面注胶孔、盆式绝缘子浇注孔等部位涂防水胶。

3.3.4　出线套管要求

原则上选用瓷质套管，颜色为棕色，防污型大小伞结构，伞形尺寸和直径系数等均应符合 IEC 60815 的规定，伞裙下表面不得有伞棱。合成材料的套管可适当使用，但对材料性能应提出具体要求。

3.3.5　SF_6 气体监测系统要求

（1）每个独立气室均应配备单独的、具有温度补偿、带压力显示的密度继电器。户外型设备上的密度继电器、充放气接头和控制电缆端子三者还应一起安装在带观察窗的防雨箱（罩）内，防雨箱（罩）应采用防锈、抗老化材料，保证指示表、控制电缆接线盒和充放气接口均能够得到有效的遮挡；所有与外连接的接头均应是通用和公制的接口。

（2）密度继电器与组合电器本体之间的连接方式应满足不拆卸校验的要求；三相分箱的 GIS 母线及断路器气室，禁止采用管路连接。

3.3.6　机构箱和汇控箱要求

（1）户外汇控箱或机构箱的箱体应选用不小于 2mm 厚的亚光不锈钢、铸铝或耐锈蚀的材料，防护等级应不低于 IP45W，箱体应设置可使箱内空气流通的迷宫式通风口，并具有防腐、防雨、防风、防潮、防尘和防小动物进入的性能。带有智能终端、合并单元的智能控制柜防护等级应不低于 IP55。非一体化的汇控箱与机构箱应分别设置温度、湿度控制装置。户内使用的箱体防护等级为 IP4X。

（2）机构箱应有良好的防水结构，柜内的加热器宜采用多点布置，工作方式为小功率常投加有条件手动投用，以减少温湿度控制器寿命不长带来的影响；同时要求制造厂对加热条件进行计算校核。

3.3.7　二次元件要求

（1）应选用经充分试验验证的优质产品，如辅助开关、空气开关、切换开关、接线端子（端子排外应设有透明防护罩）、继电器等。

（2）电子式计数器应通过电磁兼容试验验证。

（3）辅助开关与传动连杆的连接应可靠，并采用直连传动的方式。二次元件的布置应能防止误碰。

（4）不允许使用熔断器和隔离开关。

（5）二次配线应为耐受工频 2000V 的铜绞线，其截面积不得小于 2.5mm^2。

3.3.8　控制和操作电源要求

（1）断路器：DC110V/220V。

（2）隔离（接地/快速接地）开关：AC220V 隔离（接地/快速接地）开关的控制和操作电源应分路设置，且不应采用整流逆变装置。

3.3.9　防锈蚀要求

（1）除了有色金属之外，所有外露金属部件均应热镀锌。

（2）在满足机械强度的前提下，靠近或接触地面及混凝土基础的金属件的最小厚度为 5mm，其他镀锌金属件的最小厚度为 3mm。镀锌层厚度为 80～100μm。

3.3.10　主要技术要求（见表 1-5）

（1）气体绝缘金属封闭开关设备（简称 GIS）主母线额定电流可比分支母线选高一档。

（2）当额定电流超过 4000A 后，出线处应设置相间导流排，如导流排是通过下引到地下实现相间连接时，不可利用设备支架作为导流排的一部分，且导流排不可接地。

表 1-5　组合电器主要技术要求

额定电压 （kV）	额定电流 （A）	额定短路耐受电流 （kA）	套管爬电比距 （mm）	对地干弧距离 （mm）
550	4000/5000	63	31	≥3800
252	4000/5000	50	31	≥1800
126	2000/3150	40	31	≥900

注　套管爬电距离选取时，当平均直径在 300～500mm 时，套管爬电比距选取值在表格对应值基础上取 1.1 倍作为参考值；平均直径大于 500mm 时，套管爬电比距选取值在表格对应值基础上取 1.2 倍作为参考值。

3.4　开关柜

3.4.1　产品型式和结构要求

宜采用金属铠装移开式设备，或按照《12kV 高压开关柜选型技术原则和检测技术规范》选用产品。柜体材料采用优质敷铝锌钢板。开关柜从结构上考虑内部故障电弧的影响，断路器室、电缆出线室、母线室在顶部都设压力释放板，压力释放方向应避开巡视通道和其他设备。

3.4.2　开关柜体要求

（1）开关柜前门为铰链门，且在开关"试验"位置时，也能关闭。背后为可拆卸的盖板或可开启的门，前门打开角度大于 100°。

（2）开关柜有良好的通风条件，如通风设有百叶窗或其他通风口时，设有防止漏水、防小动物进入的措施，并符合有关部门标准。

（3）开关柜前门上设有断路器机械的或电气的位置指示装置，并有表示手车"工作/试验"位置的指示，在不开门的情况下能方便地监视断路器的分合闸状态。

（4）开关柜内所配一次设备（含接地开关）都应与断路器参数相配合，各元件的动、热稳定性必须满足要求。

（5）开关柜手车的推进、抽出灵活方便，对仪表小室无冲击影响。相同规格的开关柜手车有互换性。开关柜手车采用手摇式推进机构。

（6）手车在柜体中有明显的工作位置、试验位置和断开位置之分，各位置均能自动锁位和安全接地，为保证检修安全，在一次插头上装有触头盒及安全挡板，并能自动进行开闭。

3.4.3 断路器及其操动机构要求

（1）断路器采用由电动机储能的弹操一体化操动机构；储能电源采用交流 220V 电源。失去电源时，可以手动储能。

（2）断路器有机械手动合分闸装置，以便在失去控制电源时操作断路器。该手动装置有防误动措施，机械具有防跳功能，远方及就地操作均要加防跳功能。

（3）断路器手车灵活轻便，并具有良好的互换性。断路器手车处在"试验"位置和"隔开"位置而隔离断口未达到规定值之前，以及当辅助回路未完全断开的任一位置时，仍应保持与接地连接。

（4）操动机构、辅助开关和二次插头的接线除有特殊要求外，均采用相同接线，以保证开关柜手车的互换性。

（5）所有控制设备，包括合分闸线圈，应采用正常工作电压为 220/110V 的直流系统。其操作电压范围为：合闸线圈 85%～110%；分闸线圈 65%～110%（直流）、85%～110%（交流）；跳闸线圈不应动作的电压为不大于正常工作电压的 30%。

3.4.4 隔离手车要求

隔离手车应设有观察窗或可靠的机械位置指示器以校核其位置。隔离手车应与相应断路器具备电气联锁装置，以确定带负荷时不能移开隔离手车。

3.4.5 接地手车要求

接地手车应与断路器动热稳定性能一致，并具备"五防"功能。

3.4.6 母线要求

（1）采用铜母线，所有母线接头、分接头均应绝缘和无晕化处理。

（2）母线应固定在足以承受侧向短路力以及纵向热胀缩的绝缘子上。在额定持续电流下，母线及其连接点的温升应符合国家标准。

（3）母线桥的母线采用铜母线，并与主母线一致。母线桥的爬电距离、绝缘水平和耐受短路电流能力等均应与开关柜技术参数一致。

（4）母线桥的封闭金属外壳应有足够的机械强度，以满足其自身荷重和电动力的荷载要求。

（5）母线桥靠墙侧的外形尺寸应适应穿墙套管安装，并满足电气安全距离的要求。由设计单位提供穿墙套管的布置及安装尺寸图。

3.4.7 "五防"要求

（1）"五防"项目：防止误分、合断路器，防止带负荷分隔离插头，防止带接地开关送电，防止带电合接地开关，防止误入带电柜内。

（2）所有开关柜优先采用简单、可靠的机械"五防"结构，对难以实现机械"五防"的部分，如分段断路器开关柜与隔离柜之间、电容器开关柜与电容器组之间的联锁和线路侧禁止带电合接地开关等，采用电气闭锁。

（3）具有高压带电显示，后柜门闭锁功能。

3.4.8 装配要求

（1）柜内裸导体相间及对地的空气净间隙：12kV 柜不小于 125mm，40.5kV 柜不小于 300mm。端头倒圆角处理。柜内采用的母线绝缘材料应具有防潮和阻燃性能，并具有足够的介电强度。所有裸露金属部分均应加装相应电压等级的绝缘材料。

（2）开关柜内设电加热器，各开关柜的加热器应均匀接至加热小母线上，柜内的加热器宜采用多点布置，工作方式为小功率常投加有条件手动投用，以减少温湿度控制器寿命不长带来的影响。

（3）柜间套管及触头盒应有良好的屏蔽均压措施，正常运行条件下无电晕声。

（4）开关柜中的接地母线能承受断路器的瞬时及短时额定电流，而不超过额定温升。接地母线为最小截面积 60×6mm^2 的铜排。

（5）电压互感器放在单独的间隔内，并配有一次熔断器。当允许检查和进入开关柜内更换一次熔断器时，电压互感器与一次熔断器要完全隔离。为防止铁磁谐振过电压，采用 4TV 消谐或全绝缘互感器加消谐器。

3.4.9 二次元件要求

（1）所有开关柜应装有能正确反映断路器手车在"工作"位置和"试验"位置的性能优良的行程开关，行程开关接点数量应满足工程需要并应有备用。辅助接点均应引至开关柜端子排上。用于断路器控制回路的辅助接点应能可靠地切断断路器分合闸操作电流。

（2）手车与高压开关柜辅助回路的插头连接，其同一功能单元、同一种型式的高压电器组件插头的接线应相同，并能互换使用；插座设在开关柜上，插头设在手车上，插头与插座必须接触可靠，并有锁紧措施；二次插头采用进口高质量元件，插头与开关应有可靠的机械联锁，二次插头没有插上，断路器不能从试验位置推至工作位置，当开关设备在工作位置时，插头无法拔出。

（3）所有开关柜端子排上至少应有 20% 的备用端子。当测量仪表及继电器保护装置盘面上的二次回路接线以插头与高压开关柜中其他二次回路相连接时，其插头及插座必须接触可靠，并有锁紧设施。对外引接电缆均经过端子排，每排端子排留有 15% 的备用端子。所有端子的绝缘材料必须是阻燃的。

（4）供电流互感器用的端子排应设计成短接型电流端子，电流不小于 20A（500V），并设有隔离板。

（5）每个端子排只接一根导线，内部跨线可以接两根导线，导线均选用交联聚乙烯绝缘、电压不小于 500V 的铜绞线。端子排上的导线采用平头铜螺丝固定。

（6）导线均为铜绞线，有足够的截面，耐压 2000V，所有开关柜内部导线中间不得有接头。

（7）所有导线应牢固夹紧，应采用专用走线槽、隔板或有足够强度耐老化的绝缘线等方式固定。柜内二次线穿越一次室时，应有阻燃型软管或金属软管包裹。

（8）开关柜继电器小室顶应单独设置二次保护接地铜母线，截面积应不小于 120mm^2。柜与柜之间穿线孔直径不小于 80mm，并加装绝缘护套。

3.4.10 主要技术要求（见表 1-6）

表 1-6 开关柜主要技术要求

额定电压 （kV）	额定电流 （A）	额定短路耐受电流 （kA）	爬电比距 （mm/kV）	柜体防护等级
40.5	1250、2500	25/31.5	≥20（瓷质） ≥18（复合）	IP4X
12	1250、3150、4000	31.5/40	≥20（瓷质） ≥18（复合）	IP4X

注 开关柜在进行技术参数选取时，重负荷地区宜统一选择最高额定电流。

3.5 充气式开关柜

3.5.1 产品型式和结构要求

（1）12～40.5kV 充气式开关柜采用户内气体绝缘、金属封闭式结构，满足"五防"闭锁要求，外壳接地，允许流过故障电流。

（2）开关柜间的连接灵活、便捷，应能满足现场组装的要求。开关柜柜间母线连接现场安装工作不应涉及打开母线气室及处理气体的工作。在现场可以不移动左右相邻的柜子，柜子可以单独抽出、更换检修。

（3）开关柜气室应明确额定工作压力、最低工作压力、安全释放压力、压力释放后允许运行时间、年泄漏率以及密封系统使用寿命等参数。

（4）避雷器、电压互感器安装方式为插入式。

3.5.2 柜体外壳要求

（1）开关柜充气气室外壳应采用由激光进行切割和焊接的 3mm 厚不锈钢壳体，应牢固接地，并能承受运行中出现的正常和瞬时压力。其他外壳部分应采用镀锌钢板或敷铝锌板，并有良好的防锈措施。开关柜充气气室的防护等级应不低于 IP67，其他外壳部分的防护等级应不低于 IP4X。

（2）充气气室外壳要求具有高度密封性，每个封闭压力系统允许的相对年漏气率不大于 0.1%/年。

（3）开关柜密封气室的防护等级应不低于 IP67，控制室的防护等级应不低于 IP4X。若有有机绝缘材料，应选用耐电弧、耐高温、阻燃、低毒、不吸潮且具有优良机械强度和电气绝缘性能的材料（SMC 或 DMC）。

（4）开关柜本身二次线外裸在开关室的部分应加阻燃防护，避免因高压电弧烧毁二次设备的事故。各柜间应有连通的金属线槽，供柜间控制回路导线连接使用。

（5）压力表应便于观察。

（6）高压开关柜每台为独立气室，以防故障扩展到相邻柜体。

（7）开关柜间的连接灵活、便捷，应能满足现场组装方便、灵活的要求。

（8）开关柜的各室均有压力释放装置，其压力出口的位置确保对人身没有危害。

3.5.3 装配要求

（1）沿所有高压开关柜的整个长度延伸方向，应设有专用的接地铜导体，其材料应与主母线或分支母线相同，且电流密度在规定的接地故障时不超过 200A/mm^2，最小截面积不得小于 100mm^2，该接地导体设有与接地网相连的固定的连接端子，并有明显的接地标志。沿二次室敷设 4×25mm^2 的专用绝缘接地铜排，表面酸洗钝化，相邻柜间用相同截面铜排连接。

（2）所有导电回路螺丝必须采用 8.8 级。

（3）设置有抽、充气接口，以供充绝缘气体及抽真空之用。

（4）带报警及闭锁功能的气体密度继电器，并配有压力表。

（5）充气式开关柜应配置带电显示装置，正常情况下应显示带电状况，并具有二次侧核相功能。

（6）电动操作电源为独立配置，电压为 DC/AC 220/110V。

3.5.4 断路器及操动机构要求

（1）断路器为三相固定式，每个断路器应有机械联动的关合位置指示器及动作计数器，其安装位置要易于观察。断路器本身应具备防跳功能。

（2）三工位隔离开关应设有手动及电动操动机构，电源电压处于 85%～110% 时，电机能正常工作。

（3）三工位隔离开关应设有接地、隔离及接通位置的指示器，并能防止由于运行中可能出现的作用力引起的（包括短路引起的）误分或误合。

3.5.5 电缆室要求

底部应设有封堵隔板，满足相应防护等级的要求。电缆进出柜体处应设有固定及防护装置，满足电缆安装要求，并防止机械损伤。

3.5.6 二次元件要求

（1）二次回路导线有足够的截面，所有开关柜内部导线中间不得有接头。

（2）开关辅助触点至少 6 对（6 个动合触点、6 个动断触点）；三工位隔离开关触点至少 3 对（3 个动合触点、3 个动断触点），备用触点引至端子排。柜内应有空端子供用户使用，不应少于 10 个。端子排选用阻燃型工程塑料端子。

（3）继电器、仪表及操作按钮的安装位置应便于观察及操作。

3.5.7 主要技术要求（见表 1-7）

表 1-7 充气式开关柜主要技术要求

额定电压 （kV）	额定电流 （A）	额定短路耐受电流 （kA）	爬电比距 （mm/kV）	柜体防护等级
40.5	1250、2500	25/31.5	≥20（瓷质） ≥18（复合）	IP4X
12	1250、3150、4000	31.5、40	≥20（瓷质） ≥18（复合）	IP4X

注　开关柜在进行技术参数选取时，重负荷地区宜统一选择最高额定电流。

国网河南省电力公司电网设备选型技术原则
（电抗器、电容器、消弧线圈）

1 总体技术要求

应选择制造经验成熟、结构简单可靠、低噪声、低损耗和适合运行环境条件并取得成功运行经验的型号产品。

2 标准和规范

GB 311.1　绝缘配合　第 1 部分：定义、原则和规则

GB/T 311.2　绝缘配合　第 2 部分：使用导则

GB 1094.1　电力变压器　第 1 部分：总则

GB 1094.2　电力变压器　第 2 部分：液浸式变压器的温升

GB 1094.3　电力变压器　第 3 部分：绝缘水平、绝缘试验和外绝缘空气间隙

GB/T 1094.4　电力变压器　第 4 部分：电力变压器和电抗器的雷电冲击和操作冲击试验导则

GB 1094.5　电力变压器　第 5 部分：承受短路的能力

GB/T 1094.6　电力变压器　第 6 部分：电抗器

GB/T 1094.10　电力变压器　第 10 部分：声级测定

GB 1094.11　电力变压器　第 11 部分：干式变压器

GB/T 4208　外壳防护等级（IP 代码）

GB/T 7354　局部放电测量

GB/T 8287.1　标称电压高于 1000V 系统用户内和户外支柱绝缘子　第 1 部分：瓷或玻璃绝缘子的试验

GB 10230.1　分接开关　第 1 部分：性能要求和试验方法

GB/T 10230.2　分接开关　第 2 部分：应用导则

GB/T 11024.1　标称电压 1000V 以上交流电力系统用并联电容器　第 1 部分：总则

GB/T 11024.2　标称电压 1000V 以上交流电力系统用并联电容器　第 2 部分：耐久性试验

GB/Z 11024.3　标称电压 1000V 以上交流电力系统用并联电容器　第 3 部分：并联电容器和并联电容器组的保护

GB/T 11024.4　标称电压 1000V 以上交流电力系统用并联电容器　第 4 部分：内部熔丝

GB 11032　交流无间隙金属氧化物避雷器

GB/T 13540　高压开关设备和控制设备的抗震要求

GB/T 14549　电能质量　公用电网谐波

GB/T 17626.2～12　电磁兼容　试验和测量技术

GB 20840.1　互感器　第 1 部分：通用技术要求

GB 50150　电气装置安装工程　电气设备交接试验标准

GB 50227　并联电容器装置设计规范

JB/T 7112　集合式高电压并联电容器

JB/T 10775　6kV～35kV 级干式并联电抗器　技术参数和要求

DL 442　高压并联电容器单台保护用熔断器订货技术条件

DL 462　高压并联电容器用串联电抗器订货技术条件

DL/T 604　高压并联电容器装置使用技术条件

DL/T 620　交流电气装置的过电压保护和绝缘配合

DL/T 628　集合式高压并联电容器订货技术条件

DL/T 840　高压并联电容器使用技术条件

DL/T 841　高压并联电容器用阻尼式限流器使用技术条件

DL/T 1057　自动跟踪补偿消弧线圈成套装置技术条件

Q/GDW 212　电力系统无功补偿装置配置技术原则

Q/GDW 1168　输变电设备状态检修试验规程

Q/GDW 11225　6kV～110kV 高压并联电容器装置技术规范

国家电网公司物资采购标准（2018 版）

预防 10kV～66kV 消弧线圈装置事故措施（国家电网生〔2004〕61 号）

消弧线圈装置技术改造指导意见（国家电网生〔2006〕51 号）

国家电网公司输变电设备技术管理规范〔2005〕10kV～66kV 干式电抗器技术标准

国家电网公司输变电设备技术管理规范〔2005〕10kV～66kV 消弧线圈装置技术标准

国家电网公司输变电设备技术管理规范〔2005〕高压并联电容器装置技术标准（附编制说明）

3　选型技术要求

3.1　并联电抗器

3.1.1　并联电抗器运行环境要求

（1）户内：10～35kV 并联电抗器一般采用干式铁心电抗器。

（2）户外：10～35kV 户外并联电抗器选用干式空心电抗器；有条件时，66kV 户外并联电抗器优先采用油浸式电抗器。

3.1.2　并联电抗器噪声要求

噪声水平依据 JB/T 10775 要求。

3.1.3　并联电抗器材料和工艺要求

（1）空心电抗器结构件应采用非导磁材料或低导磁材料。

（2）受阳光直照的包封面应具有较强的抗紫外线能力。

（3）采取防雨、防晒措施，一般应采用防护帽、假包封，并根据要求配置防雨、防鸟措施。

（4）采取防水、防潮措施，采用憎水性、憎水迁移性好的材料。

3.1.4 并联电抗器绝缘耐热等级及温升限值（见表1-8）

表1-8 并联电抗器绝缘耐热等级及温升限值

项目	绝缘耐热等级	最高运行电压平均温升限值（K）	最高运行电压最热点温升限值（K）
绕组	155℃（F级）	65	75
	180℃（H级）	90	100
铁心及其他金属部件	—	—	100

3.1.5 并联电抗器容量选择（见表1-9）

表1-9 并联电抗器容量选择

电压等级（kV）	整组容量（kvar）
66	20000、30000、40000、60000
35	3334、10000、15000、20000、45000、60000
10	3334、6000、10000

3.1.6 并联电抗器主要技术要求（见表1-10）

表1-10 并联电抗器主要技术要求

设备型式	技术参数			安装地点
	型式	额定电压等级（kV）	额定容量（kvar）	
干式空心电抗器	三相（三个单相组成）	66	20000、30000、40000	户外
油浸式电抗器	三相一体	66	20000、30000、40000、60000	户外
干式铁心电抗器	三相一体	35	7200、10000	户内
干式空心电抗器	三相（三个单相组成）	35	3334、10000、15000、20000	户外
油浸式电抗器	三相一体	35	10000、20000、45000、60000	户外
干式铁心电抗器	三相一体	10	6000、10000	户内
干式空心电抗器	三相（三个单相组成）	10	3334	户外

3.2 并联电容器

3.2.1 并联电容器运行参数要求

应采用单台容量不大于800kvar的框架式电容器。

3.2.2 并联电容器额定电压

应根据电容器装置的串联电抗率选择相应的电容器额定电压，不同串联电抗率下的电容器额定电压见表1-11。

表 1-11　不同串联电抗率下的电容器额定电压　　　　　　（kV）

电压等级	成套装置额定电抗率		
	1%及以下	5%	12%
66	40	42	44
35	22	38.5/$\sqrt{3}$ 或 22	42/$\sqrt{3}$ 或 24
10	10.5/$\sqrt{3}$	11/3 或 11.5/$\sqrt{3}$	12/$\sqrt{3}$

　　5%电抗率情况下电压等级 10、35kV 可以有两种额定电压选择。通常，在谐波不明显的条件下，选择较低的额定电压，如 35kV 构架式电容器选择 38.5/$\sqrt{3}$ kV；若考虑到可能有相当的谐波电流注入电容器支路，可以选择较高的额定电压。

3.2.3　并联电容器容量选择

　　装置的电容器组可由单台电容器或多台电容器串并联组成，电容器组的单台电容器数量应根据补偿容量并考虑电容器并联数对保护的要求进行选择。

　　（1）66kV 电容器组可根据需要由 35kV 或 10kV 的单台电容器进行串并联组合而成。容量配置参照 Q/GDW 212 相关要求执行，变电站装置容量选择参照 Q/GDW 11225。

　　（2）35kV 集合式电容器。500kV 变电站用，一般选择单组容量 60000kvar，其他备选容量见表 1-12。

　　（3）35kV 构架式电容器。500kV 变电站用，一般选择单台容量 500kvar；220kV 变电站用，一般选择单台容量 417kvar；其他备选容量见表 1-12。

　　（4）10kV 构架式电容器。一般选择单台容量 334kvar；其他备选容量见表 1-12。

表 1-12　电容器不同容量选择表

电压等级（kV）	整组容量（kvar）	单台容量（kvar）
10	1000、2000、3000、3600、4000、4800、5000、6000、8000、10000	200、334、417
35	10000、15000、20000、30000、40000、60000	417、500

3.2.4　并联电容器主要技术要求（见表 1-13）

表 1-13　并联电容器主要技术要求

装置电压等级（kV）	设备分类	技术参数			
		型式	电容器额定电压（kV）	容量（kvar）	有无内熔丝
10	构架式电容器、集合式电容器	单台	10.5/$\sqrt{3}$ 、11/$\sqrt{3}$ 、12/$\sqrt{3}$	按 3.2.3 中并联电容器容量选择表	无内熔丝、内熔丝
35	构架式电容器	单台	38.5/$\sqrt{3}$ 、42/$\sqrt{3}$		内熔丝
35	集合式电容器	单相或三相集合式	38.5/$\sqrt{3}$ 、42/$\sqrt{3}$		无内熔丝、内熔丝

26

3.2.5 熔丝选择

电容器单元选型时应采用内熔丝结构，单台电容器保护应避免同时采用外熔断器和内熔丝保护。

3.3 并联电容器成套装置

3.3.1 选型要求

采用构架式电容器装置。

3.3.2 额定电抗率要求

（1）仅用于限制涌流时，电抗率宜取 0.1%～1.0%。

（2）当背景谐波为 5 次及以上时，串联电抗率可取 5.0%。

（3）当谐波为 3 次及以上时，电抗率宜取 12.0%，当电容器组数较多，宜采用 5.0%与 12.0%两种电抗率混装方式。

3.3.3 并联电容器成套装置容量选择

容量配置参照 Q/GDW 212 相关要求执行。

3.3.4 并联电容器成套装置主要技术要求（见表 1-14）

表 1-14　并联电容器成套装置主要技术要求

装置电压等级（kV）	设备分类	技术参数						
		型式	装置容量（kvar）	单台电容器额定电压（kV）	单台电容器容量（kvar）	电抗率（%）	单台电容器保护方式	不平衡保护方式
10	电容器成套装置	三相构架式	参照 3.2.3 并联电容器容量选择	$10.5/\sqrt{3}$、$11/\sqrt{3}$、$12/\sqrt{3}$	200、334、417	1、5、12	外熔丝或内熔丝	差压保护、开口三角保护
35	电容器成套装置	三相构架式	参照 3.2.3 并联电容器容量选择	$38.5/\sqrt{3}$、$42/\sqrt{3}$	417、500	5、12	内熔丝	差压保护、桥差电流保护

3.3.5 放电线圈要求

放电线圈优先使用干式放电线圈，新安装的放电线圈应采用全密封结构。电容器组断开电源后，放电线圈应在 5s 内将电容器组的剩余电压降到 50V 以下。放电线圈应能承受 2.23 倍一次额定电压下电容器储能的放电。

3.4 消弧线圈成套装置

3.4.1 消弧线圈技术参数（见表 1-15）

表 1-15　消弧线圈技术参数

电压等级（kV）	调节范围	伏安特性线性范围	额定电流至少连续运行时间（h）	冷却方式	外绝缘爬电比距	噪声	分接开关切换开关触头的电寿命	分接开关切换开关触头的机械寿命
10～35	30%～100%	0～110%U	2	自冷（带温显、温控及远传功能）	≥20mm/kV（户内）；≥30mm/kV（户外）	≤55dB	不小于20万次动作	不小于80万次动作

3.4.2 接地变压器技术参数（见表 1-16）

表 1-16 接地变压器技术参数

电压等级（kV）	零序阻抗	冷却方式	外绝缘爬电比距	噪声	箱体外壳防护 等级
10	≤9Ω/相	自冷（带温显、温控及远传功能）	≥20mm/kV（户内）；≥30mm/kV（户外）	≤55dB	不低于 IP20（户内）；不低于 IP33（户外）
35	对于 35kV 电压等级的接地变压器，一般不应大于配套消弧线圈最大补偿电流所对应阻抗的 7%。当阻抗电压和零序阻抗参数要求不能同时满足时，制造商与用户协商确定	自冷（带温显、温控及远传功能）	≥20mm/kV（户内）；≥30mm/kV（户外）	≤55dB	不低于 IP20（户内）；不低于 IP33（户外）

3.4.3 成套装置技术要求

（1）成套装置应具备准确测算系统电容电流大小，正确识别系统单相接地状态，自动跟踪和补偿系统单相接地时的电容电流，准确提供选线、故障录波功能，便于故障分析。优先选配并联中电阻接地选线装置。

（2）实时测量电容电流的变化，调整消弧线圈，使系统达到最佳补偿效果，伏安特性优良，发生单相接地故障时系统能正确动作，接地响应速度快，残流小。

（3）具有可靠的闭锁功能，使整个系统动作安全可靠。

（4）具有良好的状态识别功能，实现变电站内 2～4 台自动并联运行：同型号的装置并联运行或站与站之间通过联网运行，都能实现自动并联补偿。

（5）加装具有自动调谐功能的 10kV 消弧线圈装置时，宜选用干式、具有调匝原理的消弧线圈成套装置。加装具有自动调谐功能的 35kV 消弧线圈装置时，宜选用具有调匝原理的消弧线圈成套装置。

（6）新增或增容消弧线圈要充分考虑变电站配网出线 5～10 年的发展。

3.4.4 消弧线圈和接地变压器技术要求

3.4.4.1 消弧线圈容量规格

（1）6kV 系统：200、250、315、400、500、630kVA。

（2）10kV 系统：200、250、315、400、500、630、750、900、1100、1200、1600kVA。

（3）35kV 系统：550、800、900、1100、1250、1600、1800、2200、2500、3300kVA。

3.4.4.2 接地变压器容量规格

接地变压器容量不小于消弧线圈容量，二次侧推荐容量规格为 100、160、250、315、400kVA。

3.4.5 消弧线圈温升要求

消弧线圈（油浸式）在持续通过额定电流下绕组的温升不得超过 80K。消弧线圈（干式）的温升限值不应超过表 1-17 规定的限值。

表 1-17 消弧线圈（干式）的温升限值

部位	绝缘系统温度（℃）	温升限值（K）
线圈	105（A）	60
	120（E）	75
	130（B）	80
	155（F）	100
	180（H）	125
	220（C）	150
铁心、金属部件与其相邻的材料	—	在任何情况下，不会出现使铁心本身、其他部件或与其相邻的材料受到损害的温度

3.4.6 控制装置技术要求

（1）采用高可靠性、高集成度，专用于工业应用的功能模块作为核心控制单元，模块化结构有利于功能扩展。

（2）自动检测系统电容电流，跟踪电容电流变化及时补偿电感电流，使接地故障点电流限制在整定范围内，装置能够根据需要调整和设置脱谐度及残流。

（3）控制装置主要功能有人机对话功能、自检功能、报警功能、打印功能、记忆功能、显示功能、远传功能、联机运行功能、自动闭锁功能、休眠功能、识别功能、统计功能、故障录波功能。

控制器满足静电放电、快速脉冲群、浪涌、射频场感应的传导骚扰、工频磁场、阻尼振荡磁场、电压暂降短时中断和电压变化、振荡波、脉冲磁场的抗扰度试验，并满足相应标准所规定的严酷性等级的要求。

单相接地发生时，在任何情况下（包括交流失电），都必须保证提供正确的补偿电流，保证残流满足要求。

国网河南省电力公司电网设备选型技术原则

（避雷器）

1 总体技术要求

瓷外套或者复合外套交流无间隙氧化锌避雷器必须具有吸收各种过电压（工频、谐振、雷电冲击、操作冲击等）的能力及良好的耐污性、防爆性，特别是要有良好的密封性。

2 标准和规范

GB 311.1 绝缘配合 第 1 部分：定义、原则和规则

GB/T 7354 局部放电测量

GB 11032 交流无间隙金属氧化物避雷器

GB/T 11604 高压电气设备无线电干扰测试方法

GB/T 16927.1 高电压试验技术 第 1 部分：一般定义及试验要求

GB/T 16927.2 高电压试验技术 第 2 部分：测量系统

GB/T 28547 交流金属氧化物避雷器选择和使用导则

GB/T 50065 交流电气装置的接地设计规范

GB 50150 电气装置安装工程 电气设备交接试验标准

JB/T 8177 绝缘子金属附件热镀锌层通用技术条件

JB/T 8952 交流系统用复合外套无间隙金属氧化物避雷器

JB/T 10492 金属氧化物避雷器用监测装置

DL/T 804 交流电力系统金属氧化物避雷器使用导则

Q/GDW 1168 输变电设备状态检修试验规程

3 选型技术要求

3.1 变电站用避雷器：220kV 及以上采用瓷外套，110kV 及以下采用复合外套交流无间隙金属氧化物避雷器，参数选择见表 1-18。

表 1-18 变电站用避雷器参数选择

电压等级 （kV）	避雷器型号	备 注
500	Y20W1-444/1106Y20W-420/1046	采用瓷外套
220	Y10W-204/532YH10W-204/532Y10W-216/562YH10W-216/562	采用瓷外套或复合外套
110	Y10W-100/260YH10W-100/260Y10W-108/281YH10W-108/281	采用瓷外套或复合外套

表 1-18（续）

电压等级 （kV）	避雷器型号	备 注
35	Y5W-51/134　YH5W-51/134	采用瓷外套或复合外套
10	YH5WZ-17/45Y5WZ-17/50	采用复合外套或瓷外套

3.2 变压器中性点用避雷器参数选择（见表 1-19）

表 1-19　变压器中性点用避雷器额定电压参数选择建议值　　　（kV）

中性点绝缘水平	全绝缘		分级绝缘		
系统标称电压	35	66	110	220	500
U_r	51	96	72	144	102

3.3 交流避雷器标称放电电流下的额定电压选择及用途（见表 1-20）

表 1-20　交流避雷器标称放电电流下的额定电压选择及用途

标准标称放电电流 （A）	20000	10000	5000	1500
额定电压 U_r （kV）	$360 \leqslant U \leqslant 468$	$3 \leqslant U \leqslant 468$	$U \leqslant 132$	$U \leqslant 207$
避雷器使用场合	变电站用避雷器、线路避雷器	变电站用避雷器、线路避雷器	变电站用避雷器、线路避雷器、并联补偿电容器用避雷器	变压器中性点用避雷器

3.4 耐污秽性能

（1）户外用避雷器外套的最小公称爬电比距，一般 c 级污秽等级地区不小于 25mm/kV，d 级及以上污秽等级地区不小于 31mm/kV。

（2）伞裙的伸出长度、伞间距应符合 IEC 60815 的规定。

（3）避雷器伞裙造型应合理，避雷器运行中不应发生闪络。

（4）d 级及以上污秽等级地区用避雷器应做人工污秽试验。

3.5 密封结构

避雷器应有可靠的密封结构，在其寿命期内，不应因为密封不良而影响运行性能，具体密封试验应采用有效的试验方法进行。

3.6 复合外套

（1）复合外套避雷器应通过规定程序的起痕和电蚀损试验，复合绝缘材料应进行材料性能试验，并满足相关性能的要求。

（2）复合外套表面单个缺陷面积（如缺胶、杂质、凸起等）不应超过 25mm^2，深度不应大于 1mm，凸起表面与合缝应清理平整，凸起高度不得超过 0.8mm，粘接缝凸起高度不应超过 1.2mm，总缺陷面积不应超过复合外套总面积的 0.2%。

3.7 接地

避雷器应装设满足接地热稳定电流要求的接地极板或接地端子，并配有连接接地线用的接地螺栓，螺栓的直径不小于 8mm。

3.8 绝缘底座

避雷器底部应有绝缘底座。避雷器整体爬电距离不应计及绝缘底座的长度，但验证避雷器的机械强度时，必须连同绝缘底座一并考核。

3.9 铭牌

避雷器铭牌应符合 GB 11032 的要求，铭牌用耐腐蚀材料制成，字样、符号应清晰耐久。

3.10 镀锌件

避雷器所有镀锌件，应符合 JB/T 8177 的规定。

3.11 脱离器

悬挂式避雷器若加装脱离器，脱离器应按 GB 11032 的要求试验合格。

3.12 监测器

（1）无间隙避雷器应配备避雷器用监测装置，监测装置性能应满足 JB/T 10492 的要求。监测仪装设高度应在 1.8～2m，便于运行中避雷器持续电流的测量，监测装置的外观、表盘、铭牌及其附件应无缺损，外露金属件应有防腐蚀措施。

（2）接入安全基本要求：在线监测装置的接入不应改变被监测设备的电气联接方式、密封性能、绝缘性能及机械性能，电流信号取样回路具有防止开路的保护功能，电压信号取样回路具有防止短路的保护功能，接地引下线应保证可靠接地，满足相应的通流能力，不应影响被监测设备的安全运行。

（3）对于与计数器并联接入的在线监测装置，不能影响计数器的计数功能，同时要满足计数器雷电冲击水平的要求，回路导线最小截面积不小于 $4mm^2$，材质为多股铜导线，锈蚀严重地区所选材质宜为独股铜导线；并进行通流能力及雷电冲击试验。

（4）对于与计数器串联接入的在线监测装置，应满足避雷器通流容量，材质宜采用多股铜导线，并进行通流能力校验。

3.13 监测装置电流表量程选择要求（见表 1-21）

表 1-21 监测装置电流表量程选择要求

标称动作电流峰值 （kA）	方波 2000μs 冲击电流峰值 （A）	监测器电流测量量程有效值 （mA）
5	200、400	0～3
10	400、600、1000	0～3
10	1500	0～6
20	1500、1800、2500	0～6

国网河南省电力公司电网设备选型技术原则

（接地网）

1 总体技术要求

接地导体（线）和接地极材质和截面的选择，应根据土壤电阻率、接地装置所处位置及重要性、接地点短路电流的大小、材质的耐腐蚀能力以及经济技术性比较后，确定选择方案。

2 标准和规范

GB/T 2900.73　电工术语　接地与电击防护

GB 16895.3　建筑物电气装置　第 5-54 部分：电气设备的选择和安装　接地配置、保护导体和保护联结导体

GB/T 21698　复合接地体技术条件

GB/T 50065　交流电气装置的接地设计规范

GB 50149　电气装置安装工程　母线装置施工及验收规范

GB 50169　电气装置安装工程接地装置施工及验收规范

GB 50689　通信局（站）防雷与接地工程设计规范

DL/T 248　输电线路杆塔不锈钢复合材料耐腐蚀接地装置

DL/T 475　接地装置特性参数测量导则

DL/T 5161.6　电气装置安装工程　质量检验及评定规程　第 6 部分：接地装置施工质量检验

Q/GDW 1466　电气工程接地用铜覆钢技术条件

3 选型技术要求

（1）每个电气装置的接地应以单独的接地线与接地汇流排或接地干线相连接，严禁在一个接地线中串接几个需要接地的电气装置。重要设备和设备构架应有两根与主地网不同地点连接的接地引下线，且每根接地引下线均应符合热稳定及机械强度的要求，连接引线应便于定期进行检查测试。

（2）接地体（线）的连接应采用焊接，焊接必须牢固无虚焊。接至电气设备上的接地线，应用镀锌螺栓连接；有色金属接地线不能采用焊接时，可用螺栓连接、压接、热剂焊（放热焊接）方式连接。用螺栓连接时，应设防松螺帽或防松垫片。螺栓连接处的接触面应按 GB 50149 的规定处理。不同材料接地体间的连接应进行防腐处理。

（3）接地装置的人工接地体，导体截面应符合热稳定、均压和机械强度的要求，还应考虑腐蚀的影响，一般不小于表 1-22 和表 1-23 所列规格。

表 1-22　钢接地体的最小规格

种类	规格	地上	地下
圆钢	直径 （mm）	8	8/10
扁钢	截面积 （mm²）	48	48
	厚度 （mm）	4	4
角钢	厚度 （mm）	2.5	4
钢管	管壁厚度 （mm）	2.5	3.5/2.5

注　1. 地下部分圆钢的直径，其分子、分母数据分别对应于架空线路和发电厂、变电站的接地网。
　　2. 地下部分钢管的壁厚，其分子、分母数据分别对应于埋于土壤和埋于室内混凝土地坪中。
　　3. 架空线路杆塔的接地极引出线，其截面积不应小于 50mm²，并应热镀锌。

表 1-23　铜或铜覆钢接地体的最小规格

种类	规格	地上	地下
铜棒	直径 （mm）	8	水平接地极为 8
			垂直接地极为 15
扁铜	截面积 （mm²）	50	50
	厚度 （mm）	2	2
铜绞线	截面积 （mm²）	50	50
铜覆圆钢	直径 （mm）	8	10
铜覆钢绞线	直径 （mm）	8	10
铜覆扁钢	截面积 （mm²）	48	48
	厚度 （mm）	4	4

注　1. 裸铜绞线一般不作为小型接地装置的接地体用，当作为接地网的接地体时，截面应满足设计要求。
　　2. 铜绞线单股直径不小于 1.7mm。
　　3. 各类铜覆钢材的尺寸为钢材的尺寸，铜层厚度不应小于 0.25mm。

（4）GIS 基座上的每一根接地母线，应采用分设其两端的接地线与发电厂或变电站的接地装置连接。接地线应与 GIS 区域环形接地母线连接。接地母线较长时，其中部应另加接地线，并连接至接地网。接地线与 GIS 接地母线应采用螺栓连接方式。

（5）当 GIS 露天布置或装设在室内与土壤直接接触的地面上时，其接地开关、氧化锌避雷器的专用接地端子与 GIS 接地母线的连接处，宜装设集中接地装置。

（6）GIS 室内应敷设环形接地母线。室内各种设备需接地的部位，应以最短路径与环形接地母线连接。GIS 置于室内楼板上时，其基座下的钢筋混凝土地板中的钢筋应焊接成网，并和环形接地母线连接。

（7）气体绝缘金属封闭开关设备置于建筑物内时，设备区域专用接地网可采用钢导体。置于户外时，设备区域专用接地网宜采用铜导体。主接地网也宜采用铜或铜覆钢材。

（8）避雷针（带）的引下线及接地装置使用的紧固件均应使用镀锌制品。当采用没有镀锌的地脚螺栓时，应采取防腐措施。

（9）独立避雷针及其接地装置与道路或建筑物的出入口等的距离应大于 3m。当小于 3m 时，应采取均压措施，或铺设卵石或沥青地面。

（10）独立避雷针（线）应设置独立的集中接地装置。当有困难时，该接地装置可与接地网连接，但避雷针与主接地网的地下连接点至 35kV 及以下设备与主接地网的地下连接点之间的距离，沿接地体的长度不得小于 15m。

（11）发电厂和变电站配电装置构架上避雷针（含悬挂避雷线的架构）的接地引下线应与接地网连接，并应在连接处加装集中接地装置。引下线与接地网的连接点至变压器接地导体（线）与接地网连接点之间沿接地极的长度，不应小于 15m。

国网河南省电力公司电网设备选型技术原则

（继电保护及安全自动装置）

1 总体技术要求

（1）继电保护及安全自动装置应满足现行有关国家标准、电力行业标准、国家电网公司企业标准、反事故措施、河南电网技术文件等要求。

（2）继电保护及安全自动装置与智能组件应通过具有相应资质的检测中心所进行的型式试验，并通过国家电网公司统一组织检测，具有应用于相应电压等级系统的成功运行经验。

（3）继电保护及安全自动装置与智能组件应具有高可靠性、强抗干扰能力，能适应装置下放到变电站继电器小室或户内配电装置区的环境要求。

（4）继电保护装置应采用微机型，应具备向远方传送信息和接受控制命令的接口，应能以三个以上独立的接口分别接入监控系统和保护及故障信息管理系统，并具备接受 IRIG-B 同步时钟信号的接口。

（5）继电保护装置应满足国家电网公司的"九统一"要求。

（6）继电保护装置应满足《继电保护和安全自动装置技术规程》和《国家电网有限公司十八项电网重大反事故措施（2018 年修订版）》中的双重化配置要求。

（7）智能变电站保护装置应不依赖于外部对时系统实现其保护功能。

（8）智能变电站保护装置的 SV、GOOSE 接收发送软压板、间隔名称、动作信息应具备现场修改名称的功能，且不影响装置的版本和校验码。

（9）智能变电站保护装置、合并单元应具备 TA 二次极性调整功能。

（10）智能变电站保护装置应支持就地和网络打印功能，保护装置应具备定值、动作报告、异常信息的远方调取打印功能。

（11）户外智能汇控柜应配备工业空调，并可通过智能终端上送温度、湿度等信息，并具备自动调温、调湿功能。

（12）为防止装置家族性缺陷可导致的双重化配置的两套继电保护装置同时拒动的问题，双重化配置的线路、变压器、母线、高压电抗器等保护装置应采用不同生产厂家的产品。

（13）引入两组及以上电流互感器构成合电流的保护装置，各组电流互感器应分别引入保护装置。

2 标准和规范

GB/T 14285　继电保护和安全自动装置技术规程

GB/T 30155　智能变电站技术导则

DL/T 526　备用电源自动投入装置技术条件

Q/GDW 369　小电流接地系统单相接地故障选线装置技术规范

Q/GDW 441　智能变电站继电保护技术规范

Q/GDW 1161　线路保护及辅助装置标准化设计规范

Q/GDW 1175　变压器、高压并联电抗器和母线保护及辅助装置标准化设计规范

Q/GDW 11050　智能变电站动态记录装置应用技术规范

《国家电网有限公司十八项电网重大反事故措施》（2018 年修订版）（国家电网设备〔2018〕979 号）

国家电网公司关于印发防止变电站全停十六项措施（试行）的通知（国家电网运检〔2015〕376 号）

3　选型技术要求

3.1　线路保护

3.1.1　220～500kV 线路保护

（1）线路光纤纵联差动保护应能适应两侧不同的 TA 变比，具有良好的抗 TA 饱和特性，遇到区内、外故障 TA 饱和时，应能正确动作，并具备对线路电容充电电流的补偿功能。

（2）使用于弱馈系统的保护装置应具备弱馈跳闸功能，以适应电网运行方式变化的需要。

（3）两端采用 3/2 断路器接线和发变线单元接线的线路，配置的保护装置应具备双向远方跳闸功能。

（4）根据系统工频过电压的要求，在相应的 500kV 线路上应配置过电压保护。

（5）220kV 末端变电站采用线变组接线时，电源侧可装设双套距离、零序保护，具备"收信＋就地判据"功能；末端变电站保护应具备"发信"功能。

（6）220kV 线路保护应具备自动重合闸功能。

（7）当选用光纤纵联保护时，对于长度小于 50km 的 220～500kV 线路，宜采用专用光芯方式。

（8）线路保护当采用迂回路由方式传输继电保护信息时，迂回路由的站点应在本电压等级系统或下一电压等级系统的光纤通信骨干网上。

（9）保护装置应具备上送测距信息功能。

3.1.2　110kV 线路保护

（1）110kV 电厂并网线路应装设全线速动保护。

（2）有稳定性和选择性要求的超短线路应装设光纤电流差动保护。长度小于 5km 或二次计算值小于装置整定范围下限时，距离 I 段宜退出，应装设光纤电流差动保护。

（3）采用光纤纵联保护的 110kV 线路，宜采用专用纤芯。

（4）电气化铁路供电线路应采用具有快速复归功能的距离、零序保护的线路保护装置。

（5）110kV 及以下线路保护应具备自动重合闸、低频减载功能。

（6）保护装置应具备上送测距信息功能。

3.2　母线保护

（1）对于双母线接线方式，用于两套母线差动保护的断路器和隔离开关的辅助触点、切换回路、辅助变流器以及与其他保护配合的相关回路，应遵循相互独立的原则。

（2）对于双母线接线方式，配置的两套母线保护均应包含断路器失灵保护功能，并与对应的母线差动保护共出口。

（3）对于双母线接线方式，其母线差动保护、断路器失灵保护应分别设有复合电压闭锁功能。对 3/2 断路器接线，其母线差动保护出口无需经复合电压闭锁。

（4）失灵保护经母线差动保护直跳开入应采用动作电压在额定直流电源电压的 55%～70%范围以内的中间继电器，并要求其动作功率不低于 5W。

（5）采用 3/2 接线方式的母线保护接收到外部失灵动作接点后，应经本装置电流元件闭锁，防止误开入导致母差保护误动跳闸。

3.3　变压器保护

（1）每套电气量保护配置完整的差动及后备保护，能反应变压器的各种故障及异常状态。

（2）为与保护双重化配置相适应，断路器和隔离开关的辅助触点、切换回路、辅助变流器以及与其他保护配合的相关回路，应遵循相互独立的原则。

（3）变压器非电量保护应设置单独的电源回路（包括直流空气小开关及其直流电源监视回路）和出口跳闸回路，且必须与电气量保护完全分开，其安装位置亦应相对独立。

（4）每套完整的电气量保护的跳闸回路应分别作用于对应断路器的一组跳闸线圈，非电量保护的跳闸回路应同时作用于断路器的两个跳闸线圈。

（5）非电量保护跳闸回路中应采用动作电压在额定直流电源电压的 55%～70%范围以内的中间继电器，并要求其动作功率不低于 5W。

（6）变压器应根据各侧接线、连接的系统和电源情况的不同，配置不同的相间短路后备保护，该保护宜考虑能反映电流互感器与断路器之间的故障。

（7）变压器过励磁保护的启动、反时限和定时限元件应根据变压器的过励磁特性曲线分别进行整定，其返回系数不应低于 0.96。

3.4　高压并联电抗器保护

（1）高压并联电抗器每套电气量保护装置应有完整的主、后备保护，主保护由电流差动保护、匝间保护构成，后备保护包括过电流、过负荷、中性点过负荷等。非电量保护应配置瓦斯、温度升高、冷却器故障等保护，根据要求动作于跳闸或发信号。

（2）高压并联电抗器两套完整的电气量保护的跳闸回路应分别作用于对应断路器的一组跳闸线圈，非电量保护的跳闸回路应同时作用于断路器的两个跳闸线圈。

（3）高压并联电抗器非电量保护应设置单独的电源回路（包括直流空气小开关及其直流电源监视回路）和出口跳闸回路，且必须与电气量保护完全分开。

3.5　断路器保护

3.5.1　500kV 断路器保护

（1）对于 3/2 断路器接线方式的断路器保护与重合闸按断路器配置。断路器保护应包括失灵保护、三相不一致保护及死区保护、可单独投退的带时限的后备过流保护。

（2）对于 3/2 断路器接线方式，每个断路器的失灵保护（回路、直流电源）应彼此独立。靠母线侧断路器的失灵保护动作跳本母线所连断路器的跳闸出口回路应与对应母线差动保护共出口。

（3）3/2 断路器接线方式的断路器失灵保护，应设置远跳线路对侧断路器的回路。

（4）对于 500kV 变压器的高、中压侧断路器失灵保护，应联跳变压器各侧断路器。

3.5.2　母联、分段断路器保护

（1）对于双母线接线方式，母联、分段断路器应配置独立的充电保护，该保护应具备可

瞬时跳闸和延时跳闸的功能。

（2）母联、分段断路器保护应包含两段式相电流和零序电流的过流保护等功能。

3.5.3　220kV 线路间隔断路器保护

（1）常规变电站 220kV 线路间隔应按断路器配置单套断路器保护，断路器保护应包含断路器失灵电流起动判别功能；智能变电站 220kV 线路保护的断路器失灵电流起动判别功能应在母线保护中实现。

（2）220kV 线路间隔断路器保护应包含断路器失灵保护、三相不一致保护和过流保护（充电保护）功能。

3.6　故障录波

（1）故障录波装置应采用软、硬件双嵌入式产品，操作系统应选用国产安全操作系统。

（2）故障录波装置应具有数据分析、组网、远传等功能。

（3）同一变电站内故障录波器宜选用同一厂家的产品，其数据格式与通信规约应开放透明，并预留足够的通信端口，满足接入保护及故障信息管理系统子站与录波器组网等功能要求。

（4）变电站内的故障录波器应能对站用直流系统的各母线段（控制、保护）对地电压进行录波。

（5）故障录波器应选用独立于被监测保护生产厂家设备的产品，以确保保护装置运行状态及家族性缺陷分析数据的客观性。

3.7　保护及故障信息管理子站系统

（1）保护及故障信息管理子站系统应采用软、硬件双嵌入式产品，操作系统应选用国产安全操作系统。

（2）保护及故障信息管理系统子站系统与调度端主站通过专用的调度数据网进行通信。

（3）保护及故障信息管理子站应具有数据分析、组网、远传等功能，并预留足够的通信端口，满足信息上传各级调度的需要。

（4）保护及故障信息子站应具备上送测距信息功能。

3.8　智能变电站继电保护在线监视和智能诊断装置

（1）继电保护在线监视和智能诊断装置应具备 SCD 文件校验、比对、图形化查看等功能。

（2）继电保护在线监视和智能诊断装置应具备智能设备配置文件在线读取、配置文件 CRC 校验码在线读取与比对、与 SCD 文件进行一致性校核等功能。

（3）继电保护在线监视和智能诊断装置应支持向智能变电站配置文件标准化管理系统上传智能变电站配置文件、智能设备配置文件和配置文件 CRC 校验码等保护装置配置信息。

（4）继电保护在线监视和智能诊断装置应具备全站光纤链路可视化与实时监视功能。

（5）继电保护在线监视和智能诊断装置应具备保护运行状态远程可视化及监视功能。

（6）继电保护在线监视和智能诊断装置应具备智能保护装置保护功能投入状态监视功能。

（7）继电保护在线监视和智能诊断装置应具备智能保护装置保护定值在线核对与告警功能。

（8）继电保护在线监视和智能诊断装置应具备智能保护装置在线巡视功能。

（9）继电保护在线监视和智能诊断装置应具备智能保护装置动作报文、保护录波文件查阅、保护动作行为智能分析等功能。

（10）继电保护在线监视和智能诊断装置应具备智能保护装置运行、检修安措生成预演功能。

（11）继电保护在线监视和智能诊断装置应具备智能保护装置运行状态监视、智能诊断与告警功能。

3.9　稳定控制装置

（1）装置在系统中出现扰动时，如出现不对称分量，线路电流、电压或功率突变等现象，应能可靠起动。

（2）装置的动作速度和控制内容应能满足稳定控制的有效性。

（3）装置应具有自检、整组检查试验、显示、事件记录、数据记录、打印等功能。

（4）装置应能自动判别系统故障、设备跳闸、运行参数异常等。

（5）装置应具有自复位功能，在正常情况下，装置不应出现死机的情况，在因干扰而造成死机时，应能通过自复位电路自动恢复正常工作。

3.10　备用电源自动投入装置

（1）应能自动识别，并满足变电站各种运行方式。

（2）充放电条件满足运行要求，装置应有充电标志，当开关量、模拟量与正常条件不相符时，装置应延时放电并告警。

（3）具有硬件自检功能，当装置检测到本身硬件故障时，应能发出装置闭锁信号，同时闭锁装置。

（4）110kV及以下电源备用电源自动投入装置还应有切负荷的备用出口。

（5）必须具有故障记录功能，以记录备用电源自动投入装置的充、放电和动作过程。

3.11　小电流接地选线系统

（1）小电流接地选线装置应与零序互感器配合使用。

（2）装置应具有接地保护跳闸选配功能，应能模拟单相接地故障信号输出，具备事件记录和故障录波功能。

（3）装置的异常信号、选线结果应能上传至站端和调度端自动化系统。

国网河南省电力公司电网设备选型技术原则

（直流电源系统）

1 总体技术要求

直流电源系统在各种运行工况下能达到设计值要求，保证变电站控制、保护、量测等系统的正常供电。

2 标准和规范

GB/T 19826 电力工程直流电源设备通用技术条件及安全要求

DL/T 459 电力用直流电源设备

DL/T 637 电力用固定型阀控式铅酸蓄电池

DL/T 724 电力系统用蓄电池直流电源装置运行与维护技术规程

DL/T 781 电力用高频开关整流模块

DL/T 856 电力用直流电源和一体化电源监控装置

DL/T 857 发电厂、变电所蓄电池用整流逆变设备技术条件

DL/T 1392 直流电源系统绝缘监测装置技术条件

DL/T 5044 电力工程直流电源系统设计技术规程

Q/GDW 13179 35kV～750kV 直流电源系统采购标准

国家电网有限公司关于印发十八项电网重大反事故措施（2018 年修订版）的通知（国家电网设备〔2018〕979 号）

3 选型技术要求

3.1 充电装置

3.1.1 主要技术参数

（1）交流输入额定电压：三相 380V。

（2）交流输入额定频率：50Hz。

（3）直流额定输出电压：110V/220V。

（4）稳压精度：≤±0.5%。

（5）稳流精度：≤±1%。

（6）纹波系数：≤0.5%。

（7）均流不平衡度：≤±5%。

（8）软启动时间：3～8s。

3.1.2 主要性能要求

（1）满足蓄电池浮充电要求。浮充输出电流应按蓄电池自放电电流与经常负荷电流之和

计算。

（2）满足蓄电池均衡充电要求。对于铅酸蓄电池，均衡充电的输出电流应按 $1.0 \sim 1.25 I_{10}$ 并叠加经常负荷电流选择；但当蓄电池脱开直流母线、单独进行均衡充电时，可不计入经常负荷电流。

（3）具有稳压、稳流及限压、限流特性和软启动特性。

（4）有自动和手动浮充电、均衡充电及自动转换功能。

（5）具有短路保护功能，短路排除后自动恢复输出。

（6）具有监控功能，且不依赖总监控单元独立工作。

（7）具有以下保护报警功能：过温保护、过电压保护、过电流保护、欠电压报警、过电压报警、交流欠电压报警、交流过电压报警、缺相报警等。

（8）整流模块支持带电热插拔功能。

（9）应能连续长期运行。

（10）直流高频模块应配置独立进线断路器。

3.1.3　模块配置原则

（1）一组蓄电池配置一套充电装置时，应按额定电流选择高频开关电源的基本模块。当基本模块数量为 6 个及以下时，模块配置应 $n+1$ 备份；当基本模块数量为 7 个及以上时，模块配置应 $n+2$ 备份。

（2）一组蓄电池配置两套充电装置或两组蓄电池配置三套充电装置时，应按额定电流选择高频开关电源的基本模块。

（3）高频开关电源模块数量宜根据充电装置额定电流和单个模块额定电流选择，模块数量宜控制在 $3 \sim 8$ 个。

3.2　蓄电池

3.2.1　主要技术参数

（1）蓄电池型式：阀控式密封铅酸蓄电池。

（2）单体电池额定电压：2V。

3.2.2　主要性能要求

（1）环境温度在 $-10 \sim +45℃$ 条件下，蓄电池性能指标应满足正常使用要求（阀控式密封铅酸蓄电池组环境温度宜保持在 25℃ 左右，或遵循厂家说明书）。

（2）蓄电池在环境温度 $20 \sim 25℃$ 条件下，浮充运行寿命应不低于 10 年。

（3）蓄电池间接线板、终端接头应选择导电性能优良的材料，并具有防腐蚀措施。蓄电池槽、盖、安全阀、极柱封口剂等材料应具有阻燃性。

（4）蓄电池必须采用全密封防泄漏结构，外壳无异常变形、裂纹及污迹，上盖及端子无损伤，正常工作时无酸雾溢出。

（5）同一组蓄电池中任意两个电池的开路电压差，对于 2V 单体电池不应超过 30mV。

（6）蓄电池间的连接条电压降应符合 DL/T 637—2019《电力用固定型阀控式铅酸蓄电池》要求。

（7）蓄电池安全阀应在 $10 \sim 35kPa$ 的范围内可靠开启，在 $3 \sim 30kPa$ 的范围内可靠关闭。蓄电池开阀压力最高值与最低值的差值应不大于 10kPa，蓄电池闭阀压力最高值与最低值的差值应不大于 10kPa。

（8）蓄电池以 $30I_{10}$ 电流放电 3min 后，蓄电池的开路电压应不低于其标称电压，端子、极柱及汇流排不应熔化或熔断，槽、盖不应熔化或变形。

（9）蓄电池荷电保持性能应符合 DL/T 637—2019《电力用固定型阀控式铅酸蓄电池》要求。

（10）制造厂提供的蓄电池内阻值，应与实际测试的蓄电池内阻值一致。

（11）安装完毕投运前，应对蓄电池组进行全容量核对性充放电试验，经 3 次充放电仍达不到 100%额定容量的应进行整组更换。

3.3 保护电器

各级断路器（熔断器）的保护动作电流和动作时间应满足选择性要求，其选择性配合原则应符合 DL/T 5044—2014《电力工程直流电源系统设计技术规程》要求。

3.4 总监控单元
3.4.1 主要技术参数

测量范围、测量准确度、时钟同步、时标分辨率等技术参数应符合 DL/T 856—2018《电力用直流电源和一体化电源监控装置》要求。

3.4.2 主要性能要求

（1）能显示直流系统母线电压、蓄电池组输出电压和电流、充电装置输出电压和电流、两路三相交流输入电压、各模块输出电压电流、各种报警信号、各种历史故障等信息和直流系统画面。

（2）能对蓄电池、充电装置等直流设备的运行方式进行设定。根据设定，对被监控设备的控制、调节和运行方式变更实施正确管理，并可实现自动和手动控制选择。

（3）能对以下故障进行报警：交流输入过电压、欠电压、缺相，直流母线过电压、欠电压，模块故障，单体电池过电压、欠电压，馈线故障、跳闸，直流系统接地及其故障位置等。

（4）能与成套装置中各子系统通信，并可与站内监控系统通信。

（5）应有自身故障硬触点输出。

3.5 蓄电池管理单元
3.5.1 主要技术参数

（1）蓄电池管理单元应独立设置。

（2）应具备以下主要功能：①监测蓄电池单体电压、内阻等运行工况；②动态监测蓄电池充、放电；③实时测量蓄电池温度。

3.6 绝缘监测装置
3.6.1 主要技术参数

母线对地电压测量精度不大于±1%；支路电阻测量精度符合 DL/T 1392—2014《直流电源系统绝缘监测装置技术条件》相关要求；测量精度不应受母线运行方式的影响。

3.6.2 主要性能要求

（1）应具备下列功能：

1）实时监测和显示直流电源系统母线电压、母线对地电压和母线对地绝缘电阻。

2）具有监测各种类型接地故障的功能，实现对各支路的绝缘检测功能。

3）具有自检和故障报警功能。

4）具有对两组直流电源合环故障报警功能。

5）具有交流窜电故障及时报警，并选出互窜或窜入支路的功能。

6）具有对外通信功能。

（2）直流系统绝缘监测装置应采用直流电压检测法原理，直流系统支路绝缘监测装置宜采用直流漏电流检测法原理，也可采用低频信号注入法原理。

（3）在检测系统绝缘电阻的过程中，在系统突发一点接地时，不得造成保护误动。

（4）应能连续长期运行。

3.7　仪表

直流电源系统应配备母线电压、蓄电池电压、母线电流、蓄电池电流等表计，表计应采用数字表，精度 0.5 级。分电柜也应配置相关表计。

3.8　蓄电池开路跨接续流装置

应具备蓄电池开路跨接功能及告警功能。告警信号应上送至监控系统。

国网河南省电力公司电网设备选型技术原则
（辅助设备）

1 总体技术要求

（1）应满足现行有关国家标准、电力行业标准、国家电网公司企业标准、反事故措施、河南电网技术文件等要求。

（2）应通过具有相应资质的检测中心所进行的型式试验。

（3）"五防"系统应采用微机型，并具有高可靠性、强抗干扰能力。

2 标准和规范

GB/T 7946　脉冲电子围栏及其安装和安全运行

GB 50116　火灾自动报警系统设计规范

GB 50229　火力发电厂与变电站设计防火标准

DL 5027　电力设备典型消防规程

Q/GDW 231　无人值守变电站及监控中心技术导则

Q/GDW 678　智能变电站一体化监控系统功能规范

Q/GDW 679　智能变电站一体化监控系统建设技术规范

Q/GDW 1799.1　国家电网公司电力安全工作规程

国家电网有限公司关于印发十八项电网重大反事故措施（2018 年修订版）的通知（国家电网设备〔2018〕979 号）

国家电网公司关于印发推进变电站无人值守工作方案的通知（国家电网运检〔2013〕178 号）

国家电网公司关于印发防止变电站全停十六项措施（试行）的通知（国家电网运检〔2015〕376 号）

3 选型技术要求

3.1 "五防"系统

3.1.1 微机"五防"系统的组成和适用范围

（1）微机"五防"系统由"五防"工作站、电脑钥匙、电编码锁、机械编码锁、线路验电器、接地桩、智能型接地线管理器、智能型解锁钥匙管理器、高压母线带电显示闭锁装置等组成。

（2）适用于断路器、隔离开关、各电气网门和装拆接地线等的操作闭锁。

（3）断路器的防误闭锁应采用直流电编码锁；隔离开关、高压开关柜和各电气网门应安装"五防"锁，"五防"锁就地安装。

（4）HGIS、GIS 设备的防误闭锁装置应采用挂锁或直流电编码锁。

3.1.2　微机"五防"功能和技术要求

（1）"五防"功能为防止误分、合断路器；防止带负荷拉、合隔离开关；防止带电合接地开关；防止带接地开关合隔离开关；防止误入带电间隔。

（2）微机"五防"系统应能反映变电站一次设备的工作状态，应具有对位功能和相应告警显示功能。

（3）可进行"五防"模拟操作。在模拟操作时，微机"五防"系统检验操作票是否正确。模拟操作错误时，发出语音信号，并可咨询正确操作步骤，防止各种误操作的产生。

（4）微机"五防"系统应对正确的操作步骤（操作票）自动存储，并可把正确的操作票输出，并存贮到电脑钥匙中去，同时打印操作票。

（5）电脑钥匙要求操作人员按票解锁，对于违反"五防"规定或与操作票不符的操作，实现强制闭锁，通过其内部固化的闭锁逻辑来判断错误操作的类型，并以语音提示及液晶显示方式警告操作人员，同时指出正确的操作项目。

（6）应具有智能解锁功能。

（7）电脑钥匙能够记录（随时或追忆）操作人员在现场倒闸操作的情况，包括操作开始时间、结束时间、已完成的、未执行的倒闸操作，未遂的误操作等，并可备份为文件或打印成册。

（8）操作全过程中均有"五防"术语语音提示，指导运行人员正常操作，使操作简单直观。

（9）户外布置的 35kV 及以上电压等级母线应配置母线带电显示闭锁装置。GIS 设备具备完善的电气闭锁功能，可不加装母线带电显示闭锁装置。

（10）和微机"五防"系统配套的机械挂锁宜采用不锈钢锁具，以有效防止因锁具生锈导致的挂锁失效。

3.2　图像监视及安全警卫系统

（1）图像监视及安全警卫系统应由高清摄像设备、红外对射报警探测器和后台监控主机、硬盘录像视频服务器等设备构成。

（2）后台监控主机容量和硬盘录像视频服务器的各种信号输入接口，应满足变电站终期建设规模要求。

（3）图像监视系统应能与变电站安装在监视区的摄像或探测设备进行配合，对周围环境、设备运行状态进行实时监控，实现对变电站设备如主变压器、开关场设备、GIS 室、高压开关室、低压配电室、蓄电池室、继电保护室、通信机房、电缆层等的实时监视。

（4）图像监控系统应按变电站建设周期随工程同期装设，随变电站电气设备同期投运。应根据电气设备布置地点及运行需要，配置不同类型和不同数量的摄像或探测设备。

（5）摄像设备宜通过光纤与系统连接。

（6）通过通信网络通道，将被监视的目标动态图像以 IP 单播、组播方式传到远程图像监视主站，并能实现一对多（一个远程终端同时连接监控多个变电站端视频处理单元）、多对一（多个远程终端同时访问一个变电站端视频处理单元）的监视功能。

（7）报警信号、站端状态信息、控制信息以 TCP/IP 方式与远程图像监视主站实时通信。运行维护人员通过视频处理单元或工作站对变电站设备或现场进行监视，对变电站摄像机进行（左右、上下、远景/近景、近焦/远焦）控制，也可进行画面切换和数字录像机的控制。

（8）图像监控系统图像数据宜采用 MPEG4 压缩技术，有条件时，优先考虑硬压缩技术。

（9）布置在户外的摄像设备应为全天候使用设备，红外对射报警器和红外探测器也应为全天候使用设备。

（10）图像监视及安全警卫系统应由变电站内交流不停电电源系统提供专用回路供电。

（11）图像监控系统应能将图像、信号远传至调度控制中心监控班。

3.3 火灾自动报警系统

（1）火灾自动报警系统的设计应符合 GB 50116、GB 50229 和 DL 5027 的规定。

（2）火灾自动报警系统设备全站宜集中设置一套，应采用经国家和地方有关产品质量监督检测单位检验合格的产品。

（3）宜采用编码传输总线制火灾报警系统，一般包括自动报警控制器、各类火灾探测器、手动报警按钮、隔离模块、信号模块、联动控制模块等设备。

（4）自动报警控制器容量应满足变电站终期建设规模要求，并应具有通信串行口、网口或无源接点与变电站监控系统连接，以实现火灾报警部位信号和联动控制状态信号的实时监视。

（5）火灾探测报警范围应包括主控室、计算机室、通信机房、继电保护室、蓄电池室、GIS 室、高压开关室、低压配电室、电缆夹层和主变压器等处。

（6）应根据安装的位置的特点和电气设备的特性，选用不同的智能火灾探测器。

（7）手动火灾报警按钮应按防火分区设置，应布置在公共活动场所或设备间的出入口处。

（8）主变压器、户内电容器火灾宜实现自动灭火联动控制。

（9）火灾自动报警系统应由站内交流不停电电源系统提供专用回路供电。

（10）火灾自动报警系统的传输线，室内采用阻燃双绞线；室外采用带屏蔽的铜芯电缆，缆芯截面积 1.5mm^2，并应独立穿管敷设。

（11）火灾报警系统应设有自动和手动两种触发方式。

（12）火灾报警系统应能将报警信号远传至调度控制中心监控班。

3.4 变电站脉冲电子围栏

（1）变电站脉冲电子围栏设计应按 GB/T 7946 的规定执行。

（2）防区设置。35kV 变电站的设计一般分为 1 个防区；110kV 变电站的设计一般分为 2 个防区；220kV 变电站设计一般分为 4 个防区（围墙周界小于 300m 的可设 2 个防区）；500kV 及以上变电站（换流站）的设计分为 4~8 个防区。

（3）高度和间距。脉冲电子围栏采用四线制，高度 800mm。

（4）材质要求。必须使用防锈蚀、防老化、抗腐蚀的材料。

1）支撑杆须使用防静电的纤维复合材料。

2）绝缘子采用硅橡胶材料。

3）导线采用1.8mm 的高强度、低阻抗、抗腐蚀专用合金导线。

4）警示牌采用黄底黑字的绝缘反光材料，每间隔 10m 设置 1 个。

（5）系统功能。具备多功能扩展接口，能与其他安防设备联动。

1）可按需要在单防区或多防区直接布防、撤防。

2）有单独信号线接入主控室、应能联动其他安防设备。

3）可显示当前工作输出电压和各防区预警状态和报警状态。

4）能响应前端探测设备的短路、断路状态发出报警信号。

5）能将报警信号远传至调控和运维班，具有自检、报警记录及储存、打印输出等功能。

6）具备阻挡和报警双重功能，不产生漏报和误报；具备撤防保护报警、电源断电报警、信号线短路告警等功能。

国网河南省电力公司电网设备选型技术原则
（电能质量监测终端）

1 总体技术要求

（1）应满足现行有关国家标准、电力行业标准、国家电网公司企业标准、河南电网技术文件等要求。

（2）应通过国家或电力行业级检验检测机构所进行的型式试验，并通过国家电网公司统一组织的性能检测和信息安全测试。

（3）应能够接入河南电网谐波监测分析主站。

（4）应选择技术先进、性能可靠、功能实用、维护方便并取得成功运行经验的成熟产品。

2 标准和规范

GB/T 12325   电能质量   供电电压偏差

GB/T 12326   电能质量   电压波动和闪变

GB/T 14549   电能质量   公用电网谐波

GB/T 15543   电能质量   三相电压不平衡

GB/T 24337   电能质量   公用电网间谐波

GB/T 30137   电能质量   电压暂降与短时中断

DL/T 860.92   电力自动化通信网络和系统   第 9-2 部分：特定通信服务映射（SCSM）-基于 ISO/IEC 8802-3 的采样值

Q/GDW 1650.2   电能质量监测技术规范   第 2 部分：电能质量监测装置

Q/GDW 1650.3   电能质量监测技术规范   第 3 部分：监测终端与主站间通信协议

Q/GDW 1650.4   电能质量监测技术规范   第 4 部分：电能质量监测终端检验

3 选型技术要求

3.1 主要技术参数

测量范围、测量准确度、对时精度、过载能力等技术参数应满足 Q/GDW 1650.2 规定的 A 级电能质量监测终端要求。

3.2 主要性能要求

（1）具有电压、电流、功率、功率因数、电压偏差、频率偏差、三相不平衡、2～50 次谐波、间谐波、电压暂降、电压暂升和短时中断等监测功能。

（2）具备数据采集、存储、通信等关键模块以及 PQDIF 文件完整性的自诊断和自恢复功能。

（3）具有记录存储功能，对于多通道监测终端，每通道均应满足记录存储功能要求。

（4）具有远程触发录波功能。

（5）具有电压事件（包括电压暂降、电压暂升、电压中断）标记功能。

（6）支持 PQDIF（Power Quality Data Interchange Format）和 COMTRADE（COMmon format for TRAnsient Data Exchange）格式数据的输出。

（7）具有网络对时和卫星对时功能。

（8）具有数据上传功能，按照定时和召唤方式上传至主站。

（9）监测终端数据通信协议应满足 Q/GDW 1650.3 的要求，应能接入河南电网谐波监测分析主站。

（10）模拟信号输入时，监测终端应可适用于三相电流互感器、两相电流互感器，三相电压互感器、线间电压互感器等的模拟信号输入。

（11）数字信号输入时，监测终端的数字信号应取自满足监测要求的电能质量采集单元，采集单元与数字式电能质量监测终端级联影响量和精度应满足标准 Q/GDW 10650.2 的要求；数字信号输入端口的通信协议应符合 DL/T 860.92 的要求，采样值至少采用 25600Hz 的采样频率进行同步采样，监测终端能够根据采样值报文的延时信息，能正确修正各类数据时标。

第 2 篇　调度自动化专业

国网河南省电力公司电网设备选型技术原则
（调度自动化主站端）

1 标准和规范

Q/GDW 680.1　智能电网调度技术支持系统　第 1 部分：体系架构及总体要求

Q/GDW 680.2　智能电网调度技术支持系统　第 2 部分：名词和术语

Q/GDW 680.6　智能电网调度技术支持系统　第 6 部分：安全校核类应用　安全校核

Q/GDW 680.8　智能电网调度技术支持系统　第 8 部分：分析与评估

Q/GDW 680.31　智能电网调度技术支持系统　第 3-1 部分：基础平台　消息总线和服务总线

Q/GDW 680.32　智能电网调度技术支持系统　第 3-2 部分：基础平台　数据存储与管理

Q/GDW 680.33　智能电网调度技术支持系统　第 3-3 部分：基础平台　平台管理

Q/GDW 680.34　智能电网调度技术支持系统　第 3-4 部分：基础平台　公共服务

Q/GDW 680.35　智能电网调度技术支持系统　第 3-5 部分：基础平台　数据采集与交换

Q/GDW 680.36　智能电网调度控制系统　第 3-6 部分：基础平台系统安全防护

Q/GDW 680.41　智能电网调度技术支持系统　第 4-1 部分：实时监控与预警类应用　电网实时监控与智能告警

Q/GDW 680.42　智能电网调度技术支持系统　第 4-2 部分：实时监控与预警类应用　水电及新能源监测分析

Q/GDW 680.43　智能电网调度技术支持系统　第 4-3 部分：实时监控与预警类应用　电网自动控制

Q/GDW 680.44　智能电网调度技术支持系统　第 4-4 部分：实时监控与预警类应用　网络分析

Q/GDW 680.45　智能电网调度技术支持系统　第 4-5 部分：实时监控与预警类应用　在线安全稳定分析与调度运行辅助决策

Q/GDW 680.46　智能电网调度技术支持系统　第 4-6 部分：实时监控与预警类应用　调度员培训模拟

Q/GDW 680.47　智能电网调度技术支持系统　第 4-7 部分：实时监控与预警类应用　辅助监测

Q/GDW 680.51　智能电网调度技术支持系统　第 5-1 部分：调度计划类应用　数据申报与信息发布

Q/GDW 680.52　智能电网调度技术支持系统　第 5-2 部分：调度计划类应用　预测与短期交易管理

Q/GDW 680.53　智能电网调度技术支持系统　第 5-3 部分：调度计划类应用　检修计划

Q/GDW 680.54　智能电网调度技术支持系统　第 5-4 部分：调度计划类应用　发电计划

Q/GDW 680.55　智能电网调度技术支持系统　第 5-5 部分：调度计划类应用　水电及新能源调度

Q/GDW 680.71　智能电网调度技术支持系统　第 7-1 部分：调度管理类应用　调度生产运行管理

Q/GDW 680.72　智能电网调度技术支持系统　第 7-2 部分：调度管理类应用　专业和内部综合管理及信息展示发布

关于印发《国家电网调度数据网第二平面（SGDnet-2）总体技术方案》的通知（调自〔2009〕146 号）

关于印发《国家电网调度数据网骨干网子区及接入网并网技术规范（试行）》及相关工作要求的通知（调自〔2011〕230 号）

国调中心关于征求《国家电网调度数据网（双平面）应用接入规范（征求意见稿）》意见的通知（调自〔2013〕232 号）

电力监控系统安全防护规定（中华人民共和国国家发展和改革委员会令 2014 年第 14 号）

国家能源局关于印发《电力监控系统安全防护总体方案等安全防护方案和评估规范》的通知（国能安全〔2015〕36 号）

国家发展改革委　国家能源局关于推进电力安全生产领域改革发展的实施意见（发改能源规〔2017〕1986 号）

2　智能电网调度控制系统

2.1　硬件设备

（1）服务器。应采用国产硬件，电源和风扇均应具备热插拔功能，并冗余配置，配置多路 CPU，至少 32G 以上物理内存，内存应支持灵活扩充和热插拔。应配置内置或外接 RAID 卡，支持 RAID0/1。

（2）交换机。应采用国产硬件，电源模块和交换引擎应冗余配置，最小整机包转发率不低于 480Mpps，光接口数量不少于 24 个，电接口数量不少于 48 个。

（3）磁盘阵列。应采用国产设备，Ⅰ、Ⅱ区统一配置 SAN 存储系统，Ⅲ区独立配 SAN 存储系统，存储容量应满足电网 5～10 年历史数据存储需要。

（4）工作站。应采用国产硬件，电源和风扇均应具备热插拔功能，并冗余配置，配置多路 CPU，至少 16G 以上物理内存，内存应支持灵活扩充和热插拔，应支持双屏或多屏显示。宜配置内置或外接 RAID 卡，支持 RAID0/1。

（5）负载均衡设备。根据应用性能需求，可配置负载均衡设备，为各类应用提供多机负载均衡服务。

2.2　系统软件

（1）操作系统。应采用国产安全操作系统，支持多路多核架构的服务器和工作站，提供包括磁盘冗余技术、网卡冗余技术、磁盘阵列卡冗余技术、软件固化技术等在内的多种冗余容错机制，支持电力专用通信加密卡等专用设备，支持多种数据库管理系统。

（2）数据库。应采用国产安全数据库，支持国产 64 位安全操作系统，无 CPU 数量限制，支持双机热备及故障切换。

（3）基础平台。主要功能包括数据存储与管理、消息总线和服务总线、公共服务、平台功能、安全防护等，全面支撑电网实时监控、调度计划、安全校核和调度管理等四类核心应用，并可按照横向、纵向一体化的总体思路，支持构建分布式一体化的调度技术支撑体系。

（4）电网运行稳态监控。主要包括数据处理、系统监视、数据记录、责任区与信息分流、操作与控制等功能，实现对电网实时运行稳态信息的监视和设备控制。

（5）综合智能告警。实现告警信息的在线综合处理、显示与推理分析，支持汇集和分析各类告警信息，并能从相关电网故障信息中分析出诸如故障类型、设备、位置等准确信息，通过形象、直观的方式提供全面综合的告警提示。

（6）动态监视与分析。接收来自基础平台的实时动态数据，并对数据进行实时分析处理，监视电网的实时电压、电流、功率、频率以及发电机功角等的动态变化过程。

（7）在线安全分析。在线监测电网运行情况，分析电网的稳定程度，发现安全隐患，给出预警信息。主要包含静态稳定分析功能、暂态稳定分析功能、动态稳定分析功能、趋势分析、静态电压稳定分析功能和频率稳定分析功能。

（8）自动发电控制。通过控制区域内发电机组的有功功率，使本区域机组发电功率跟踪负荷和联络线交换功率的变化，以满足电力供需的实时平衡。

（9）自动电压控制。基于无功的"分层分区，就地平衡"，通过控制系统采集的电网实时运行数据，在确保电网安全稳定运行的前提下，对发电机无功、有载调压变压器分接头（OLTC）、可投切无功补偿装置、静止无功补偿器（SVC）等无功电压设备进行在线优化闭环控制，实现无功分层分区平衡，提高电网电压质量，降低网损。

（10）二次设备在线监视。实现对二次设备运行信息、动作信息、录波信息、测距信息的分析处理，提供告警、分析、统计、查询等功能，主要包括数据信息处理、运行监视、定值查询与核对、远程控制、统计分析及智能分析等。

（11）水电及新能源监视与调度。实现流域雨水情和水库运行实况监视及越限分析、预报及计划跟踪、统计与对比分析等功能。新能源运行监测以风能实时监测、太阳辐照度监测等数据为基础，结合发电计划等综合运行管理数据，对风力发电及光伏发电运行情况进行监视、报警和趋势分析。

（12）调度员/监控员培训模拟。主要包括电力系统仿真、控制中心仿真及教员台控制等子功能。建立电力系统设备及元件的数学模型，对电网控制中心进行模拟，实现对电力系统运行特性的仿真，支持调度员/监控员进行正常操作、事故处理及系统恢复的培训，支持电力系统联合反事故演习。

（13）调度计划及安全校核。

1）日前、日内发电计划。日前发电计划功能根据日检修计划、交换计划、负荷预测、网络拓扑、机组发电能力和电厂申报等信息，综合考虑系统平衡约束、电网安全约束和机组运行约束，采用考虑安全约束的优化算法，编制满足三公调度、节能发电调度和电力市场等多种调度模式需求的日前机组组合计划和出力计划；日内发电计划功能根据检修计划、交换计划、负荷预测、网络拓扑、机组发电能力和电厂申报等信息的日内变化，综合考虑系统平衡约束、电网安全约束和机组运行约束，采用考虑安全约束的优化算法，滚动修正日前发电计划，编制日内机组组合计划和出力计划。

2）实时发电计划功能。根据实时交换计划、超短期系统负荷预测、超短期母线负荷预测、电厂实时申报和电力系统实时运行等信息，综合考虑电力系统功率平衡约束、电网安全约束和机组运行约束，采用优化算法计算满足三公调度、节能发电调度和电力市场等多种调度模式需求的机组实时发电计划。

3）安全校核。包括校核断面智能生成、静态安全校核、稳定计算校核、稳定裕度评估和辅助决策等功能。

（14）负荷预测。应包括系统负荷预测、母线负荷预测、新能源发电能力预测和水库来水预报等功能。

（15）电能量计量。应能根据关口表计增量电量和表底电量采集信息，按照结算要求，计算各周期关口计量电量，主要实现电量数据转换、统计分析和网损分析等功能。

（16）调度管理。包括调度运行、专业管理、机构内部工作管理、综合分析与评价、信息展示与发布 5 个应用。

3 调度数据网

3.1 骨干网路由器

至少应支持 8 个及以上槽位，不少于 16 个 155M POS 端口、4 个 155M CPOS 端口、8 个千兆光口和 8 个千兆电口，最小整机包转发率不低于 400Mpps。电源（交、直流）、风扇、引擎模块均应冗余配置。

3.2 骨干网交换机

应配置三层交换机，至少 2 个千兆光口和 24 个千兆电口，最小整机包转发率不低于 96Mpps。电源（交、直流）模块应冗余配置。

3.3 省调接入网路由器

（1）核心或汇聚节点配置。至少应支持 4 个及以上槽位，不少于 8 个 155M POS 端口、4 个 155M CPOS 端口、8 个千兆光口和 8 个千兆电口，最小整机包转发率不低于 200Mpps。电源（交、直流）、风扇、引擎模块均应冗余配置。

（2）厂站接入节点配置。至少应支持 4 个 E1 接口、4 个百兆电口，最小整机包转发率不低于 1Mpps。电源（交、直流）模块应冗余配置。

3.4 省调接入网交换机

应配置二层或三层交换机，至少 2 个千兆光口和 24 个百兆电口，最小整机包转发率不低于 6Mpps。电源（交、直流）模块应冗余配置。

3.5 地调接入网路由器

（1）核心或汇聚节点配置。至少应支持 4 个及以上槽位，不少于 8 个 155M POS 端口、4 个 155M CPOS 端口、16 个 E1 接口、8 个千兆光口和 8 个千兆电口，最小整机包转发率不低于 200Mpps。电源（交、直流）、风扇、引擎模块均应冗余配置。

（2）厂站接入节点配置。至少应支持 4 个 E1 接口、4 个百兆电口，最小整机包转发率不低于 1Mpps。电源（交、直流）模块应冗余配置。

3.6 地调接入网交换机

应配置二层或三层交换机，至少 2 个千兆光口和 24 个百兆电口，最小整机包转发率不低于 6Mpps。电源（交、直流）模块应冗余配置。

4 电力监控系统安全防护

（1）内网安全监视平台。支持对电力专用横向单向隔离装置及电力专用纵向加密认证装置的管理，支持向上级内网安全监控平台上送告警信息。

（2）调度数字证书。应经国家有关检测机构检测认证，符合国家要求的加密算法，采用统一的数字证书格式，支持专用设备和应用系统嵌入调度数字证书。

（3）恶意代码防护。应支持主流操作系统和国产安全操作系统，支持省、地分级部署，可统一进行代码和特征码的升级。

（4）安全防护硬件设备。均应采用经国家指定部门检测认证的国产设备。调度中心端横向和纵向互联宜采用千兆防火墙、横向隔离装置或纵向加密认证装置；厂站端横向和纵向互联宜采用百兆防火墙、横向隔离装置或纵向加密认证装置。电力专用横向隔离装置和纵向隔离装置由于受加密解密等安全因素影响，传输速率无法达到相应标称速率，实际选型中可根据业务需要适当提高一个档次。

（5）入侵检测系统。支持基于主机或基于网络的入侵检测系统软、硬件部署。

（6）网络安全监测装置。调度端应采用Ⅰ型网络安全监测装置；厂站端应采用Ⅱ型网络安全监测。

（7）网络安全管理平台。在安全Ⅱ区部署，接收各类采集数据及网络安全事件，实现对网络安全事件的实时监视、集中分析和统一审计。

5 调度自动化系统主站机房配套设施

（1）调度自动化系统应采用专用的、冗余配置的不间断电源（UPS）供电，UPS单机负载率应不高于40%。外供交流电消失后UPS电池满载供电时间应不小于2h。UPS应至少具备两路独立的交流供电电源，且每台UPS的供电开关应独立。

（2）机房专用精密空调应冗余配置，不少于两组，每组应满足 $N\text{-}1$ 的要求，采用不同电源供电，单组空调的制冷能力应留有15%～20%的余量。精密空调的选用应符合运行可靠、经济适用和节能环保的要求，选用高效、低噪声、低振动的设备，并具备来电自启动功能。空调机应带有通信接口，通信协议应满足机房环境监控系统的要求。

（3）机房环境监测系统应能监测控制温度、相对湿度等环境参数，当环境参数超出设定值时，应报警并记录。机房环境监控系统应具有本地和远程报警功能，应具备扩展通信接口，可纳入自动化运行监测系统。

（4）自动化运行监测系统应对机房设备告警信息及整体运行状态进行统计分析，应具有显示、记录、报警、分析和查询功能。

（5）建筑灭火器的设置应符合 GB 50140《建筑灭火器配置设计规范》的有关规定，灭火剂不应对电子信息设备造成污渍损害。

国网河南省电力公司电网设备选型技术原则

（调度自动化厂站端）

1 总体技术要求

（1）自动化系统选型应满足现行有关国家标准、电力行业标准、国家电网公司企业标准、反事故措施、河南电网技术文件等要求。

（2）厂站端自动化设备应满足"四统一、四规范"要求，通过具有相关资质并经国家电网公司核准的检测机构所进行的试验检测。具有应用于相应电压等级系统的成功运行经验，杜绝不合格产品入网运行。

（3）数据通信网关机应能直接从间隔层测控装置获取调度所需的数据，实现远动信息的直采直送。远动通信设备具有远动数据处理、规约转换及通信功能，满足调度自动化的要求。

（4）测控装置具有状态量采集、交流采样及测量、防误闭锁、同期检测、就地断路器紧急操作和单接线状态及数字显示等功能，负责对全站运行设备的信息进行采集、转换、处理和传送的要求。

（5）网络设备是变电站监控系统各设备间信息交换的平台，应能充分满足系统通信容量、实时性和可靠性要求。支持交流、直流供电，电口和光口数量应满足变电站应用要求。

（6）应统一配置主机冗余的时间同步装置，并具备对被授时设备时间同步状态监测的功能。时钟源应以天基授时为主、地基授时为辅，天基授时以北斗为主、GPS 为辅。

（7）相量测量装置应能和远方主站配合用以组建电力系统实时动态监测系统，依靠快速的采样速率和精确的时间，可实现实时监测系统的运行状态，观测系统的稳定裕度，记录长期的动态过程的功能。

2 标准和规范

GB/T 13729　远动终端设备

GB/T 13730　地区电网调度自动化系统

GB/T 14285　继电保护和安全自动装置技术规程

DL/T 280　电力系统同步相量测量装置通用技术条件

DL/T 478　继电保护和安全自动装置通用技术条件

DL/T 516　电力调度自动化系统运行管理规程

DL/T 630　交流采样远动终端技术条件

DL/T 634.5101　远动设备及系统　第5-101部分：传输规约　基本远动任务配套标准

DL/T 634.5104　远动设备及系统　第5-104部分：传输规约　采用标准传输协议集的 IEC 60870-5-101 网络访问

DL/T 698.31　电能信息采集与管理系统　第3-1部分：电能信息采集终端技术规范通用

要求

DL/T 698.32　电能信息采集与管理系统　第 3-2 部分：电能信息采集终端技术规范厂站采集终端特殊要求

DL/T 743　电能量远方终端

DL/T 860.1　变电站通信网络和系统　第 1 部分：概论

DL/T 860.2　变电站通信网络和系统　第 2 部分：术语

DL/T 860.3　变电站通信网络和系统　第 3 部分：总体要求

DL/T 860.4　变电站通信网络和系统　第 4 部分：系统和项目管理

DL/T 860.5　变电站通信网络和系统　第 5 部分：功能的通信要求和装置模型

DL/T 860.6　电力企业自动化通信网络和系统　第 6 部分：与智能电子设备有关的变电站内通信配置描述语言

DL/T 860.10　变电站通信网络和系统　第 10 部分：一致性测试

DL/T 860.71　电力自动化通信网络和系统　第 7-1 部分：基本通信结构原理和模型

DL/T 860.72　电力自动化通信网络和系统　第 7-2 部分：基本信息和通信结构——抽象通信服务接口（ACSI）

DL/T 860.73　电力自动化通信网络和系统　第 7-3 部分：基本通信结构　公用数据类

DL/T 860.74　电力自动化通信网络和系统　第 7-4 部分：基本通信结构　兼容逻辑节点类和数据类

DL/T 860.81　电力自动化通信网络和系统　第 8-1 部分：特定通信服务映射（SCSM）——映射到 MMS（ISO 9506-1 和 ISO 9506-2）及 ISO/IEC 8802-3

DL/T 860.92　电力自动化通信网络和系统　第 9-2 部分：特定通信服务映射（SCSM）——基于 ISO/IEC 8802-3 的采样值

DL/T 1100.1　电力系统的时间同步系统　第 1 部分：技术规范

DL/T 5002　地区电网调度自动化设计技术规程

DL/T 5003　电力系统调度自动化设计技术规程

DL/T 5103　35kV～220kV 无人值班变电站设计规程

DL/T 5137　电测量及电能计量装置设计技术规程

DL/T 5149　220kV～500kV 变电所计算机监控系统设计技术规程

DL/T 5218　220kV～750kV 变电站设计技术规程

Q/GDW 140　交流采样测量装置运行检验管理规程

Q/GDW 213　变电站计算机监控系统工厂验收管理规程

Q/GDW 214　变电站计算机监控系统现场验收管理规程

Q/GDW 231　无人值守变电站及监控中心技术导则

Q/GDW 341　330kV 变电站通用设计规范

Q/GDW 342　500kV 变电站通用设计规范

Q/GDW 383　智能变电站技术导则

Q/GDW 393　110（66）kV～220kV 智能变电站设计规范

Q/GDW 394　330kV～750kV 智能变电站设计规范

Q/GDW 10131　电力系统实时动态监测系统技术规范

Q/GDW 10427 智能变电站测控单元技术规范电力监控系统安全防护规定（国家发展和改革委员会令第 14 号令）

Q/GDW 10429 智能变电站网络交换机技术规范

Q/GDW 10678 智能变电站一体化监控系统技术规范

Q/GDW 11539 电力系统时间同步及监测技术规范

Q/GDW 11627 变电站数据通信网关机技术规范

Q/GDW 11766 电力监控系统本体安全防护技术规范

国家能源局关于印发《电力监控系统安全防护总体方案等安全防护方案和评估规范》的通知（国能安全〔2015〕36 号）

3 选型技术要求

3.1 变电站自动化系统

（1）应采用双以太网，站控层和间隔层设备均接入该网络。在站控层网络失效的情况下，间隔层应能独立完成就地数据采集和控制功能。

（2）系统具有防误闭锁和成组控制功能。

（3）所采用的 DL/T 634、DL/T 860 等标准经用户认可的权威机构一致性测试通过，满足互操作性要求，并有两年 10 套以上相应电压等级成功运行经验。

（4）站控层系统可用率不小于 99.9%，站控层平均故障间隔时间 MTBF 不小于 20000h，间隔层平均故障间隔时间 MTBF 不小于 30000h；主机正常负荷率宜低于 30%，事故负荷率宜低于 50%；网络正常负荷率宜低于 20%，事故负荷率宜低于 40%；模拟量越死区传送时间不大于 2s；开关量变位传送时间不大于 1s；遥控操作正确率不小于 99.99%，遥调正确率不小于 99.9%；开关量信号输入至画面显示的相应时间不大于 2s；时间顺序记录分辨率（SOE）不大于 2ms，整个系统对时精度误差应不大于 1ms。

（5）用户维护方便、界面美观。

3.2 远动通信网关机

（1）在电力系统有 3 年及以上成功运行经验。

（2）应能与多个相关调度通信中心进行数据通信，满足现行行业标准 DL/T 5002《地区电网调度自动化设计技术规程》、DL/T 5003《电力系统调度自动化设计规程》的要求，其容量及性能指标应满足变电站远动功能及规范转换要求。

（3）应直接从间隔层测控装置获取调度所需要的数据，实现远动信息的直采直送。

（4）应能适应各调度主站通信规约，能同时支持专线和数据网络两种通信方式。

（5）能正确接收、处理、执行相关控制中心的遥控命令，但同一时刻只能执行一个主站的控制命令。

（6）应遵循"告警直传，远程浏览，数据优化，认证安全"信息交互技术原则。

（7）每个通道 SOE 缓存条数不少于 8000 条；远方遥控的报文记录条数不少于 1000 条；运行日志、操作日志与维护日志各记录条数不少于 10000 条。

3.3 测控装置

（1）在电力系统有 3 年及以上成功运行经验。

（2）模拟量输入方面。电流量、电压量测量误差不大于±0.2%；有功、无功测量误差不大于±0.5%；在 45～55Hz 范围内，频率测量误差不大于 0.005Hz；具备零值死区设置功能，当测量值在该死区范围内时为零；具备变化死区设置功能，当测量值变化超过该死区时上送该值。

（3）开关量输入方面。要求光电隔离，隔离电压不小于 2000V。

（4）应具备软硬件防抖功能，且防抖时间可整定。

（5）SOE 分辨率应不大于 1ms。

（6）开关量输出方面。采用空接点输出方式；输出接点容量为直流 110V、5A，交流 220V、5A。

（7）应满足工业级标准，采用模块化、标准化设计，容易维护更换，允许带电插拔，任何一个模块故障检修时，应不影响其他模块的正常工作。

（8）应有自检及自诊断功能，异常及交、直流消失等应有告警信号，装置本身也应有 LED 状态信号指示。

3.4 网络设备

（1）在电力系统有 2 年及以上成功运行经验。

（2）交换机采用低功耗、无风扇产品，网络传输速率不小于 100Mbit/s，丢包率小于 0.01%，在网络注入 40%带宽的广播包向各网络结点发送时，系统应能正常工作，不出现通信故障。

（3）支持 SNMP 管理，具备交换机运行数据统计功能。

（4）通过 KEMA 认证。装置无故障时间达到 50 万 h 以上。

3.5 时间同步装置

（1）在电力系统有 2 年及以上成功运行经验。

（2）时间信号同步单元应能同时接收北斗、GPS 以及地面时间中心通过网络传递来的基准时间信号，授时精度应不高于 100ns（单向）。

（3）可实现的时间输出信号方式有脉冲信号、IRIG-B 码、串行口时间报文、网络时间报文等。

（4）时间同步装置的守时单元应采用高精度、高稳定性的恒温晶体作为本地守时时钟，在守时 12h 状态下的时间准确度应优于 $1\mu s/h$。

（5）时间同步装置功能、性能指标应满足 Q/GDW 11539《电力系统时间同步及监测技术规范》要求。

3.6 相量测量装置及相量数据集中器

（1）相量测量装置和相量数据集中器的对时信号类型应采用 IRIG-B 码，对时信号宜采用光纤传输。相量测量装置对时误差应不大于 $\pm 1\mu s$，当同步时钟信号丢失或异常时，装置守时精度为 60min 以内，相角测量误差的改变量不大于 1°。

（2）相量测量装置测量精度。电压、电流幅值与相位测量误差极限应满足表 2-1 与表 2-2，功率测量误差极限为 0.5%，频率测量误差不大于 0.002Hz。

表 2-1 基波电压相量测量准确度要求

输入电压	$0.1U_n \leqslant U \leqslant 0.5U_n$	$0.5U_n \leqslant U \leqslant 1.2U_n$	$1.2U_n \leqslant U \leqslant 2U_n$
幅值测量误差极限（%）	0.2	0.2	0.2
相角测量误差极限（°）	0.5	0.2	0.5

表 2-1（续）

输入电压	$0.1U_n{\le}U{\le}0.5U_n$	$0.5U_n{\le}U{\le}1.2U_n$	$1.2U_n{\le}U{\le}2U_n$
频率误差极限（Hz）	0.002	0.002	0.002
频率变化率误差极限（Hz/s）	0.01	0.01	0.01

注　U 为电压相量幅值，U_n 为电压的额定值。

表 2-2　基波电流相量测量准确度要求

输入电流	$0.1I_n{\le}I{\le}0.2I_n$	$0.2I_n{\le}I{\le}0.5I_n$	$0.5I_n{\le}I{\le}2I_n$
幅值测量误差极限（%）	0.2	0.2	0.2
相角测量误差极限（°）	1	0.5	0.5

注　I 为电流相量幅值，I_n 为电流的额定值。

（3）PMU 应具有与同时与多个主站进行数据通信的能力，且不降低实时性指标（数据帧的等间隔传输频率不受影响）。

（4）相量测量装置应具有时间同步及监测、实时监测、实时通信、动态数据记录、离线数据召唤、低频振荡告警、连续录波、次/超同步振荡监测的功能，各功能不应相互影响和干扰。

3.7　电能量远方终端

（1）符合 DL/T 698.31、DL/T 698.32 的有关要求。

（2）应配置交流或直流电源。

（3）支持 DL/T 645、河南省颁布的表计规约，提供至少 4 路光隔 RS-485 总线接口，可监视 TV 失压情况，对 TV 失压进行报警并记录时间。

（4）采集存储总、峰、谷、平、尖等时段电能量数据，采集存储电能表断相失压、最大需量、表计状态、表计时间差等数据。

（5）具有 RS-232、拨号/专线 Modem、TCP/IP 网络等多种通信方式与主站通信。

（6）终端本身具有时钟，同时能够接受主站对时，两者误差应小于 5s，支持对电表的对时功能。

（7）存储容量满足 5min 间隔、40 天周期的要求，具有可扩展性，供电电源中断后，应有数据和时钟保持措施，储存数据至少保存 10 年，时钟至少正常运行 3 年。

3.8　UPS（不间断电源）

3.8.1　主要技术参数

（1）交流电压：单相 220V/50Hz 或三相 380V/50Hz。

（2）直流电压：110V（110V 直流系统）/220V（220V 直流系统）。

（3）额定输出电压及频率：单相 220V/50Hz。

（4）稳压精度：稳态，不大于±3%；动态过程中，负荷以 0～100%变化，其偏差值小于±5%，恢复时间小于 20ms。

（5）输出电压调节范围：±3%。

（6）效率：≥80%（交流输入逆变输出）；≥85%（直流输入逆变输出）。

（7）输出波形：正弦波。

（8）输出频率精度：50（1±0.5%）Hz。

（9）同步范围：50（1±2%）Hz。

（10）同步速度：≤1Hz/s。

（11）总谐波含量：≤3%。

（12）负载功率因数范围：0.9（超前），0.7（滞后）。

（13）单机无故障时间（MTBF）：＞50000h。

（14）交流供电与直流供电之间的切换时间：0ms。

（15）过载能力：125%额定值时可维持 10min，150%额定值时可维持 1min。

3.8.2　主要性能要求

（1）应具备防止过负荷及外部短路的保护。

（2）交流电源输入回路中应有涌流抑制措施。

（3）所有部件的功率均应满足长期额定输出的要求。

（4）旁路电源需经隔离变压器进行隔离。

（5）应具有外部检修旁路。

（6）面板上应设有各种运行和故障显示。

第3篇 通信专业

国网河南省电力公司通信设备选型技术原则

（OPGW 光缆）

1　总体技术要求

应采用技术先进、性能优良、功能实用、安全可靠的成熟产品。所用产品应符合相关国际标准、国家标准、行业标准和企业标准。

本技术原则规定了 OPGW 光缆选型的分类、结构、性能等方面的通用技术要求，适应于 OPGW 光缆的选型和采购。

2　标准和规范

IEEE Std.1138　用于公共电力线路的光纤复合架空地线 IEEE 标准

IEC 60104　架空线路用铝镁硅合金丝线

IEC 60793　光纤　第 1 部分：总规范

IEC 60794　光缆　第 1 部分：总规范

IEC 60888　绞线用镀锌钢线

IEC 61089　圆线同心绞架空导线

IEC 61232　电工用铝包钢线

IEC 61284　架空线路金具的要求和试验

IEC 61394　架空线铝、铝合金和裸钢导线用润滑脂的特性

IEC 61396　OPGW 的电气、机械和物理性能要求及其测试方法

ITU-TG.652　非色散位移单模光纤特性

ITU-TG.655　非零色散位移 1 单模光纤特性

ASTMB416　同心绞铝包钢绞线

ASTME8　金属材料的强度测试方法

GB/T 1179　圆线同心绞架空导线

GB/T 2314　电力金具通用技术条件

GB/T 2315　电力金具　标称破坏载荷系列及连接型式尺寸

GB/T 2479　普通磨料　白刚玉

GB/T 7424.1　光缆总规范　第 1 部分：总则

GB/T 7424.2　光缆总规范　第 2 部分：光缆基本试验方法

GB/T 7424.4　光缆　第 4 部分：分规范　光纤复合架空地线

GB/T 9771.1～5　通信用单模光纤系列

GB/T 15972.10　光纤试验方法规范　第 10 部分：测量方法和试验程序　总则

GB/T 17937　电工用铝包钢线

DL/T 766 光纤复合架空地线（OPGW）用预绞式金具技术条件和试验方法

DL/T 832 光纤复合架空地线

DL/T 1099 防振锤技术条件和试验方法

DL/T 1378 光缆复合架空地线（OPGW）防雷接地技术导则

DL/T 5344 电力光纤通信工程验收规范

YD/T 814.1 光缆接头盒 第1部分：室外光缆接头盒

YD/T 814.2 光缆接头盒 第2部分：光纤复合架空地线接头盒

Q/GDW 292 1000kV输电线路铁塔、导线、金具和OPGW监造导则

Q/GDW 316 特高压OPGW技术规范及运行技术要求

Q/GDW 317 特高压光纤复合架空地线（OPGW）工程施工及竣工验收技术规范

Q/GDW 761 光纤复合架空地线（OPGW）标准类型技术规范

Q/GDW 1292 特高压输电线路铁塔、导线、金具和OPGW监造导则

Q/GDW 10758 电力系统通信光缆安装工艺规范

3 选型技术要求

3.1 OPGW光缆选型分类

（1）OPGW光缆应依据装备技术政策、安全技术要求、电压等级和敷设方式进行选型和配置。

（2）特高压OPGW光缆应符合Q/GDW 292—2009、Q/GDW 316—2009、Q/GDW 317—2009和Q/GDW 1292—2014等相关标准的技术要求。

（3）OPGW光缆应主要依据产品编号、光缆结构型式、最大光纤数量（芯）、铝包钢截面、外径、单位长度质量等技术参数进行选型分类。其中，产品编号的格式为"OPGW-AA-BB-CC"，"AA"表示外径（mm）的下界值，"BB"为铝包钢截面值与铝合金截面值之合（mm²）取十位的下界值，"CC"为序号标识；光缆结构型式的格式为"[铝包钢结构]，光单元DD/EE"，"[铝包钢结构]"表示为"AA1/BB1/CC1＋AA2/BB2/CC2＋AA3/BB3/CC3"（数字1～3表示从里到外铝包钢结构的层数），"AA""BB"和"CC"分别表示铝包钢线的数量、直径（mm）和导电率（百分比），"DD"表示光单元不锈钢管的数量，"EE"表示光单元不锈钢管的直径。OPGW光缆的技术参数详见表3-1。

表3-1 OPGW光缆类型技术参数表

序号	产品编号	光缆结构型式	最大光纤数量芯	铝包钢截面积（mm²）	铝合金截面积（mm²）	外径（mm）	单位长度质量（kg/km）
1	OPGW-9-40-1	6/3.0/20AS，光单元1/3.0	24	≈40	—	9.0	≤304
2	OPGW-10-50-1	6/3.2/20AS，光单元1/3.2	24	≈50	—	9.6	≤345
3	OPGW-11-70-1	6/3.8/20AS，光单元1/3.8	48	≈70	—	11.4	≤475
4	OPGW-11-70-2	6/3.8/40AS，光单元1/3.8	48	≈70	—	11.4	≤340
5	OPGW-13-90-1	1/2.6/20AS＋4/2.5/20AS＋11/2.8/20AS，光单元2/2.5	48	≈90	—	13.2	≤641

表 3-1（续）

序号	产品编号	光缆结构型式	最大光纤数量芯	铝包钢截面积（mm²）	铝合金截面积（mm²）	外径（mm）	单位长度质量（kg/km）
6	OPGW-13-90-2	1/2.6/40AS＋4/2.5/40AS＋11/2.8/40AS，光单元 2/2.5	48	≈90	—	13.2	≤457
7	OPGW-13-100-1	1/2.6/20AS＋5/2.5/20AS＋11/2.8/20AS，光单元 1/2.5	24	≈100	—	13.2	≤674
8	OPGW-13-100-2	1/2.6/40AS＋5/2.5/40AS＋11/2.8/40AS，光单元 1/2.5	24	≈100	—	13.2	≤479
9	OPGW-14-110-1	1/2.6/20AS＋5/2.5/20AS＋10/3.2/20AS，光单元 1/2.5	24	≈110	—	14	≤760
10	OPGW-14-110-2	1/2.8/20AS＋5/2.7/20AS＋11/3.05/20AS，光单元 1/2.6	24	≈110	—	14.3	≤791
11	OPGW-14-110-3	1/2.9/20AS＋5/2.8/20AS＋12/2.8/AA，光单元 1/2.7	24	≈37	≈74	14.1	≤473
12	OPGW-14.6-120-1	1/3.0/20AS＋5/2.9/20AS＋12/2.9/20AS，光单元 1/2.8	36	≈120	—	14.6	≤820
13	OPGW-14.6-120-2	1/3.0/30AS＋5/2.9/30AS＋12/2.9/30AS，光单元 1/2.8	36	≈120	—	14.6	≤700
14	OPGW-14.6-120-3	1/3.0/40AS＋5/2.9/40AS＋12/2.9/40AS，光单元 1/2.8	36	≈120	—	14.6	≤582
15	OPGW-15-120-1	1/3.2/20AS＋4/3.0/20AS＋12/3.0/20AS，光单元 2/2.9	72	≈120	—	15.2	≤832
16	OPGW-15-120-2	1/3.2/30AS＋4/3.0/30AS＋12/3.0/30AS，光单元 2/2.9	72	≈120	—	15.2	≤711
17	OPGW-15-120-3	1/3.2/40AS＋4/3.0/40AS＋12/3.0/40AS，光单元 2/2.9	72	≈120	—	15.2	≤591
18	OPGW-15-130-1	1/3.2/20AS＋5/3.0/20AS＋12/3.0/20AS，光单元 1/2.9	36	≈130	—	15.2	≤879
19	OPGW-15-130-2	1/3.2/30AS＋5/3.0/30AS＋12/3.0/30AS，光单元 1/2.9	36	≈130	—	15.2	≤751
20	OPGW-15-130-3	1/3.2/40AS＋5/3.0/40AS＋12/3.0/40AS，光单元 1/2.9	36	≈130	—	15.2	≤624
21	OPGW-16-140-1	1/3.3/20AS＋5/3.2/20AS＋12/3.2/20AS，光单元 1/3.1	36	≈140	—	16.1	≤995
22	OPGW-16-140-2	1/3.3/30AS＋5/3.2/30AS＋12/3.2/30AS，光单元 1/3.1	36	≈140	—	16.1	≤850
23	OPGW-16-140-3	1/3.3/20AS＋5/3.2/20AS＋12/3.2/AA，光单元 1/3.1	36	≈49	≈96	16.1	≤611

表 3-1（续）

序号	产品编号	光缆结构型式	最大光纤数量芯	铝包钢截面积（mm²）	铝合金截面积（mm²）	外径（mm）	单位长度质量（kg/km）
24	OPGW-17-150-1	1/3.4/20AS＋5/3.3/20AS＋12/3.3/20AS，光单元 1/3.2	48	≈150	—	16.6	≤1055
25	OPGW-17-150-2	1/3.4/30AS＋5/3.3/30AS＋12/3.3/30AS，光单元 1/3.2	48	≈150	—	16.6	≤901
26	OPGW-17-150-3	1/3.4/40AS＋5/3.3/40AS＋12/3.3/40AS，光单元 1/3.2	48	≈150	—	16.6	≤747
27	OPGW-17-150-4	1/3.4/20AS＋4/3.3/20AS＋12/3.3/20AS，光单元 2/3.2	72	≈150	—	16.6	≤998
28	OPGW-17-150-5	1/3.4/30AS＋4/3.3/30AS＋12/3.3/30AS，光单元 2/3.2	72	≈150	—	16.6	≤853
29	OPGW-18-170-1	1/3.6/20AS＋5/3.5/20AS＋12/3.5/20AS，光单元 1/3.4	48	≈170	—	17.6	≤1190
30	OPGW-18-170-2	1/3.8/20AS＋4/3.6/20AS＋12/3.6/20AS，光单元 2/3.5	72	≈170	—	18.2	≤1187
31	OPGW-18-180-1	1/3.8/14AS＋5/3.6/14AS＋12/3.6/14AS，光单元 1/3.5	48	≈180	—	18.2	≤1372
32	OPGW-18-180-2	1/3.8/20AS＋5/3.6/20AS＋12/3.6/20AS，光单元 1/3.5	48	≈180	—	18.2	≤1255
33	OPGW-18-180-3	1/3.8/30AS＋5/3.6/30AS＋12/3.6/30AS，光单元 1/3.5	48	≈180	—	18.2	≤1071
34	OPGW-18-180-4	1/3.8/40AS＋5/3.6/40AS＋12/3.6/40AS，光单元 1/3.5	48	≈180	—	18.2	≤888

3.2 OPGW 光缆结构要求

（1）OPGW 光缆的类别及其结构、最大光纤数量、铝包钢截面、铝合金截面、外径和单位长度质量要求应符合表 3-1 中对应的技术参数要求。

（2）OPGW 配套的金具应包括悬垂线夹、耐张线夹、接头盒、防振金具和专用接地线等。除了非磁性金属材料制成品，所有金具均应热镀锌。镀锌应在部件材料的加工、制造完成后再进行。

（3）悬垂线夹应用于将光纤复合架空地线（OPGW）吊挂于直线杆塔上，包括护线装置以及接地跳线组件等，必要时可采用防振装置来控制微风振动。悬垂线夹应采用 AGS 型，应提供铝包钢或铝合金护线条以保护 OPGW，应采用镀锌钢或铝合金的本体材料。

（4）耐张线夹应用于将 OPGW 连接至耐张杆塔上以承受 OPGW 张力，应采用预绞丝型，必要时可采用防振装置来控制微风振动，还可以采用防舞动装置来控制舞动，应满足线路设计对短路电流的要求。

（5）防振金具应用于控制由风引起的 OPGW 的微风振动，一般情况下可采用防振螺旋条和防振锤两种型式，对于用螺栓紧固的防振金具应在 OPGW 上使用护线条。

（6）防舞动金具应用于控制由风及覆冰引起的 OPGW 的舞动。

（7）OPGW 光缆材质应根据受力状态来决定使用材料的类别，应采用耐腐性好的铝合金丝、铝包钢丝、镀铝钢丝、镀锌钢丝等材料。

（8）OPGW 应能承受雷电、短路电流（包括感应电压电流）和能预料的超常外部条件，而不降低其正常的使用性能；应保证在 OPGW 通过故障电流时，其单线（铝包钢或铝合金线）、光单元（铝管或不锈钢管类型）、支撑导向组件（如果使用任何内插件或填充物）及光纤本身不受损害，并在工程使用寿命期间不影响信号传输或降低光纤特性；应根据当地的雷暴日推算出雷击能量（库仑值）在 OPGW 的结构设计、选材等上满足雷击能量要求。220kV 及以上线路 OPGW 外层股线应选取单丝直径 3.0mm 及以上的铝包钢线。

（9）OPGW 光纤填充膏的参数应包括在管中的填充率，OPGW 光缆宜进行渗水试验验证。

（10）OPGW 光缆的绞线过程应保证 OPGW 在涂覆防腐油膏或采用其他有效措施下的防腐性能，防腐油膏应符合 IEC 61394 的规定。

（11）接地跳线组件应包含一根专用接地线、其一端同 OPGW 紧密配合的铝合金并沟线夹以及另一端同杆塔连接的接地夹具（夹具的孔径应为 17.5mm）。

（12）接头盒应具有良好的防尘、防水和防锈性能；应具有防挤压和防冲撞的机械强度；应包括安装附件、密封件和所有用于光纤长期连接的附件；工作寿命上应大于 OPGW 的寿命；材质应为铝合金；应在外侧标有"高压带电危险"字样及图标。在接头盒安装使用的操作中，光纤接头应无明显附加衰减。

3.3　OPGW 光缆性能要求

3.3.1　OPGW 光纤性能要求

OPGW 选用光纤的技术参数应符合表 3-2 的技术要求，并且 OPGW 的设计寿命应不小于 30 年。

表 3-2　光 纤 技 术 参 数 表

序号	项　　　目		性能要求
1	光纤类型		G.652/G.655
2	衰减	1310nm 衰减系数（B1.1）（dB/km）	≤0.35
		1550nm 衰减系数（B1.1）（dB/km）	≤0.21
		1550nm 衰减系数（B4）（dB/km）	≤0.22
		1285～1330nm 范围内衰减相对 1310nm 的衰减值（B1.1）（dB/km）	≤0.05
		1525～1575nm 范围内衰减相对 1550nm 的衰减值（dB/km）	≤0.05
3	衰减点不连续性（dB）		≤0.10

表 3-2（续）

序号	项目		性能要求
4	模场直径	B1.1（1310nm） （μm）	（8.6～9.5）±0.7
		B4（1550nm） （μm）	（8.0～11）±0.7
5	截止波长	光缆的截止波长（B1.1） （nm）	≤1260
		光缆的截止波长（B4） （nm）	≤1480
6	色散	1288～1339nm 色散系数绝对值（B1.1） [ps/（nm·km）]	≤3.5
		1271～1360nm 色散系数绝对值（B1.1） [ps/（nm·km）]	≤5.3
		1550nm 色散系数绝对值（B1.1） [ps/（nm·km）]	≤18
7		非零色散区（B4） （nm）	1530≤λ≤1565
8		非零色散区色散系数绝对值（B4）（A 子类） [ps/（nm·km）]	0.1～6.0，$D_{max}-D_{min}\leq5$
9		非零色散区色散系数绝对值（B4）（B 子类） [ps/（nm·km）]	1.0～10.0，$D_{max}-D_{min}\leq5$
10		零色散波长（B1.1） （nm）	1300～1324
11		零色散斜率（B1.1） [ps/（nm^2·km）]	≤0.093
12	几何特性	包层直径 （m）	125.0±1.0
		芯/包层同心度误差 （m）	≤0.8
		包层不圆度 （%）	≤2.0
		涂覆层直径 （m）	245±10
		包层/涂层同心度误差 （m）	≤12.5

3.3.2 OPGW 机械性能要求

（1）OPGW 最小允许的弯曲半径应为 OPGW 外径的 20 倍（动态时）；OPGW 外径的 15 倍（静态时）。OPGW 光纤应当有适当的余长；应保证当承受 40%RTS 的张力时光纤无应变、无附加衰减；应满足当 OPGW 承受 60%RTS 的张力时，光纤应变不大于 0.25%、光纤附加衰减不大于 0.05dB，并且该拉力取消后，光纤无明显残余附加衰减；应采取适当的防振措施来控制 OPGW 的振动水平，以保证采取上述措施后，在 OPGW 线夹出口处和防振金具线夹出口处（或端口）微应变不大于 ±150με。

（2）耐张线夹至少应具有承受 OPGW 95%RTS 的能力，并且在此情况下，其线夹中的 OPGW 不产生滑动；应能承受 OPGW 最大设计允许短路电流，不会引起线夹过热和机械强度的损失。

（3）所使用的铝合金丝抗拉强度应为 340N/mm²，铝包钢丝抗拉强度应为 1300N/mm²（参考 JB/T 17937），并且镀铝钢丝、镀锌钢丝抗拉强度应为 1370～1470N/mm²（参考 IEC 60888）。

（4）预绞丝可采用用户要求的其他材料；所选用的材料应保证达到设计要求；与导线表面摩擦力所使用的白刚玉应符合 GB 2479 的规定；预绞丝单位镀锌质量应符合 IEC 60888 的规定。

（5）悬垂串组合应能与杆塔地线挂点相连；应能满足直线转角塔上的使用条件（转角度数为 0°～20°），线夹对 OPGW 的握力应满足表 3-3 要求。单悬垂线夹应满足出口角不小于 30°。

表 3-3　悬 垂 线 夹 的 握 力

SA/ST（OPGW 的铝、钢截面比）	T_w＝RTS%（握力为 OPGW 额定强度的百分比）
SA/ST≤2.3	14
2.3＜SA/ST≤3.9	16
3.9＜SA/ST≤4.9	18

（6）计算在 OPGW 断股后未断股线的残余抗拉强度应不小于 75%RTS；应确保铝合金断股损伤截面积小于铝合金线面积之和的 25%，并且铝包钢断股损伤截面积小于铝包钢线面积之和的 17%；应确保光纤无应变，光信号传输未受任何损伤，并且修补后的 OPGW 截面满足热容量要求。

（7）OPGW 光缆的额定拉断力应符合表 3-4 中对应的要求。

表 3-4　OPGW 额定拉断力技术参数表

序号	产品编号	额定拉断力（kN）	序号	产品编号	额定拉断力（kN）
1	OPGW-9-40-1	≥51	8	OPGW-13-100-2	≥60
2	OPGW-10-50-1	≥58	9	OPGW-14-110-1	≥133
3	OPGW-11-70-1	≥77	10	OPGW-14-110-2	≥140
4	OPGW-11-70-2	≥42	11	OPGW-14-110-3	≥67
5	OPGW-13-90-1	≥112	12	OPGW-14.6-120-1	≥145
6	OPGW-13-90-2	≥57	13	OPGW-14.6-120-2	≥95
7	OPGW-13-100-1	≥118	14	OPGW-14.6-120-3	≥74

表 3-4（续）

序号	产品编号	额定拉断力（kN）	序号	产品编号	额定拉断力（kN）
15	OPGW-15-120-1	≥147	25	OPGW-17-150-2	≥122
16	OPGW-15-120-2	≥96	26	OPGW-17-150-3	≥95
17	OPGW-15-120-3	≥74	27	OPGW-17-150-4	≥172
18	OPGW-15-130-1	≥155	28	OPGW-17-150-5	≥116
19	OPGW-15-130-2	≥102	29	OPGW-18-170-1	≥198
20	OPGW-15-130-3	≥79	30	OPGW-18-170-2	≥199
21	OPGW-16-140-1	≥175	31	OPGW-18-180-1	≥252
22	OPGW-16-140-2	≥115	32	OPGW-18-180-2	≥211
23	OPGW-16-140-3	≥86	33	OPGW-18-180-3	≥147
24	OPGW-17-150-1	≥182	34	OPGW-18-180-4	≥113

3.3.3　OPGW 性能要求

（1）OPGW 应在结构设计、选材等方面满足根据当地的雷暴日所推算出的雷击能量（库仑值）要求。

（2）OPGW 应能承受雷电、短路电流（包括感应电压电流）和能预料的超常外部条件，而不降低其正常的使用性能；应保证当 OPGW 将通过故障电流时，其单线（铝包钢或铝合金线）、光单元（铝管或不锈钢管类型）、支撑导向组件（如果使用任何内插件或填充物）及光纤本身不受损害，并在工程使用寿命期间不影响信号传输或降低光纤特性。

（3）OPGW 光缆直流电阻和短路电流容量的技术参数方面应符合表 3-5 中对应的要求。

表 3-5　OPGW 的电气性能技术参数表

序号	产品编号	20℃直流电阻（Ω/km）	40～200℃允许短路电流容量（$kA^2 \cdot s$）	序号	产品编号	20℃直流电阻（Ω/km）	40～200℃允许短路电流容量（$kA^2 \cdot s$）
1	OPGW-9-40-1	≤2.10	≥9	10	OPGW-14-110-2	≤0.80	≥68
2	OPGW-10-50-1	≤1.82	≥11.5	11	OPGW-14-110-3	≤0.40	≥95
3	OPGW-11-70-1	≤1.30	≥24	12	OPGW-14.6-120-1	≤0.77	≥73
4	OPGW-11-70-2	≤0.70	≥38	13	OPGW-14.6-120-2	≤0.55	≥98
5	OPGW-13-90-1	≤0.98	≥45	14	OPGW-14.6-120-3	≤0.42	≥110
6	OPGW-13-90-2	≤0.52	≥67	15	OPGW-15-120-1	≤0.76	≥76
7	OPGW-13-100-1	≤0.93	≥50	16	OPGW-15-120-2	≤0.53	≥101
8	OPGW-13-100-2	≤0.49	≥74	17	OPGW-15-120-3	≤0.40	≥114
9	OPGW-14-110-1	≤0.83	≥63	18	OPGW-15-130-1	≤0.72	≥85

表 3-5（续）

序号	产品编号	20℃直流电阻（Ω/km）	40～200℃允许短路电流容量（kA²·s）	序号	产品编号	20℃直流电阻（Ω/km）	40～200℃允许短路电流容量（kA²·s）
19	OPGW-15-130-2	≤0.50	≥114	27	OPGW-17-150-4	≤0.64	≥110
20	OPGW-15-130-3	≤0.40	≥137	28	OPGW-17-150-5	≤0.45	≥147
21	OPGW-16-140-1	≤0.65	≥100	29	OPGW-18-170-1	≤0.54	≥150
22	OPGW-16-140-2	≤0.45	≥140	30	OPGW-18-170-2	≤0.54	≥156
23	OPGW-16-140-3	≤0.31	≥170	31	OPGW-18-180-1	≤0.72	≥125
24	OPGW-17-150-1	≤0.60	≥123	32	OPGW-18-180-2	≤0.50	≥175
25	OPGW-17-150-2	≤0.42	≥165	33	OPGW-18-180-3	≤0.35	≥234
26	OPGW-17-150-3	≤0.33	≥195	34	OPGW-18-180-4	≤0.28	≥262

3.3.4 OPGW 环境性能要求

OPGW 及金具在线路长度、最大档距、海拔、日照、湿度、污秽等级、覆冰厚度、温度和雷暴日等方面应满足当地的环境及使用条件。

国网河南省电力公司通信设备选型技术原则

（ADSS 光缆）

1 总体技术要求

应采用技术先进、性能优良、功能实用、安全可靠的成熟产品。所用产品应符合相关国际标准、国家标准、行业标准和企业标准。

本技术原则规定了 ADSS 光缆选型的分类、结构、性能等方面的通用技术要求，适应于 ADSS 光缆的选型和采购。

2 标准和规范

IEC 60793-2　光纤　第 2 部分　产品规范

IEC 60794-1　光纤电缆　第 1 部分　通用规范

IEC 60888　绞线用镀锌钢线

IEC 61073-1　光纤、光缆接头　第 1 部分　总规范构件和附件

IEEEP 1222　用于架空输电线路的全介质自承式光缆（ADSS）性能和试验方法

ITU-TG.650　单模光纤有关参数的定义和测试方法

ITU-TG.652　非色散位移单模光纤特性

ITU-TG.655　非零色散位移单模光纤特性

GB/T 1173　铸造铝合金

GB/T 1220　不锈钢棒

GB/T 2314　电力金具通用技术条件

GB/T 2317.1　电力金具试验方法　第 1 部分：机械试验

GB/T 2423.10　电工电子产品环境试验　第 2 部分：试验方法　试验 Fc：振动（正弦）

GB/T 2479　普通磨料　白刚玉

GB/T 2952.3　电缆外护层　第 3 部分：非金属套电缆通用外护层

GB/T 3281　不锈耐酸及耐热钢厚钢板技术条件

GB/T 6995.2　电线电缆识别标志方法　第 2 部分：标准颜色

GB/T 7424.1　光缆总规范　第 1 部分：总则

GB/T 9771.1　通信用单模光纤　第 1 部分：非色散位移单模光纤特性

GB/T 9771.4　通信用单模光纤　第 4 部分：色散位移单模光纤特性

GB/T 9771.5　通信用单模光纤　第 5 部分：非零色散位移单模光纤特性

GB/T 12666　单根电线电缆燃烧试验方法

GB/T 15065　电线电缆用黑色聚乙烯塑料

GB/T 15972.10　光纤试验方法规范　第 10 部分：测量方法和试验程序　总则

GB/T 17937　电工用铝包钢线

JB/T 8137　电线电缆交货盘

DL/T 767　全介质自承式光缆（ADSS）用预绞式金具技术条件和试验方法

DL/T 1099　防振锤技术条件和试验方法

DL/T 5344　电力光纤通信工程验收规范

YD/T 590.1　通信电缆塑料护套接续套管　第一部分：通用技术条件

YD/T 590.2　通信电缆塑料护套接续套管　第二部分：热缩套管

YD/T 629.1　光纤传输衰减变化的监测方法　传输功率监测法

YD/T 814.1　光缆接头盒　第 1 部分：室外光缆接头盒

YD/T 837.1～837.4　铜芯聚烯烃绝缘铝塑综合护套市内通信电缆试验方法

YD/T 839.3　通信电缆光缆用填充和涂覆复合物　第 3 部分：缆膏

YD/T 901　层绞式通信用室外光缆

YD/T 908　光缆型号命名方法

YD/T 980　全介质自承式光缆

YD/T 1024　光纤固定接头保护组件

3　选型技术要求

3.1　ADSS 光缆选型分类

（1）ADSS 光缆应依据装备技术政策、安全技术要求、电压等级和敷设方式进行选型和配置。

（2）ADSS 光缆应主要依据标记名称、档距、光缆芯数、纤芯类型、外部材质、外径、单位长度质量等技术参数进行选型分类，其中标记名称的格式为"ADSS-AA-BB"，"AA"表示档距值（m），"BB"表示最大允许张力（kN），详见表 3-6。

（3）ADSS 金具应主要依据标记名称、产品名称、线夹类型、绝缘类型、直径范围和适用 ADSS 类型划分为不同类型，其中标记名称的格式为"X-AA-BB"，"AA"表示最大拉断力（kN），"BB"表示序号标识，详见表 3-7。

表 3-6　ADSS 光缆类型技术参数表

标记名称	档距（m）	光缆芯数	纤芯类型	外层材质	外径（mm）	单位长度质量（kg/km）
ADSS-100-4.4kN	100	16、24、36	G.652、G.655、G.652＋G.655	AT/PE	≤12.7	≤133
ADSS-100-5.0kN	100	48、72	G.652、G.655、G.652＋G.655	AT/PE	≤13.8	≤160
ADSS-200-6.4kN	200	16、24、36	G.652、G.655、G.652＋G.655	AT/PE	≤12.9	≤137
ADSS-200-7.3kN	200	48、72	G.652、G.655、G.652＋G.655	AT/PE	≤14.1	≤165
ADSS-200-10.1kN	200	96	G.652、G.655、G.652＋G.655	AT/PE	≤15.9	≤209
ADSS-300-9.6kN	300	16、24、36	G.652、G.655、G.652＋G.655	AT/PE	≤13.2	≤144
ADSS-300-12.4kN	300	48、72	G.652、G.655、G.652＋G.655	AT/PE	≤14.6	≤176

表 3-6（续）

标记名称	档距（m）	光缆芯数	纤芯类型	外层材质	外径（mm）	单位长度质量（kg/km）
ADSS-300-14.7kN	300	96	G.652、G.655、G.652＋G.655	AT/PE	≤16.3	≤219
ADSS-400-12.2kN	400	24、36	G.652、G.655、G.652＋G.655	AT/PE	≤13.5	≤151
ADSS-400-13.8kN	400	48、72	G.652、G.655、G.652＋G.655	AT/PE	≤14.7	≤179
ADSS-400-17.0kN	400	96	G.652、G.655、G.652＋G.655	AT/PE	≤16.5	≤224
ADSS-500-15.6kN	500	24、36	G.652、G.655、G.652＋G.655	AT/PE	≤13.9	≤159
ADSS-500-16.1kN	500	48、72	G.652、G.655、G.652＋G.655	AT/PE	≤15.0	≤185
ADSS-600-19.2kN	600	24、36	G.652、G.655、G.652＋G.655	AT/PE	≤14.3	≤167
ADSS-600-19.8kN	600	48、72	G.652、G.655、G.652＋G.655	AT/PE	≤15.3	≤193
ADSS-700-22.0kN	700	24、36	G.652、G.655、G.652＋G.655	AT/PE	≤14.5	≤173
ADSS-700-23.1kN	700	48、72	G.652、G.655、G.652＋G.655	AT/PE	≤15.6	≤200
ADSS-800-24.8kN	800	24、36	G.652、G.655、G.652＋G.655	AT/PE	≤14.8	≤179
ADSS-800-25.9kN	800	48、72	G.652、G.655、G.652＋G.655	AT/PE	≤15.9	≤206

表 3-7　ADSS 金具类型技术参数表

标记名称	产品名称	线夹类型	绝缘类型	直径范围（mm）	适用 ADSS 类型
X-40-1	悬垂线夹	单线夹，双线夹	非绝缘	9.5～10.5	—
X-70-1	悬垂线夹	单线夹，双线夹	非绝缘	9.5～10.5	—
X-40-2	悬垂线夹	单线夹，双线夹	非绝缘	10.6～11.6	—
X-70-2	悬垂线夹	单线夹，双线夹	非绝缘	10.6～11.6	—
X-40-3	悬垂线夹	单线夹，双线夹	非绝缘	11.7～12.8	ADSS-100-4.4kN
X-70-3	悬垂线夹	单线夹，双线夹	非绝缘	11.7～12.8	
X-40-4	悬垂线夹	单线夹，双线夹	非绝缘	12.9～14.1	ADSS-100-5.0kN ADSS-200-6.4kN ADSS-200-7.3kN
X-70-4	悬垂线夹	单线夹，双线夹	非绝缘	12.9～14.1	ADSS-300-9.6kN ADSS-400-12.2kN ADSS-500-15.6kN
X-40-5	悬垂线夹	单线夹，双线夹	非绝缘	14.2～15.5	ADSS-300-12.4kN ADSS-400-13.8kN ADSS-500-16.1kN ADSS-600-19.2kN
X-70-5	悬垂线夹	单线夹，双线夹	非绝缘	14.2～15.5	ADSS-600-19.8kN ADSS-700-22.0kN ADSS-800-24.8kN

表 3-7（续）

标记名称	产品名称	线夹类型	绝缘类型	直径范围（mm）	适用 ADSS 类型
X-40-6	悬垂线夹	单线夹，双线夹	非绝缘	15.6～17.3	ADSS-200-10.1kN ADSS-300-14.7kN ADSS-400-17.0kN ADSS-700-23.1kN ADSS-800-25.9kN
X-70-6	悬垂线夹	单线夹，双线夹	非绝缘	15.6～17.3	
X-40-7	悬垂线夹	单线夹，双线夹	非绝缘	17.4～19.2	—
X-70-7	悬垂线夹	单线夹，双线夹	非绝缘	17.4～19.2	—
N-40-1	耐张线夹	单线夹	非绝缘	9.5～10.5	—
N-70-1	耐张线夹	单线夹	非绝缘	9.5～10.5	—
N-40-2	耐张线夹	单线夹	非绝缘	10.6～11.6	—
N-70-2	耐张线夹	单线夹	非绝缘	10.6-11.6	—
N-40-3	耐张线夹	单线夹	非绝缘	11.7～12.8	ADSS-100-4.4kN
N-70-3	耐张线夹	单线夹	非绝缘	11.7～12.8	
N-40-4	耐张线夹	单线夹	非绝缘	12.9～14.1	ADSS-100-5.0kN ADSS-200-6.4kN ADSS-200-7.3kN ADSS-300-9.6kN ADSS-400-12.2kN ADSS-500-15.6kN
N-70-4	耐张线夹	单线夹	非绝缘	12.9～14.1	
N-40-5	耐张线夹	单线夹	非绝缘	14.2～15.5	ADSS-300-12.4kN ADSS-400-13.8kN ADSS-500-16.1kN ADSS-600-19.2kN ADSS-600-19.8kN ADSS-700-22.0kN ADSS-800-24.8kN
N-70-5	耐张线夹	单线夹	非绝缘	14.2～15.5	
N-40-6	耐张线夹	单线夹	非绝缘	15.6～17.3	ADSS-200-10.1kN ADSS-300-14.7kN ADSS-400-17.0kN ADSS-700-23.1kN ADSS-800-25.9kN
N-70-6	耐张线夹	单线夹	非绝缘	15.6～17.3	
N-40-7	耐张线夹	单线夹	非绝缘	17.4～19.2	—
N-70-7	耐张线夹	单线夹	非绝缘	17.4～19.2	—

3.2 ADSS 光缆结构要求

（1）ADSS 光缆的标记名称、档距、光缆芯数、纤芯类型、外层材质、外径和单位长度质量符合表 3-6 中的技术参数要求，并且 ADSS 金具应在标记名称、产品名称、线夹类型、绝缘类型、直径范围和适用 ADSS 类型应符合表 3-7 中的技术参数要求。

（2）ADSS 配套金具应一般包括悬垂线夹、耐张线夹、螺旋减震器、防振锤、防舞动金具等；应在技术条件和试验方法上符合 DL/T 767 的规定，并且所有金具的外观和质量均应满足 GB/T 2314 的规定。

（3）悬垂线夹应用来将全介质自承式光缆（ADSS）吊挂于直线杆塔上。

（4）耐张线夹应用来将 ADSS 光缆连接至耐张杆塔上，以承受 ADSS 光缆张力，且必要时，可采用防振装置来控制微风振动，采用防舞动装置来控制舞动。

（5）防振金具应一般采用螺旋减振器，也可采用防振锤，且应用于控制由风引起的 ADSS 的微风振动。

（6）防振金具应用于控制由风及覆冰引起的 ADSS 的舞动，应一般采用螺旋减振器，也可采用防振锤；应在具有螺栓夹子型防振装置的 ADSS 光缆上使用护线条，且应将微风振动控制在可以接受的范围内。

（7）ADSS 缆芯应为层绞式松套管结构；应对其缆芯中的光纤加以保护，使之免受机械、环境和电场的影响；应对缆芯内的所有间隙采取有效的阻水措施；应在缆芯内和松套管内充满触变型的填充材料，并且填充材料不影响光纤的传输性能和使用寿命；应确保不多于 36 芯光缆的每根松套管内的光纤数量不多于 6 根，且为偶数；应确保同一包中同芯数各类型光缆松套管及每根套管中的芯数应一致，光纤芯数与松套管数量应符合表 3-8 的要求，并且松套管均采用 SZ 绞型式。

表 3-8　光缆内光纤芯数与松套管数量表

每管内光纤最大芯数	松套管数量	适用芯数
6	1	4～6
6	2	8～12
6	3	14～18
6	4	20～24
6	5	26～30
6	6	32～36
12	4	38～40
12	4	42～48
12	5	50～56
12	6	58～64
12	6	66～72
12	7	74～84
12	8	86～96

（8）G.652 与 G.655 混纤光缆结构应确保两种光纤不得收纳在同一根松套管内，并且同一包中同芯数各类型光缆松套管数及每根套管中的芯数及其色谱应一致。

（9）中心加强构件应采用纤维增强塑料（FRP）圆杆，并且其拉伸杨氏模量应不小于 50GPa，弯曲杨氏模量应不小于 45GPa，同时延伸率应不小于 2.0%；应确保在光缆制造长度范围内 FRP 不允许有接头。

（10）扎纱应由强度足够的非吸湿性和非吸油性纱束，并且包带应具有足够的隔热和耐电压性能。

（11）缆芯间隙应采取有效的阻水措施。其中松套管内、松套管间的间隙处宜连续填充不损害光纤传输特性和使用寿命的复合物或其他干式缆芯阻水材料，填充复合物应符合 YD/T 839.3 的规定，其他阻水材料应符合相关标准。

（12）松套管材料应具有良好的机械性能、耐水解性能、耐老化性能和加工性能，且一般宜采用聚对苯二甲酸丁二醇酯（PBT）或其他合适的材料。

（13）填充绳应是表面光滑的圆形实心塑料绳，所用塑料应与填充材料相容，并且各式光缆的束管及填充绳总数量不得小于 6。

（14）层绞式光缆缆芯外应挤包一层聚乙烯内垫层，其标称厚度符合 DL/T 788 要求。

（15）ADSS 外置非金属加强构件应采用芳纶纱。芳纶纱应以合适的节距和张力绞合，且均匀分布，相邻芳纶纱绞层的绞合方向应相反，最外层应右旋，并且芳纶纱的杨氏模量应不低于 90GPa，同时每束芳纶纱在光缆制造长度范围内不允许有接头。

（16）具有阻燃性能光缆的外护套应采用阻燃聚烯烃护套材料，并且外护套的表面应光滑圆整、无裂缝、无气泡、无砂眼和机械损伤、无目力可见裂纹等。

（17）光纤填充膏宜针对填充率进行渗水试验验证，并且应与光缆元件相兼容，其适用性宜采用以下方法来证实：①填充膏的油分离：IEC 811-5-1 条款 5；②腐蚀物质存在的测试：IEC 811-5-1 条款 8；③滴点的确定：IEC 811-5-1 条款 4；④复合物滴流：IEC 794-1；⑤析油和蒸发：IEC 794-1。

（18）ADSS 配套金具的预绞丝尺寸应符合表 3-9 的要求。

表 3-9　ADSS 配套金具的预绞丝尺寸要求

金具类型	代表档距（m）	预绞丝长度（mm）	
		内层	外层
耐张线夹	≥200	≥1820	≥1200
	100～200	≥1200	≥460
	≤100	≥710	
悬垂线夹	≥200m	2030～2820	1070～1820
	100～200	840～910	
	≤100	无预绞丝	
螺旋减振器	—	≥1200	

（19）内部构件应包括支撑架、光纤安放装置；应确保每根用于存放光纤接头的光纤余留部分长度不小于 1.6m、弯曲半径不小于 30mm，并为重新接续光纤提供容易识别纤号的标记和操作空间。

（20）密封元件应用于接头盒本身和接头盒与 ADSS 光缆之间的密封，其密封方法应采用机械密封或热收缩密封。

（21）光纤接头保护件可采用热缩或非热缩方法对光纤进行保护。

（22）接头盒应包括外壳、内部构件、密封元件和光纤接头保护件；宜在外壳材质上采用铝合金或不锈钢材料制造（根据项目单位使用要求也可为非金属材料），并按照招标方要求喷涂明显标识；所有材料的物理、化学性能应稳定，各种材料之间必须相容，与光缆材料相容，并且对人体无损害；外壳宜采用不锈钢或铝合金材料，且其性能应符合 GB/T 3281 和 GB/T 1173 的规定；其热收缩材料应符合 YD/T 590.1 和 YD/T 590.2 的规定；其保护件所采用材料及填充物的热软化温度应确保不小于 70℃；可直接固定在杆塔上，而无需采取在杆塔上打孔等措施。

（23）余缆架应用于盘绕回装光缆接头盒时所富余的光缆；应在制造材料上采用热镀锌扁钢，同时应在热镀锌扁钢上确保是由 Q235 材质所制造，并且锌扁钢的宽度和厚度应分别为 40mm 和 5mm；盘缆直径应符合 900mm，可盘绕的光缆长度应不小于 40m。

（24）多于 36 芯的光缆的松套管标称外径应为 2.6～3.0mm，而 36 芯以下（含 36 芯）光缆的束管标称外径应为 2.2～2.5mm。管外径厚度的容差应不小于±0.05mm，管外径厚度应随外径增大，并且应为 0.30～0.50mm；外护层标称厚度应不小于 1.7mm，且其任何横截面上的厚度应不小于 1.5mm；光缆外径在不大于 13mm 时的最大偏差应不大于±0.20mm，而当光缆外径大于 13mm 时，其最大偏差应不大于±0.3mm。

3.3 ADSS 光缆性能要求

ADSS 光缆设计寿命应不小于 25 年，接头盒的使用年限应不小于 ADSS 光缆的寿命（25 年）。

3.3.1 ADSS 纤芯性能要求

（1）ADSS 纤芯应使用 G.652 或 G.655，并且纤芯性能要求应符合表 3-10 中技术参数要求。

（2）光纤衰减变化的检测应按照 YD/T 629.1 的规定进行。

表 3-10 ADSS 光纤纤芯的性能要求

项　　目	要求
光纤类型	G.652/G.655
1310nm 衰减系数（B1.1）（dB/km）	≤0.35
1550nm 衰减系数（B1.1）（dB/km）	≤0.21
1550nm 衰减系数（B4）（dB/km）	≤0.22
1285～1330nm 范围内衰减相对 1310nm 的衰减值（B1.1）（dB/km）	≤0.05
1525～1575nm 范围内衰减相对 1550nm 的衰减值（dB/km）	≤0.05
衰减点不连续性 dB	≤0.1
B1.1（1310nm）（μm）	7.9

表 3-10（续）

项　　目	要求
B4（1550nm） （μm）	7.3
光缆的截止波长（B1.1） （nm）	≤1260
光缆的截止波长（B4） （nm）	≤1480
1288～1339nm 色散系数绝对值（B1.1） [ps/（nm·km）]	≤3.5
1271～1360nm 色散系数绝对值（B1.1） [ps/（nm·km）]	≤5.3
1550nm 色散系数绝对值（B1.1） [ps/（nm·km）]	≤18
非零色散区（B4） （nm）	1530
非零色散区色散系数绝对值（B4）（A 子类，$D_{max}-D_{min}≤5$） [ps/（nm·km）]	0.1
非零色散区色散系数绝对值（B4）（B 子类，$D_{max}-D_{min}≤5$） [ps/（nm·km）]	1
零色散波长（B1.1） （nm）	1300
零色散斜率（B1.1） [ps/（nm·km）]	≤0.093
包层直径 （μm）	124
芯/包层同心度误差 （μm）	≤0.8
包层不圆度 （%）	≤2
涂覆层直径 （μm）	235
包层/涂层同心度误差 （μm）	≤12.5

3.3.2 ADSS 机械性能要求

（1）ADSS 各类光缆的额定抗拉强度和最大允许使用张力应符合表 3-11 中对应的技术参数要求，表 3-7 中的 ADSS 光缆金具标记名称 X-40-1～X-40-7 和标记名称 N-40-1～N-40-7 的标称破坏载荷均应为 40kN，同时标记名称 X-70-1～X-70-7 和标记名称 N-70-1～N-70-7 的标称破坏载荷均应为 70kN。

（2）悬垂线夹必须满足垂直荷载的要求。其中单悬垂线夹的转向角（Turning-angle）应不小于 30°，双悬垂线夹的转向角应不小于 60°。除另有要求，线夹握力应不小于规定的不平衡荷载的要求，一般为（10%～20%）RTS；当不平衡荷载超过 DL/T 767—2013 中 3.2.1.6 所规定的值时，线夹应能够滑动。悬垂线夹应满足垂直荷载的要求，线夹本身应不得产生对 ADSS 造成损害的应力集中。

（3）悬垂线夹应能承受微风振动的影响，其技术参数应满足表 3-6 和表 3-11 的相应要求。一般情况下，线夹在握力强度上大于 95%RTS（RTS：ADSS 额定抗拉强度）；当达到 ADSS 最大工作张力（SNIWT）时，光缆不应有任何损伤，且对光信号不应有任何影响；在温升情况下（光缆表面温度应达到 70℃），线夹机械强度达到平均运行应力 100%EDS 时，光缆不应有任何损伤，同时对光信号不应有任何影响，线夹本身不得产生对 ADSS 造成损害的应力集中。

（4）在采用防振锤时，防振金具的重量不应大于 1kg；本身不得产生对 ADSS 造成损害的应力集中；应依据 ADSS 光缆的设计，将微风振动控制在可以接受的范围内；应能承受微风振动，自身不产生疲劳；应能承受舞动的影响，不会减弱防振功能或导致 ADSS 光缆受到损伤；在材料上应能承受电气应力，同时不会造成 ADSS 光缆的损坏。

（5）防舞装置本身不应产生对 ADSS 造成损害的应力集中；应减小舞动的强度及发生的可能性；应能承受舞动和微风振动的作用，且不会减弱防舞动功能或导致 ADSS 光缆受到损伤。

（6）ADSS 的材料类型应根据受力状况来决定；应采用耐腐性好的铝合金丝、铝包钢丝、镀铝钢丝、镀锌钢丝等材料。其中铝合金丝的抗拉强度应为 340N/mm²；铝包钢丝的抗拉强度应为 1300N/mm²（见 JB/T 17937）；镀铝钢丝、镀锌钢丝的抗拉强度应为 1370～1470N/mm²（见 IEC 60888）。

（7）预绞丝应保证达到设计要求的其他材料；应确保与导线表面摩擦力上所使用的白刚玉符合 GB/T 2479 的规定；预绞丝的单位镀锌质量上符合 IEC 60888 的规定。

（8）A 级光缆外护套的机械物理性能应符合 DL/T 788 中规定值；B 级光缆外护套的主要机械物理性能应符合 DL/T 788 中所规定值；外护套的其他性能应符合 GB/T 2952.3 的有关规定。

（9）ADSS 使用金具的质量应在设计图样允许偏差范围以内；接头盒外观、机械性能、密封性能、再封装性能、光学性能和环境性能应符合 YD/T 814.1 的要求；光纤接头应能避免潮气侵蚀，加保护后不会增加接头衰减。其机械性能和环境性能应符合 IEC 61073-1 和 YD/T 1024 的规定。

表 3-11　ADSS 抗拉耐张技术参数表　　　　　　　　　　　　　　（kN）

标记名称	额定抗拉强度	最大允许使用张力
ADSS-100-4.4kN	≥11.0	≥4.4
ADSS-100-5.0kN	≥12.4	≥5.0
ADSS-200-6.4kN	≥16.0	≥6.4
ADSS-200-7.3kN	≥18.2	≥7.3

表 3-11（续）

标记名称	额定抗拉强度	最大允许使用张力
ADSS-200-10.1kN	≥25.2	≥10.1
ADSS-300-9.6kN	≥24.0	≥9.6
ADSS-300-12.4kN	≥31.0	≥12.4
ADSS-300-14.7kN	≥36.8	≥14.7
ADSS-400-12.2kN	≥30.6	≥12.2
ADSS-400-13.8kN	≥34.5	≥13.8
ADSS-400-17.0kN	≥42.6	≥17.0
ADSS-500-15.6kN	≥39.0	≥15.6
ADSS-500-16.1kN	≥40.3	≥16.1
ADSS-600-19.2kN	≥48.0	≥19.2
ADSS-600-19.8kN	≥49.6	≥19.8
ADSS-700-22.0kN	≥55.0	≥22.0
ADSS-700-23.1kN	≥57.8	≥23.1
ADSS-800-24.8kN	≥62.0	≥24.8
ADSS-800-25.9kN	≥64.7	≥25.9

3.3.3　ADSS 电器性能要求

ADSS 按照所使用的电场范围应分为 A、B 级，其中 A 级光缆耐电强度应不大于 12kV，B 级光缆耐电强度应大于 12kV。

3.3.4　ADSS 环境性能要求

ADSS 光缆应在海拔、风速、湿度、覆冰厚度和温度等方面满足当地环境的使用条件。

国网河南省电力公司通信设备选型技术原则
（普通光缆）

1 总体技术要求

应采用技术先进、性能优良、功能实用、安全可靠的成熟产品。所用产品应符合相关国际标准、国家标准、行业标准和企业标准。

本技术原则规定了普通光缆选型的分类、结构、性能等方面的通用技术要求，适应于普通光缆的选型和采购。

2 标准和规范

IEC 793-1　光纤　第 1 部分：总规范

IEC 794-1　光缆　第 1 部分：总规范（第三版及修正 1、修正 2）

IEC 60189　聚氯乙烯（PVC）绝缘材料和聚氯乙烯（PVC）护套的低频电缆和电线

IEC 60540　试验方法和绝缘电线电缆护套软线弹性和热塑性化合物

IEC 60793-2　光纤　第 2 部分：产品规范

IEC 60794-1　光纤电缆　第 1 部分：通用规范

ITU-TG.650　单模光纤有关参数的定义和测试方法

ITU-TG.652　非色散位移单模光纤特性

ITU-TG.655　非零色散位移单模光纤特性

ITU-TK.25　光缆的保护

GB/T 2952.3　电缆外护层　第 3 部分：非金属套电缆通用外护层

GB/T 6995.2　电线电缆识别标志方法　第 2 部分：标准颜色

GB/T 9771.1　通信用单模光纤　第 1 部分：非色散位移单模光纤特性

GB/T 9771.4　通信用单模光纤　第 4 部分：色散位移单模光纤特性

GB/T 9771.5　通信用单模光纤　第 5 部分：非零色散位移单模光纤特性

GB/T 12666　单根电线电缆燃烧试验方法

GB/T 15065　电线电缆用黑色聚乙烯塑料

GB/T 15972.10　光纤试验方法规范　第 10 部分：测量方法和试验程序　总则

JB/T 8137　电线电缆交货盘

JB/T 10259　电缆和光缆用阻水带

YD/T 629　光纤传输衰减变化的监测方法

YD/T 723　通信电缆光缆用金属塑料复合带

YD/T 837.3～873.4　铜芯聚烯烃绝缘铝塑综合护套市内通信电缆试验方法

YD/T 839.3　通信电缆光缆用填充和涂覆复合物　第 3 部分：缆膏

YD/T 901　层绞式通信用室外光缆

YD/T 908　光缆型号命名方法

YD/T 980—2002　全介质自承式光缆

Q/GDW 11155　智能变电站预制光缆技术规范

Q/GDW 11184　配电自动化规划设计技术导则

Q/GDW 11358　电力通信网规划设计技术导则

3　选型技术要求

3.1　普通光缆选型分类

（1）普通光缆应依据装备技术政策、安全技术要求、光缆用途及相关要求进行选型和配置。

（2）普通光缆应主要依据纤芯类型、纤芯数量、光缆用途等技术参数进行选型分类，详见表3-12。

表 3-12　普通光缆类型配置参数表

光缆类型	纤芯数量	纤芯类型	光缆用途
普通光缆-1	12 芯	G.651	防蚁光缆
普通光缆-2	12 芯	G.652	防蚁光缆
普通光缆-3	16 芯	G.652	防蚁光缆
普通光缆-4	24 芯	G.651	防蚁光缆
普通光缆-5	24 芯	G.652	防蚁光缆
普通光缆-6	24 芯	G.655	防蚁光缆
普通光缆-7	24 芯	G.652＋G.655	防蚁光缆
普通光缆-8	32 芯	G.652	防蚁光缆
普通光缆-9	32 芯	G.655	防蚁光缆
普通光缆-10	32 芯	G.652＋G.655	防蚁光缆
普通光缆-11	108 芯	G.652	防蚁光缆
普通光缆-12	108 芯	G.652＋G.655	防蚁光缆
普通光缆-13	108 芯	G.655	防蚁光缆
普通光缆-14	120 芯	G.652＋G.655	防蚁光缆
普通光缆-15	120 芯	G.655	防蚁光缆
普通光缆-16	120 芯	G.652	防蚁光缆
普通光缆-17	144 芯	G.655	防蚁光缆
普通光缆-18	144 芯	G.652	防蚁光缆
普通光缆-19	144 芯	G.652＋G.655	防蚁光缆
普通光缆-20	12 芯	G.652	非金属防鼠咬光缆
普通光缆-21	12 芯	G.651	非金属防鼠咬光缆

表 3-12（续）

光缆类型	纤芯数量	纤芯类型	光缆用途
普通光缆-22	16 芯	G.652	非金属防鼠咬光缆
普通光缆-23	24 芯	G.652＋G.655	非金属防鼠咬光缆
普通光缆-24	24 芯	G.651	非金属防鼠咬光缆
普通光缆-25	24 芯	G.652	非金属防鼠咬光缆
普通光缆-26	24 芯	G.655	非金属防鼠咬光缆
普通光缆-27	32 芯	G.655	非金属防鼠咬光缆
普通光缆-28	32 芯	G.652＋G.655	非金属防鼠咬光缆
普通光缆-29	32 芯	G.652	非金属防鼠咬光缆
普通光缆-30	108 芯	G.655	非金属防鼠咬光缆
普通光缆-31	108 芯	G.652＋G.655	非金属防鼠咬光缆
普通光缆-32	108 芯	G.652	非金属防鼠咬光缆
普通光缆-33	120 芯	G.652	非金属防鼠咬光缆
普通光缆-34	120 芯	G.652＋G.655	非金属防鼠咬光缆
普通光缆-35	120 芯	G.655	非金属防鼠咬光缆
普通光缆-36	144 芯	G.652	非金属防鼠咬光缆
普通光缆-37	144 芯	G.652＋G.655	非金属防鼠咬光缆
普通光缆-38	144 芯	G.655	非金属防鼠咬光缆
普通光缆-39	12 芯	G.652	非金属光缆
普通光缆-40	12 芯	G.651	非金属光缆
普通光缆-41	16 芯	G.652	非金属光缆
普通光缆-42	24 芯	G.651	非金属光缆
普通光缆-43	24 芯	G.652	非金属光缆
普通光缆-44	24 芯	G.655	非金属光缆
普通光缆-45	24 芯	G.652＋G.655	非金属光缆
普通光缆-46	32 芯	G.655	非金属光缆
普通光缆-47	32 芯	G.652	非金属光缆
普通光缆-48	32 芯	G.652＋G.655	非金属光缆
普通光缆-49	108 芯	G.655	非金属光缆
普通光缆-50	108 芯	G.652	非金属光缆
普通光缆-51	108 芯	G.652＋G.655	非金属光缆
普通光缆-52	120 芯	G.652	非金属光缆

表 3-12（续）

光缆类型	纤芯数量	纤芯类型	光缆用途
普通光缆-53	120 芯	G.655	非金属光缆
普通光缆-54	120 芯	G.652＋G.655	非金属光缆
普通光缆-55	144 芯	G.655	非金属光缆
普通光缆-56	144 芯	G.652	非金属光缆
普通光缆-57	144 芯	G.652＋G.655	非金属光缆
普通光缆-58	1 芯	G.651	非金属光缆
普通光缆-59	12 芯	G.652	非金属阻燃光缆
普通光缆-60	12 芯	G.651	非金属阻燃光缆
普通光缆-61	16 芯	G.652	非金属阻燃光缆
普通光缆-62	24 芯	G.652	非金属阻燃光缆
普通光缆-63	24 芯	G.651	非金属阻燃光缆
普通光缆-64	24 芯	G.655	非金属阻燃光缆
普通光缆-65	24 芯	G.652＋G.655	非金属阻燃光缆
普通光缆-66	32 芯	G.655	非金属阻燃光缆
普通光缆-67	32 芯	G.652＋G.655	非金属阻燃光缆
普通光缆 68	32 芯	G.652	非金属阻燃光缆
普通光缆-69	108 芯	G.652	非金属阻燃光缆
普通光缆-70	108 芯	G.655	非金属阻燃光缆
普通光缆-71	108 芯	G.652＋G.655	非金属阻燃光缆
普通光缆-72	120 芯	G.652	非金属阻燃光缆
普通光缆-73	120 芯	G.655	非金属阻燃光缆
普通光缆-74	120 芯	G.652＋G.655	非金属阻燃光缆
普通光缆-75	144 芯	G.652	非金属阻燃光缆
普通光缆-76	144 芯	G.655	非金属阻燃光缆
普通光缆-77	144 芯	G.652＋G.655	非金属阻燃光缆
普通光缆-78	12 芯	G.651	管道光缆
普通光缆-79	12 芯	G.652	管道光缆
普通光缆-80	16 芯	G.652	管道光缆
普通光缆-81	24 芯	G.651	管道光缆
普通光缆-82	24 芯	G.652	管道光缆
普通光缆-83	24 芯	G.655	管道光缆

表 3-12（续）

光缆类型	纤芯数量	纤芯类型	光缆用途
普通光缆-84	24 芯	G.652＋G.655	管道光缆
普通光缆-85	32 芯	G.652	管道光缆
普通光缆-86	32 芯	G.655	管道光缆
普通光缆-87	32 芯	G.652＋G.655	管道光缆
普通光缆-88	108 芯	G.655	管道光缆
普通光缆-89	108 芯	G.652	管道光缆
普通光缆-90	108 芯	G.652＋G.655	管道光缆
普通光缆-91	120 芯	G.652	管道光缆
普通光缆-92	120 芯	G.655	管道光缆
普通光缆-93	120 芯	G.652＋G.655	管道光缆
普通光缆-94	144 芯	G.652	管道光缆
普通光缆-95	144 芯	G.655	管道光缆
普通光缆-96	144 芯	G.652＋G.655	管道光缆
普通光缆-97	12 芯	G.652	直埋Ⅰ型光缆
普通光缆-98	16 芯	G.652	直埋Ⅰ型光缆
普通光缆-99	24 芯	G.655	直埋Ⅰ型光缆
普通光缆-100	24 芯	G.652＋G.655	直埋Ⅰ型光缆
普通光缆-101	24 芯	G.651	直埋Ⅰ型光缆
普通光缆-102	24 芯	G.652	直埋Ⅰ型光缆
普通光缆-103	32 芯	G.652	直埋Ⅰ型光缆
普通光缆-104	32 芯	G.655	直埋Ⅰ型光缆
普通光缆-105	32 芯	G.652＋G.655	直埋Ⅰ型光缆
普通光缆-106	108 芯	G.655	直埋Ⅰ型光缆
普通光缆-107	108 芯	G.652	直埋Ⅰ型光缆
普通光缆-108	108 芯	G.652＋G.655	直埋Ⅰ型光缆
普通光缆-109	120 芯	G.655	直埋Ⅰ型光缆
普通光缆-110	120 芯	G.652＋G.655	直埋Ⅰ型光缆
普通光缆-111	120 芯	G.652	直埋Ⅰ型光缆
普通光缆-112	144 芯	G.655	直埋Ⅰ型光缆
普通光缆-113	144 芯	G.652＋G.655	直埋Ⅰ型光缆
普通光缆-114	144 芯	G.652	直埋Ⅰ型光缆

表 3-12（续）

光缆类型	纤芯数量	纤芯类型	光缆用途
普通光缆-115	12 芯	G.652	直埋Ⅱ型光缆
普通光缆-116	16 芯	G.652	直埋Ⅱ型光缆
普通光缆-117	24 芯	G.655	直埋Ⅱ型光缆
普通光缆-118	24 芯	G.652＋G.655	直埋Ⅱ型光缆
普通光缆-119	24 芯	G.652	直埋Ⅱ型光缆
普通光缆-120	32 芯	G.652	直埋Ⅱ型光缆
普通光缆-121	32 芯	G.655	直埋Ⅱ型光缆
普通光缆-122	32 芯	G.652＋G.655	直埋Ⅱ型光缆
普通光缆-123	108 芯	G.655	直埋Ⅱ型光缆
普通光缆-124	108 芯	G.652＋G.655	直埋Ⅱ型光缆
普通光缆-125	108 芯	G.652	直埋Ⅱ型光缆
普通光缆-126	120 芯	G.652	直埋Ⅱ型光缆
普通光缆-127	120 芯	G.652＋G.655	直埋Ⅱ型光缆
普通光缆-128	120 芯	G.655	直埋Ⅱ型光缆
普通光缆-129	144 芯	G.652＋G.655	直埋Ⅱ型光缆
普通光缆-130	144 芯	G.652	直埋Ⅱ型光缆
普通光缆-131	144 芯	G.655	直埋Ⅱ型光缆
普通光缆-132	12 芯	G.652	阻燃光缆
普通光缆-133	12 芯	G.651	阻燃光缆
普通光缆-134	16 芯	G.652	阻燃光缆
普通光缆-135	24 芯	G.652＋G.655	阻燃光缆
普通光缆-136	24 芯	G.651	阻燃光缆
普通光缆-137	24 芯	G.652	阻燃光缆
普通光缆-138	24 芯	G.655	阻燃光缆
普通光缆-139	32 芯	G.652	阻燃光缆
普通光缆-140	32 芯	G.652＋G.655	阻燃光缆
普通光缆-141	108 芯	G.655	阻燃光缆
普通光缆-142	108 芯	G.652＋G.655	阻燃光缆
普通光缆-143	108 芯	G.652	阻燃光缆
普通光缆-144	120 芯	G.652	阻燃光缆
普通光缆-145	120 芯	G.652＋G.655	阻燃光缆

表 3-12（续）

光缆类型	纤芯数量	纤芯类型	光缆用途
普通光缆-146	120 芯	G.655	阻燃光缆
普通光缆-147	144 芯	G.652＋G.655	阻燃光缆
普通光缆-148	144 芯	G.652	阻燃光缆
普通光缆-149	144 芯	G.655	阻燃光缆

3.2 普通光缆结构要求

（1）缆芯结构应为层绞式松套管结构；应对缆芯中的光纤加以保护，使之免受机械、环境的影响；应对缆芯内的所有间隙采取有效的阻水措施；应在缆芯内和松套管内充满触变型的填充材料，并且填充材料应不影响光纤的传输性能和使用寿命。

（2）G.652 与 G.655 混纤光缆结构应确保两种光纤不得收纳在同一根松套管内，并且同一包中同芯数各类型光缆松套管数及每根套管中的芯数及其色谱应一致。

（3）中心加强构件应采用纤维增强塑料（FRP）圆杆，其拉伸杨氏模量不小于 50GPa，弯曲杨氏模量不小于 45GPa，延伸率不小于 2.0%；在光缆制造长度以内，FRP 不允许有接头。

（4）填充绳应是表面光滑的圆形实心塑料绳，所用塑料应与填充材料相容。

（5）层绞式光缆缆芯外应挤包一层标称厚度不小于 0.8mm 的黑色聚乙烯内垫层；在任何横断面上的厚度不小于 0.6mm；跨距小于 100m 的光缆也可无垫层。

（6）松套管材料应具有良好的机械、耐水解、耐老化和加工性能，一般宜采用聚对苯二甲酸丁二醇酯（PBT）或其他合适的材料。

（7）扎纱应有足够的非吸湿性和非吸油性纱束；包带应具有足够的隔热和耐电压性能。

（8）缆芯间隙应采取有效的阻水措施；宜在松套管内、松套管间的间隙处连续填充不损害光纤传输特性和使用寿命的复合物或其他干式缆芯阻水材料，填充复合物应符合 YD/T 839.3 的规定；应确保其他阻水材料符合相关标准。

（9）不多于 36 芯的光缆应确保每根松套管内的光纤数量不多于 6 根，且为偶数；应确保同一包中同芯数各类型光缆松套管及每根套管中的芯数应一致；光缆纤芯安排符合表 3-13 的要求；松套管均采用 SZ 绞型式，其外径标称值为 2.0～3.0mm，光缆的束管标称外径为 1.8～2.4mm。

（10）多于 36 芯的光缆应确保束管标称外径为 2.5～3.0mm，且外径容差不大于±0.05mm；管壁厚度应随外径的增大量为 0.30～0.50mm，容差不大于±0.05mm，松套管标称尺寸可随光纤芯数改变，但在同一光缆中应相同。

（11）各式光缆的束管及填充绳总数量应不得小于 6。

表 3-13　与松套管数量表

每管内光纤最大芯数	松套管数量	适用芯数
6	1	4～6
6	2	8～12
6	3	14～18

表 3-13（续）

每管内光纤最大芯数	松套管数量	适用芯数
6	4	20～24
6	5	26～30
6	6	32～36
12	4	38～40
12	4	42～48
12	5	50～56
12	6	58～64
12	6	66～72
12	7	74～84
12	8	86～96
12	9	98～108
12	10	110～120
12	11	122～132
12	12	134～144

（12）中心束管式的加强构件可采用金属或非金属材料。其中金属加强芯应采用不锈钢丝，也可采用其他不易腐蚀的、不析氢的、镀有保护层的钢丝等（优先选用单根磷化钢丝）；非金属加强芯应采用玻璃纤维增强塑料（简称 FRP）杆或非金属纤维增强塑料带，其杨氏模量不低于 50GPa。

（13）光纤在松套管中应有一定的余长，且均匀稳定，以使光缆在拉伸性能和衰减温度特性上符合本技术原则的规定。

（14）管道光缆（GYTA）应至少满足下列条件之一：①有涂塑铝/钢带＋聚乙烯外护层；②有两根或多根平行钢丝的钢—聚乙烯粘结护套（W 护套）、夹带两根或多根平行钢丝的聚乙烯护套，也有加强构件为 FRP 杆均匀分布放置的聚乙烯护套或非金属纤维增强塑料带包覆的聚乙烯粘结护套和其他均匀分布放置的护套（如金属加强构件均匀放置的钢—聚乙烯护套或非金属纱线均匀放置的聚乙烯护套）。

（15）架空光缆应至少满足下列条件之一：①有涂塑铝/钢带＋聚乙烯外护层；②有两根或多根平行钢丝的钢—聚乙烯粘结护套（W 护套）、夹带两根或多根平行钢丝的聚乙烯护套，也有加强构件为 FRP 杆均匀分布放置的聚乙烯护套或非金属纤维增强塑料带包覆的聚乙烯粘结护套和其他均匀分布放置的护套（如金属加强构件均匀放置的钢—聚乙烯护套或非金属纱线均匀放置的聚乙烯护套）。

（16）直埋光缆依据类型应满足如下对应的技术条件：①直埋光缆（GYTA53）应为金属加强构件、松套层绞填充式、铝—聚乙烯粘结护套、纵包皱纹钢带铠装、聚乙烯套的通信用室外光缆；其光缆结构是将单模或多模光纤套入由高模量的塑料做成的内填充防水化合物松套管中，并且缆芯中心是一根金属加强芯，同时对于某些芯数的光缆来说，金属加强芯外还挤包一层聚乙烯（PE）；其松套管（和填充绳）围绕中心加强芯绞合成紧凑和圆形的缆芯，缆芯内的缝隙充以阻水化合物；涂塑铝带纵包后应挤一层聚乙烯内护套，且双面涂塑钢带纵包后应挤塑聚乙烯护套。②加强型直埋光缆（GYTA33）应为金属加强构件、松套层绞填充式、铝—聚乙烯粘接护套、单细圆钢丝铠装、聚乙烯护套的通信用室外光缆，且允许长期张力为4000N、短期张力为10000N。

（17）阻燃耐火光缆（GJFZY53）应满足同管道光缆结构，并且其使用的阻燃耐火材料应代替聚乙烯外护层。

（18）非金属光缆（GYFTY）应为非金属加强构件、松套层绞填充式、聚乙烯护套的通信用室外光缆；非金属阻燃光缆（GYFTZY）应为非金属加强构件、松套层绞填充式的通信用室外光缆，且应使用阻燃材料代替聚乙烯外护层，并应具有防鼠咬功能。

（19）防蚁直埋光缆（GYTA54）应与直埋光缆结构相同，且增加一层尼龙12护层，其厚度应不小于0.5mm；防蚁加强型直埋光缆（GYTA34）应与直埋加强型光缆结构相同，且增加一层尼龙12护层，其厚度应不小于0.5mm。

（20）非金属防鼠咬光缆应采用同非金属普通光缆线路相类似的结构，且增加一层尼龙12护层，其厚度应不小于0.5mm，也可在外护套材料中添加辣味素或者采用玻纤纱铠装。

（21）其他特殊光缆护层要求应在专用规范中由项目单位提出。

（22）聚乙烯护层的中心束管式标称值应不小于3.0mm；层绞式外护层标称厚度应为2.0mm，允许最小厚度应为1.8mm，并且任何横截面上的平均厚度应不小于1.9mm。外护层的横截面上应无目力可见的气泡和沙眼，外护层表面应圆整光滑，无目力可见的裂纹，内护层标称值不小于1.0mm，聚乙烯护层厚度测试方法应符合IEC60540和IEC60189。

（23）金属铠装光缆的挡潮层铝带、钢带和金属铠装层应在光缆纵向分别保持电气导通。

（24）层绞式光缆钢带或铝带搭接的宽度应大于5mm，或者在缆芯直径小于9.5mm时，应不小于缆芯周长的20%；中心束管式光缆复合带搭接的重叠宽度不小于缆芯周长的20%。

（25）涂塑铝带或双面涂塑钢带与聚乙烯护层之间的粘接强度应不小于1.4N/mm，并且搭接处钢带与钢带之间及铝带与铝带之间的粘接撕裂强度应不小于1.4N/mm，其中铝带厚度不小于0.15mm，钢带厚度不小于0.15mm，涂塑层厚度不小于0.05mm（每边）。

（26）光缆结构应是全截面阻水结构，并且光缆的所有间隙应填充阻水材料。

（27）光纤类型应为ITU-TG.651、G.652、G.655，光纤芯数应为4～144芯。

（28）光纤和松套管应有色谱标志，用于识别的色标应鲜明，在安装或运行中可能遇到的温度下，应不褪色，不迁染到相邻的其他光缆元件上，且透明。

（29）松套管外径应为2.5～6.0mm，容差不大于±0.05mm，厚度随外径增大，应为0.40～1.00mm，且容差不大于±0.05mm。

（30）松套管宜采用全色谱标志，当松套管采用全色谱标志时，面向光缆A端看，在顺时针方向上松套管序号增大，松套管序号及其对应的颜色应符合表3-14规定。光纤应采用全色谱标志，其颜色应选自表3-14规定的各种颜色，在不影响识别的情况下允许使用本色；松套管内光纤的序号宜按表3-14颜色序号排列。每盘光缆两端应分别有端别识别标志；面向光缆看，应在顺时针方向上松套管序号增大时为A端，反之为B端，其中A端标志应为红色，B端标志应为绿色。

表 3-14　识别用全色谱

序号	1	2	3	4	5	6	7	8	9	10	11	12
颜色	蓝	桔	绿	棕	灰	白	红	黑	黄	紫	粉红	青绿

3.3　普通光缆性能要求

3.3.1　光纤性能要求

光纤在 1310nm 和 1550nm 处应无明显残余附加衰减，光纤相对于室温条件下所允许的附加衰减：−30～+60℃光纤衰减不变；−40～+70℃（黄河以北地区−60～+70℃），光纤衰减变化不大于 0.05dB/km。光纤衰减测试方法应符合 IEC 793-1 中 C10A 或 C10B。

3.3.1.1　G.652、G.655 单模光纤性能要求

（1）模场直径和尺寸参数。模场直径为 [（8.6～9.5）±0.7]μm（B1.1），（8～11）±0.5μm（B4）。包层直径（125±1）μm；包层不圆度不大于 2%；芯/包层同心度公差不大于 0.8μm；涂覆层直径（未着色）（245±10）μm；着色层直径（250±15）μm；包层/涂覆层同心度公差不大于 12.5μm。

（2）截止波长。不大于 1260nm（B1.1）；不大于 1480nm（B4）。

（3）传输特性要求。截止波长 λcc 不大于 1260nm（B1.1）（在 20m 光缆＋2m 光纤上测试）；λcc 不大于 1480nm（B4）（在 20m 光缆＋2m 光纤上测试）。

（4）衰减系数。B1.1：不大于 0.35dB/km（1310nm）（采用 OTDR 测试成缆后的单盘单芯双向平均值）；不大于 0.21dB/km（1550nm）（采用 OTDR 测试成缆后的单盘单芯双向平均值）；B4：不大于 0.21dB/km（1550nm）（采用 OTDR 测试成缆后的单盘单芯双向平均值）。

（5）衰减点不连续性。光纤衰减曲线应有良好的线性，并且无明显台阶。用 OTDR 检测任意一根光纤时，在 1310nm 和 1550nm 处，500m 光纤的衰减值应不大于（mean＋0.10dB）/2，（mean 是光纤的平均衰减系数）。针对 1285～1330nm 的波长范围，应确保 B1.1 相对于 1310nm 波长的衰减差值不大于 0.03dB/km；针对 1525～1575nm 的波长范围，应确保 B1.1 和 B4 相对于 1550nm 波长的衰减值均不大于 0.05dB/km。

（6）光纤在 1550nm、1625nm 波长上的弯曲衰减特性。以 15mm 的弯曲半径松绕 10 圈后，1550nm 衰减增加值应小于 0.03dB，1625nm 衰减增加值应小于 0.1dB；以 10mm 的弯曲半径松绕 1 圈后，1550nm 衰减增加值应小于 0.1dB，1625nm 衰减增加值应小于 0.2dB；以 7.5mm 的弯曲半径松绕 1 圈后，1550nm 衰减增加值应小于 0.5dB，1625nm 衰减增加值应小于 1dB。

（7）B1.1 类单模光纤的色散特性。①零色散波长 λ_0 为 1300～1324nm；②最大零色散斜率：$S_{omax} \leq 0.093ps/（nm^2 \cdot km）$；③色散系数绝对值：≤3.5ps/（nm·km）（1288～1339nm）；≤6.3ps/（nm·km）（1271～1360nm）；≤18ps/（nm·km）（1550nm）。

（8）B4 类单模光纤的色散特性。①非零色散区：1530nm≤λ≤1565nm；②非零色散区色散系数绝对值：G.655A：≤0.1ps/（nm·km）≤｜D｜≤6.0ps/（nm·km）；G.655B：1.0ps/（nm·km）≤｜D｜≤10.0ps/（nm·km）。

（9）偏振模色散系数。在 1550nm 波长光缆单盘偏振色散系数不大于 0.125ps/km；光纤成缆后必须满足在 1550nm 波长光缆链路（不小于 20 盘光缆）偏振模色散系数不大于 0.10ps/km；Q（概率）为 0.01%。（要求提供测试直方图及样本数）。

（10）光纤的强度筛选水平和疲劳系数。光纤应通过全长度张力筛选，其筛选水平应相当于在应力至少 0.42Gpa（相当于应变约 0.6%）下持续 1s 时间。光纤的疲劳系数 n 值应不小于 20。

3.3.1.2　G.651 型多模光纤性能要求

（1）尺寸参数偏差要求。①纤芯直径：（50±3）μmA1a；（62.5±3）μmA1b；②包层直径：（125±2）μm；③包层不圆度不大于 2%；④芯/包层同心度不大于 3μm；⑤涂覆层直径（未着色）：（245±10）μm；⑥着色层直径：（250±15）μm；⑦包层/涂覆层同心度不大于 12.5μm；⑧数值孔径：（0.2±0.02）μm 或（0.23±0.02）μmA1a；（0.275±0.015）μmA1b。

（2）传输特性要求。①光纤衰减系数：在（850±10）nm 波长上的最大衰减系数不大于 3.5dB/km；在（1300±20）nm 波长上的最大衰减系数为不大于 1.0dB/km；②光纤在 850nm、1300nm 波长上的弯曲衰减特性：以 15mm 的弯曲半径松绕 2 圈后，衰减增加值应小于 1dB。

（3）色散要求。①零色散波长范围为 1295～1340nm；②1295～1310nm 最大零色散点斜率不大于 0.105ps/（nm·km）；③1295～1340nm 范围内零色散点斜率不大于 [375×（1590 $-\lambda_0$）×10－6] ps/（nm·km）。多模光纤的其他传输特性须符合 DL/T 788 的规定。

3.3.2　光缆的机械性能要求

对本条款下的各项指标，在实验期间，由监测系统的稳定性引起的监测结果的不确定性应优于 0.03dB。试验中光纤衰减变化量的绝对值不超过 0.03dB 时，可判定为"无明显附加衰减"。允许衰减有数值的变化时，应理解为该数值已包括不确定性在内。光纤拉伸应变宜采用相移法进行监测，其系统的精确度应优于 0.005%，试验中监测到的光纤应变不大于 0.005% 时，可判定为"无明显应变"。被试光缆经过拉伸、压扁、冲击、反复弯曲、扭转试验后均应满足下列要求：光缆护层不应有目力可见的裂纹；光缆中全部光纤和部件均应完好。光缆的各项性能均应满足 GB/T 7424.1—2003 和 DL/T 788 试验方法和试验结果。各项要求如下：

（1）拉伸。①长期张力：光缆应变不大于 0.20%，同时，光缆内每一根光纤应无明显应变，缆中光纤在 1310、1550nm 处应无明显附加衰减。②短期张力：光缆中所有光纤的应变应不大于 0.15%，缆中光纤在 1310、1550nm 处应附加衰减不大于 0.1dB。光缆允许张力见表 3-15。

表 3-15　光缆允许张力表

光缆类型	允许张力 （N）	
	长期	短期
非金属光缆	600	1500
管道光缆和阻燃光缆	600	每千米光缆重量，但不小于 1500
直埋光缆（53 型）和防蚁光缆	1000	3000

（2）压扁。光缆允许侧压力见表 3-16。

（3）反复弯曲。光缆经反复弯曲试验后，外护套应无目力可见的开裂；光纤应无明显的残余附加衰减。光缆在 －20℃ 时可承受弯曲半径为 30 倍的 U 形弯曲能力，应具有在 －20℃ 下耐冲击的能力。

（4）扭转。光缆经扭转试验后，外护套应无目力可见的开裂；在光缆扭转到极限位置的情况下，光纤应无明显的附加衰减，光缆回复到起始位置时，光纤应无明显的残余附加衰减。

表 3-16　光缆允许侧压力表

光缆类型	允许侧压力 （N/100mm）	
	长期	短期
非金属光缆	800	1000
管道光缆和阻燃光缆	800	1000
直埋光缆和防蚁光缆	1000	3000

（5）曲挠。光缆经曲挠试验后，外护套应无目力可见的开裂；光纤应无明显的残余附加衰减。

（6）卷绕。光缆经卷绕试验后，光纤应不断裂，外护套应无目力可见的开裂；光纤应无明显的残余附加衰减。

（7）外护套磨损。光缆经磨损试验后，光纤应不断裂，外护套应无目力可见的开裂。

（8）振动。光缆经振动试验后，光纤应不断裂，外护套应无目力可见的开裂；试验过程中单模光纤的附加衰减应不大于 1.0dB/km（1550nm）。

（9）光缆允许的曲率半径。光缆允许的最小弯曲半径应符合表 3-17 的规定。

表 3-17　光缆允许的最小弯曲半径

外护层类型	管道、阻燃、非金属型光缆	地埋、防蚁型
静态弯曲	10D	12.5D
动态弯曲	20D	25D

注　nD 表示的是光缆外径长度的 n 倍。

（10）耐温耐火要求。光缆经热老化试验后，温度恢复到 20℃，应无目力可见的开裂，各部分标记完好，光纤应无残余附加衰减。在温度为 70℃（24h）的环境条件下，光缆应无填充复合物和涂覆复合物等滴出。光缆燃烧在停止供火后，其试样上的残焰应自行熄灭，烧焦部分距夹具下缘 50mm 以下，光缆燃烧时产生的烟雾应使透光率不小于 50%。

（11）耐水要求。光缆经渗水试验后，光缆的另一端应无水渗出。光缆外护层绝缘电阻（外护层内铠装层与大地间）应在光缆浸水 24h 后测试，不小于 2000MΩ·km（直流 500V 测试）。

（12）介电要求。火花试验，光缆外护层应经受至少交流有效值 8kV 或直流 12kV 的火花试验电压。外护层内铠装与大地间应在光缆浸水 24h 后测试，不小于直流 15kV2min，应符合 ITU-TK.25 规定。外护层内铠装与金属加强芯间应不小于直流 20kV2min，应符合 ITU-TK.25 规定。

（13）光缆预期使用寿命应不小于 25 年。

国网河南省电力公司通信设备选型技术原则

（OTN 设备）

1 总体技术要求

应采用技术先进、性能优良、功能实用、安全可靠的成熟产品。所用产品应符合相关国际标准、国家标准、行业标准和企业标准。

本技术原则规定了 OTN 设备选型的分类、功能、性能等方面的通用技术要求，适应于 OTN 设备的选型和采购。

2 标准和规范

ITU-T G.709　OTN 网络传输接口

ITU-T Y.1331　光纤传输网络（OTN）接口 Y 系列：全球信息基础设施和互联网协议特征

ITU-T G.8201　光传送网（OTN）内的多运营商国际通道的差错性能参数和指标

YDB 076　光传送网（OTN）多业务承载技术要求

YD/T 1634　光传送网（OTN）物理层接口

YD/T 1990　光传送网（OTN）网络总体技术要求

YD/T 2148　光传送网（OTN）测试方法

YD/T 2149.1　光传送网（OTN）网络管理技术要求　第 1 部分：基本原则

YD/T 2149.2　光传送网（OTN）网络管理技术要求　第 2 部分：NMS 系统功能

YD/T 2149.3　光传送网（OTN）网络管理技术要求　第 3 部分：EMS-NMS 接口功能

YD/T 2149.4　光传送网（OTN）网络管理技术要求　第 4 部分：EMS-NMS 接口通用信息模型

YD/T 2713　光传送网（OTN）保护技术要求

Q/GDW 1872.7　国家电网通信管理系统规划设计　第 7 部分：设备网管北向接口—OTN 部分

Q/GDW 11349　光传送网（OTN）通信工程验收规范

Q/GDW 11358　电力通信网规划设计技术导则

Q/GDW 11373　光传送网（OTN）设计规范

3 选型技术要求

3.1 OTN 设备选型分类

（1）OTN 设备应依据装备技术政策、组网技术规范、安全技术要求进行选型和配置。

（2）OTN 设备主要由 OTN 光交叉设备和 OTN 光放站设备构成。其中，OTN 光交叉设备应主要依据 OTU2 接口数量等参数的不同进行选型分类，详见表 3-18；OTN 光放站应主要依据光传输子框和公共部分配置的不同进行选型分类，详见表 3-19。

表 3-18 OTN 光交叉设备类型配置参数表

序号		配置参数要求	OTN 光交叉设备，2Tb/s，40，2，150，8，16	OTN 光交叉设备，2Tb/s，80，4，160，8，16	OTN 光交叉设备，2Tb/s，160，5，200，16，32
1	电交叉子框	电交叉矩阵板（冗余配置，单位：套）	1	1	1
		电源板（冗余配置，单位：套）	1	1	1
		系统控制板卡	2	2	2
		辅助接口板	1	1	1
		电交叉子框	1	1	1
		风扇（单位：套）	1	1	1
		OTU2 接口（固定波长）	40	80	160
		OTU2 接口（可调波长）	1	1	1
		10GE/10G 自适应接口	8	8	16
		STM-16 及以下速率业务接口	16	16	32
2	光传输子框置）（方向 A）	光功率放大器（根据专项应答文件配置）	—	—	—
		光监控单元（若有必要，需包含耦合部件）	1	1	1
		系统控制板卡	2	2	2
		DCM 模块（若有必要需配置）	—	—	—
		合波器（带自动均衡功能，如果不含此功能，需另配板卡支持）	1	1	1
		分波器	1	1	1
		自动均衡功能单元（若有必要需配置）	—	—	—
		辅助接口板	1	1	1
		光传输子框	1	1	1
		电源板卡（冗余配置，单位：套）	1	1	1
		风扇（单位：套）	1	1	1
		预放（若有必要需配置）	—	—	—
		光谱分析板（具备 2 方向频谱分析功能，单位：套）	1	1	1
		光线路保护板（根据专项应答文件配置）	—	—	—

表 3-18（续）

序号		配置参数要求	OTN 光交叉设备，2Tb/s，40，2，150，8，16	OTN 光交叉设备，2Tb/s，80，4，160，8，16	OTN 光交叉设备，2Tb/s，160，5，200，16，32
3	光传输子框（方向 B）	光功率放大器（根据专项应答文件配置）	—	—	—
		光监控单元（若有必要，需包含耦合部件）	1	1	1
		系统控制板卡	2	2	2
		DCM 模块（若有必要需配置）	—	—	—
		合波器（带自动均衡功能，如果不含此功能，需另配板卡支持）	1	1	1
		分波器	1	1	1
		自动均衡功能单元（若有必要需配置）	—	—	—
		辅助接口板	1	1	1
		光传输子框	1	1	1
		电源板卡（冗余配置，单位：套）	1	1	1
		风扇（单位：套）	1	1	1
		预放（若有必要需配置）	—	—	—
		光线路保护板（根据专项应答文件配置）	—	—	—
4	光传输子框（方向 C）	光功率放大器（根据专项应答文件配置）			
		光监控单元	—	1	1
		系统控制板卡	—	2	2
		DCM 模块（若有必要需配置）	—	—	—
		合波器（带自动均衡功能，如果不含此功能，需另配板卡支持）	—	1	1
		分波器	—	1	1
		自动均衡功能单元（若有必要需配置）	—	—	—
		辅助接口板	—	1	1
		光传输子框	—	1	1
		电源板卡（冗余配置，单位：套）	—	1	1
		风扇（单位：套）	—	1	1

表 3-18（续）

序号	配置参数要求		OTN 光交叉设备，2Tb/s，40，2，150，8，16	OTN 光交叉设备，2Tb/s，80，4，160，8，16	OTN 光交叉设备，2Tb/s，160，5，200，16，32
4	光传输子框（方向 C）	预放（若有必要需配置）	—	—	—
		光线路保护板（根据专项应答文件配置）	—	—	—
5	光传输子框（方向 D）	光功率放大器（根据专项应答文件配置）	—	—	—
		光监控单元	—	1	1
		系统控制板卡	—	2	2
		DCM 模块（若有必要需配置）	—	—	—
		合波器（带自动均衡功能，如果不含此功能，需另配板卡支持）	—	1	1
		分波器	—	1	1
		自动均衡功能单元（若有必要需配置）	—	—	—
		辅助接口板	—	1	1
		光传输子框	—	1	1
		电源板卡（冗余配置，单位：套）	—	1	1
		风扇（单位：套）	—	1	1
		预放（若有必要需配置）	—	—	—
		光线路保护板（根据专项应答文件配置）	—	—	—
6	光传输子框（方向 E）	光功率放大器（根据专项应答文件配置）	—	—	—
		光监控单元	—	—	1
		系统控制板卡	—	—	2
		DCM 模块（若有必要需配置）	—	—	—
		合波器（带自动均衡功能，如果不含此功能，需另配板卡支持）	—	—	1
		分波器	—	—	1
		自动均衡功能单元（若有必要需配置）	—	—	—
		辅助接口板	—	—	1
		光传输子框	—	—	1
		电源板卡（冗余配置，单位：套）	—	—	1

表 3-18（续）

序号	配置参数要求		OTN 光交叉设备，2Tb/s，40，2，150，8，16	OTN 光交叉设备，2Tb/s，80，4，160，8，16	OTN 光交叉设备，2Tb/s，160，5，200，16，32
6	光传输子框（方向 E）	风扇（单位：套）	—	—	1
		预放（若有必要需配置）	—	—	—
		光线路保护板（根据专项应答文件配置）	—	—	—
		机柜（含机架电源及告警条）	1	1	1
		网元软件及 license（单位：套）	1	1	1

表 3-19　OTN 光放站的配置要求

序号	板卡		数量
1	光传输子框	光功率放大器	4
		光监控单元（若有必要，需包含耦合部件）	4
		DCM 模块（如有必要需配置）	—
		系统控制板卡	2
		光线路保护板	2
		辅助接口板	1
		光传输子框	1
		电源板（冗余配置，单位：套）	1
		风扇（冗余配置，单位：套）	1
		预放（如有必要需配置）	—
		自动均衡功能单元	2
2	公共部分	机柜（含机架电源及告警条）	1
		网元软件及 license（单位：套）	1

3.2　OTN 设备功能要求

OTN 光传输子框的业务槽位数量应不小于 15 个，OTN 光传输子框应支持多路电源接入及保护。OTN 分层结构、单元处理过程以及光通路网络的划分和功能应符合 YD/T 1990—2009 标准要求。

3.2.1　OTU_k 信号的比特速率和容量要求（见表 3-20）

表 3-20　OTU 类型和容量

OTU 类型	OTU 标称比特速率	OTU 比特速率容差
OTU_1	255/238×2488320kbit/s	$\pm20\times10^{-6}$

表 3-20（续）

OTU 类型	OTU 标称比特速率	OTU 比特速率容差
OTU_2	$255/237 \times 9953280kbit/s$	
OTU_3	$255/236 \times 39813120kbit/s$	$\pm 20 \times 10^{-6}$
OTU_4	$255/227 \times 99532800kbit/s$	

注 1. 标称 OTU_k 速率近似为 2666057.143kbit/s（OTU_1）、10709225.316kbit/s（OTU_2）、43018413.559kbit/s（OTU_3）和 111809973.568kbit/s（OTU_4）。

2. 本标准没有定义 OTU_0 和 OTU_{2e}。ODU_0 能够在 ODU_1、ODU_2、ODU_3 或 ODU_4 上传送，ODU_{2e} 能够在 ODU_3 和 ODU_4 上传送。

3.2.2 ODU_k 信号的比特速率和容量要求（见表 3-21）

表 3-21 ODU 类型和容量

ODU 类型	ODU 标称比特速率	ODU 比特速率容差
ODU_0	$1244160kbit/s$	
ODU_1	$239/238 \times 2488320kbit/s$	
ODU_2	$239/237 \times 9953280kbit/s$	$\pm 20 \times 10^{-6}$
ODU_3	$239/236 \times 39813120kbit/s$	
ODU_4	$239/227 \times 99532800kbit/s$	
ODU_{2e}	$239/237 \times 10312500kbit/s$	$\pm 100 \times 10^{-6}$

注 标称 ODU_k 速率近似为 2498775.126kbit/s（ODU_1）、10037273.924kbit/s（ODU_2）、40319218.983kbit/s（ODU_3）、104794445.815kbit/s（ODU_4）和 10399525.316kbit/s（ODU_{2e}）。

3.2.3 OPU_k 信号的比特速率和容量要求（见表 3-22）

表 3-22 OPU 类型和容量

OPU 类型	OPU 净荷标称比特速率	OPU 净荷比特速率容差
OPU_0	$238/239 \times 1244160kbit/s$	
OPU_1	$2488320kbit/s$	
OPU_2	$238/237 \times 9953280kbit/s$	$\pm 20 \times 10^{-6}$
OPU_3	$238/236 \times 39813120kbit/s$	
OPU_4	$238/227 \times 99532800kbit/s$	
OPU_{2e}	$238/237 \times 10312500kbit/s$	$\pm 100 \times 10^{-6}$
$OPU_1 - Xv$	$X \times 2488320kbit/s$	
$OPU_2 - Xv$	$X \times 238/237 \times 9953280kbit/s$	$\pm 20 \times 10^{-6}$
$OPU_3 - Xv$	$X \times 238/236 \times 39813120kbit/s$	

注 标称 OPU_k 净荷速率近似为 1238954.310kbit/s（OPU_0 净荷）、2488320.000kbit/s（OPU_1 净荷）、9995276.962kbit/s（OPU_2 净荷）、40150519.322kbit/s（OPU_3 净荷）、104355975.330（OPU_4 净荷）和 10356012.658kbit/s（OPU_{2e} 净荷）。标称 $OPU_k - Xv$ 净荷速率近似为 $X \times 2488320.000kbit/s$（$OPU_1 - Xv$ 净荷）、$X \times 9995276.962kbit/s$（$OPU_2 - Xv$ 净荷）和 $X \times 40150519.322kbit/s$（$OPU_3 - Xv$ 净荷）。

3.2.4 $OTU_k/ODU_k/OPU_k/OPU_k-Xv$ 帧结构周期要求（见表 3-23）

表 3-23 $OTU_k/ODU_k/OPU_k$ 帧周期

OTU/ODU/OPU 类型	周期（μs）
ODU_0/OPU_0	98.354
$OTU_1/ODU_1/OPU_1/OPU_1-Xv$	48.971
$OTU_2/ODU_2/OPU_2/OPU_2-XV$	12.191
$OTU_3/ODU_3/OPU_3/OPU_3-XV$	3.035
$OTU_4/ODU_4/OPU_4$	1.168
ODU_{2e}/OPU_{2e}	11.767

注　周期为近似值，取小数点后三位。

3.2.5 OTL 类型和容量要求（见表 3-24）

表 3-24 OTL 类型和容量

OTL 类型	OTL 净荷标称比特速率	OTL 净荷比特速率容差
OTL3.4	$255/236 \times 9953280$kbit/s	
OTL4.4	$255/227 \times 24883200$kbit/s	$\pm 20 \times 10^{-6}$
OTL4.10	$255/227 \times 9953280$kbit/s	

注　1. 标称 OTL 净荷速率近似为 10754603.390kbit/s（OTL3.4）、27952493.392kbit/s（OTL4.4）和 11180997.357kbit/s（OTL4.10）。
　　2. IEEE 802.3 正在定义 10 通道的 100GBASE-R 接口，ITU-T 并没有相应的物理层规格，除非这种接口能够成为 OTM-O.4v4 的连接光模块的电接口。

3.3 OTN 设备性能要求

3.3.1 端到端误码性能要求

27500km HROP 的端到端误码性能目标数值应符合表 3-25 的要求，SESR 和 BBER 应符合标准 ITU-TG.709/Y.1331FEC 的要求。SESR 和 BBER 应在典型的测试评估周期 30 天（1 个月）结束时，使得通道任一方向的任一参数不能超过分配的目标。

表 3-25 27500km 国际 ODU_kHROP 端到端误码性能目标

名义比特率（kbit/s）	通道类型	块/s	SESR	BBER
1244160	ODU_0	FFS	FFS	FFS
$239/238 \times 2488320$	ODU_1	20421	0.002	4×10^{-5}
$239/237 \times 9953280$	ODU_2	82026	0.002	10^{-5}
$239/236 \times 39813120$	ODU_3	329492	0.002	2.5×10^{-6}
$239/227 \times 99532800$	ODU_4	FFS	FFS	FFS

注　1. ODU_k（$k=0，1，2，3，4$）的块大小与 ODU_k 帧大小相等，为 $4 \times 3824 \times 8 = 122368$bit。
　　2. EDC 采用 $1 \times$BIP-8 码，OPU_k 净荷（$4 \times 3808 \times 8$bit）加上 OPU_k 开销（$4 \times 2 \times 8$bit），总共 $4 \times 3810 \times 8 = 121920$bit。
　　3. 这些值为四舍五入值。

3.3.2 误码维护性能可用性要求

ODU_kHROP 端到端维护性能目标应为 ITU-TG.8201 规定的 SESR、BBER 值的 50%，见表 3-26。

表 3-26 ODU_kHROP 维护性能目标

通道类型	比特率	块/秒	SESR	BBER
ODU_0	1.24Gbit/s	FFS	FFS	FFS
ODU_1	2.5Gbit/s	20420	$10\sim3$	2×10^{-6}
ODU_2	10Gbit/s	82025	$10\sim3$	5×10^{-6}
ODU_3	40Gbit/s	329492	$10\sim3$	1.25×10^{-6}
ODU_4	105Gbit/s	FFS	FFS	FFS

3.3.3 OTN 网络接口输出抖动和漂移要求（见表 3-27）

表 3-27 OTU_k 接口允许的最大输出抖动

接口类型	测量带宽		峰—峰抖动值 UI_{pp}
	低通（kHz）	高通（MHz）	
OTU_1	5	20	1.5
	1000	20	0.15
OTU_2	20	80	1.5
	4000	80	0.15
OTU_3	20	320	6
	16000	320	0.18
OTU_4	FFS	FFS	FFS
	FFS	FFS	FFS

3.3.4 组网性能要求

OMSP 保护的业务受损时间应小于 50ms。

3.3.5 传输性能要求（见表 3-28）

表 3-28 OTN 设备传输能力参数响应表

名　称	项　目	标准参数值
单跨传输能力		
常规 EDFA 传输能力	EDFA 发送功率	$\leq23dB$
	跨段衰耗	$\geq42dB$
	系统 Rn 单通路最小光信噪比	$\geq$OTU 板背靠背 OSNR 容限（BOL）+5

表 3-28（续）

名　称	项　目	标准参数值
常规 EDFA 传输能力	通道功率代价	≤2dB
	通道 OSNR 代价	≤2dB
高功率 EDFA 传输能力	EDFA 发送功率	≤26dB
	跨段衰耗	≥45dB
	系统 Rn 单通路最小光信噪比	≥OTU 板背靠背 OSNR 容限＋5
	通道功率代价	≤2dB
	通道 OSNR 代价	≤2dB
常规 EDFA＋后向喇曼传输能力	跨段衰耗	≥48dB
	系统 Rn 单通路最小光信噪比	≥OTU 板背靠背 OSNR 容限＋5
	通道功率代价	≤2dB
	通道 OSNR 代价	≤2dB
多跨传输能力		
单跨段损耗为 35dB 的复用段传输距离计算	最多支持的跨段数	≥4
	MPI-RM 单通路最小光信噪比	≥OTU 板背靠背 OSNR 容限＋6
	通道功率代价	≤2dB
	通道 OSNR 代价	≤2dB
单跨段损耗为 40dB 的复用段传输距离计算	最多支持的跨段数	≥4
	最多支持的跨段数	≥3
	MPI-RM 单通路最小光信噪比	≥OTU 板背靠背 OSNR 容限＋6
	通道功率代价	≤2dB
	通道 OSNR 代价	≤2dB
单跨段损耗为 45dB 的复用段传输距离计算	最多支持的跨段数	≥2
	MPI-RM 单通路最小光信噪比	≥OTU 板背靠背 OSNR 容限＋6
	通道功率代价	≤2dB
	通道 OSNR 代价	≤2dB

3.3.6　光放大器性能要求（见表 3-29）

表 3-29　光放大器性能参数响应

名　称	项　目	标准参数值
光功率放大器（OBA）	工作波长范围（nm）	1528～1565

表 3-29（续）

名　　称	项　　目	标准参数值
光功率放大器（OBA）	总输入功率范围 （dBm）	—
	噪声系数 （dB）	<7
	通路输入功率范围 （dBm）	—
	通路输出功率范围 （dBm）	—
	输入反射系数 （dB）	<−40
	输出反射系数 （dB）	<−40
	泵浦在输入的泄漏 （dBm）	<−30
	输入可容忍的最大反射系数 （dB）	−27
	输出可容忍的最大反射系数 （dB）	−27
	最大总输出功率 （dBm）	23
	通路增加/移去的增益响应（稳态） （ms）	<10
	通路增益 （dB）	—
	增益平坦度 （dB）	<2
	多通路增益斜度 （dB/dB）	<2
	最大差分群时延 （ps）	<0.5
	偏振相关损耗 （dB）	<0.5
线路放大器（OLA）	工作波长范围 （nm）	1528~1565
	总输入功率范围 （dBm）	—
	噪声系数 （dB）	6
	通路输入功率范围 （dBm）	—

表 3-29（续）

名　　称	项　　目	标准参数值
线路放大器（OLA）	通路输出功率范围 （dBm）	—
	输入反射系数 （dB）	<−40
	输出反射系数 （dB）	<−40
	泵浦在输入的泄漏 （dBm）	<−30
	输入可容忍的最大反射系数 （dB）	−27
	输出可容忍的最大反射系数 （dB）	−27
	最大总输出功率 （dBm）	23
	通路增加/移去的增益响应（稳态） （ms）	<10
	通路增益 （dB）	—
	增益平坦度 （dB）	<2
	多通路增益斜度 （dB/dB）	<2
	最大差分群时延 （ps）	<0.5
	偏振相关损耗 （dB）	<0.5
光前置放大器（OPA）	工作波长范围 （nm）	1528～1565
	总输入功率范围 （dBm）	—
	噪声系数 （dB）	8
	通路输入功率范围 （dBm）	—
	通路输出功率范围 （dBm）	—

表 3-29（续）

名　称	项　目	标准参数值
光前置放大器（OPA）	输入反射系数 （dB）	<－40
	输出反射系数 （dB）	<－40
	泵浦在输入的泄漏 （dBm）	<－30
	输入可容忍的最大反射系数 （dB）	－27
	输出可容忍的最大反射系数 （dB）	－27
	最大总输出功率 （dBm）	20
	通路增加/移去的增益响应（稳态） （ms）	<10
	通路增益 （dB）	—
	增益平坦度 （dB）	<2
	多通路增益斜度 （dB/dB）	<2
	最大差分群时延 （ps）	<0.5
	偏振相关损耗 （dB）	<0.5
高功率 EDFA	工作波长范围 （nm）	1528～1565
	总输入功率范围 （dBm）	—
	噪声系数 （dB）	<9
	通路输入功率范围 （dBm）	—
	通路输出功率范围 （dBm）	—
	输入反射系数 （dB）	<－40
	输出反射系数 （dB）	<－40

表 3-29（续）

名　　称	项　　目	标准参数值
高功率 EDFA	泵浦在输入的泄漏 （dBm）	＜－30
	输入可容忍的最大反射系数 （dB）	－27
	输出可容忍的最大反射系数 （dB）	－27
	最大总输出功率 （dBm）	26
	通路增加/移去的增益响应（稳态） （ms）	＜10
	通路增益 （dB）	—
	增益平坦度 （dB）	＜2
	多通路增益斜度 （dB/dB）	＜2
	最大差分群时延 （ps）	＜0.5
	偏振相关损耗 （dB）	＜0.5
后向拉曼放大器	泵浦波长及数量 （nm/个）	—
	泵浦功率 （dBm）	≤29
	总输出功率 （dBm）	—
	输出连接器类型	—
	C 波段增益（G652） （dB）	8
	C 波段等效噪声系数（G652） （dB）	0
	偏振相关损耗 （dB）	—
	温度特性 （pm/C）	—

国网河南省电力公司通信设备选型技术原则

（SDH/MSTP 设备）

1 总体技术要求

应采用技术先进、性能优良、功能实用、安全可靠的成熟产品。所用产品应符合相关国际标准、国家标准、行业标准和企业标准。

本技术原则规定了 SDH/MSTP 设备选型的分类、功能、性能等方面的通用技术要求，适应于 SDH/MSTP 设备的选型和采购。

2 标准和规范

ITU-TG.704、G.707、G.774.1、G.7041、G.783、G.825、G.826、G.841、G.842、M.3100、Q.821、Q.822、X.86、X.721、X.733、X.738、X.739

IEEE802.1q、802.3、802.3u、802.3z

IETFRFC1661、1662、2615、1990

GB/T 15941　同步数字体系（SDH）光缆线路系统进网要求

GB/T 16712　同步数字体系（SDH）设备功能块特性

GB/T 20185　同步数字体系设备和系统的光接口技术要求

GB 28498　在同步数字体系（SDH）上传送以太网帧的技术要求

DL/T 1291　基于 SDH 的电力自动交换光网络（ASON）技术规范

DL/T 5404　电力系统同步数字系列（SDH）光缆通信工程设计技术规定

YD/T 877　同步数字体系（SDH）复用设备和系统的电接口技术要求

YD/T 900　SDH 设备技术要求——时钟

YD/T 1017　同步数字体系（SDH）网络节点接口

YD/T 1109　ATM 交换机技术规范

YD/T 1238　基于 SDH 的多业务传送节点技术要求

YD/T 1276　基于 SDH 的多业务传送节点测试方法

YD/T 1289.5　同步数字体系（SDH）传送网网络管理技术要求　第 5 部分：网元管理系统（EMS）——网络管理系统（NMS）接口通用信息模型

YD/T 1289.6　同步数字体系（SDH）传送网网络管理技术要求　第 6 部分：基于 IDL/IIOP 技术的网元管理系统（EMS）——网络管理系统（NMS）接口信息模型

YD/T 1620.5 基于同步数字体系（SDH）的多业务传送节点（MSTP）网络管理技术要求第 5 部分：基于 IDL/IIOP 技术的网元管理系统（EMS）——网络管理系统（NMS）接口信息模型

YD 2376.1　传送网设备安全技术要求　第 1 部分：SDH 设备

YD 2376.2　传送网设备安全技术要求　第 2 部分：WDM 设备

YD 2376.3　传送网设备安全技术要求　第 3 部分：基于 SDH 的 MSTP 设备

Q/GDW 1872.6　国家电网通信管理系统规划设计　第 6 部分：设备网管北向接口——SDH 部分

Q/GDW 11358　电力通信网规划设计技术导则

3　选型技术要求

3.1　SDH/MSTP 设备选型分类

（1）SDH/MSTP 设备应依据装备技术政策、组网技术规范、安全技术要求进行选型和配置。

（2）SDH/MSTP 设备应主要依据 STM-1、STM-4、STM-16、STM-64、E1 接口种类及数量的不同进行选型分类，详见表 3-30。

表 3-30　SDH/MSTP 设备类型配置参数表

SDH 设备类型	光口带宽	交叉矩阵板卡	STM-1 线路数量	STM-4 线路数量	STM-16 线路数量	STM-64 线路数量	E1 线路数量
SDH 设备-1	155Mbit/s	16×16VC4	4	无	无	无	8
SDH 设备-2	155Mbit/s	16×16VC4	2	无	无	无	63
SDH 设备-3	155Mbit/s	64×64VC4	4	4	无	无	32
SDH 设备-4	155Mbit/s	16×16VC4	2	无	无	无	32
SDH 设备-5	622Mbit/s	16×16VC4	无	无	2	2	32
SDH 设备-6	622Mbit/s	128×128VC4	无	无	6	8	63
SDH 设备-7	622Mbit/s	64×64VC4	无	无	4	4	32
SDH 设备-8	622Mbit/s	64×64VC4	无	无	2	4	32
SDH 设备-9	622Mbit/s	64×64VC4	无	无	4	8	63
SDH 设备-10	622Mbit/s	128×128VC4	无	无	6	8	252
SDH 设备-11	622Mbit/s	256×256VC4	无	无	6	16	63
SDH 设备-12	622Mbit/s	64×64VC4	无	无	6	8	63
SDH 设备-13	2.5Gbit/s	384×384VC4	无	8	6	8	63
SDH 设备-14	2.5Gbit/s	256×256VC4	无	6	4	4	63
SDH 设备-15	2.5Gbit/s	256×256VC4	无	4	4	4	63
SDH 设备-16	2.5Gbit/s	384×384VC4	无	4	4	4	63
SDH 设备-17	2.5Gbit/s	384×384VC4	无	6	6	8	63
SDH 设备-18	2.5Gbit/s	128×128VC4	无	无	8	8	63
SDH 设备-19	2.5Gbit/s	384×384VC4	无	2	4	8	63
SDH 设备-20	2.5Gbit/s	256×256VC4	无	无	4	8	63
SDH 设备-21	2.5Gbit/s	384×384VC4	无	4	无	8	63

表 3-30（续）

SDH 设备类型	光口带宽	交叉矩阵板卡	STM-1 线路数量	STM-4 线路数量	STM-16 线路数量	STM-64 线路数量	E1 线路数量
SDH 设备-22	2.5Gbit/s	256×256VC4	无	2	2	8	63
SDH 设备-23	2.5Gbit/s	384×384VC4	无	4	4	8	63
SDH 设备-24	2.5Gbit/s	128×128VC4	无	4	6	8	63
SDH 设备-25	10Gbit/s	768×768VC4	4	4	4	4	63
SDH 设备-26	10Gbit/s	768×768VC4	无	4	4	16	63
SDH 设备-27	10Gbit/s	1536×1536VC4	4	4	4	16	252
SDH 设备-28	10Gbit/s	768×768VC4	4	4	4	4	63
SDH 设备-29	10Gbit/s	1536×1536VC4	8	无	6	8	63

3.2 SDH/MSTP 设备功能要求

3.2.1 基本功能要求

（1）SDH 的信号应符合 ITU-TG.707—2003 中 6.2 的规范，帧重复周期为 125μs，传输时应从左到右逐字节，从上到下逐行进行，应为串行传输，并在级联条件下提供 VC 通道的交叉处理能力。

（2）SDH 应支持 ATM 业务或以太网业务中的一种；SDH/MSTP 节点分别需要支持如下功能：对于 ATM 业务，应支持 ATM 业务的统计复用和 VP/VC 交换处理功能；对于以太网业务，应支持以太网业务的透明性，保证对所有的二层/三层以上的协议透明，包括 IEEE802.1q 等二层协议和 IPv4、IPv6 等三层协议。

（3）可配置传输链路带宽；应保证以太网业务的透明性，包括以太网 MAC 帧、VLAN 标记等的透明传送；以太网数据帧的封装应采用 PPP 协议、LAPS 协议或 GFP 协议；数据帧可采用 ML-PPP 协议封装，或采用 VC 通道的连续级联/虚级联映射，来保证数据帧在传输过程中的完整性。

（4）SDH/MSTP 的以太网接口到 SDH 虚容器的映射关系应符合如表 3-31 要求。以太网信号映射进 VC-n 或 VC-n-Xv 的方法应符合 YD/T 1238—2002 中第 5 章的规定。

表 3-31 以太网映射到 SDH 虚容器对应关系

以太网接口	SDH 映射单位
10/100Mbit/s 自适应接口	VC-12-Xc/v
	VC-3
	VC-3-2c/v
	VC-4
1000Mbit/s 接口	VC-4-4c/v
	VC-4-8c/v
	VC-4-Xc/v

（5）SDH/MSTP 节点的 ATM 层处理功能协议参考模型和分层功能应符合 YD/T 1238 和 YD/T 1109 的要求；ATM 信号映射进 VC-n 的方法应符合 YD/T 1017—1999 中 8.2 的规定。同时应符合如下方面的技术要求：

1）业务提供。针对不同特性的 ATM 业务源应提供不同业务，包括 CBR、rt-VBR、nrt-VBR、UBR，详见 YD/T 1109 规定。

2）基本连接功能。应支持 ATM 各接口间的用户数据通路的有序建立和拆除；支持点到点连接功能，能够通过命令建立和删除永久虚电路（PVC）连接；应支持多点网络连接，在两个或更多的物理接口上，实现网络级互连；应支持 ATM 组播，在进行 ATM 交换时，将一个输入的 ATM 信元流（VP，VC）复制到多个输出的 ATM 链路，ATM 组播可采用如下两种类型：①空间组播：输出的 ATM 链路可分布在两个或者更多个物理接口，并且每个接口只有一条 ATM 链路；②逻辑组播：两个或者更多个输出 ATM 链路共享一个物理接口。

3）连接管理功能应符合 YD/T1109 规定，主要包括以下两个方面：①网络资源控制：应包括对虚通道标志符（VPI）/虚通路标志符（VCI）的管理、网络带宽管理、业务路由选择等；②流量管理：应支持对 ATM 数据流提供约定的服务质量（QoS），包括流量整形、使用参数控制/网络参数控制（UPC/NPC）、连接接纳控制（CAC）、选择性信元丢弃、帧丢弃、用户数据缓存和 QoS 类型管理等。

（6）PDH 支路信号映射进 VC-n 的方法，包括 2048kbit/s、34368kbit/s、44736kbit/s、139264kbit/s 等映射方法，应符合 YD/T 1017—1999 中 8.1 的规定。

3.2.2 接口要求

（1）SDH/MSTP 的接口应符合表 3-32 的要求，其中光接口物理层要求如下：

1）各级光接口的参数应符合 GB/T 20185—2006 第 8 章的具体规范要求。

2）光通道的衰减、色散、最小色散值、差分群迟延和反射应满足 GB/T 15941 第 8.3.4 节要求和 GB/T 20185—2006 第 8 章的要求。

3）接收机灵敏度、过载功率、反射系数和灵敏度余度以及光通道功率代价应满足 GB/T 15941 第 8.3.4 节要求和 GB/T 20185—2006 第 8 章的要求。

4）设备光传输设计方法、电接口、同步定时、保护倒置、传输性能、可用性规范应分别按照 GB/T 15941 第 8.3.6 节和第 9～13 章要求。

5）1000Mbit/s 以太网物理接口应支持 1000Base-SX 和 1000Base-LX。

6）1000Base-SX 和 1000Base-LX 的使用范围、发送和接收特性应符合 YD/T 1238—2002 第 7.3 节的要求。

表 3-32　SDH 接口类型及其要求

接口	接口种类	采用的协议
光口	STM-1	GB/T 16814—1997
	STM-4	GB/T 16814—1997
	STM-16	GB/T 16814—1997
	STM-64	G.691—2000

表 3-32（续）

接口	接口种类	采用的协议
电口	2M	GB/T 16814—1997
	34M	GB/T 16814—1997
	45M	G.783（节点抖动）G.784（网络抖动）G.703（其他指标）
	155M	GB/T16814—1997

（2）SDH/MSTP 节点应支持 10Mbit/s 以太网接口和 100Mbit/s 以太网接口，电接口的要求如下：

1）10Mbit/s 以太网接口应符合 IEEE 802.3，物理层接口上应采用曼切斯特编码，应用 +0.85V 和 −0.85V 分别表示 "1" 和 "0"。电缆可采用 10Base-T。

2）100Mbit/s 以太网接口应符合 IEEE 802.3u，100Base-T 技术中可采用两类传输介质 100Base-TX 和 100Base-FX，应采用 4B/5B 编码方式。

3）支持的千兆以太网接口应符合 IEEE 802.3z。

（3）ATM 接口及其指标应遵循 YD/T 1109 中要求的接口类型及其要求。

3.2.3 SDH 上传送以太网 MAC 帧的协议技术规范

（1）SDH/MSTP 节点应采用 PPP 协议封装，以太网 MAC 帧应符合 IETFRFC1661、RFC1662、RFC2615 要求，对于采用 ML-PPP 协议实现速率适配应符合 IETFRFC1990 要求。

（2）SDH/MSTP 节点应采用 LAPS 协议封装，以太网 MAC 帧应符合 ITU-TX.86 建议要求。

（3）GFP 应是数据信号映射到 SDH、OTN 的通用成帧协议，SDH/MSTP 节点应采用 GFP 协议封装，以太网 MAC 帧应符合 ITU-TG.7041 建议要求。

3.2.4 保护倒换要求

（1）SDH/MSTP 节点应支持保护倒换功能，可选用复用段保护（MSP）、子网连接保护（SNCP）、ATMVP 保护和以太网 STP 保护。复用段保护（MSP）和子网连接保护（SNCP）应遵照 ITU-TG.841、G.842，ATMVP 保护遵照 ITU-TL630。

（2）光缆线路系统的复用段保护倒换准则应为在出现信号丢失（LOS）、帧丢失（LOF）、告警指示信号（AIS）或信号劣化情况之一倒换时，倒换时间小于 50ms（该指标是指有效传送距离在 1200km 以内的情况下）。

（3）子网连接保护准则应为出现下列情况之一倒换，倒换时间小于 50ms：①指针丢失；②通道 AIS；③信号失效；④信号劣化。

（4）以太网业务的保护应包括以下保护方式及其准则：

1）以太网业务透传保护：直接利用 SDH 提供的保护，包括复用段保护、子网连接保护。

2）以太网二层交换保护：采用分层保护方式。物理层采用 SDH 提供的保护，包括复用段保护、子网连接保护，或者 MAC 层采用 STP 协议保护。当 MAC 层倒换与物理层倒换（如 SDH 的复用段）同时激活时，应采用相应策略，以保证两种倒换不会重叠发生。例如，可以采用拖延 MAC 层倒换时间来支持层间倒换。

3）以太环网保护：采用分层保护方式。物理层采用 SDH 保护（如复用段保护）来提供以太网业务的保护；MAC 层采用 STP 协议或其他保护算法提供以太网业务保护。当 MAC

层倒换与物理层倒换（如 SDH 的复用段）同时激活时，应采用相应策略，以保证两种倒换不会重叠发生。例如，可以采用拖延 MAC 层倒换时间来支持层间倒换。

（5）ATM 业务的保护应包括以下保护方式及其准则：

1）ATM 业务透传保护：直接利用 SDH 提供的保护，包括复用段保护、子网连接保护。

2）ATMVP 保护倒换：采用分层保护方式。物理层采用 SDH 保护（如复用段保护）来提供 ATM 业务的保护；ATM 层采用 ATMVP 保护，当 ATM 层倒换与物理层倒换（如 SDH 的复用段）同时激活时，应采用相应策略，以保证两种倒换不会重叠发生。例如，可以采用拖延 ATM 层倒换时间来支持层间倒换。

（6）ATM 的 VP 保护的倒换条件应为在 ATM 业务告警时触发 VP-AIS、LCD、OCD 警告；在 SDH 层告警时触发 LOS、LOF、OOF、MS-AIS、LOP 警告；VPG 内的单个保护组倒换时间在 50ms 以内。

（7）拖延时间应是检测到业务失效，到发生倒换之间的等待时间，应确保在这一段时间内如果业务恢复，将不发生倒换，并且范围应是 0～10s，同时步进级别应为 100ms 级可设置。

（8）等待恢复时间应是从业务恢复到业务故障状态清除之间的等待时间，应确保在这一段时间内如果业务失效，业务故障状态将不再清除，并且范围 0～30min，同时步进级别为分钟级可设置。

3.2.5 网络管理功能

（1）网管功能应符合 Q/GDW 1872.6 的技术功能要求及技术参数要求，SDH 设备网管北向接口应采用 CORBA 接口，采用的接口协议栈应为 YD/T 1289.1 中定义的 IIOP 协议栈，文件传输应采用 FTP（文件传输协议）方式进行，且使用 FTP 协议栈。

（2）网管的故障管理功能应符合 YD/T 1238 的技术要求，并且应支持告警报告收集、屏蔽、相关性分析与定位、显示、查询与统计、处理以及同步，应提供手段以方便操作人员为指定的告警原因重新分配严重等级；应能支持 ITU-TX.733 中定义的 5 种告警类型和严重等级；同时应支持 SDH 告警，符合 ITU-TX.721、M.3100、X.739、Q.821 的技术要求，应支持以太网告警，并且应符合 YD/T 1238 的技术要求。

（3）网管系统应支持 ITU-TG.826、Q.822、X.738、X.739、G.774.1 和 M.3100 等标准规定的 SDH 的各种性能参数，设备网管接口应符合 GB/T 15941、DL/T 1291 和 YD/T 1017 的要求。性能参数应主要包括 ATM 业务和以太网业务性能参数两种，性能参数、性能参数收集方式、性能数据的查询、显示与统计分析、性能数据的保存与转储，详见 YD/T 1238 要求。

（4）网管系统应确保当操作人员在对网络和网元设备进行任何配置时，提供维护和管理功能，并且应能对其所管辖的传输网上所有网络资源进行全面管理，详见 YD/T 1238 要求。

（5）网管系统应能记录、查询电路的业务信息（包括速率），电路服务等级（是否需要保护，保护类型），业务类型，业务方向（单向，双向，广播），电路的源、宿端点，客户信息，开通时间等信息；应提供按照所属客户、源宿站点等属性进行电路检索和过滤的功能，并且在浏览电路时能够对电路信息进行检索、过滤和查找；应支持电路创建、电路激活、业务测试和电路删除功能，详见 YD/T 1238 要求。

（6）网管系统应支持 ATM 交叉连接管理，支持记录、查询 VP/VC 交换点的交叉连接信息，包括是否保护、交叉连接类型（点到点，点到多点）、源 ATM 端口、源 VPI、源 VCI、宿 ATM 端门、宿 VPI、宿 VCI、正向流量描述符、反向流量描述符等，并且支持创建和删除

ATM 交叉连接；宜实现批量创建/删除。

（7）网管系统应支持 CBR、rt-VBR，nrt-VBR、UBR 流量描述符的创建和删除。

（8）网管系统应提供以太网透传业务管理，应支持如下功能：以太网透传业务的管理，透传业务传送带宽可配置，传送路径可指定；以太网端口属性的配置，包括全双工/半双工，是否支持 VLAN，端口速率等属性；对以太网端口或 VLAN 的带宽管理；生成树协议的管理；采用某种方法采集 RMON 监控 MIB 库的数据。网管系统可选支持创建和删除以太网端口与 VLAN 关系。

（9）网管系统应能支持设备级的保护倒换功能，应提供 ATMVP 保护倒换、SDH 保护倒换、设备保护倒换的管理功能；ATMVP 保护倒换应能设置保护倒换参数、保护拖延时间、保护恢复模式（恢复式和非恢复式）、保护的等待恢复时间（Wait-To-Restore）。

（10）网管系统应实现 VPG 管理功能，执行外部倒换操作，在网管上应实现外部保护倒换操作，网管系统可选择保护锁定、强制倒换、人工倒换、清除倒换等类型。

（11）网管系统应为所管辖的 SDH 设备提供时间管理功能，应能查询指定网元的当前时间，设置单个网元的当前时间，以广播式设置一组网元的当前时间。

（12）网元和网元之间应通过 ECC 协议栈或 TCP/IP 协议栈进行通信。

（13）网管系统应能按系统功能和管理域细分操作权限，应提供用户管理、授权、登录鉴权和操作鉴权，应符合 YD/T 1238 的技术要求。

（14）网管系统应提供日志管理功能，以用于记录、显示查询操作人员的登录信息和操作信息。

（15）网管系统应确保如下信息连续存储 30 天且存储记录可供查询：通道名称、通道建立时间、拆除时间、持续间隔、不可用秒（UAS）、误码突破门限告警记录等与通道有关的数据以及 ATM 业务计费基础数据、以太网业务计费基础数据等，并确保上述信息应能以 ASCⅡ码或文本文件的形式传送给外围存储设备。

（16）SDH/MSTP 的管理应实现标准管理信息的交换及安全管理、配置管理、故障管理和性能，管理对象应包括 SDH、ATM、以太网；网元间通过 ECC 协议栈或 TCP/IP 协议栈通信；管理接口和管理功能应符合 YD/T1238 要求。

3.3 SDH/MSTP 设备性能要求

（1）PDH 支路输入口的正弦调制抖动容限和漂移容限应符合表 3-33 规定容限；应确保在来自 2048kbit/s 没有输入抖动和指针活动时，容限不超过 0.35UI 峰—峰值，测量方法按 G.783 建议；来自 140Mbit/s 在没有输入抖动和指针活动时的支路映射抖动和漂移由设备供应商提供。

（2）PDH 来自指针调整的抖动和漂移指标应由设备供应商提供，并且在提供通道的所有网络单元保持在同步状态下，支路映射和指针调整的结合抖动和漂移应满足表 3-34 要求。

表 3-33　PDH 支路接口抖动传递参数

速率（kbit/s）	抖动幅度（UIp-p）				频率（Hz）								伪随机测试信号
	A0	A1	A2	A3	f0	f10	f9	f8	f1	f2	f3	f4	
2048	36.9（18μs）	1.5	0.2	18	1.2×10^{-5}	$4.88\times10^{-3**}$	0.01^{**}	1.667^{**}	20	2.4k	18k	100k	2E15-1

表 3-33（续）

速率（kbit/s）	抖动幅度（UIp-p）				频率（Hz）								伪随机测试信号
	A0	A1	A2	A3	f0	f10	f9	f8	f1	f2	f3	f4	
34368	618.6（18μs）	1.5	0.15	0.15	*	*	*	*	100	1k	10k	800k	2E23-1
139264	2506.6（18μs）	1.5	0.075	0.075	*	*	*	*	200	500	10k	3500k	2E23-1

* 该值由设备供应商提供具体数值。

** 2048kbit/s 速率下 f8、f9 和 f10 的数值指不携带同步信号的 2048kbit/s 接口特性。

表 3-34 映射抖动和结合抖动规范

G.703 接口	比特率容差范围	滤波器特性			最大峰—峰抖动			
		f1 高通	f3 高通	f4 高通	映射抖动		结合抖动	
					f1～f4	f3～f4	f1～f4	f3～f4
2048kbit/s	$\pm 50 \times 10^{-6}$	20Hz 20dB/dec	18kHz 20dB/dec	100kHz −20dB/dec	*	0.075UI	0.4UI	0.075UI
34368kbit/s	$\pm 2 \times 10^{-6}$	100Hz 20dB/dec	10kHz 20dB/dec	800kHz −20dB/dec	*	0.075UI	0.4UI0.75UI	0.075UI
139264kbit/s	$\pm 15 \times 10^{-6}$	200Hz 20dB/dec	10kHz 20dB/dec	3500kHz −20dB/dec dB/dec	*	0.075UI	0.4UI0.75UI	0.075UI

* 该值由设备厂商提供。

（3）SDH 性能指标应满足、YD/T 877、G.825 中对于 SDH 设备接口的要求。

（4）SDH 以太网的 MAC 地址缓存能力应不低于 4096 个，单节点应支持 VLAN 数量不小于 256 个，VLAN 范围为 1～4095。

（5）ATM 信元传送 QoS 指标定义应符合 YD/T 1238 的技术要求。其中 QoS1、3、4 的性能指标应按照 ATM 连接所通过的接口在 80% 负荷条件下确定，STM-1 和 STM-4 接口的 QoS 级性能指标应符合表 3-35 的要求（不包括 ATM 层以上层的处理引起的性能损伤）。

表 3-35 对发送信元到 STM-1 或 STM-4 接口的 ATM 连接经过 ATM 功能模块的性能指标

性能参数	CLP	QoS 级 1 连接	QoS 级 3 连接	QoS 级 4 连接
CLR	0	$\leqslant 2 \times 10^{-10}$	$\leqslant 10^{-10}$	$\leqslant 10^{-7}$
CLR	1	—	—	—
CER	1/0	$\leqslant 10^{-12}$	$\leqslant 10^{-12}$	$\leqslant 10^{-12}$
CTD（99%概率）	1/0	150μs	150μs	150μs
CDV（10^{-10} 量级）	1/0	250μs	—	—
CDV（10^{-7} 量级）	1/0	—	250μs	250μs

（6）SDH/MSTP 节点终端时钟自由振荡的输出频率准确度应优于 $\pm 4.6 \times 10^{-6}$（测试时间暂定 1 个月）。

（7）定时基准接口的漂移和抖动性能指标应符合 YD/T 900 规定；在时钟进入保持工作状态后，初始频率偏差应优于 5×10^{-8} 每天的频率变化率应优于 1×10^{-8}；牵引入/牵引出范围应与内部振荡器频率偏差无关，确保时钟的最小牵引入及牵引出范围均为 $\pm 4.6 \times 10^{-6}$。

（8）SDH/MSTP 节点的定时基准应能从下述类型的输入中获得：①2048kHz 同步时钟输入或者 2048kbit/s 同步时钟输入，优选的 2048kbit/s，该 2048kbit/s 同步时钟信号应该符合建议 G.704；②从 STM-N 信号中恢复定时；③从支路信号中恢复定时（不包含以太网支路信号和从 SDH 系统直接输出的 PDH 信号）。

（9）MSTP 节点应具备两个或两个以上的 2048kHz 或者 2048kbit/s 时钟输出口，优选 2048kbit/s，该 2048kbit/s 同步信号符合 ITU-TG.704 要求。

（10）SDH/MSTP 节点应配置有两个或两个以上的外部定时基准输入，定时转换的触发时间处于检测出定时基准信号丢失或者定时接口出现 AIS 信号后 10s 之内；应确保当选定的定时基准丢失后，定时转换能够自动转换至另外一个定时基准输入，判断转换的准则采用基准节点失效准则，即定时基准信号丢失或者选择的接口出现 AIS 信号；应具备定时基准的自动恢复能力和手动恢复能力；应确保自动恢复在有效定时的情况下在 10~20s 范围内切回。

（11）设备应能识别在 STM-N 帧结构中 SDH 定时信号标记，并且支持 SSM 倒换。

国网河南省电力公司通信设备选型技术原则
（PTN 设备）

1 总体技术要求

应采用技术先进、性能优良、功能实用、安全可靠的成熟产品。所用产品应符合相关国际标准、国家标准、行业标准和企业标准。

本技术原则规定了 PTN 设备选型的分类、功能、性能等方面的通用技术要求，适应于 PTN 设备的选型和采购。

2 标准和规范

IETFRFC398、4364、4385、4448、4541、4553、4664、4842、4717、4760、4761、4762、5086、5586、5659

IEEE 802.1ad、802.3、802.1D、1588ITU-TG.8011.3、G.8011.5、G.8011.4

GB/T 15941　同步数字体系（SDH）光缆线路系统进网要求

YD/T 1109　ATM 交换机技术规范

YD/T 1948.3　传送网承载以太网（EoT）技术要求　第 3 部分：以太网业务框架

YD/T 1948.5　传送网承载以太网（EoT）技术要求　第 5 部分：以太网专线（EPL）业务和以太网虚拟专线（EVPL）业务

YD/T 2336.1　分组传送网（PTN）网络管理技术要求　第 1 部分：基本原则

YD/T 2336.2　分组传送网（PTN）网络管理技术要求　第 2 部分：NMS 系统功能

YD/T 2336.3　分组传送网（PTN）网络管理技术要求　第 3 部分：EMS-NMS 接口功能

YD/T 2336.4　分组传送网（PTN）网络管理技术要求　第 4 部分：EMS-NMS 接口通用信息模型

YD/T 2374　分组传送网（PTN）总体技术要求

YD/T 2397　分组传送网（PTN）设备技术要求

YD/T 2487　分组传送网（PTN）设备测试方法

YD/T 2755　分组传送网（PTN）互通技术要求

YD 5199　分组传送网（PTN）工程设计暂行规定

YD 5200　分组传送网（PTN）工程验收暂行规定

Q/GDW 11358—2019　电力通信网规划设计技术导则

3 选型技术要求

3.1 PTN 设备选型分类

（1）PTN 设备应依据装备技术政策、组网技术规范、安全技术要求进行选型和配置。

（2）PTN 设备应主要依据交叉容量、GE 接口等参数的不同进行选型分类，详见表 3-36。

表 3-36　PTN 设备类型配置参数表

PTN 类型	交叉容量 （G）	GE 接口
PTN-1	5	GE
PTN-2	10	GE
PTN-3	20	GE
PTN-4	40	GE
PTN-5	40	10GE
PTN-6	80	10GE
PTN-7	120	10GE
PTN-8	160	10GE

3.2　PTN 设备功能要求

3.2.1　基本功能要求

（1）PTN 设备应具备基于标签机制的分组交换内核；应确保分组传送路径严格面向连接，且该连接能长期存在，并可由网管手工配置；支持多业务传送转发能力，并确保 MPLS-TP 的分组转发、OAM 和保护处理不依赖于 IP 转发。

（2）PTN 设备应为多种业务提供差异化的服务质量（QoS）保障；应支持双向点到点（P2P）的分组传送路径及其流量工程控制能力；宜支持单向点到多点（P2MP）的分组传送路径及其流量工程控制能力。

（3）PTN 设备应提供可靠的网络保护机制；应支持基于 OAM 和网管命令来触发分组传送路径的保护倒换，并可应用于 PTN 的各个网络分层和各种网络拓扑；应确保传送平面的分组转发、保护倒换动作独立于控制平面或管理平面；应确保当控制或管理平面配置的分组传送路径失败时，传送平面仍能正常执行分组转发、OAM 处理和保护倒换等功能。

（4）PTN 设备应具有完善的 PTN 网络内 OAM 故障管理和性能管理功能；应支持对以太网、TDM 等业务的 OAM 故障管理和性能管理功能；应支持通过管理平面对网络进行静态配置操作的能力，并且网管的静态配置应不依赖于任何控制平面元素（即不使用任何控制平面的协议），包括业务配置和对 OAM、保护等功能的控制；可选支持通过控制平面对网络进行动态配置操作的能力，例如动态建立业务的工作路径和保护/恢复路径；可选支持在同样的层网络或域内，网管静态配置和控制平面动态配置共存情况下对分组传送路径的配置等操作管理。

（5）PTN 设备应支持同步以太网功能，且实现稳定可靠的频率同步；应支持 IEEE1588 功能，且应实现高精度的时间同步。

（6）PTN 设备应具备平滑升级为下一代通信传输网技术（SPN）的能力。

3.2.2　多业务承载架构

PTN/MPLS-TP 均采用面向连接 LSP 分组转发机制，应支持以下业务的接入和承载：

（1）二层以太网业务、TDM 业务和 ATM 业务（可选），统一采用 PW 封装方式承载。

（2）IP 业务的承载方式：

1）IP 业务封装在以太网接口中，作为以太网业务封装到 PW 和 LSP 中，为必选。

2）IP 业务直接封装到 PW 和 LSP 中，为可选，具体待研究。

3）IP 业务添加 VPN 标签封装到 LSP 中，为可选，具体见 YD/T 2374—2011 的 5.3 节和附录 A.20。

3.2.3　基于 PW 的二层业务接入要求 PTN 中基于 MPLS-TP 的 PW 的仿真业务功能要求

（1）应统一采用 PWE3 封装来承载仿真类业务，并且 PWE3 控制字的使用应符合 IETFRFC4385 和 IETFRFC5586 规定。

（2）应支持 IETFRFC398 规范的单段伪线（SS-PW）交换架构和功能，可选支持符合 IETFRFC5659 规范的多段伪线（MS-PW）交换架构和功能。

（3）应支持 TDM 业务仿真和传送。

（4）应支持以太网二层业务的仿真和传送，且 PWE3 封装和控制字应符合 IETFRFC4448 规定。

（5）可选支持 ATM 业务仿真和传送，且 PWE3 封装和控制字应符合 IETFRFC4717 规定。

3.2.4　TDM 业务接入要求

采用 MPLS-TP 技术的 PTN 在通过 PWE3 电路仿真支持 TDM 业务时，应满足以下功能要求：

（1）应支持基于结构化无关的仿真（SAToP）模式的 PDH 业务承载，PWE3 封装和控制字应符合 IETFRFC4553 规定，SAToP 模式适用于任何信号结构的 PDHTDM 电路仿真。

（2）可选支持基于结构化仿真（CESoPSN）模式的 PDH 业务承载，PWE3 封装和控制字符合 IETFRFC5086 规定，CESoPSN 模式主要用于 $N\times64$kbit/s 信号结构的 PDHTDM 电路仿真，可节省带宽。

（3）可选支持基于 SDH 仿真（CEP）模式的 TDM 业务承载，PWE3 封装和控制字符合 IETFRFC4842 规定，CEP 模式主要用于基于 VC12、VC-4 或 VC4-nC 多种信号结构的 SDH 电路仿真。

（4）应支持 N（$N=1\sim63$）个 2Mbit/s 到 1 个 STM-1 信号的汇聚功能。

3.2.5　以太网二层业务接入要求

PTN 网络应提供以太网二层业务的接入和传送，并符合以下功能要求：

（1）提供的以太网二层业务应符合 YD/T 1948.3 规范的业务类型和属性要求。

（2）以太网线型业务（E-Line）应符合 YD/T 1948.5 的规范。

（3）以太网专网业务（E-LAN）应符合 ITU-TG.8011.3、G.8011.5 的规范。

（4）以太网根基多点业务（E-Tree）应符合 ITU-TG.8011.4 的规范。

（5）以太网业务的 PWE3 封装格式应符合 IETFRFC4448 规定。

（6）支持采用网管配置的静态方式建立以太网业务，可选支持采用控制平面信令方式动态建立以太网业务。

（7）基于 MPLS-TP 技术的 PTN 应支持 IETFRFC 4664 规范的 VPWS、VPLS 或 H-VPLS 技术，应支持通过网管静态配置以太网二层业务，可选支持采用信令方式配置，应符合 IETFRFC 4761 和 IETFRFC 4762 的相关规范。

3.2.6 以太网线型业务（E-line）要求

PTN 网络的 E-Line 业务应符合以下功能要求：

（1）应支持基于端口、端口＋VLAN 的方式实现业务与 PW、LSP 的绑定。

（2）应支持 VLAN 的 QinQ 功能，具体应符合 IEEE 802.1ad—2006 的要求。

（3）EPL 和 EVPL 业务在 UNI 接口的二层控制协议处理上应符合 YD/T 1948.5 的要求。

3.2.7 以太网专网业务（E-LAN）要求

PTN 网络的 E-LAN 业务应符合以下功能要求：

（1）应基于端口、端口＋VLAN 的方式实现 EP-LAN 和 EVP-LAN 业务。

（2）应支持水平分割功能来防止成环。

（3）在 E-LAN 模型下，应支持以太网二层功能：

1）应支持 MAC 地址学习使能、禁止和静态 MAC 地址配置功能。

2）应支持基于以太网 MAC 地址的组播功能。

3）应支持 IGMPSnooping 的组播监听协议，具体要求符合 IETFRFC4541 的规范。

4）应支持 VLAN 的 QinQ 功能，具体应符合 IEEE 802.1ad—2006 的要求。

5）MAC 地址学习应支持 VLAN 独立学习（IVL）模式。

6）应支持基于 VSI 的 MAC 地址表数量限制功能，支持 MAC 地址的黑白名单功能。

7）应支持对未知单播和未知组播报文的过滤。

8）应支持对广播报文的限速。

9）UNI 接口应支持 RSTP、MSTP，其中 MSTP 基于 C-VLAN。

10）EP-LAN 和 EVP-LAN 业务在 UNI 接口上应支持 IEEE802.3 和 IEEE802.1D 规范的 L2 控制协议处理，具体应分别符合 ITU-TG.8011.3 和 G.8011.5 规范。

3.2.8 以太网根基多点业务（E-Tree）要求

PTN 网络的 E-Tree 业务应符合以下功能要求：

（1）PTN 应支持基于端口、端口＋VLAN 的方式实现 EP-Tree 和 EVP-Tree 业务。

（2）PTN 应支持根节点和叶子节点之间的双向通信，并支持叶子节点之间的隔离功能。

（3）在 E-Tree 业务模式下，PE 节点应支持以太网二层交换功能：

1）应支持 MAC 地址学习使能、禁止和静态 MAC 地址配置功能。

2）应支持基于以太网 MAC 地址的组播功能。

3）应支持 IGMPSnooping 的组播监听协议，具体要求符合 RFC4541 的规范。

4）应支持 VLAN 的 QinQ 功能，具体应符合 IEEE 802.1ad—2006 的要求。

5）MAC 地址学习应支持 VLAN 独立学习（IVL）模式。

6）应支持基于 VSI 的 MAC 地址表数量限制功能，支持 MAC 地址的黑白名单功能。

7）应支持对未知单播报文的过滤。

8）应支持对广播报文的限速。

（4）EP-Tree 和 EVP-Tree 业务在 UNI 接口应支持 IEEE 802.3—2008 和 IEEE 802.1D—2004 的 L2 控制协议处理，具体应符合 ITU-TG.8011.4—2010 的第 8.1.11 节规范。

3.2.9 ATM 业务接入要求

PTN 网络可选支持以下 ATM 业务仿真和传送功能：

（1）应支持 IETFRFC4717 规定的 ATM 业务仿真和封装，同时应支持 1：1 VCC/VPC 和

N：1 VCC/VPC 两种信元封装模式。

（2）应支持单向和双向点到点 VPC 或 VCC 连接的建立。

（3）可选支持 IMA 组的处理功能：

1）符合 AF-PHY0086—1999 第 5 章对 IMA 组参数的处理和协商的要求，包括协议版本、IMA 帧长度、组对称模式、发送和接收激活链路门限等。

2）符合 AF-PHY0086—1999 第 10 章对 IMA 组链路增加和删除操作的规定。

3.2.10　IP 业务接入要求

路由转发可通过网管静态配置、IETFRFC4364（BGP/MPLSIPVPN）、IETFRFC4760（MP-BGP）动态路由方式实现。

3.2.11　PTN 网络保护通用功能要求

PTN 各种方式保护方式应满足以下通用功能要求：

（1）PTN 的保护倒换应支持链路、节点故障和网管外部命令的触发，并应支持各种倒换请求的优先级处理：①故障类型：支持物理链路、LSP 和 PW 信号失效（SF）和中间节点失效，支持信号劣化（SD）；②外部命令：支持保护锁定、强制倒换、人工倒换和清除命令等网管命令。

（2）保护倒换方式。应支持单向倒换和双向倒换类型，应支持配置为返回或不返回操作模式，默认配置为返回模式，应支持等待恢复（WTR）功能的启动和 WTR 时间的设置。

（3）保护倒换时间。在链路总长度不大于 1200km，且拖延（Holdoff）时间设置为 0 的情况下，PTN 网络内线性和环网保护倒换引起的业务受损时间应不大于 50ms（由 SD 触发的保护倒换时间除外）；接入链路的保护倒换时间应符合 YD/T 2374 的要求。

（4）拖延时间设置。在 PTN 的底层网络（如 WDM 和 OTN）配置保护方式的情况下，为避免 PTN 层网络和底层网络保护的冲突，PTN 网络保护方式应支持拖延（Holdoff）时间的设置，可设置为 50ms 或 100ms。

3.2.12　PTN 网络线性保护技术要求

线性保护包括单向取向 1＋1 路径保护、双向 1:1 或 1:*N*（*N*＞1）路径保护、单向/双向 1＋1SNC/S 保护和双向 1:1SNC/S 保护，这些保护机制应满足以下功能要求：

（1）应支持点到点连接的保护。

（2）单向 1＋1 线性保护应支持点到多点连接的保护。

（3）除 1＋1 单端保护倒换外，其他线性保护类型都应采用 APS 协议来同步源宿端点的保护倒换动作。

（4）1:1 LSP 线性保护应支持配置为返回模式，并且应基于选择桥接方式实现信号 SF 和 SD 检测和保护倒换。

（5）信号劣化（SD）触发保护倒换应满足以下要求：

1）应支持物理链路、LSP 层、PW 层的 SD 检测，并实现对线性保护倒换的触发。

2）SD 检测方式推荐采用基于 LMOAM 的主动丢包率检测方式；可选采用基于 CC/CV 报文个数的丢包率检测方式或物理链路层的 SD 检测方式；对于传输媒介层采用 GE、10GELAN 的情况，可采用以太网物理链路层的 FCS 误包率检测方式，并触发保护倒换，并可选支持多段性能劣化的累积功能；对于传输媒介层采用 10GEWAN、STM-N 或 OTN 接口的情况，可采用 STM 和 OTN 的 BIP 校验的比特误码率检测方式。

3）SD 门限的丢包率设置范围应支持 1E-3～1E-6，默认宜设置为 1E-3 的丢包率。

4）触发保护倒换的 SD 应主要为物理层线路性能劣化或节点内部故障所导致的业务 CIR 部分的丢包率超过 SD 门限，并且不应包含节点内部拥塞而引起业务 EIR 部分的丢包率超过 SD 门限。

3.2.13　PTN 网络内的 OAM 要求

（1）PTN 网络内的 OAM 的功能要求应符合 IETFRFC5860 规范，同时当 PTN 网络服务层是 SDH 和 OTN 时，应采用 SDH 和 OTN 的 OAM 机制，且虚段层 OAM 可选。

（2）连续性检测连通性校验（CC/CV）功能应工作在主动模式，应能够通过源维护终端点（MEP）周期性的发送该 OAM 报文，同时宿 MEP 应能够对该报文进行监测，并且可以探测 MEG 中的任何一对 MEP 之间的连续性丢失（LOC），还应可以探测以下故障：误连接故障、未预期的 MEP、未预期的 MEG 层次和未预期的周期，详见 YD/T 2374 的技术要求。当 CC/CV 工作在主动模式下，连通性检测功能应能够通过报文中携带的计数器字段，完成主动的丢包测量（LM）功能。

（3）CC/CV 的报文发送周期应为以下 7 个值之一：3.33ms、10ms、100ms、1s、10s、1min 和 10min。

（4）环回检测（LB）功能应为必选功能，同时应工作在按需模式，可基于节点或端口实现；告警指示信号（AIS）和远端故障指示（RDI）功能应工作在主动模式，踪迹监视（LT）功能应工作在按需模式中。

3.3　PTN 设备性能要求

（1）参照 YD/T 2374 和 YD/T 2397 要求，性能要求如下：

1）PTN 网络承载的 STM-N/PDH 接口的 TDM 业务抖动性能应符合 GB/T 15941 规定的抖动性能。

2）在非超长包、无拥塞条件下，以太网业务的时延抖动不应超过时延的 ±10%。

3）PTN 网络承载的 ATM 业务的信元丢失率性能应符合 YD/T 1109 规范的 ATM 业务信元丢失率性能要求。

4）PTN 网络承载的 ATM 业务的时延性能应符合 YD/T 1109 规范的 ATM 业务信元时延性能要求。

5）PTN 网络保护技术性能应符合 YD/T 2374 和 YD/T 2397 的要求。

（2）PTN 网络基于同步以太网接口进行频率同步分配时，以 MITE 表示的 EEC 输出接口的漂移网络限值应符合表 3-37 的技术要求，以 TOEV 表示的 EEC 输出接口的漂移网络限值应符合表 3-38 的技术要求。

表 3-37　以 MITE 表示的 EEC 接口的漂移网络限值

观察时间 τ （s）	MTIE 要求 （ns）
$0.1 < \tau \leqslant 2.5$	250
$2.5 < \tau \leqslant 20$	100τ
$20 < \tau \leqslant 2000$	2000
$\tau > 2000$	$433\tau 0.2 + 0.01\tau$

表 3-38　以 TOEV 表示的 EEC 接口的漂移网络限值

观察时间 τ （s）	MTIE 要求 （ns）
$0.1<\tau\leq17.14$	12
$17.14<\tau\leq100$	0.7τ
$100<\tau\leq1000000$	$58+1.2\tau0.5+0.0003\tau$

（3）在边界时钟模式、透明时钟模式以及混合时钟模式下，PTN 网络的 PTP 时间同步性能应满足如下要求：

1）在 PTN 单独组网情况下，在各种网络负载条件下，在 4h 观察期间内，PTN 端到端最大时间偏差应小于 15s。

2）在时间源头切换或时间路径发生倒换时，引入的时间偏差应小于 250ns。

国网河南省电力公司通信设备选型技术原则
（路由器设备）

1 总体技术要求

应选择技术成熟、性能优良、功能实用、安全可靠的型号产品，应符合相关国家标准、行业标准和企业标准。

本技术原则规定了路由器设备选型的分类、功能、性能等方面的通用技术要求，适应于核心路由器设备的选型和采购。

2 标准和规范

IEEE 802.1q、802.3ae、802.3u、802.3z

IETFRFC791、922、950、1122、1483、1619、1661、1755、1994、2225、2615、2684、4632

ITU-TG.707　同步数字系列（SDH）的网络节点接口

GB/T 18018　信息安全技术　路由器安全技术要求

GB/T 20011　信息安全技术　路由器安全评估准则

GB/T 28501　IP 电话路由协议（TRIP）技术要求

GB/T 28514.3　支持 IPv6 的路由协议技术要求　第 3 部分：中间系统到中间系统域内路由信息交换协议（IS-ISv6）

YD/T 976　B-ISDN 用户网络接口（UNI）物理层规范

YD/T 1036　帧中继网技术体制

YD/T 1061　同步数字体系（SDH）上传送 IP 的 LAPS 技术要求

YD/T 1096 路由器设备技术要求边缘路由器

YD/T 1097 路由器设备技术要求核心路由器

YD/T 1098 路由器设备测试方法边缘路由器

YD/T 1156 路由器设备测试方法核心路由器

YD/T 1358　路由器设备安全技术要求——中低端路由器（基于 IPv4）

YD/T 1359　路由器设备安全技术要求——高端路由器（基于 IPv4）

YD/T 1452　IPv6 网络设备技术要求　边缘路由器

YD/T 1454　IPv6 网络设备技术要求　核心路由器

YD/T 1470　IP 电话路由协议（TRIP）技术要求

YD/T 1702　公众 IP 网络可靠性 IP 快速重路由技术框架

YD/T 1906　IPv6 网络设备安全技术要求——核心路由器

YD/T 1907　IPv6 网络设备安全技术要求——边缘路由器

YD/T 2170　IPv6 技术要求——IPv6 路由器重编号协议

YD/T 2176　公众 IP 网络可靠性　中间系统到中间系统路由交换协议（IS-IS）中平滑重启动技术要求及测试方法

YD/T 2329.4　分组电信数据网（PTDN）体系架构　第 4 部分：路由

YD/T 2416　公众 IP 网络可靠性　IP 快速重路由技术要求

YD/T 2660　互联网网间路由发布和控制技术要求

YD/T 2710　IPv6 路由协议　适用于低功耗有损网络的 IPv6 路由协议（RPL）技术要求

YDN 034.1　ISDN 用户网络接口规范　第 1 部分：物理层技术规范

YDN 052　B-ISDNATM 层技术规范

YDN 053.4　B-ISDNATM 适配层（AAL）类型 5 标准

YDN 065　邮电部电话交换设备总技术规范书（附附录）

YDN 099　光同步传送网技术体制

YDN 120　光波分复用系统总体技术要求（暂行规定）

Q/GDW 11412　国家电网公司数据通信网设备测试规范

3　选型技术要求

3.1　路由器设备选型分类

（1）路由器设备应依据装备技术政策、组网技术规范、安全技术要求进行选型和配置。

（2）路由器设备分为高端路由器、中端路由器和低端路由器三类，主要依据交换容量、整机包转发能力、机箱物理槽数、单主控板内容、业务板配置等参数对各类路由器进行技术参数的选型，详见表 3-39。

表 3-39　路由器类型技术参数表

名称	交换容量	整机包转发能力	机箱物理槽数	单主控板内存	业务板配置
高端路由器-1	≥5000G（全双工状态）	≥1900Mpps	≥10 个（其中，业务槽≥8 个）	≥4G	万兆以太端口数≥20；千兆光口端口数≥16；单模光模块；万兆接口分布在不同物理槽位上，千兆接口分布在不同物理槽位上
高端路由器-2	≥5000G（全双工状态）	≥1900Mpps	≥10 个（其中，业务槽≥8 个）	≥4G	分别配置 STM-1POS 端口数≥8、万兆以太端口数≥16；千兆光口端口数≥8；万兆接口分布在不同物理槽位上
高端路由器-3	≥720G（全双工状态）	≥1000Mpps	≥8 个（其中，业务槽≥6 个）	≥2G	万兆以太端口数≥8；千兆光口端口数≥20；单模光模块；万兆接口分布在不同物理槽位上，千兆接口分布在不同物理槽位上

表 3-39（续）

名称	交换容量	整机包转发能力	机箱物理槽数	单主控板内存	业务板配置
高端路由器-4	≥720G（全双工状态）	≥1000Mpps	≥8 个（其中，业务槽≥6 个）	≥2G	分别配置万兆光口端口数≥4、千兆光口端口数≥8；万兆接口分布在不同物理槽位上
高端路由器-5	≥720G（全双工状态）	≥1000Mpps	≥8 个（其中，业务槽≥6 个）	≥2G	分别配置 155MPOS 端口数≥2，万兆以太端口数≥4、千兆光口端口数≥8；万兆接口分布在不同物理槽位上
中端路由器-1	≥200G（全双工状态）	≥100Mpps	≥6 个	≥512M	分别配置 STM-1POS≥2、千兆光口端口数≥8、千兆电口端口数≥8
中端路由器-2	≥200G（全双工状态）	≥100Mpps	≥6 个	≥512M	分别配置千兆光口端口数≥8、千兆电口端口数≥8
中端路由器-3	≥200G（全双工状态）	≥100Mpps	≥6 个	≥512M	分别配置千兆光口端口数≥4、千兆电口端口数≥4、E1 端口数≥4
低端路由器-1	≥3Gbps（全双工状态）	≥1Mpps	—	—	分别配置千兆光口端口数≥2、千兆电口端口数≥2
低端路由器-2	—	≥500Kpps	—	—	分别配置千兆电口端口数≥2、E1 端口数≥2

3.2 路由器设备功能要求

3.2.1 基本功能要求

（1）高端路由器、中端路由器和低端路由器应符合表 3-40 中对应的功能要求。

（2）高端路由器、中端路由器和低端路由器应采用 PAP/CHAP 认证。

（3）高端路由器和中端路由器应控制和数据路径分离，应支持热插拔功能。

（4）高端路由器和中端路由器应具有高可靠性和高稳定性；主处理器、主存、交换矩阵（如果存在）、电源、总线仲裁器和管理接口等系统主要部件应具有热备份冗余；各种线路卡要求提供远端测试诊断功能。当某个系统电源故障时，应能保持连接的有效性。

表 3-40 路由器功能要求

功能项目	高端、中端路由器	低端路由器
接口	支持 10GBase-LR、10GBase-SR、1000Base-LX、1000Base-SX、1000Base-T 等以太接口；支持 STM-1、STM-4、STM-16 等 POS 接口；支持端口聚合功能	支持 1000Base-LX、1000Base-SX、1000Base-T 等以太接口；支持 E1 接口
协议	支持 IP、TCP、UDP、PPP、ICMP、MPLS；支持 OSPFv2、BGP4、RIPv2、IS-IS 等常用路由路由协议；支持 PIM-SM/DM、IGMP、MBGP、MSDP、MPLSVPN 组播	支持 IP、TCP、UDP、PPP、ICMP、MPLS；支持 OSPFv2、BGP4、RIPv2、IS-IS 等常用路由路由协议；支持 PIM-SM/DM、IGMP、MBGP、MSDP、MPLSVPN 组播

表 3-40（续）

功能项目	高端、中端路由器	低端路由器
管理	支持 SNMPv1/v2/v3 及其 MD5 认证；支持 Console/Telnet/SSH 等管理方式；支持流量统计分计分析功能；支持线卡网流采样功能；支持 MPLSVPN 及 QoS 管理功能 MPLSVPN 及 QoS 管理功能	支持 SNMPv1/v2/v3 及其 MD5 认证；支持 Console/Telnet/SSH 等管理方式；支持流量统计分计分析功能；支持 MPLSVPN 及 QoS 管理功能 MPLSVPN 及 QoS 管理功能
IPv6	支持 IPv4 和 IPv6 双协议栈；支持 IPv6over IPv4 隧道、IPv4overIPv6 隧道、6PE/6vPE 等过渡技术；支持 OSPFv3、BGP4＋、RIPngIS-ISv6 等动态路由协议	支持 IPv4 和 IPv6 双协议栈；支持 IPv6over、IPv4 隧道等过渡技术；支持 OSPFv3、BGP4＋、RIPng、IS-ISv6 等动态路由协议
QoS	支持 Diff-Serv、排队策略和拥塞管理；支持业务分类和标识策略；支持层次化 QoS 和 MPLSQoS 功能	支持 Diff-Serv、排队策略和拥塞管理；支持业务分类和标识策略；支持层次化 QoS 和 MPLSQoS 功能
MPLS	支持 LDP、TE、MP-BGP；支持二、三层 VPN 和 BGPMPLSVPN；支持分布式 MPLSVPN 处理；支持三层 VPNOptionA、OptionBOptionC 跨域功能	支持 LDP、MP-BGP；支持二、三层 VPN 和、BGPMPLSVPN
安全性	支持包过滤、uRPF 和访问控制列表；支持流量控制功能；具有 DDOS、Smurf 等网络攻击抵抗能力；支持常用路由协议的 MD5 认证和路由过滤功能；支持访问控制和安全审计功能	支持包过滤、uRPF 和访问控制列表；支持流量控制功能；具有 DDOS、Smurf 等网络攻击抵抗能力；支持常用路由协议的 MD5 认证和路由过滤功能；支持访问控制和安全审计功能
可靠性	支持主控板冗余和电源板冗余；支持热插拔；支持 BFD、FRR 和 NSR 功能；支持在线版本升级	支持电源冗余；支持 BFD 功能
兼容性	与主流网络设备厂商的设备兼容	

3.2.2 10～1000Mbps 接口要求

（1）以太网层应支持 MAC 层全双工操作、8B/10B 编/解码、SC 双工，具有转发 64byte 长以太网帧的能力。支持以太网接口上的 MPLS（MPLSoverGigabitEthernet）、流控（发送）、优先级设定/映射；当用于局域网时，应支持虚拟冗余路由器协议（VRRP），并符合 IETFRFC3768 的要求，应支持 IEEE802.1P/Q；在最高速接口上应支持长达 15min 的比特计数而不溢出。

（2）路由器应支持吉比特以太网接口（符合 IEEE 802.3Z），1000Mbit/s 以太网物理接口可支持 1000Base-SX，1000Base-LX 以及 1000Base-T；1000Base-SX 应符合表 3-41～表 3-43 的要求；1000Base-LX 应符合表 3-44、表 3-45 的要求；1000Base-T 接口应符合 IEEE802.3ab；1000Base-SX 及 1000Base-LX 抖动应符合表 3-46 的要求。

（3）路由器可支持 10/100Mbit/s 自适应以太网接口；10Mbit/s 以太网接口应符合 IEEE802.3，物理层接口上采用曼切斯特编码，用 0.85V 和－0.85V 分别表示"1"和"0"；电缆可采用 10Base-T；100Mbit/s 以太网接口应符合 IEEE802.3U 规定；100Base-T 技术中可采用 3 类传输介质：100Base-T4、100Base-TX 和 100Base-FX。采用 4B/5B 编码方式。

表 3-41　1000Base-SX 接口的使用范围

光纤类型	模宽@850nm（最小满负发送）（MHz·km）	最小范围（m）
62.5μmmMF	160	2～220
62.5μmmMF	200	2～275
50μmmMF	400	2～500
50μmmMF	500	2～550

表 3-42　1000Base-SX 接口的发送光功率

项　目	62.5μmmMF50μmmMF	单位
发送器类型	短波激光器	
信令速度（范围）	1.25±100ppm	GBd
波长（λ，范围）	770～860	nm
Trise/Tfall（最大值；20%～80%；＞830nm）	0.26	ns
Trise/Tfall（最大值；20%～80%；≥830nm）	0.21	ns
RMS 谱宽（最大值）	0.85	nm
平均发送光功率（最大值）	a	dBm
平均发送光功率（最小值）	−9.5	dBm
发送器 OFF 时平均发送光功率（最大值）	−30	dBm
消光比（最小值）	9	dB
RIN（最大值）	−117	dB/Hz
耦合功率比（CPR）（最小值）	9＜CPR	dB

a　最大发送功率应取最大接收功率与 IEEE 803.2 规定的 1 类安全限中的小值。

表 3-43　1000Base-SX 接口的接收要求

项　目	62.5μmmMF	50μmmMF	单位
信令速度（范围）	1.25±100ppm		GBd
波长（λ，范围）	770～860		nm
平均接收光功率（最大值）	0		dBm
接收灵敏度	−17		dBm
回损（最小值）	12		dB
加强接收灵敏度（最大值）	−12.5	−13.5	dBm
纵向眼图闭合代价	2.60	2.20	dB
接收电信号 3dB 高端截止频率（最大值）	1500		MHz

表 3-44　1000Base-LX 接口的发送光功率

项　目	62.5μmmMF	50μmmMF	9μmSMF	单位
发送器类型	长波激光器			
信令速度（范围）	1.25±100ppm			GBd
波长（λ，范围）	1270～1355			nm
Trise/Tfall（最大值；20%～80%；＞830nm）	0.26			ns
RMS 谱宽（最大值）	4			nm
平均发送光功率（最大值）	−3			dBm
平均发送光功率（最小值）	−11.5	−11.5	−11.0	dBm
发送器 OFF 时平均发送光功率（最大值）	−30			dBm
消光比（最小值）	9			dB
RIN（最大值）	−120			dB/Hz
耦合功率比（CPR）（最小值）	28＜CPR＜40	12＜CPR＜20	N/A	dB

注　对 MMF 模式，需使用一段 SMF 模式调节尾纤。

表 3-45　1000Base-LX 接口的接收要求

项　目	62.5μmmF	50μmmMF	9μmSMF	单位
信令速度（范围）	1.25±100ppm			GBd
波长（λ，范围）	1270～1355			nm
平均接收光功率（最大值）	−3			dBm
接收灵敏度	−19			dBm
回损（最小值）	12			dB
加强接收灵敏度（最大值）	−14.4			dBm
纵向眼图闭合代价	2.60			dB
接收电信号 3dB 高端截止频率（最大值）	1500			MHz

表 3-46　1000Base-SX 及 1000Base-LX 抖动规范

参考点[②]	总抖动[①]		确定抖动	
	UI	PS	UI	PS
TP1	0.240	192	0.100	80
TP1-TP2	0.284	227	0.100	80
TP2	0.431	345	0.200	160
TP2-TP3	0.170	136	0.050	40

129

表 3-46（续）

参考点[2]	总抖动[1]		确定抖动	
	UI	PS	UI	PS
TP3	0.510	408	0.250	200
TP3-TP4	0.332	266	0.212	170
TP4	0.749	599	0.462	370

① 总的抖动包括确定抖动和自由抖动。表中规定的值为 637kHz 以上的高频抖动，不包括低频抖动。表中黑体字参数为必选值，其他参数为参考值。

② 参考点的定义见 IEEE 802.3Z。

3.2.3 10～100Gbps 以太网接口要求

（1）10～100Gbps 以太网接口应支持 MAC 层全双工操作、8B/10B 或 64B/66B 编/解码、SC/LC，并且具有转发 64byte 长以太网帧的能力。

（2）路由器可选支持 10G 以太网接口（符合 IEEE802.3ae），10G 以太网物理接口可支持 10GBase-SR、10GBase-LR，同时 10GBase-SR 接口应符合表 3-47～表 3-49 要求，10GBase-LR 接口应符合表 3-50～表 3-52 要求，并且 10G 以太网接口应支持 MPLS。

表 3-47　10GBase-SR 接口的使用范围

光纤类型	最小模宽@850nmmHz·km	最小范围（m）
62.5μmmMF	160	2～26
	200	2～33
50μmmMF	400	2～66
	500	2～80
	2000	2～300

表 3-48　10GBase-SR 接口的发送光接口参数

项　　目	10GBase-SR	单位
信号速率	10.3125	GBd
信号速率最大偏差	±100	ppm
波长（λ，范围）	840～860	nm
平均发送光功率（最大值）	−1.0	dBm
平均发送光功率（最小值）	−7.3	dBm
发送器 OFF 时平均发送光功率（最大值）	−30	dBm
消光比（最小值）	3	dB
回损（最小值）	12	dB

表 3-49   **10GBase-SR 接口的接收要求**

项　　目	10GBase-SR	单位
信号速率	10.3125	GBd
信号速率最大偏差	±100	ppm
波长（λ，范围）	840～860	nm
平均接收光功率（最大值）	−1.0	dBm
平均接收光功率（最小值）	−9.9	dBm
接收灵敏度	−11.1	dBm
加强接收灵敏度（最大值）	−7.5	dBm
纵向眼图闭合代价	3.5	dB
接收电信号 3dB 高端截止频率（最大值）	12.3	GHz

表 3-50   **10GBase-LR 接口的使用范围**

PMD 类型	正常波长（nm）	最小范围（m）
lOGBase-L	1310	2～10000

表 3-51   **10GBase-LR 接口的发送光接口参数**

项　　目	10GBase-LR	单位
信号速率	10.3125	GBd
信号速率最大偏差	±100	ppm
波长（λ，范围）	1260～1355	nm
最小边模抑止比	30	dB
平均发送光功率（最大值）	0.5	dBm
平均发送光功率（最小值）	−8.2	dBm
发送器 OFF 时平均发送光功率（最大值）	−30	dBm
消光比（最小值）	3.5	dB
回损（最小值）	12	dB

表 3-52   **10GBase-LR 接口的接收要求**

项　　目	10GBase-LR	单位
信号速率	10.3125	GBd
信号速率最大偏差	±100	ppm
波长（λ，范围）	1260～1355	nm
平均接收光功率（最大值）	0.5	dBm

表 3-52（续）

项　　目	10GBase-LR	单位
平均接收光功率（最小值）	−14.4	dBm
接收灵敏度	−12.6	dBm
加强接收灵敏度（最大值）	−10.3	dBm
纵向眼图闭合代价	2.2	dB
接收电信号 3dB 高端截止频率（最大值）	12.3	GHz

3.2.4　SDH 接口要求

（1）路由器应支持 SDHSTM-1 接口、SDHSTM-4 接口、SDHSTM-16 接口和 SIM-64 接口中的一种或者几种；STM-1 电接口适用于局内，干扰信号弱的情况。STM-4、STM-16 和 STM-64 应采用光接口。

（2）SDH 层应符合 YDN099 和 ITU-TG.707 的要求；应支持 LOS、LOF、LAIS、PAIS、LOP、SF、SD 告警处理功能；应支持性能监控；应支持 B1、B2、B3 差错计数；应支持本地（内部）或环路定时（从网络恢复时钟），并至少具有 20ppm 的时钟精度；应支持保护倒换和本地环回（诊断）和网络环回功能。

（3）SDH 接口应具有转发 40byte 长 IP 包的能力，支持 QoS 或 CoS，并支持基于 IP 的拥塞管理。

（4）SDH 设备软件应支持通过调度排队（scheduling）算法，并且提供 QoS（或 CoS）；应支持 POS 上的 MPLS（MPLSoverPOS）。

3.2.5　E1 接口要求

SDH 设备应具备至少一个 2048kbit/s 速率的数字接口，并且 E1 接口应符合 YDN065 规定。

3.2.6　ATM 接口要求（可选）

（1）高端和中端路由器应至少支持 ATM155Mbit/s 接口和 ATM622Mbit/s 光接口。ATM155Mbit/s 接口分光接口和电接口两种，且电接口适用于局内或干扰信号弱的情况；可支持 ATM2.5Gbit/s 光接口。

（2）分组层应具有转发 40byte 长 IP 包的能力，并且每个物理端口应支持 4 个队列；输出队列应支持对每条 VC 分段和业务整形功能；应支持 ATM 上的 MPLS（MPLSoverATM）；应能在独立的 VC 上，或在单条 VC 上排队发送属于同一个下一跳路由器的区分业务流。

（3）ATM 层应支持 PVC 和 SVC；应支持 AAL5、CBR、UBR 和 VBR 业务，支持业务量整形；应支持 IETFRFC2684 规定的 AAL5 上的多协议封装；应支持 LLC/SNAP 和 IP 复用 PVC（路由协议的 LLC 封装）；应支持 F4/F5OAM 信元处理。

3.2.7　WDM 接口要求（可选）

核心路由器可支持 WDM 接口，有关 WDM 接口的具体要求见 YDN120。

3.2.8　通信规程要求

（1）通信规程宜支持 ATM 协议，ATM 协议应支持 PVC 和 SVC 连接，采用 AAL5 适配层，支持 ATMCBR、UBR 和 VBR 业务，且支持业务量整形。

（2）通信规程应采用 ITU-T 建议时的信令标准协议栈。其中，物理层应满足 YD/T 976 的规定，ATM 层应满足 YDN052 的规定。SAAL 应满足 YDN053.4 的规定。

（3）通信规程可支持 CIPOA 协议，CIPOA 协议应符合 YD/T 1097 的要求，并且应符合 IETFRFC1483、IETFRFC2225 和 IETFRFC1755 的要求。

（4）通信规程应支持 SDH 上传送 IP 的协议，并且应同时支持 IETFRFC1619、IETFRFC2615 以及 YD/T 1061（见 YD/T 1097—2009 标准附录 A）。

（5）通信规程宜支持 SDH 上传送 IP 的 LAPS 技术规范要求，具体要求见 YD/T 1061。

（6）通信规程应确保高端和终端路由器在支持 WDM 接口的同时，也应支持 WDM 上传送 IP 的协议。

（7）通信规程应参照 YD/T 1097 执行。

3.2.9 安全性要求

路由器安全性应符合 YD/T 1358 和 YD/T 1359 的要求。

3.3 路由器设备性能要求

3.3.1 路由性能要求

高端路由器、中端路由器和低端路由器应符合表 3-53 中对应的功能要求。

表 3-53 路 由 性 能 要 求

项　　　目		高端路由器	中端路由器	低端路由器
整机包转发		≥1900Mpps	≥200Mpps	≥1Mpps
接口	发送光功率	10GBase-LR：－8.2～－0.5dBm 10GBase-SR：－7.3～－1dBm 1000Base-LX：－11.5～－3dBm 1000Base-SX：－9.5～－4dBm	1000Base-LX：－11.5dBm～－3dBm 1000Base-SX：－9.5dBm～－4dBm	
	接收灵敏度	10GBase-LR：＜－12.6dBm 10GBase-SR：＜－11.1dBm 1000Base-LX：＜－19dBm 1000Base-SX：＜－17dBm	1000Base-LX：＜－19dBm 1000Base-SX：＜－17dBm	
	转发速率	端口线速转发无丢包		－
	转发延时（ms）	＜0.5		＜1
OSPF 路由转发表容量（条）		≥1000000	≥500000	≥20000
IS-IS 路由转发表容量（条）		≥1000000	≥500000	≥20000
BGP 路由转发表容量（条）		≥2000000	≥1000000	≥40000
OSPFv3 路由转发表容量（条）		≥500000	≥200000	≥10000
IS-ISv6 路由转发表容量（条）		≥500000	≥200000	≥10000
BGP4＋路由转发表容量（条）		≥1000000	≥500000	≥20000
6vPEVPN 规格（条）		≥1000	≥500	－
VRF 数量（条）		≥1000	≥500	≥50

表 3-53（续）

项　　目	高端路由器	中端路由器	低端路由器
整机包转发	≥1900Mpps	≥200Mpps	≥1Mpps
VPN 私网路由容量（条）	≥1000000	≥100000	≥10000
BFD 收敛时间（ms）	≤500		
FRR 收敛时间（ms）	≤100		—
组播组容量（条）	≥8000	≥4000	≥200
ACL 容量（条）	≥32000	≥8000	≥1000
可靠性与可用性	无故障工作时间 MTBF 大于 40 万 h，可用性不小于 99.999%		无故障工作时间 MTBF 大于 17520h

3.3.2 转发性能要求

（1）高端路由器和中端路由器的双向交换容量应至少达到 60Gbit/s。

（2）路由器时延应符合如下要求：①64byteIP 包时延小于 1ms；②512byteIP 包时延小于 15ms；③1518byteIP 包时延小于 350ms；④在最坏情况下，1518byte 长度及以下的标记帧时延均应小于 1ms。

3.3.3 安全性能要求

PAP/CHAP 认证的平均响应时间应小于 3s。

3.3.4 内部时钟性能要求

晶体时钟单元的自由运行频率准确度应在 $\pm50\times10^{-6}$，牵引范围应在 $\pm50\times10^{-6}$。

3.3.5 可靠性和可用性要求

（1）中高端路由器的系统应达到或超过 99.999% 的可用性。

（2）中高端路由器系统的无故障工作时间 MTBF 应大于 40 万 h。

（3）低端路由器的无故障工作时间 MTBF 应大于 8760h。

3.3.6 电器性能要求（见表 3-54）

表 3-54　路由器的电器性能要求

项　　目		高端、中端和低端路由器
电源影响		交流 220V±20% 范围波动时正常工作，直流 −48V 供电在 −57～−40V 范围波动时正常工作
绝缘电阻		电源和数据端口绝缘电阻不应小于 2MΩ
介质强度		交流回路 AC2kV，直流回路 AC500V，以太网接口 AC250V
电磁兼容	静电放电抗扰度	3 级
	电快速瞬变抗扰度	3 级
	浪涌（冲击）抗扰度	3 级
	工频磁场抗扰度	4 级

表 3-54（续）

	项　　目	高端、中端和低端路由器
电磁兼容	电压暂降和短时中断抗扰度	交流电源 70%U_T/500ms，0%U_T/10ms；直流电源 70%U_T/1s，0%U_T/10ms
环境性能	高温影响	＋45℃温度条件下设备正常工作，性能不应受影响
	低温影响	0℃温度条件下设备正常工作，性能不应受影响

国网河南省电力公司通信设备选型技术原则

（EPON 设备）

1 总体技术要求

应采用技术先进、性能优良、功能实用、安全可靠的成熟产品。所用产品应符合相关国际标准、国家标准、行业标准和企业标准。

本技术原则规定了 EPON 设备选型的分类、功能、性能等方面的通用技术要求，适应于 EPON 设备的选型和采购。

2 标准和规范

IEC 60870-5-101

IEEE 802.1s、802.1d、802.lw、802.3、802.3adIETFRFC2236、3261、4562

ITU-TG.652、Y.1291

EIA/TIA-485-A、EIA/TIA-232-C

GB 9254　信息技术设备的无线电骚扰限值和测量方法

GB/T 17618　信息技术设备抗扰度限值和测量方法

DL/T 1241　电力工业以太网交换机技术规范

YD/T 1292　基于 H.248 的媒体网关控制协议技术要求

YD/T 1475　接入网技术要求——基于以太网方式的无源光网络（EPON）

YD/T 1531　接入网设备测试方法——基于以太网的无源光网络（EPON）

YD/T 1688.2　xPON 光收发合——模块技术条件　第 2 部分：用于 EPON 光线路终端/光网络单元（OLT/ONU）的光收发合——模块

YD/T 1688.4　xPON 光收发合——模块技术条件　第 4 部分：用于 10GEPON 光线路终端/光网络单元（OLT/ONU）的光收发合——模块

YD/T 1771　接入网技术要求　以太网无源光网络（EPON）系统互通性

YD/T 1809　接入网设备测试方法　以太网无源光网络（EPON）系统互通性

YD/T 1953　接入网技术要求——EPON/GPON 系统承载多业务

YD/T 1993.1　接入网技术要求　2Gbit/s 以太网无源光网络（2GEPON）　第 1 部分：兼容模式

YD/T 2274　接入网技术要求　10Gbit/s 以太网无源光网络（10G-EPON）

YD/T 2276　接入网技术要求　EPON/GPON 系统承载 TDM 业务

YD/T 2286　10GEPON 光线路终端/光网络单元（OLTO/ONU）的单纤双向光组件

YD/T 2549　接入网技术要求 PON 系统支持 IPv6

YD/T 2650　接入网设备测试方法 10Gbit/s 以太网无源光网络（10GEPON）

YDB 067　接入网设备节能参数和测试方法 EPON 系统

Q/GDW 583.3　电力以太网无源光网络（EPON）系统互联互通技术规范和测试方法

Q/GDW 728　10Gbit/s 以太网无源光网络（10G-EPON）系统技术条件

Q/GDW 1553.1　电力以太网无源光网络（EPON）系统　第 1 部分：技术条件

Q/GDW 1553.3　电力以太网无源光网络（EPON）系统　第 3 部分：互联互通技术要求与测试方法

Q/GDW 1806　基于以太网方式的无源光网络（EPON）系统　第 2 部分：测试规范

Q/GDW 11184　配电自动化规划设计技术导则

3　选型技术要求

3.1　EPON 设备选型分类

（1）EPON 设备应依据装备技术政策、组网技术规范、安全技术要求进行选型和配置。

（2）EPON 设备主要由 ONU、OLT 和分光器构成。其中，ONU 设备主要依据电源输入、PON 口数量、PE 口数量、POTS 口数量、RS232/485 口数量、CATV 口数量以及使用环境要求等参数的不同进行选型分类，详见表 3-55；OLT 设备主要依据电源输入和接口数量等参数的不同进行选型分类，详见表 3-56；分光器设备主要依据均匀分光比和 1:2 不等比分光比等参数的不同进行选型分类，详见表 3-57。

表 3-55　ONU 设备类型配置参数表

ONU 类型	电源输入	PON 口数量	FE 口数量	POTS 口数量	RS232/485 口数量	CATV 口数量	使用环境
ONU-1	交流 220V	1	2	—	4	—	户外
ONU-2	交流 220V	1	1	—	2	—	户外
ONU-3	交流 220	1	4	2	—	—	户内
ONU-4	交流 220V	1	4	—	—	—	户内
ONU-5	交流 220V	2	4	—	4	—	户外
ONU-6	交流 220V	2	4	—	2	—	户外
ONU-7	交流 220V	1	4	—	4	—	户外
ONU-8	直流	2	4	—	4	—	户外
ONU-9	直流	1	4	—	4	—	户外

表 3-56　OLT 设备类型配置参数表

OLT 类型	电源输入	接口数量
OLT-1	双电源输入	不少于 96 口
OLT-2	双电源输入	不少于 40 口
OLT-3	双电源输入	不少于 4 口

表 3-57 分光器设备类型配置参数表

分光器类型	均匀分光比	1:2 不等比分光比
分光器-1	一分二	90%
分光器-2	一分二	95%
分光器-3	一分二	70%
分光器-4	一分二	均分
分光器-5	一分四	均分
分光器-6	一分八	均分
分光器-7	一分十六	均分
分光器-8	一分三十二	均分

3.2 EPON 设备功能要求

3.2.1 总体要求

（1）EPON 系统应确保 PMD 子层符合 YD/T 1475 的规定；应确保 RS 子层和 PCS 子层、PMA 子层、多点控制协议 MPCP、操作管理维护 OAM 功能符合 YD/T 1475 和 YD/T 1771 的规定；支持的最大分路比至少为 1:32；应确保 EPON 系统的互联互通应符合 Q/GDW 583.3 的要求。

（2）机架式 OLT 的业务槽位应支持 EPON 接口板、千兆以太网上联接口板，支持业务板卡任意混插，同时 OLT 设备应至少支持 4 个 PON 接口。

（3）ONU-1 应具备承载以太网/IP 业务的能力，单或双 PON 接口上联，应用于承载配电自动化、用电信息采集、VoIP 等业务；ONU-2 具备承载以太网/IP 业务和 POTS 业务的能力，单或双 PON 接口上联，应用于承载配电自动化、用电信息采集、电力光纤入户等业务；其他 ONU 类型应符合 YD/T1475 的要求。

（4）EPON 所使用 1000BASE-PX20 接口物理层类型应确保最大传输距离支持 20km，并且为单纤双向系统；应确保使用符合 ITU-TG.652 要求的单模光纤，并且上行使用 1260～1360nm 波长，下行使用 1480～1500nm 波长。

（5）OLT 和 ONU 应支持上联板内的端口链路聚合和上联板间的端口链路聚合，设备的板内 FE 端口和 GE 端口应能够在单 VLAN 或启用 SVLAN 条件下支持符合 IEEE802.3 规定的链路聚合功能，以实现带宽扩展和链路保护的功能。链路聚合功能应支持链路之间的负载分担和主备倒换两种方式，并可配置。

3.2.2 ONU 要求

（1）ONU 设备应符合表 3-58 中的基本功能要求，ONU 设备配置应符合表 3-55 的要求。

（2）具有多于 1 个以太网接口的 ONU 应支持以太网业务二层交换功能，二层交换能力应确保上下行业务的线速转发，同时 ONU 应支持对各以太网端口之间的二层隔离，串口之间二层隔离。

（3）ONU 应支持基于物理端口、源和目的 MAC 地址、物理端口源和目的 MAC 地址的以太网数据帧过滤，同时应支持基于每个物理端口和 MAC 地址的以太网数据帧过滤功能的开启/关闭，MAC 地址老化时间应可配置。

（4）ONU 应支持 UNI 端口的环路检测功能，ONU 在检测到端口环路后，应将该端口自动关闭并上报网管；应确保当 ONU 侧具有 2 个以上以太网接口时，支持符合 IEEE802.lw 要求的快速生成树协议。

（5）ONU 用户侧以太网接口应支持全双工方式下 IEEE802.3 量控制协议，其相关功能应可配置。

（6）ONU 侧 UNI 接口应支持 FE 接口，可选支持 RS232/RS485 串行接口、GE、E1 接口等。

（7）ONU 应具备承载 POTS 语音业务的能力，可支持 SIP、H.248 等多种网络语音协议。

（8）串行接口 RS232/485 电气特性、功能特性、规程特性应符合相关规定。

表 3-58　ONU 设备基本功能要求参数表

序号	名称	项目	标准参数值
1	PON 技术指标		PON 接口应支持 1000Base-PX20 光模块，并符合 YD/T 1475 的规定
2	设备要求	以太网功能	ONU 的单播 MAC 地址缓存能力应不低于 8K，ONU 应支持对各以太网端口之间的二层隔离
		VLAN 功能	ONU 的用户侧接口应支持 VLANTrunk 功能；ONU 每个以太网端口应支持至少 8 个 VLANID，VLANID 的范围是 1～4094
		带宽管理功能	带宽最小分配粒度不应大于 64kbit/s；最小可配置带宽不应大于 64kbit/s；带宽控制的精度应优于 ±5%
		QoS 机制要求	支持业务分流分类，支持对上行业务进行优先级标记，ONU 每个用户侧端口应支持至少 4 个优先级队列，每个 ONU 的上下行总缓存不应小于 256KB；ONU 的上、下行的最大可用缓存应不小于 128KByte
		组播功能要求	采取 SCB＋IGMP 的方式实现组播业务的分发，利用组播 VLAN 实现用户的组播业务访问权限控制，支持 IGMPV2（RFC2236），可选支持 IGMPV3（RFC3376）和组播管理协议 MIB
		设备安全性	PON 接口数据安全下行方向应支持三重搅动，支持基于端口的用户 MAC 地址数量限制的功能，支持帧过滤和抑制
		操作维护管理要求	EPON 系统操作维护管理功能应支持对 OLT 和 ONU 的配置故障、性能、安全等管理功能，支持 OAM 方式的远程管理
3	供电、环境和安全性要求	供电和电器安全性	正常情况下，设备的绝缘电阻不应小于 50MΩ。设备在接地电阻小于 5Ω 条件下可正常运行
		供电要求	直流 12V、24V、－48V、交流 220V 供电可选

表 3-58（续）

序号	名称	项目	标准参数值
3	供电、环境和安全性要求	★温度环境要求	工作温度：-10～40℃； 工作湿度：5%～95%； 在 70k～106kPa 压力条件下能正常工作； 直径大于 5μm 的灰尘浓度不大于 3×104 粒/m³ 的条件下设备能正常工作
		设备电磁兼容性指标	设备的电磁兼容性指标应符合 GB9254 以及 GB/T 17618 的规定；ONU 设备应满足 A 级 ITE 的要求
		设备安装方式	ONU 设备应具备便利的安装方式
		设备状态指示灯	ONU 应具有足够的状态指示灯，用于指示 ONU 的运行状态

3.2.3 OLT 要求

（1）OLT 设备应符合表 3-59 中的基本功能要求，OLT 设备配置参数应符合表 3-56 的要求。

（2）OLT 设备应支持根据 MAC 地址进行交换，且支持 MAC 地址的动态学习，MAC 地址老化时间可配置；应支持以太网业务二层交换功能，且二层交换能力确保上下行业务的线速转发；应支持基于源和目的 MAC 地址的以太网数据帧过滤，且实现对各 ONU 之间的二层隔离；应确保 PON 接口之间二层隔离。

（3）OLT 网络侧应确保当具有多个 GE 或 10BASE-T/100BASE-TX 接口时，支持符合 IEEE802.1w 要求的快速生成树协议（RSTP）和 802.1s 多生成树协议（MSTP）。

（4）OLT 的网络侧接口应支持全双工方式下的 IEEE802.3 量控制协议，其相关功能应可配置；应确保当 OLT 存在多个 PON 接口时，支持对所有业务板的以太网业务二层汇聚功能；应确保当 OLT 的网络侧具有多个 GE 或 10BASE-T/100Base-TX 接口时，支持 IEEE802.3ad 规定的链路汇集功能；应能够在单层 VLAN 或双层 VLAN 的条件下支持链路聚合，要求支持至少 8 个链路聚合组。

（5）OLT 侧的 SNI 接口宜支持 10/100BASE-TX、100BASE-FX 接口、10GBASE-R 接口；应确保当 OLT 存在多个 PON 接口时，提供至少 2 个 GE 上联接口；应确保在提供 TDM 数据专线业务的多业务 OLT 设备时，并且网络侧可选支持 El、STM-KSTM-4 接口。

表 3-59 OLT 设备基本功能要求参数表

序号	名称	项目	标准参数值
1	业务承载能力	以太网业务	可承载普通以太网业务，可承载 IPTV 业务
		语音业务（VoIP）	可承载语音业务（VoIP）
		用电信息采集	可承载用电信息采集业务
		配电自动化	支持 IEC 60870-5-101、IEC 60870-5-104、61850（变电站自动化）

140

表 3-59（续）

序号	名称	项目	标准参数值
2	接口要求	OLTPON 接口技术指标	PON 接口应支持 1000Base-PX20 光模块，并符合 YD/T 1475 的规定
		★电源保护	设备应支持主备电源保护切换及切换时间
		上联 GE 接口	GE 接口类型应为光口和 10/100/1000 自适应电口；OLT 应提供单板不低于 4 个 GE 上联接口板。GE 接口应符合 IEEE 802.3 的规定
3	设备要求	★主控模块功能	满足无阻塞线速交换。双主控板具备保护倒换功能
		★手拉手保护倒换	设备应支持手拉手保护倒换功能；
			投标人应详细说明手拉手网络保护倒换功能的实现方式以及网络保护倒换时间
		以太网基本功能	具备支持二层隔离功能
		VLAN 功能	OLT 应同时支持 4000 的 VLAN 数，VLANID 的范围是 1～4094。OLT 网络侧接口应可以配置为 SVLANTRUNK 和 VLANTRUNK 两种模式中的一种
		ONU 断电通知功能	ONU 应具有通过 OAM 的 DyingGasp 事件通知功能将自身掉电事件通知 OLT 的能力。OLT 应能将该事件传送给 EMS
		带宽管理功能	带宽最小分配粒度不应大于 64kbit/s；最小可配置带宽不应大于 64kbit/s；带宽控制的精度应优于 ±5%
		业务等级协定（SLA）	要求速率限制最小可配置带宽不大于 512Kbps，带宽最小分配粒度不应大于 256kbit/s；限制结果精确，误差不大于 5%
		组播功能要求	EPON 系统应支持 IGMPV2（RFC2236），支持 IGMPProxy 功能
		设备安全性	EPON 系统下行方向应支持三重搅动（TripleChurning）OLT 应支持基于 ONU 的 MAC 地址的认证方式；支持上联保护和电源冗余保护
4	供电、环境和安全性要求	供电要求	支持 −48V 直流和 220V 交流，或双直流、双交流双电源供电
		温度环境要求	工作温度：0～40℃；工作湿度：5%～95%；在 70～106kPa 压力条件下能正常工作；直径大于 5μm 的灰尘浓度不大于 $3×10^4$ 粒/m³ 的条件下设备能正常工作
		电气安全要求	设备应安装过压、过流保护器。过压、过流保护器在外接电源异常时保护设备的核心部分

3.2.4 分光器要求

（1）分光器应确保当不同传输距离对光功率分配有特殊需求时，或者当网络拓扑为链型且需要多级分路时，宜采用非均分分光器。

（2）均匀分光器和非均匀分光器的典型插入衰减值应分别符合表 3-60 和表 3-61 的要求（含连接头损耗）。其中 1:8 及以下均匀分光器宜采用 FBT（熔融拉锥式），1:8 以上均匀分光器宜采用 PLC（平面光波导）工艺。

表 3-60　均匀分光器典型插入衰减参考值

工　艺	FBT				PLC			
分光比	1:2	1:4	1:8	2:8	1:16	2:16	1:32	2:32
插入衰减（dB）	≤3.6	≤7.3	≤10.7	≤10.9	≤13.9	≤14.2	≤17.3	≤17.5

表 3-61　非均匀分光器插入衰减参考值

分光比	95:5	90:10	80:20	70:30	60:40	50:50
插入衰减主干（dB）	≤0.45	≤0.6	≤1.2	≤1.9	≤2.7	≤3.6
插入衰减支路（dB）	≤15.2	≤11.3	≤7.9	≤6.0	≤4.7	≤3.6

3.2.5 多业务承载要求

（1）多业务承载应支持 VLAN 和 DBA，详见 YD/T 1771；应保证在上行和下行方向均能根据 SLA 协议提供各种优先级业务的 QoS，详见 ITU-TY.1291；应支持针对每个用户或业务的服务等级协定参数，包括时延与抖动、保证带宽、最大带宽等设置，支持对上、下行业务分别进行配置。

（2）多业务承载应支持基于以太网帧进行优先级标记；支持扩展 OAM 方式对 ONU 的业务流分类功能进行远程管理；支持基于物理端口和以太网帧中的相关参数对上行业务流进行分类；确保在缺省状态下，OLT 信任 ONU 提供的优先级标记；均支持流限速、优先级调度，详见 YD/T 1771 要求。

（3）多业务承载应采用 IEEE 802.IDMserPriority，宜支持 IPTOS 和 DSCP 优先级标记，并扩展 OAM 方式对上行业务优先级标记（见 YD/T 1771 要求）进行远程配置，且 IEEE802.1d 的用户优先级（MserPriority）排序及其与各种业务映射关系应符合表 3-62 的要求。

（4）OLT 的上、下行业务应根据 IEEE802.1d 用户优先级标记映射到不同的优先级队列，并进行调度，OLT 网络侧端口和 PON 接口应支持 8 个优先级队列。同时，ONU 应支持至少 4 个优先级队列。

（5）EPON 系统应支持 IGMPV2（IETFRFC2236），并且组播功能应符合 YD/T 1771—2012 第 7.3 节规定。

（6）EPON 系统对 IPv6 的支持应符合 YD/T 2549 的规定。

表 3-62　802.1D 优先级的排序及其与业务类型的映射关系

MserPriority 值	缩写	业务类型	备注
7	NC	NetworkControl	包括 TDM

表 3-62（续）

MserPriority 值	缩写	业务类型	备注
6	IC	InternetworkControl	—
5	V0	Voice（＜10mslatencyandjitter）	VoIP
4	VI	Video（＜100mslatencyandjitter）	IPTV、视频
3	CA	CriticalApplications	—
2	EE	ExcellentEffort	—
0（Default）	BE	BestEffort	普通上网业务
1	BK	Background	—

3.2.6 安全性

（1）EPON 系统应对业务信息进行加密，其中下行方向应支持加密功能，上行方向宜支持将不同安全级别的业务进行物理或逻辑隔离。

（2）PON 接口数据安全应符合 YD/T 1771 的要求。

（3）OLT 应支持基于 LLID 的 MAC 地址数量限制功能，且限制的 MAC 地址数量应可灵活配置，ONU 宜支持基于端口的用户 MAC 地址数量限制的功能，限制的 MAC 地址数 M 应可灵活配置。当 MAC 地址数量超过 OLT 或 ONU 的 MAC 地址数数量限制时，OLT 或 ONU 应支持忽略新 MAC 地址，直到有 MAC 地址老化。

（4）OLT 应支持中 LLID（S-LLID）和多 LLID（M-LLID）；支持对 ONU 上报的多 LLID（M-LLID）或单 LLID（S-LLID）进行管理。同时，ONU 应支持单 LLID（S-LLID）；可选支持多 LLID（M-LLID）；应在具备多 LLID（M-LLID）能力时，支持灵活配置为单 LLID（S-LLID）或多 LLID（M-LLID）。

（5）EPON 系统应支持对特定物理端口的广播以太网帧、组播以太网帧、单播以太网帧根据源/目的 MAC 地址、VLANID 等域进行帧过滤和抑制；宜支持基于源/目的 IPv4/IPv6 地址，源/目的 TCP 或 UDP 端口和基于协议号的访问控制列表（ACL）；宜支持基于每个物理端口和 MAC 地址的以太网数据帧过滤功能的开启/关闭。

（6）EPON 系统应支持对广播报文的抑制值进行设置。

（7）OLT 应支持对非法帧的过滤和非法组播源的过滤；支持对带有未知源 MAC 地址的以太网帧进行丢弃处理，防止 MAC 地址欺骗；支持 ONU 与 OLT 的 PON 接口之间的绑定功能、IP/MAC 防欺骗、防 DoS 攻击、防 ARP 攻击、防 ICMP 攻击、防 BPDU 攻击、IP/MAC 地址绑定、SSHV1.5/V2、CPU 过载保护、MAC 地址防漂功能（IETFRFC4562）。

（8）ONU 应支持对 UNI 接口进入非法 OAM、MPCP 报文的过滤；应支持对非法帧的过滤和非法组播源的过滤；应支持基于用户端口的 IGMP、DHCP 等协议报文的抑制功能；应支持对用户册接口所收到的 BPDU 报文的终结和透传功能，且可配置；宜支持对带有未知的源 MAC 地址的以太网帧进行丢弃处理，防止 MAC 地址欺骗；应支持对未知报文的抑制。

（9）EPON 系统应支持摇于 MAC 地址、LLID、PASSWORD、LLID＋PASSWORD 的认证方式，OLT 应支持对 ONU 认证功能的开启和关闭配置。

（10）EPON 系统应支持 PPPoE 和 DHCP 用户认证方式，并支持相应的用户接入线路（端口）标识功能，OLT 和 ONU 应支持在物现端口、单层和双层 VLAN 标签的子端口下 DHCPSnooping 功能和 DHCPSpoofing 功能。

3.2.7 保护机制

（1）EPON 系统在提高网络可靠性和生存性时可采用光纤保护倒换机制，光纤保护倒换可分为以下两种方式进行：①自动倒换：由故障发现触发；②强制倒换：由管理事件触发。

（2）光纤保护倒换类型应支持如下 4 种：

1）主干光纤冗余保护。应确保 OLT 的两个 PON 口采用一个 PONMAC 芯片，通过 1:2 电开关连接至两个光模块，以实现两个 PON 口的保护；应适用于同一 PON 板内的 PON 口间保护。

2）OLTPON 口、主干光纤冗余保护。应确保 OLT 的两个 PON 口分别采用独立的 PONMAC 芯片和光校块，实现两个 PON 口的保护；应确保在实现方式上 OLT 同一 PON 板内和 PON 板间的 PON 口保护。

3）全保护。应确保 OLT 双 PON 口、ONU 双光模块、主干光纤、光分路器和光纤均双路冗余；应确保采用如下两种方式：①采用一个 PONMAC 和不同的光模块，备用的光模块处于冷备用状态；②采用不同的 PONMAC 芯片和不同光模块。

4）"手拉手"结构全保护。应确保双 OLT、双 PON 口、ONU 双光模块、主干光纤、光分路器和配线光纤均双路冗余；与电力配网输电线路结构类似，能在不改变原有光纤网络结构的情况下实现全光保护倒换；针对互为保护的 PON 接口保持 VLAN、QoS 等配置同步。

（3）EPON 系统应在下面状态下进行光纤保护倒换，包括输入光信号丢失或劣化、输入光功率越限、误码率越限、网管触发。

（4）EPON 系统所有保护倒换机制应支持被保护业务的自动返回或人工返回功能，对于自动返回方式，返回等待时间应可以设置。

（5）OLT 主控板 1＋1 冗余保护符合如下要求：

1）确保机架式 OLT 支持双主控板配置，支持主控板的 1＋1 保护倒换。

2）支持主用主控板和备用主控板的配置信息实时同步功能。

3）确保主控板倒换时间应小于 50ms，启用链路聚合前后主控板保护倒换的时间无明显变化。

（6）OLT 应支持上联板的双归属的保护功能，即 OLT 的两个上联链路分别连接到两个不同的上联网络设备上，在 OLT 检测到一个主用上联链路异常后，主动切换到另外一个备用上联链路。链路检测应采用 BFD 等链路检测协议。OLT 的上联双归属保护功能应支持被保护业务人工返回功能。

（7）EPON 系统应支持以下配置恢复功能：

1）确保在 OLT 断电后上电、板卡更换等异常事件发生后，OLT 的配置自动恢复。

2）确保 OLT 能保存 ONU 设备的配置信息，当在 ONU 断电重启后或 ONU 设备更换并人工配置 MAC 地址后，OLT 能自动恢复 ONU 配置。

（8）OLT 设备应支持电源冗余保护功能，当主用电源模块失效或者通过网管命令强制倒换时电源发生倒换。在倒换过程中，系统的业务应不受影响，即电源模块的倒换不应导致业务中断。当电源模块发生倒换后，系统应向 EMS 上报倒换事件以及倒换触发条件等必要信息。

3.2.8　光链路测量和故障诊断功能

（1）OLT 和 ONU 应提供对自身光模块工作温度、发送光功率和接收光功率等参数的监控，OLT 应能接收到 ONU 上报的上述光链路测量参数，并在网管上呈现。

（2）OLT 应支持对其接收到的来自每个 ONU 的上行平均光功率的测量功能，在－30～－10dBm 范围内的测量精度不劣于±1dB，且最小测量取样时间不大于 600ns（即不大于一个 64 字节最小长度报文的信号持续时间）。

（3）OLT 应确保当接受到的来自某个 ONU 的上行光功率过低（低于 IEEE 802.3 规定的 OLT 灵敏度上限）或者过高（高于 IEEE 802.3 规定的 OLT 过载光功率下限）时，产生相应的光功率越限告警。

（4）OLT 应支持基于对 PON 接口下 ONU 的上行光功率的测量，并实现光链路的故障诊断。

（5）ONU 应支持自动检测光模块异常发光并处理的功能。

（6）ONU 应支持来自 OLT 的光功率测蓝，并且在－26～－3dBm 的范围内测量精度不劣于±2dB；应确保当接受到的来自 OLT 下行光功率超出工作范围，产生相应的光功率越限告警。

（7）ONU 和 OLT 应能监控光模块的工作温度，并且其精度不劣于±2℃；可确保当工作温度超出预订范围时，产生性能告警。

3.2.9　操作管理维护要求

EPON 系统操作维护管理功能应满足 YD/T 1475 的要求；主要通过 EPON 网元管理系统（EMS）实现，支持本地管理或远程管理，提供北向接口，并支持对 OLT 和 ONU 的配置、故障、性能、安全等管理功能，详见 Q/GDW 1553.1 的要求。

3.3　EPON 设备性能要求

3.3.1　业务承载要求

3.3.1.1　以太网/IP 业务承载及性能指标要求

（1）EPON 系统应确保当仅承载以太网/IP 业务时，PON 接口上行方向的吞吐量不小于900Mbit/s，PON 接口下行方向的吞吐量不小于950Mbit/s（64～1518Byte 的任意包长）。

（2）EPON 系统应确保当仅承载以太网/IP 业务时，在业务流量不超过该系统吞吐量的90%的情况下，其上行方向的传输时延小于1.5ms，下行方向的传输时延小于 1ms（64～1518Byte 的任意以太网包长）。

（3）EPON 系统应确保当仅承载以太网/IP 业务时，在上下行业务流量各为 1Gbit/s 的情况下，其 PON 接口上行方向的丢包率小于 10%，PON 接口下行方向的丢包率小于 5%（64～1518Byte 的任意包长）。

（4）EPON 系统应确保当仅承载以太网/IP 业务时，在吞吐量的 90%下，以太网业务的24h 丢包率为 0。

3.3.1.2　串行口业务性能指标要求

（1）串行口电气特性、功能特性、规程特性应符合 EIA/TIA-232-C 或 EIA/TIA-485-A 协议规定。串行口宜同时支持 EIA/TIA-232-C 和 EIA/TIA485-A 协议的复用。

（2）EPON 系统应确保当仅承载串行口业务时，在所有速率下，达到 90%的数据吞吐量时的 24h 丢包率应为 0。

（3）EPON 系统应支持 IEC 60870-5-101、CDT 等多种电力通信规约业务的透传。

（4）EPON 系统应确保串口起始位、停止位、奇偶校验位、串口速率等参数配置可通过网络及串口实现。

（5）EPON 系统应支持 TCP/UDPServer/Client 模式。

3.3.1.3 POTS 业务性能指标要求

POTS 业务应支持以下 SIP、H.248 协议：

（1）SIP 应符合 IETFRFC 3261 的规定。

（2）H.248 应符合 YD/T 1292 的规定。

3.3.1.4 其他业务承载及性能指标要求

TDM 业务承载、语音业务承载及电路仿真方式的 N×64kbit/s 数字连接及 E1 通道的性能指标应符合 YD/T 1475 的要求。

3.3.2 时间同步要求

EPON 系统的时间同步功能应满足 NTP 协议要求，时间同步网络精度宜小于 50ms，OLT 宜支持 IEEE 1588 PTP 协议相关规范，时间同步网络精度宜小于 1μs。

3.3.3 MAC 地址要求

（1）MAC 地址学习能力应不小于 1000 个/s；应确保 OLT 的 EPON 接口板上每个 PON 接口的 MAC 地址缓存能力应不低于 2K；对于最大 PON 口数大于等于 16 的 OLT，汇聚交换部分的 MAC 地址缓存能力不低于 32K；对于最大 PON 口数小于 16 的 OLT，汇聚交换部分的 MAC 地址缓存能力不低于 16K。

（2）MAC 地址应确保对于具有多于一个以太网接口的 ONU，支持根据 MAC 地址进行交换，支持 MAC 地址的动态学习，MAC 地址学习能力不小于 1000 个/s，ONU 的 MAC 地址缓存能力不低于 1K。

3.3.4 可靠性要求

（1）保护倒换的业务损伤时间均应小于 50ms，并且在简单拓扑环境下标准生成树小于 50s，快速生成树收敛时间小于 1s。

（2）OLT 上联口的链路聚合功能应支持 1:1 的备份保护，倒换时间应小于 200ms，宜小于 50ms；应支持环路保护方案，倒换时间应小于 200ms，宜小于 50ms。同时 OLT 链路故障收敛时间小于 50ms。

（3）进行光纤保护倒换的光通道倒换时间应分别在如下条件下满足对应要求：

1）当主干光纤差分距离小于 30m 时，主干光纤冗余保护应在 50ms 以内。

2）OLTPON 口和主干光纤的冗余保护时间应不大于 100ms。

3）全保护的时间应不大于 100ms。

4）"手拉手"结构全保护的时间应不大于 100ms。

国网河南省电力公司通信设备选型技术原则

（电力调度交换设备）

1 总体技术要求

应采用技术先进、性能优良、功能实用、安全可靠的成熟产品。所用产品应符合相关国际标准、国家标准、行业标准和企业标准。

本技术原则规定了电力调度交换设备选型的分类、功能、性能等方面的通用技术要求，适应于电力调度交换设备的选型和采购。

2 标准和规范

ITU-TG.704、1554、6312、2048、8448

ITU-TQ.920、Q.921、Q.931、Q.932、Q.939 系列建议

ETSI300-171、172、173、091、092、093、239 系列建议

GB 3378　电话自动交换网用户信号方式

GB/T 7611　数字网系列比特率电接口特性

GB/T 16654　ISDN（2B＋D）NT1 用户——网络接口设备技术要求

DL/T 795　电力系统数字调度交换机

DL/T 888　电力调度交换机电力 DTMF 信令规范

DL/T 5157　电力系统调度通信交换网设计技术规程

GF 010　国内 No.7 信令方式技术规范信令连接控制部分（SCCP）

YD 5153　固定软交换工程设计暂行规定

YDC 045　基于软交换的网络组网总体技术要求

Q/GDW 754　电力调度交换网组网技术规范

Q/GDW 11358—2019　电力通信网规划设计技术导则

3 选型技术要求

3.1 电力调度交换设备选型分类

（1）电力调度设备应依据装备技术政策、组网技术规范、安全技术要求进行选型和配置。

（2）电力调度设备主要由程控交换机和调度台、综合接入网关（IAD）构成。其中，程控交换机应主要依据用户端口容量、信令类型等参数的不同进行选型分类，详见表 3-63；调度台应主要依据设备结构、接口和用户界面等参数的不同进行选型分类，详见表 3-64；IAD应主要依据用户端口数量、供电方式的不同进行选型分类，详见表 3-65。

表 3-63　调度交换机设备类型

调度交换机类型	用户端口容量	主要信令类型
调度交换机-1	≤48	Q
调度交换机-2	48	No.1
调度交换机-3	48	Q
调度交换机-4	100	Q
调度交换机-5	256	Q
调度交换机-6	512	Q
调度交换机-7	1000	No.1
调度交换机-8	1000	Q
调度交换机-9	2000	Q
调度交换机-10	3000	Q

表 3-64　调度台类型参数表

类型	设备结构	接口	用户界面
调度台-1	分体式调度台	2B+D	触摸屏式
调度台-2	分体式调度台	2B+D	按键式
调度台-3	分体式调度台	1B+D	触摸屏式
调度台-4	分体式调度台	1B+D	按键式
调度台-5	一体式调度台	2B+D	触摸屏式
调度台-6	一体式调度台	2B+D	按键式
调度台-7	一体式调度台	1B+D	触摸屏式
调度台-8	一体式调度台	1B+D	按键式

表 3-65　IAD 类型参数表

类型	用户端口数量	供电方式
IAD-1	8	直流/交流
IAD-2	16	直流/交流
IAD-3	24	直流/交流
IAD-4	32	直流/交流

3.2　电力调度交换设备功能要求

3.2.1　基本功能要求

（1）调度交换机应具有综合业务数字网功能，具有话音和非话音处理能力。

（2）调度交换机公共控制系统应冗余配置，两套公共设备处于互为备用运行状态，主、备用公共设备呼叫数据实时刷新；应确保当主用公共设备发生故障或被人工（或定期）切换时，系统将自动切换到备用公共设备，所有已建立通话的呼叫数据不发生丢失。

（3）交换网络应采用 T 形无阻塞时分交换网络，并确保系统无阻塞交换。

（4）端口结构应通用性强，可实现话音、数据或者话音/数据共用端口，能够灵活配置用户板、中继板或信号板等外围设备板，不受系统结构限制。

（5）软件、硬件系统应采用全模块化结构，同时系统应具备在线升级和扩容能力，不影响设备正常运行。

（6）设备板卡应具有带电拔插和抗过压过流能力。

（7）电力调度交换设备应具备用户分区隔离功能，调度用户具有优先功能，调度用户与行政用户之间应可以进行隔离，隔离程度可以设定。

（8）电力调度交换设备应具备调度台功能，并支持异机同组方式，异机同组可采用两种方式：

1）每个调度台接口用户来自同一台调度交换机，多台调度交换机上的调度台同组。

2）每个调度台的接口用户来自不同的调度交换机，多个同样连接方式的调度台同组。

（9）电力调度交换设备应具有录音接口，同时可实现调度台与调度用户的实时录音，且可通过软件设置对任意用户录音。

（10）调度交换机电源板、铃流板应采用冗余工作方式，支持两路−48 VDC 的输入电源，两路电源可互相分担负载供电，也可采用热备用方式。

（11）调度交换机应具有故障定位和自诊断功能，具备主要、次要告警输出及告警外部输出节点。

（12）调度交换机的 U 接口应符合 GB/T 16654 的相关规定，分机功能应符合 DL/T 795 的相关规定。

（13）应可以通过本地、远端维护终端或者网管系统对调度交换机、调度台进行维护，并可实时监视用户、中继线、调度台运行状态。

（14）维护终端或者网管系统应可以设定不同权限的用户识别、口令、访问控制级别和范围，对用户权限进行鉴定，防止非法访问。

（15）调度交换机应具有过负荷控制能力，以保证本机重要用户通信畅通。

3.2.2　网络功能要求

（1）电力调度交换设备应能够提供符合 DL/T 795 要求的各种中继接口。

（2）电力调度交换设备应具有电力调度交换网的本局呼叫、出局呼叫、入局呼叫及汇接交换功能。

（3）电力调度交换设备应具有 Qsig 信令、DSS1 信令、中国 No.7 信令、中国 No.1 信令（包括 ITU-TR2 信令）、E&M 信令，记发器信号采用 DP、DTMF、MFC，并可以完成各种信令之间的转换。

（4）电力调度交换设备应具有号码接收、存储、译码能力，存储器号码长度不小于 24 位，具备对号码增加、删除、转译的能力。

（5）电力调度交换设备应具有分级优先、中继线连选、中继线直接选择、路由预测、迂回路由功能，对一个目标局可选择的最大路由数应能够达到 5 个以上。

（6）电力调度交换设备支持准同步和主从同步并存的同步方式。

（7）外同步接口要求：2048kbit/s 接口物理/电气参数特性应符合 GB 7611 的要求，帧结构应符合 ITU-TG.704 建议；2048kHz 接口物理/电气参数特性应符合 GB 7611 的要求。

3.2.3 用户线信令方式要求

（1）直流脉冲按键话机用户信号技术指标要求：

1）脉冲速度为（8～14）脉冲/s。

2）脉冲断续比为（1.3～2.5）:1。

3）脉冲串间隔不小于 350ms。

（2）双音多频话机频率组合符合 GB 3378 的相关规定。

（3）用户线条件如下：

1）最大环路电阻（包括话机电阻）不小于 1kΩ，馈电电流不小于 18mA。

2）线间绝缘电阻不小于 20kΩ。

3）线间电容不大于 0.5μF。

3.2.4 局间信令方式要求

3.2.4.1 随路信令方式要求

环路中继线线路信号应以环路低阻、高阻方式传送，环路中继线应符合如下条件：

（1）最大环路电阻为 1.8kΩ（包括中继器的环路电阻）。

（2）线间绝缘电阻不小于 20kΩ。

（3）线间电容不大于 0.7μF。

3.2.4.2 四线 E/M 中继线路信号要求

（1）阻抗特性。四线音频输入口和输出口的标称阻抗值为平衡式 600Ω，连接 600Ω 的回波损耗在 300～3400Hz 范围内应不低于 20dB。

（2）对地阻抗平衡度。同二线模拟接口的要求。

（3）工作状态、E/M 线的电气参数和通路电平符合 DL/T 888 的规定。

3.2.4.3 模拟中继记发器信号要求

（1）直流脉冲信号应符合 GB 3378 相关规定。

（2）DTMF 信号应符合 GB 3378 相关规定。

（3）DTMF/FSK（来电显示）信号应符合来电显示标准中继的要求（只适用于环路中继）。

3.2.4.4 中国 No.1 信令方式要求

中国 No.1 信令方式应符合 GB 3378 相关规定。

3.2.4.5 共路信令方式要求

Qsig 信令方式应符合 ETSI300-171、172、173、239 系列建议的相关规定。

DSS1 信令方式应符合 ITU-TQ.920、Q.921、Q.931、Q.932、Q.939 系列建议、ETSI300-091、092、093 系列建议的相关规定，部分内容和 Qsig 信令方式等效。中国 No.7 信令方式应符合 GF010 相关规定。

3.2.4.6 调度交换网采用的信令方式要求

调度交换机局间的中继信号应采用 Qsig 信令方式，两台调度交换机采用 Qsig 信令时，上级交换中心（站）设定为"网络"侧，下级交换中心（站）设定为"用户"侧，当同级别时，局向编号数值小的交换中心（站）设定为"网络"侧，局向编号数值大的交换中心（站）设定为"用户"侧。

3.2.5　调度交换机配置要求

（1）调度交换机公共控制板、电源板、调度接口板等重要板卡应采用1＋1冗余配置。

（2）总部、分部、省公司汇接交换中心及各级下一级汇接交换站调度交换机容量应不小于1800端口；地（市）供电公司汇接交换中心及其下一级汇接交换站调度交换机容量应不小于800端口；终端交换站调度交换机应不小于256端口。

（3）汇接交换中心（站）调度交换机中继路由方向数应不少于200个。

（4）总部、分部、省公司汇接交换中心及各级下一级汇接交换中心（站）调度交换机应配置外时钟接口板。

（5）各级汇接交换中心（站）、终端交换站应配置独立的调度录音系统。

（6）各级汇接交换中心（站）、终端交换站配置的调度台数量应不少于2台。

（7）调度交换机应能支持不少于20个调度台，且可分为10个以上组群（每个组群调度台数不少于4席），同时同一组群的席位可以灵活扩充。

3.2.6　调度台功能要求

（1）调度台应具备呼叫历史记录查询功能，用户可以通过简单操作查询已拨电话、未接来话、已接来话的记录，并能够显示呼叫的号码、时间等相关信息，每种呼叫历史记录不少于200条。用户可以通过按键回拨或者重拨记录号码。

（2）调度台应采用触摸屏和键盘方式两种，触摸屏调度台可以采用键盘、鼠标进行呼叫操作，有两个相互独立的手持式送受话器。

（3）调度台按键可以通过维护终端方便灵活设置号码、名称，名称显示为汉字。

（4）调度台应使用不同灯光（或者颜色）显示呼叫、忙、通话、保持、缺席、故障等情况下的不同状态，可以查询或者显示调度台的工作状态信息。

（5）调度台与调度交换机之间应采用音频电缆直接连接距离最大应可达到1500m，调度台可以通过传输设备、接入设备或者其他方式实现远端延伸。

（6）调度台应具备下列外部接口：①传声器。除具备内部传声器外，还可外接传声器；②扩音器。除具备内部扬声器外，还可外接功放或者有源音箱；③录音接口。应能满足以音频、电压、电流方式启动的外部录音设备的要求。

（7）同组群的所有调度台应享有一个公共组号码，同组群的所有席位之间均可以相互呼叫通话。来话呼入时，同组群的所有调度台应有灯光、主叫用户名称、号码显示和可闻信号，任一调度台应答后，组内所有席位的可闻信号即切除，并能显示或指示处于"通话"状态，同组群其他调度台同时显示应答调度台的通话状态信息。

（8）调度台或者调度用户不应发生呼叫链路阻塞，同组调度台共用保留队列，保留队列不少于8个。

（9）调度台应具有保留来话功能，且至少可以保留四方来话，同组席位应能进行恢复操作。

（10）同一调度对象应允许有不同方式的路由存在，即一键多号，按键应可以至少设置4个号码，用户可以选择呼出方式，也可以设置为当第一个号码不成功时，自动顺序呼叫后面的号码，呼叫等待时间可以设置，在呼叫时长未结束时，用户可以提前结束呼叫，转呼下一号码。

（11）调度台应具有并席功能，即当调度员与某一被调站点用户通话时，同组群的其他席位可通过简单的操作实现插入监听或通话。

（12）调度台应具备以下应答方式：①摘机应答：调度台振铃后，取机即可应答来话队列中最前面的来话；②自动应答：调度台振铃一声，自动启动传声器和扩音器通话；③按键应答：调度台振铃后，按"应答"键，可应答来话队列中最前面的来话；④选择应答：当有多个呼叫调度台的来话时，被叫方可选择其中任何一个首先进行应答，调度台与被应答用户通话时，其他呼叫调度台的主叫用户继续听回铃音，等待调度台的应答，调度台在通话时，如果仍然有未应答的来话，则调度台继续振铃。

（13）调度台应具备会议电话功能，可增加、删除会议群组和会议群组分机，召集广播式、预置式、临时及多方会议电话，多方会议电话不少于 64 方。

（14）调度台应具有强插强拆功能，高级别用户可以对低级别用户进行强插强拆。

（15）调度台振铃音量可以调节，能够对来话进行闭铃。通话时进行闭铃操作，则调度台在本次通话过程中不再振铃，通话结束后，振铃恢复正常。

（16）调度台应具有点名功能，即调度台顺序呼叫预先在主菜单中设置的点名号码。点名号码可设置数量不小于 40 个。

（17）调度交换机可以设置紧急呼叫号码，当用户进行紧急呼叫时，调度台应发出明显区别于其他呼叫的振铃声和灯光信号，且调度台可以优先应答紧急呼叫。

（18）调度台可以对来话进行转接。

3.2.7 IAD 性能要求

（1）IAD 设备可以安装到 19 英寸标准通信机柜内。

（2）根据变电站内电源配置情况，IAD 设备应能提供直流－48V 或交流 220V UPS 输入。

（3）支持 SIP 等相关协议。

（4）提供以太网业务 RJ45 接口。

（5）支持调度电话业务强拆、强插、组呼等功能。

（6）支持维护终端远程数据配置和维护管理。

（7）具备设备故障告警功能。

（8）根据需要可配置 FX0、FXS 接口。

（9）支持内部分机间、分机和行政电话机间语音连接。

（10）增值业务要求：支持各种补充业务：内部短号、来电显示、热线呼叫、呼叫保持、回叫振铃、呼叫等待、呼叫代答、呼叫前转、呼叫转移、呼叫限制、总机、断电逃生。

（11）可接受 IP 交换平台（软交换服务器）的认证、管理。

3.3 电力调度交换设备性能要求

（1）电力调度交换机的设备基本性能要求应符合表 3-66 的技术参数要求。

表 3-66 电力调度交换设备的基本性能要求

名　　称	项　　目	标准参数值
模拟用户线条件	最大环路阻抗（kΩ）	≤2
	线间电容（μF）	<0.7
	绝缘电阻（k）	>20

表 3-66（续）

名　　称	项　　目	标准参数值
模拟用户线条件	最大环阻时，向话机馈电（mA）	≥18
	最小环阻时，向话机馈电（mA）	≤50
	用户话务量	1.0ERL/端口
数字用户线条件	1B＋D 数字用户线路（km）	1.5（线径 0.5mm）
	2B＋D 数字用户线路（km）	5（线径 0.5mm）
环路中继线条件	最大环路阻抗（k）	≤2
	线间电容（μF）	＜0.7
	绝缘电阻（kΩ）	＞20
	中继话务量	1.0ERL/端口
向市话转发双音频参数	标称频率	按 ITU-T 有关建议
	频偏	不超过±1.5%
	低频群（dBm）	9±3
	高频群（dBm）	7±3
	双频电平差（dB）	＜2±1
	信号极限长度（ms）	30～40
	信号间隔长度（ms）	30～40
用户信号方式	号盘话机	脉冲速度（脉冲/s）	7～16
		断续比	（1～3）:1
		脉冲音隔（ms）	＞350
	双音频话机	标称频率	按 ITU-T 有关建议
		频偏	±2.0%以内可接收
			±3.0%以外保证不接收
			±（2.0%～3.0%）接受不可靠
		电平	双频工作时单频接收电平范围 4～23dBm
			单频不动作电平 31dBm
			双频电平差＜1dB
			信号极限长度 30～40ms/s
			信号间隔长度 30～40ms
向市话转发号盘脉冲参数	脉冲速度	10±1/s
	断续比	（1.6～±0.2）:1
	脉冲音隔（ms）	＞250

表 3-66（续）

名　称		项　目	标准参数值
铃流和信号		铃流信号	（75±15）V，（25±3）Hz 的正弦波
		信号音源	（450±25）Hz，谐波失真 <10%
多频信号	发送部分	标称频率	按 ITU-T 有关建议
		频偏（Hz）	≤±5
		发送电平（dB）	8±1
		双频电平差（dB）	<1
	接收部分	输入信号频偏（Hz）	±10
		双频工作时单频信号输入电平（dBm）	1～31
		非相邻两个频率电平差（dB）	≤7
		相邻两个频率电平差（dB）	≤5
可靠性指标		全部系统中断时间	平均每年不超过 3min
		MTBF	应大于 10 年

（2）模拟二线用户的发送端和接收端进行通话时，应确保全程响度评定值（OLR）不大于 23.0dB，最大发送参考当量不大于 12dB，最小发送参考当量不小于 3dB，最大接收参考当量不大于 4.0dB，最小接收参考当量不小于－4.0dB。

（3）应确保数字用户线且为数字话机的发送端和接收端的 OLR 均不大于 16.0dB。

（4）应确保模拟二线用户由发话用户的嘴到所连端局的 Z 接口之间的用户电路（包括送话器和用户线）的发送响度评定值（SLR）为 3.0～12.0dB；应确保 Z 接口至受话用户的耳之间的用户电路（包括受话器和用户线）的接收响度评定值（RLR）应为－4.0～4.0dB。

（5）一个通话连接的全程传输损耗应为用户线、交换机及局间中继电路在 f＝1020Hz 时的传输损耗之和（不包括用户话机的影响），电力调度交换网任何两个用户间传输损耗应不大于 23dB。

（6）电力调度交换网应采用 2048kbit/s 数字中继电路，同时发送端和接收端均为模拟二线用户线，且数字交换设备具有可变衰耗功能。同时，全程传输衰耗应在本地呼叫配置为 3.5dB 时，OTL 不大于 19.5dB，当发送端和接收端均为数字用户线且为数字话机时，OLR 不大于 16dB。

（7）四线连接的电力调度交换网交换机应确保在发送端和接收端均为模拟二线用户时，在两端局间四线电路链的传输损耗为 7.0dB。

（8）2048kbit/s 数字中继电路应确保传输损耗为零，用户线采用 0.5mm（或 0.4mm）线径非加感电缆线对时，传输损耗应不大于 8.0dB（f＝1020Hz）。同时，调度交换机在不同场景下的设备间传输损耗应符合表 3-67 的技术参数要求。

154

表 3-67　调度交换机传输损耗　　　　　　　　　　（dB）

二线用户与二线用户		4～7
二线用户与	四线中继线（发）	3～4
	四线中继线（收）	3～4
	二线中继线	0～1
二线中继线与二线中继线		0～1
二线中继线与	四线中继线（发）	3～4
	四线中继线（收）	3～4
四线中继线与四线中继线		0

（9）电力调度交换网应确保使用单一频率 1020Hz 进行测试，输入信号为 0dBm 的正弦信号时，任何两个时间和空间关系最不利的通话回路间的串音衰耗大于 67dB。

（10）可懂串音防卫度（f＝1020Hz）在终端情况下，两个完整电路之间的近端串音防卫度或远端串音防卫度应不小于 65dB，在最坏情况下至少要大于 58dB。

（11）用户线串音衰减（f＝1020Hz）应确保同一配线点的两对用户线之间的串音衰减应不小于 70dB。

（12）当以基准频率 1020Hz、电平－10dBm 的正弦信号加到一个接口的输入端时，在 300～3400Hz 范围内，在输出端以 1020Hz 测得的衰减设为 0dB 时，其他频率衰减偏离范围应符合表 3-68 的要求。

表 3-68　衰 减 频 率 特 性

频率范围 （Hz）	衰耗偏离 0dB 的范围 （dB）
300～400	－0.6～＋2.0
400～600	－0.6～＋1.5
600～2400	－0.6～＋0.7
2400～3000	－0.6～＋1.1
3000～3400	－0.6～＋3.0

（13）在纯数字网情况下，单向传输时间应不大于（$0.5N＋0.005L$）ms（其中 N 是呼叫所经过的调度交换机数量；L 为传输距离，单位为 km）。

（14）每段中继电路的呼损指标应为 1%，发端局呼损应为 0.5%，终端局呼损指标应为 0.5%，转接节点的呼损指标应为 0.1%，调度交换机局间中继的配置应不超过 1% 的呼损指标。

各类呼叫的呼损应符合表 3-69 的参数要求。

表 3-69　调度设备在不同呼叫场景下的呼损技术参数表

呼 叫 类 型	呼损
总部—分部本部，总部—总部下一级汇接交换站	≤0.020
总部—分部本部—终端交换站，总部－总部下一级汇接交换站—终端交换站	≤0.031

155

表 3-69（续）

呼 叫 类 型	呼损
总部—分部本部—省公司本部—终端交换站	≤0.042
分部本部—省公司本部，分部本部—分部下一级汇接交换站	≤0.020
分部本部—省公司本部—终端交换站，分部本部—分部下一级汇接交换站—终端交换站	≤0.031
分部本部—省公司本部—地（市）供电公司本部—终端交换站	≤0.042
省公司本部—地（市）供电公司本部，省公司本部—省公司下一级汇接交换站	≤0.020
省公司本部—地（市）供电公司本部—终端交换站，省公司本部—省公司下一级汇接交换站—终端交换站	≤0.031
最长的连接呼叫	≤0.075

（15）拨号前，时延指标应符合表 3-70 的技术参数要求；拨号后，时延应符合表 3-71 的技术参数要求。

表 3-70　调度交换机拨号前的时延　　　　　　　　　　　　　　　　　（ms）

拨号前时延	参考话务量 A	参考话务量 B
平均值	≤400	≤800
不超过 0.95 概率的值	600	1000

注　参考话务量 B 为参考话务量 A 乘 1.25。

表 3-71　调度交换机拨号后的时延要求　　　　　　　　　　　　　　　（ms）

拨号后时延	参考话务量 A	参考话务量 B
平均值	≤650	≤1000
不超过 0.95 概率的值	900	1600

注　参考话务量 B 为参考话务量 A 乘 1.25。

（16）端到端 2048kbit/s 中继电路传输通道 24h 误码率应不大于 1×10^{-6}。

国网河南省电力公司通信设备选型技术原则
（通信电源系统）

1 总体技术要求

应采用技术先进、性能优良、功能实用、安全可靠的成熟产品。所用产品应符合相关国际标准、国家标准、行业标准和企业标准。

本技术原则规定了通信电源系统选型的分类、功能、性能等方面的通用技术要求，适应于通信电源系统的选型和采购。

2 标准和规范

GB/T 191　包装储运图示标志

GB/T 13384　机电产品包装通用技术条件

GB/T 14598.26　量度继电器和保护装置　第 26 部分：电磁兼容要求

GB/T 17626.2　电磁兼容试验和测量技术静电放电抗扰度试验

GB/T 17626.12　电磁兼容试验和测量技术振铃波抗扰度试验

GB/T 50057　建筑物防雷设计规范

GB/T 50260　电力设施抗震设计规范

DL/T 637　阀控式密封铅酸蓄电池订货技术条件

DL/T 781　电力用高频开关整流模块

YD/T 799　通信用阀控式密封铅酸蓄电池

YD/T 983　通信电源设备电磁兼容性要求及测量方法

YD/T 1051　通信局（站）电源系统总技术要求

YD/T 1058　通信用高频开关电源系统

YD/T 5027　通信电源集中监控系统工程设计规范

YD/T 5040　通信电源设备安装工程设计规范

YD/T 5058　通信电源集中监控系统工程验收规范

YD 5059　电信设备安装抗震设计规范

YD/T 5079　通信电源设备安装工程验收规范

YD 5098　通信局（站）防雷与接地工程设计规范

Q/GDW 11184　配电自动化规划设计技术导则

Q/GDW 11358—2019 电力通信网规划设计技术导则

3 选型技术要求

3.1 通信电源系统选型分类

（1）通信专用直流电源系统应依据装备技术政策、组网技术规范、安全技术要求进行选型和配置。

（2）通信专用直流电源系统应主要依据电压类型、额定电压、高频开关电源和蓄电池等参数的不同进行选型分类，详见表3-72。

表 3-72 电源类型配置参数要求

通信电源类型	电源类型	额定电压（V）	高频开关电源（A）	蓄电池（Ah）
通信电源-1	通信电源成套设备	48	60	100
通信电源-2	通信电源成套设备	48	120	300
通信电源-3	通信电源成套设备	48	160	300
通信电源-4	通信电源成套设备	48	160	500
通信电源-5	通信电源成套设备	48	200	300
通信电源-6	通信电源成套设备	48	200	500
通信电源-7	通信电源成套设备	48	300	500
通信电源-9	通信电源成套设备	48	300	800
通信电源-10	通信电源成套设备	48	500	800
通信电源-11	通信电源成套设备	48	500	1000
通信电源-12	嵌入式直流通信电源	AC220V＋DC220V/DC48V	60	—

3.2 通信电源系统功能要求

3.2.1 基本要求

（1）通信专用直流电源系统应由交流配电装置、稳压稳流高频开关电源、48V全密封蓄电池组和直流分配屏组成。输入的市电应确保经过交流配电装置分路进入整流模块，经各整流模块整流得到的－48V直流电通过汇接送到直流分配屏，由直流分配屏向通信设备提供多路－48V直流电源。

（2）整流设备应采用模块式结构，模块单元应采用插箱式安装方式，便于灵活扩容，整流模块和监控模块采用热插拔方式，即插即用，采用软启动。

（3）整流设备应具有"三遥"功能，可实现本地集中监控和按照指定通信规约接入设备维护单位的远程综合监控系统；应提供智能通信接口 RS232/RS422/RS485 或 RJ4510M 以太网口等可选，并提供相应的通信接口协议，同时应提供至少4路触点告警输出信号；具有完备的故障保护、故障告警功能。

（4）整流设备应具有高功率因数补偿，在较宽的交流输入电压波动范围内，保证系统正常工作，具有较高的均流功能；应具有电池管理功能，能实现温度补偿、自动调压等功能，具有完善的交、直流侧防雷保护，电磁兼容，整流模块能够满足 YD/T 983 中对传导和辐射干扰的要求。

3.2.2 交流配电装置要求

（1）交流配电的交流输入应不少于 2 路，交流输入电压一般采用 380V 三相四线或三相五线制。

（2）直流输出过、欠压保护告警及恢复点可设置，负载下电动作点通过监控模块可设置。同时，电池保护动作点通过监控模块可设置，可提供次要负载脱离功能。

（3）直流电源系统应具备集中监控性能，监控模块应能显示电源系统的各项运行参数、运行状态、告警状态、设置参数及控制参数，其主要功能应符合如下要求：

1）交流屏（或交流配电单元）。遥测：三相输入电压、三相输入电流、输入频率；遥信：开关状态、故障告警。

2）整流器。遥测：整流器输出总电压、输出总电流、单个整流模块输出电流；遥信：每个整流模块工作状态（开/关机、均充/浮充/测试、限流/不限流）、故障/正常、监控模块故障；遥调：均充/浮充电压设置、限流设置。

3）直流屏（或直流配电单元）。遥测：直流输出总电压、总电流、主要分路电流、蓄电池充/放电电流；遥信：直流输出电压过/欠压、蓄电池熔丝状态、主要分路熔丝/开关故障。

4）蓄电池组。遥测：蓄电池组总电压、总电流、蓄电池单体电压、可监测蓄电池充放电实验的各种曲线及参数统计；遥信：蓄电池组总电压高/低、单体蓄电池电压高/低。

（4）通信电源系统应具备深度放电保护功能、电池状态检测功能、电池放电实时监测及显示功能。

（5）通信电源系统应支持输入电源切换，可手动和自动切换；应支持并联运行、单独运行等多种系统运行方式；应具有断电、缺相、短路、过流、过/欠压等故障告警功能以及过/欠压保护功能；应具备安全可靠的防雷保护功能。

3.2.3 48V 全密封蓄电池组要求

（1）蓄电池槽、盖、安全阀、极柱封口剂等材料应具有阻燃性、防爆性。

（2）蓄电池应极性正确，正负极性及端子应有明显标志。

（3）电池组间互连接线应绝缘，终端电池应提供外接铜芯电缆至直流屏的接线排。

（4）蓄电池组应考虑装设蓄电池管理单元的位置。

3.2.4 直流分配屏要求

（1）直流分配屏应有不少于两路直流−48V 输入，分别接入两个不同的高频开关电源或蓄电池（需要时）；应确保输出电压为−48V，正端接，输出回路数应满足工程要求，直流分配屏采用硬质（单）双母线输出，输出回路要带开关和相应容量的熔断器。

（2）直流分配屏可对直流输出电压、总电流、电池电流、各分路电流以及熔断器状态等进行远程监控，并显示在液晶显示屏上，直流分配屏可独立对故障进行告警，并发出声光告警，包括：①各熔断器熔断告警；②充电电流过大告警；③电池过充过放报警；④过、欠压告警；⑤与网管系统通信功能。

3.2.5 电源系统故障保护要求

3.2.5.1 输入过/欠压保护

应确保当交流输入电压低于或高于允许的波动范围时，具备输入过/欠压保护功能，并发出声光告警，模块将停止工作、无输出；当输入电压恢复到允许波动范围以内时，整流模块自动恢复为正常工作。过、欠压保护及输入电压恢复点应可以设置，且过、欠压保护事件发生时模块会上报监控模块。

3.2.5.2　输出过压保护

整流模块应有输出过压硬件保护和输出过压软件保护，且硬件过压保护后，需要人工干预才可以开机。硬件过压保护点及软件保护点应可以设置，且软件保护点及压保护模式可以通过监控模块设置：①一次过压锁死模式，当整流模块发生软件过压保护，整流模块关机并保持，需要人工干预方可恢复；②二次过压锁死模式，整流模块软件保护后，关机5s内重新开机，如果在设定时间内发生第二次过压，整流模块则关机并保持，需要人工干预方可开机，人工干预方法可以通过监控模块复位整流模块，也可以通过从电源系统上脱离整流模块来复位。过压故障发生时，模块上报故障信号给监控模块进行相应处理。

3.2.5.3　过温保护

应确保当模块的内部温度超过允许值时，模块面板的保护指示灯亮，发出过温告警，模块将停止工作、无输出；当异常条件清除，模块内部的温度恢复正常后，模块将自动恢复为工作，过温告警消失。过温保护发生时，模块上报告警信号给监控模块进行相应处理。

3.2.5.4　风扇故障保护

应确保当风扇发生故障时，模块将产生风扇故障告警，模块关机、无电压输出；当故障消除后，可自动恢复为正常工作。当故障事件发生时，模块上报告警信号给监控模块进行相应处理。

3.2.5.5　短路保护

整流模块应采用限流保护模式，在输出短路的情况下，对模块输出电流限流，有效地保护自身和外部设备。当短路故障消失后，模块自动恢复工作。

3.2.5.6　输出电流

不平衡输出电流不平衡应符合如下要求：

（1）当多个整流模块在系统并联使用时，均流误差大的模块能自动识别。

（2）如果模块输出电流发生严重不平衡，且无输出的模块能自动识别时，发出模块输出电流不平衡告警。

（3）故障消除后，可自动恢复为正常工作。

（4）故障事件发生时，模块上报告警信号给监控模块进行相应处理。

3.2.5.7　后台通信中断

模块发生通信中断后，模块面板的保护指示灯亮；当模块通信恢复后，模块面板的保护指示灯恢复正常，当模块通信正常后，模块自动恢复工作。同时，为了保护蓄电池，当模块通信故障后，发出告警。

3.2.5.8　防雷及浪涌保护

通信电源系统应具有完善的交、直流防雷措施，在交流市电引入电源系统前，加装B级或C级防雷器（根据用户当地实际情况选用），电源系统内部配置有交流侧防雷器（C级）和直流侧配置相应的防雷装置。交流输入侧能承受模拟雷电冲击电压波形应为10/700μs，幅值为5kV的正负极性冲击各5次；模拟雷电冲击电流波形为8/20μs，幅值为20kA的正负极性冲击应各5次，并可承受8/20μs模拟雷电冲击电流40kA、1次。同时，每次检验冲击间隔时间应不小于 1min，直流侧能承受模拟雷电冲击电流波形为 8/20μs，幅值为 10kA 的冲击一次。详细技术规定见 YD/T 5098 要求。

3.2.5.9　接地

通信电源系统应具备保护接地、防雷接地、直流电源接地的接地端子或汇流铜排，接地方式采用联合接地。

3.3　通信电源系统性能要求

3.3.1　交流配电装置性能要求

额定输入相电压应为 220V，输入电压范围应为（380±15%）V，输入交流电压频率应为（50±5%）Hz，功率因数应不小于 0.99%。

3.3.2　整流模块性能要求

整流模块性能应符合如下要求：

（1）整流模块配置：$N+1$（N——工作模块；1——备用模块）。

（2）输出直流额定电压：－48V。

（3）输出直流电压波动范围：42.2～57.6V，连续可调，调整精度为±0.1V。

（4）稳压精度：≤0.3%。

（5）纹波系数：（－0.01～＋0.01）%。

（6）效率：≥90%。

（7）动态响应时间：≤200μs，超调量≤5%。

（8）输出负载动态响应：≤5%。

（9）负载调整率：（－0.5～＋0.5）%。

（10）温度系数：≤0.02%/℃。

（11）均流性能：≤3%。

（12）抗高频干扰性能：满足 GB/T 14598.26 要求。

（13）设备的平均无故障时间（MTBF）：≥100000h。

（14）峰峰值杂音电压：≤200mV（0～20MHz）。

（15）电话衡重杂音电压：≤2mV（300～3400Hz）。

（16）宽频杂音电压：≤100mV（3.4～150kHz）；≤30mV（150～30MHz）。

（17）离散杂音：≤5mV（3.4～150kHz）；≤3mV（150～200kHz）；≤2mV（200～500kHz）；≤1mV（0.5～30MHz）。

3.3.3　蓄电池性能要求

蓄电池应符合如下性能要求：

（1）蓄电池组额定电压：48V。

（2）单体电池额定电压：2V。

（3）同一组蓄电池单体间的开路电压最高和最低差值：≤20mV。

（4）全密封反应率：95%。

（5）气体复合效率：99%。

（6）工作方式：采用浮充供电方式。

（7）浮充运行寿命：≥10 年。

（8）自放电率（25℃条件下）：≤4%/月。

（9）电池间的连接电压降：≤10mV。

（10）重量偏差：≤5%。

（11）外壳材料：聚丙烯塑料、ABS。

（12）密封工艺：双重热溶封装。

（13）蓄电池开、闭阀压力：开阀 10～39kPa；闭阀 1～10kPa。

第4篇　输电专业

国网河南省电力公司电网设备选型技术原则

（杆塔）

1 总体技术要求

输电线路常用的杆塔主要包括角钢塔、钢管塔（杆）、砼杆。不同类型杆塔应根据电压等级及所处环境进行选择，保证安全经济地输送电能。

2 标准和规范

GB/T 700 碳素结构钢

GB/T 1591 低合金高强度结构钢

GB/T 2694 输电线路铁塔制造技术条件

GB/T 3098.1 紧固件机械性能 螺栓、螺钉和螺柱

GB/T 3098.2 紧固件机械性能 螺母 粗牙螺纹

GB 50010 混凝土结构设计规范

GB 50545 110kV～750kV 架空输电线路设计规范

DL/T 5130 架空送电线路钢管杆设计技术规定

DL/T 5154 架空输电线路杆塔结构设计技术规定

DL/T 5440 重覆冰架空输电线路设计技术规程

Q/GDW 674 输电线路铁塔防护涂料

Q/GDW 705 输电线路钢管塔用法兰

Q/GDW 707 输电线路钢管塔薄壁管对接焊缝超声波检验与质量评定

3 选型技术要求

（1）按照国家电网有限公司标准化线路建设要求，杆塔应预留标识牌悬挂孔位。

（2）考虑到线路外部环境复杂多变，新修公路、管线等穿越线路后挂点改造困难的问题，杆塔应预留导线挂点（双挂点）悬挂孔位。

（3）钢材的材质应根据结构的重要性、结构型式、连接方式、钢材厚度和结构所处的环境及气温等条件进行合理选择。钢材等级宜采用 Q235、Q355、Q390 和 Q420，有条件时，也可采用 Q460。钢材的质量应分别符合 GB/T 700《碳素结构钢》和 GB/T 1591《低合金高强度结构钢》的规定。

（4）所有杆塔结构的钢材均应满足不低于 B 级钢的质量要求。当采用 40mm 及以上厚度的钢板焊接时，应采取防治钢材层状撕裂的措施。

（5）结构连接宜采用 4.8 级、5.8 级、6.8 级、8.8 级热浸镀锌螺栓，有条件时，也可采用 10.9 级螺栓，其材质和机械特性应分别符合 GB/T 3098.1《紧固件机械性能螺栓、螺钉和螺

164

柱》和 GB/T 3098.2《紧固件机械性能螺母粗牙螺纹》的有关规定。

（6）环形断面的普通混凝土杆及预应力混凝土杆的钢筋，宜符合下列规定：

1）普通钢筋宜采用 HRB400 和 HRB335 级钢筋，也可采用 HPB235 级和 RRB400 级钢筋。

2）预应力钢筋宜采用预应力钢丝，也可采用热处理钢筋。

（7）环形断面的普通混凝土杆和预应力混凝土杆的混凝土强度等级应分别不低于 C40 和 C50，其他混凝土预制构件不应低于 C20。混凝土和钢筋的强度标准值和设计值以及各项物理特性指标，应按 GB 50010《混凝土结构设计规范》的有关规定确定。

（8）拉线宜采用镀锌钢绞线，其强度设计值应按表 4-1 的规定确定。

表 4-1　镀锌钢绞线强度设计值　　　　　　（N/mm^2）

热镀锌钢丝抗拉整根钢绞线抗强度标准值拉强度设计值股数	1175	1270	1370	1470	1570
7 股	690	745	800	860	920
9 股	670	720	780	840	900

注　1．整根钢绞线的拉力设计值等于总面积与强度设计值的乘积。
　　2．强度设计值中已计入了换算系数：7 股 0.92，19 股 0.90。

（9）拉线金具的强度设计值，应取国家标准金具的强度标准值或特殊设计金具的最小试验破坏强度值除以 1.8 的抗力分项系数确定。

国网河南省电力公司电网设备选型技术原则

（绝缘子）

1 总体技术要求

输电线路常用的绝缘子主要包括盘形瓷绝缘子、盘形玻璃绝缘子、棒形复合绝缘子、棒形瓷绝缘子、盘形瓷复合绝缘子、盘形玻璃复合绝缘子。绝缘子应综合其产品质量及地区污秽等级进行选择，保证安全经济地输送电能。

2 标准和规范

GB 311.1　绝缘配合　第 1 部分：定义、原则和规则

GB/T 772　高压绝缘子瓷件　技术条件

GB/T 775.1　绝缘子试验方法　第 1 部分：一般试验方法

GB/T 775.2　绝缘子试验方法　第 2 部分：电气试验方法

GB/T 775.3　绝缘子试验方法　第 3 部分：机械试验方法

GB/T 1001.1　标称电压高于 1000V 的架空线路绝缘子　第 1 部分：交流系统用瓷或玻璃绝缘子元件定义、试验方法和判定准则

GB/T 4056　绝缘子串元件的球窝连接尺寸

GB/T 7253　标称电压高于 1000V 的架空线路绝缘子交流系统用瓷或玻璃绝缘子件盘形悬式绝缘子件的特性

GB/T 19519　架空线路绝缘子　标称电压高于 1000V 交流系统用悬垂和耐张复合绝缘子定义、试验方法及接收准则

GB/T 20642　高压线路绝缘子空气中冲击击穿试验

GB/T 24623　高压绝缘子无线电干扰试验

JB/T 3384　高压绝缘子　抽样方案

JB/T 4307　绝缘子胶装用水泥胶合剂

JB/T 8178　悬式绝缘子铁帽　技术条件

JB/T 8177　绝缘子金属附件热镀锌层通用技术条件

JB/T 9673　绝缘子　产品包装

JB/T 9677　盘形悬式绝缘子钢脚

JB/T 9678　盘形悬式绝缘子用钢化玻璃绝缘件外观质量

JB/T 9683　绝缘子产品型号编制方法

DL/T 557　高压线路绝缘子空气中冲击击穿试验——定义、试验方法和判据

DL/T 812　标称电压高于 1000V 架空线路绝缘子串工频电弧试验方法

3 选型技术要求

3.1 一般要求

（1）输电线路常用的绝缘子推荐采用盘形瓷绝缘子、棒形复合绝缘子。考虑到自爆率问题，不推荐使用盘形玻璃绝缘子，如有特殊要求必须使用，建议使用外伞型玻璃绝缘子。

（2）35～220kV 线路宜全部采用复合绝缘子，500kV 线路悬垂串及跳线串宜采用复合绝缘子，耐张串可采用瓷绝缘子或复合绝缘子。绝缘子串应具有良好的均压和防电晕性能。

（3）绝缘子选型时，应根据最新版污区分布图、新（扩、改）建线路绝缘配置，按"配置到位、留有裕度"的原则，综合考虑线路路径附近的环境、污秽发展情况和运行经验等因素确定，c 级及以下污区均提高一级配置；d 级污区按照上限配置；e 级污区按照实际情况配置。

（4）考虑到河南地区污秽较为严重，不宜采用 1 型棒形复合绝缘子，不建议使用普通型盘形瓷绝缘子。

（5）棒形复合绝缘子应装有铭牌，铭牌中应包含生产厂家、型号、生产日期等相关信息。

3.2 材料要求

3.2.1 复合绝缘子材料制造技术要求

（1）芯棒是绝缘子的内绝缘部分，同时用于保证设计的机械强度。芯棒用玻璃纤维增强树脂棒制成，应具有较好的耐酸腐蚀性能。护套与伞裙应是整体成型（采用注射或热压成型）工艺制造。为保证芯棒保护的有效性和持久性，连接界面（芯棒—护套、护套—金具）必须是高质量的。

220kV 及以上电压等级球窝连接的绝缘子应配备 R 形锁紧销。

（2）110kV 绝缘子在高压端或两端安装均压装置；220kV 及以上绝缘子的两端均需安装均压装置。均压装置的材料应使用铝合金，并具有足够的机械强度。均压环的管径、环径及屏蔽深度应满足招标方要求（高压端的均压环应罩入绝缘界面 10～30mm），应采用防鸟害型产品。

（3）防风偏固定式复合绝缘子：绝缘子与铁塔连接采用垂直固定式联结方式，根据铁塔跳线挂线的不同，设计推荐单孔（UB 板结构）、双孔（U 形螺丝结构）联结方式。220kV 防风偏固定式复合绝缘子偏摆挠度不小于 800mm（在 0.8kN 额定抗弯负荷条件下），110kV 不小于 200mm（在 0.4kN 额定抗弯负荷条件下）。

3.2.2 交流盘形悬式瓷（玻璃）绝缘子技术要求

（1）160kN 及以上绝缘子瓷件必须逐个进行内水压试验，300kN 及以上绝缘子玻璃件外观缺陷允许值不应高于规定值的 60%。

（2）铁帽可用热处理的可锻铸钢、可锻铸铁或球墨铸铁制作，应无裂纹、无皱缩、无气孔、无毛边或粗糙的边棱。铁帽应是内外完全同心的圆环型。钢脚应用锻钢制造。160kN 及以上强度等级的绝缘子铁帽、钢脚应经逐只仪器探伤检测。

（3）锁紧销应符合 GB/T 1001.1 的规定。球头和球窝连接的绝缘子应装备有可靠的开口型锁紧装置。160kN 及以上绝缘子应采用 R（驼背）销。

国网河南省电力公司电网设备选型技术原则
（导、地线）

1 总体技术要求

输电线路常用的导、地线主要分为镀锌钢绞线、钢芯铝绞线、钢芯铝合金绞线、铝包钢绞线、铝包钢芯铝绞线 5 大类。导、地线应综合其产品质量及截面进行选择。输电线路导线截面的选择应从电气性能和经济性能两方面考虑，保证安全经济地输送电能。

2 标准和规范

IEC 61395　架空线绞线的蠕变试验规程

GB/T 470　锌锭

GB/T 701　低碳钢热轧圆盘条

GB/T 1179　圆线同心绞架空导线

GB/T 1196　重熔用铝锭

GB/T 2317.2　电力金具试验方法　第 2 部分：电晕和无线电干扰试验

GB/T 3048　电线电缆电性能试验方法

GB/T 3428　架空绞线用镀锌钢线

GB/T 3954　电工圆铝杆

GB/T 4354　优质碳素钢热轧盘条

GB 4909.1～7　裸电线试验方法

GB/T 10125　人造气氛腐蚀试验　盐雾试验

GB/T 17048　架空绞线用硬铝线

GB/T 17937　电工用铝包钢线

GB/T 22077　架空导线蠕变试验方法

JB/T 8137　电线电缆交货盘

YB/T 123　铝包钢丝

YB/T 124　铝包钢绞线

YB/T 5004　镀锌钢绞线

3 选型技术要求

3.1 对导、地线的要求
3.1.1 对原材料的要求

用于生产导、地线的原材料，铝锭应符合 GB/T 1196 的要求，铝杆应符合 GB/T 3954 的要求，钢盘条应满足 GB/T 4354 的要求，锌锭应满足 GB/T 470 的要求。

3.1.2　铝线

钢芯铝绞线或铝包钢芯铝绞线的铝线应是电工用的冷拉铝线，绞合之前的冷拉铝线应满足 GB/T 17048 的要求。铝线表面应光洁，且不得有可能影响产品性能的所有缺陷，如裂纹、粗糙、划痕和杂质等。

成品绞线不允许外层铝线有任何种类的接头。

3.1.3　镀锌钢线

镀锌钢线应满足招标技术条件，并符合 GB/T 3428 和 YB/T 5004 的要求，镀层应均匀连续，并且没有裂纹、斑疤、漏镀以及其他与货品的商务习惯不一致的缺陷。镀锌钢线中不允许有任何种类的接头。

3.1.4　铝包钢线

铝包钢线应满足投标技术条件，并符合 GB/T 17937 的要求。铝包钢线应表面光洁，不得有可能影响产品性能的所有缺陷，如裂纹、粗糙、划痕和杂质等。铝包钢线中不允许有任何种类的接头。

3.1.5　钢芯（镀锌钢芯、铝包钢芯）

对绞线制造工艺要求，钢芯的绞制设备应配有良好的预成型装置和张力控制装置。绞合后所有钢芯应自然地处于各自位置，当切断时，各线端应保持在原位或容易用手复位。若外购钢芯，应按入厂材料进行检验，取样率不低于 10%，应满足相关技术条件或标准要求。

3.1.6　导线

（1）导线应满足招标所要求的技术条件，并应符合 GB/T 1179 的要求。对绞线制造工艺要求，绞线的绞制设备应配有良好的预成型装置，绞合后所有单线应自然地处于各自位置，当切断时，各线端应保持在原位或容易用手复位。

（2）导线外层及加强芯不允许有任何种类的接头，对于大跨越导线，不允许有任何种类的接头。

（3）导线表面不应有目力可见的缺陷，如明显的划痕、压痕等，不得有与良好的商品不相称的任何缺陷，外观表面应光洁，不得有腐蚀发黑、发灰现象。相邻层的绞向应相反，最外层的绞向是右向。

（4）导线的节径比应在 GB/T 1179 中规定的限制之内，且最外层的节径比不应大于 12，一旦绞合开始，对于所有运到相同目的地的整批导线，都应保持相同的绞合参数。所提供的导线应为一次绞合而成的产品。

（5）对于有多层的绞线，任何层的节径比应不大于紧邻内层的节径比。成品导线应是均匀的圆柱面，并能承受运输及安装中的正常装卸，而不致产生使电晕损失和无线电干扰增加的变形。导线应无过量的拉摸用润滑油、金属颗粒及粉末，且应无任何与工业产品及本工程工艺质量要求不相符合的缺陷。出厂的产品应不再要求有限制电晕和无线电干扰发生的设计措施。同批导线用的钢芯应由同一个厂家制造。绞合时，导线的钢芯或者经部分绞合的半成品和待绞合的线股，应在工厂内贮藏足够长的时间，以确保钢芯或者经部分绞合的半成品和待绞合的线股处于同样的温度，在整个绞合过程中，应保持同样的温度。一旦绞合和仓贮过程已经开始，为了使所有导线尽可能有相同的绞合规律，对相同目的地的导线的不足部分应遵循相应的工艺。导线应适合张力架线，也适合松弛的架线，正常放线时，任何导线出现有灯笼、散股、跳线、断股及影响放线施工，都将视为不合格产品，并被拒绝接收。导线的制造及股线的绞合应做到在导线切割后，应无明显的回扭或散股。钢芯的成型应做到在导线切割后、将铝（合金）单线按接头要求从钢芯上剥离时，钢芯应能无困难地重新组合，并易于用一只手持着将接续管自导线切割端套入钢芯。铝（合金）单线的成型也应做到铝线能容易重新组合，并便于用一只手持着将接续管在导线的切割端套入铝线，做到绞合紧密均匀，无缺股、跳线、断股和压偏现象。

3.1.7 地线

（1）地线应满足本技术规范规定的技术条件，并应符合相应标准（钢芯铝绞线：GB/T 1179；镀锌钢绞线：GB/T 1179 及 YB/T 5004；铝包钢绞线：GB/T 1179、YB/T 124）的要求。对绞线制造工艺要求，绞线的绞制设备应配有良好的预成型装置，绞合后所有单线应自然地处于各自位置，当切断时，各线端应保持在原位或容易用手复位。

（2）镀锌钢线、铝包钢线中不允许有任何种类的接头。绞线表面不应有目力可见的缺陷，如明显的划痕、压痕等，不得有与良好的商品不相称的任何缺陷，外观表面应光洁。相邻层的绞向应相反，最外层的绞向是右向。对于有多层的绞线，任何层的节径比应不大于紧邻内层的节径比。

（3）外层节径比应在 GB/T 1179 中规定的限制之内，同时满足不大于 14 的要求，一旦绞合开始，对于所有运到相同目的地的整批绞线都应保持相同的绞合系数。所提供的绞线应为一次绞合而成的产品。

（4）绞合时，绞线的钢线或者经部分绞合了的半成品和待绞合的线股，应在工厂内贮藏足够长的时间，以确保钢线或者经部分绞合的半成品和待绞合的线股处于同样的温度，在整个绞合过程中将保持同样的温度。

（5）一旦绞合和仓贮过程已经开始，为了使所有绞线尽可能有相同的绞合规律，对相同目的地的绞线的不足部分应遵循相应的工艺。

（6）绞线应适合张力架线和松弛架线，正常放线时，任何绞线出现有灯笼、散股、跳线、断股及影响放线施工，都将视为不合格产品，并被拒绝接收。

（7）绞线的制造及股线的绞合应做到在绞线切割后应无明显的回扭或散股。单线可用手自然复位，做到绞合紧密均匀，无缺股、跳线、断股和压偏现象。

3.2 导、地线截面的选择

（1）输电线路的导线截面，除根据经济电流密度选择外，还要按电晕及无线电干扰等条件校验。大跨越的导线截面宜按允许载流量选择，并应通过技术经济比较确定。海拔不超过1000m 的地区，采用现行钢芯铝绞线国标时，如导线外径不小于表 4-2 所列数值，可不验算电晕。

表 4-2 可不演算电晕的导线最小外径（海拔不超过 1000m）

标称电压（kV）	110	220	330		500		
导线外径（mm）	9.6	21.6	33.6	2×21.6	2×36.24	3×26.82	4×21.6

（2）验算导线允许载流量时，导线的允许温度：钢芯铝绞线和钢芯铝合金绞线可采用＋70℃或＋80℃（大跨越可采用＋90℃）；钢芯铝包钢绞线（包括铝包钢绞线）可采用＋80℃（大跨越可采用＋100℃），或经试验决定；镀锌钢绞线可采用＋125℃。环境气温应采用最高

气温月的最高平均气温；风速应采用 0.5m/s（大跨越采用 0.6m/s）；太阳辐射功率密度应采用 0.1W/cm^2。

验算短路热稳定时，地线的允许温度：钢芯铝绞线和钢芯铝合金绞线可采用＋200℃；钢芯铝包钢绞线（包括铝包钢绞线）可采用＋300℃；镀锌钢绞线可采用＋400℃。计算时间和相应的短路电流值应根据系统情况决定。

（3）导线和地线的设计安全系数不应小于 2.5。地线的设计安全系数，宜大于导线的设计安全系数。

导、地线在弧垂最低点的最大张力，应按下式计算

$$T_{max} \leqslant T_p/K_c$$

式中　T_{max}——导、地线在弧垂最低点的最大张力，N；

　　　T_p——导、地线的拉断力，N；

　　　K_c——导、地线的设计安全系数。悬挂点的设计安全系数不应小于2.25。

架设在滑轮上的导、地线，还应计算悬挂点局部弯曲引起的附加张力。在稀有风速或有覆冰气象条件时，弧垂最低点的最大张力不应超过拉断力的 70%。悬挂点的最大张力不应超过拉断力的 77%。地线选用镀锌钢绞线时与导线的配合不宜小于表 4-3 的规定。

表 4-3　地线采用镀锌钢绞线时与导线配合表

导线型号	类别	LGJ-185/30 及以下	LGJ-185/45～LGJ-400/50	LGJ-400/65 及以上
镀锌钢绞线最小标称截面积（mm^2）	无冰段	35	50	80
	覆冰段	50	80	100

110、220kV 线路的地线采用镀锌钢绞线时，标称截面积不应小于 50mm^2，500kV 的线路地线采用镀锌钢绞线时，标称截面积不应小于 80mm^2。

国网河南省电力公司电网设备选型技术原则

（电缆）

1 总体技术要求

35kV 及以上的电缆应选用技术先进、运行可靠的电力电缆，技术要求应满足相应的规程、规范的要求。

2 标准和规范

GB 311.1 绝缘配合 第 1 部分：定义、原则和规则

GB/T 772 高压绝缘子瓷件技术条件

GB/T 2951 电缆绝缘和护套材料通用试验方法

GB/T 2952 电缆外护层

GB/T 3048 电线电缆

GB/T 3953 电工圆铜线

GB/T 3956 电缆的导体

GB 6995 电线电缆识别标志

GB/T 11017.1～11017.3 额定电压 110kV（V_m＝126kV）交联聚乙烯绝缘电力电缆及其附件

GB/T 18380 电缆在火焰条件下的燃烧试验

GB/T 22078.1～22078.3 额定电压 500kV（U_m＝550kV）交联聚乙烯绝缘电力电缆及其附件

DL/T 401 高压电缆选择导则

3 选型技术要求

3.1 总体要求

110kV 及以上电缆线路宜采用铜芯交联聚乙烯电缆；35kV 电缆线路推荐采用交联聚乙烯电缆，电缆截面积大于 400mm² 时宜采用单芯电缆。

3.2 材料选型

（1）导体用铜单线应采用 GB/T 3953 中规定的 TR 型圆铜线。绞合导体不允许整芯或整股焊接。绞合导体中允许单线焊接，但在同一导体单线层内，相邻两个焊点之间的距离应不小于 300mm。

（2）110kV 及以上电缆应采用绕包半导电带加挤包半导电层复合导体屏蔽，且应采用超光滑可交联半导电料。

（3）绝缘屏蔽应为挤包半导电层，并与绝缘紧密结合。

（4）绝缘屏蔽层外应设计有缓冲层，采用导电性能与绝缘屏蔽相同的半导电弹性材料或半导电阻水膨胀带绕包。半导电阻水膨胀带中如有金属丝，则其与波纹铝护套应可靠接触。

（5）径向不透水阻隔层应采用皱纹铝套作为径向不透水阻隔层。皱纹铝套用铝的纯度不低于99.6%。

（6）电缆外护套材料应为聚氯乙烯和聚乙烯，外护套应牢固包覆在金属护套上。

（7）电缆中间接头宜选用硅橡胶预制式产品，与 GIS 相连的终端接头采用 SF_6 充气式，终端铁塔、终端站内的终端接头宜采用瓷产品，也可采用复合产品。

（8）电缆附件应具有不低于电缆的电气性能和防水性能。

（9）110（66）kV 及以上电压等级同一受电端的双回或多回电缆线路应选用不同生产厂家的电缆、附件。110（66）kV 及以上电压等级电缆的 GIS 终端和油浸终端宜选择插拔式，人员密集区域或有防爆要求场所的应选择复合套管终端。110kV 及以上电压等级电缆线路不应选择户外干式柔性终端。

（10）35kV 及以上电压等级电缆在隧道、电缆沟、变电站内、桥梁内应选用阻燃电缆，其成束阻燃性能应不低于 C 级。

国网河南省电力公司电网设备选型技术原则

（线路避雷器）

1 总体技术要求

瓷外套或者复合外套交流金属氧化锌避雷器必须具有吸收各种过电压（工频、谐振、雷电冲击、操作冲击等）的能力及良好的耐污性、防爆性，特别是要有良好的密封性。

2 标准和规范

GB 311.1　绝缘配合　第 1 部分：定义、原则和规则

GB/T 775.1　绝缘子试验方法　第 1 部分：一般试验方法

GB/T 775.3　绝缘子试验方法　第 3 部分：机械试验方法

GB/T 7354　局部放电测量

GB 11032　交流无间隙金属氧化物避雷器

GB 11604　高压电器设备无线电干扰测试方法

GB/T 16927.1　高电压试验技术　第 1 部分：一般定义及试验要求

GB/T 16927.2　高电压试验技术　第 2 部分：测量系统

GB/T 28547　交流金属氧化物避雷器选择和使用导则

GB 50150　电气装置安装工程　电气设备交接试验标准

JB/T 8177　绝缘子金属附件热镀锌层　通用技术条件

JB/T 8952　交流系统用复合外套无间隙金属氧化物避雷器

JB/T 10492　金属氧化物避雷器用监测装置

DL/T 804　交流电力系统金属氧化物避雷器使用导则

Q/GDW 1168　输变电设备状态检修试验规程

3 选型技术要求

3.1 线路用避雷器选型

线路用避雷器采用复合外套交流有串联间隙或瓷外套交流无间隙金属氧化物避雷器，选型见表 4-4。

表 4–4　线路用避雷器选型

电压等级 （kV）	避雷器型号	备　注
500	YH20CX-444/1106YH20CX-468/1166	采用复合外套
220	YH10CX-216/562Y10W-216/562	采用复合外套或瓷外套

表 4-4（续）

电压等级 （kV）	避雷器型号	备　注
220	YH10CX-312/760Y10W-312/760YH10CX-324/ 789Y10W-324/789	采用复合外套或瓷外套
110	YH10CX-96/250YH10CX-108/　Y10W-96/250Y10W-10 281HY10CX-114/297　　　8/281Y10W-114/297	采用复合外套或瓷外套
35	YH5CX-54/142　　　　　　Y5W-54/142	采用复合外套或瓷外套

3.2　交流避雷器标称放电电压和用途（见表 4-5）

表 4-5　交流避雷器标称放电电压和用途

标准标称放电电流 （A）	20000	10000	5000
额定电压 U_r （kVrms）	$360 \leqslant U_r \leqslant 468$	$3 \leqslant U_r \leqslant 468$	$U_r \leqslant 132$
避雷器使用场合	变电站用避雷器、线路避雷器	变电站用避雷器、线路避雷器	变电站用避雷器、线路避雷器

3.3　耐污秽性能

（1）户外用避雷器外套的最小公称爬电比距，一般 c 级污秽等级地区不小于 25mm/kV、d 级及以上污秽等级地区不小于 31mm/kV。

（2）伞裙的伸出长度、伞间距应符合 IEC 60815 的规定。

（3）避雷器伞裙造型应合理，避雷器运行中不应发生闪络。

（4）d 级及以上污秽等级地区用避雷器应做人工污秽试验。

3.4　复合外套

（1）复合外套避雷器应通过规定程序的起痕和电蚀损试验，复合绝缘材料应进行材料性能试验，并满足相关性能的要求。

（2）复合外套表面单个缺陷面积（如缺胶、杂志、凸起等）不应超过 25mm²，深度不应大于 1mm，凸起表面与合缝应清理平整，凸起高度不得超过 0.8mm，粘接缝凸起高度不应超过 1.2mm，总缺陷面积不应超过复合外套总面积的 0.2%。

（3）避雷器复合外套应耐受 1000h 伞套起痕和耐电蚀损试验。

3.5　密封结构

避雷器应有可靠的密封结构，在其寿命期内，不应因为密封不良而影响运行性能，具体密封试验应采用有效的试验方法进行。

3.6　接地

避雷器应装设满足接地热稳定电流要求的接地极板或接地端子，并配有连接接地线用的接地螺栓，螺栓的直径不小于 8mm。

3.7　绝缘底座

避雷器底部应有绝缘底座，并采用大爬距底座。避雷器整体爬电距离不应计及绝缘底座的长度，但验证避雷器的机械强度时，必须连同绝缘底座一并考核。

3.8 铭牌

避雷器铭牌应符合国标的要求，铭牌用耐腐蚀材料制成，字样、符号应清晰耐久。

3.9 镀锌件

避雷器所有镀锌件应符合 JB/T 8177 的规定。

3.10 脱离器

悬挂式避雷器若加装脱离器，脱离器应按 GB 11032 的要求试验合格。

3.11 监测器

无间隙避雷器应配备避雷器用监测装置，监测装置性能应满足 JB/T 10492 的要求。监测装置和避雷器的连接线应便于运行中避雷器持续电流的测量。

国网河南省电力公司电网设备选型技术原则

（防鸟装置）

1 总体技术要求

输电线路常用的防鸟装置主要包括防鸟刺、防鸟罩、人工栖鸟架、防鸟绝缘包覆、防鸟盒、防鸟挡板、人工鸟巢、驱鸟器、防鸟拉线、防鸟针板。根据本区域输电线路涉鸟故障特点，选择相应的防鸟装置。

2 标准和规范

GB/T 2423.17　电工电子产品环境试验　第 2 部分：试验方法　试验 Ka：盐雾
GB/T 2694　输电线路铁塔制造技术条件
GB/T 3428　架空绞线用镀锌钢线
GB/T 4956　磁性基体上非磁性覆盖层　覆盖层厚度测量磁性法
DL/T 1570　架空输电线路涉鸟故障风险分级及分布图绘制
架空输电线路防鸟害装置安装及验收规范（国网运检二〔2016〕5 号）

3 选型技术要求

3.1　一般要求

（1）防鸟装置的配置应依据鸟害故障风险分布图、所属的鸟害风险等级，坚持因地制宜的原则，可单一或组合使用。根据河南省输电线路涉鸟故障特点，一般选择防鸟刺作为主要防鸟装置。

（2）防鸟装置应不影响输电线路安全运行，现场装拆方便、安装牢固、防鸟效果好。

（3）防鸟装置应能长期耐受紫外线、雨、雪、冰、风、温度变化等外部环境和短时恶劣天气的考验，并通过相关材料、电气和机械性能试验。

（4）防鸟装置安装一般不应在杆塔横担上重新打孔。

（5）安装防鸟装置应校核安全距离。

3.2　选型要求

防鸟装置的选型应结合线路状况及运行经验，根据区域涉鸟故障特点进行选择，见表4-6。

表 4-6　输电线路防鸟装置选型一览表

序号	装置名称	特　点	适用电压范围（kV）	预防涉鸟故障类型
1	防鸟刺	制作简单，安装方便，综合防鸟效果较好不带收放功能的防鸟刺会影响常规检修工作，小鸟会依托防鸟刺筑巢	110～500	鸟粪类、鸟巢类

表 4-6（续）

序号	装置名称	特 点	适用电压范围（kV）	预防涉鸟故障类型
2	防鸟罩	能有效阻挡鸟粪下泄，造价较高、可能积累鸟粪，雨季造成绝缘子污染，不适用于风速较高的地区	110～220	鸟粪类
3	人工栖鸟架	制作简单，安装方便，能够引导大鸟在远离杆塔导线正上方栖息，宜和防鸟刺等防鸟装置综合应用，提高防护效果	110～220	鸟粪类、鸟巢类
4	防鸟绝缘包覆	防鸟效果稳定，安装工艺要求高，安装不方便，造价相对较高	110～330	鸟粪类、鸟体短接类
5	防鸟盒	使鸟巢较难搭建于封堵处，且能阻挡鸟粪下泄；制作尺寸不准确可能导致封堵空隙、拆装不方便	110～500	鸟粪类、鸟巢类
6	防鸟啄外护套	制作简单，安装方便，能有效防护复合绝缘子端部遭受鸟啄	110～500	鸟啄类

注 根据各地区输电线路涉鸟故障特点，选择防鸟装置。

3.3 材料要求

防鸟刺主要包括防鸟刺本体和连接金具。防鸟刺针刺材质为镀锌碳素弹簧钢丝或不锈钢。防鸟刺连接金具宜采用热镀锌钢材材质、不锈钢或铝合金。

3.4 尺寸要求

3.4.1 防鸟直刺

采用长、中、短三种长度（比例约占 1/3）或等长度两种型式，直径 2.0、2.5、3.0mm，选型表见表 4-7。

表 4-7 防鸟直刺针刺直径、长度组合表

序号	型号	针刺数量 N（根）	针刺直径（mm）	针刺长度组合 L（mm）
1	FNCZ-25-2	25	2.0	200、300、400
2				300、400、500
3				400、500、600
4	FNCZ-36-2.5	36	2.5	300、400、500
5				400、500、600
6				500、600、700
7	FNCZ-45-3	45	3.0	400、500、600
8				500、600、700
9				600、700、800

3.4.2 防鸟弹簧刺

（1）针刺长度采用等长，中间为弹簧绕圈型式，90°弯折后能恢复原状，直径 2.0、2.5、3.0mm。

（2）弹簧圈之间间距不大于 10mm，弹簧丝长度约占总刺长的 30%。防鸟弹簧刺常见长度数量见表 4-8。

表 4-8　弹簧针刺长度数量

序号	型号	针刺数量 （根）	针刺直径 （mm）	针刺长度范围 （mm）
1	FNCT-FG-25-2	25	2.0	300～400
2	FNCT-FG-36-2	36	2.5	400～500
3	FNCT-FG-45-2	45	3.0	500～600

3.4.3 异型防鸟刺

（1）采用单种长度，防鸟刺针刺中间宜采用弹簧绕圈型式，弹性良好，90°弯折后能恢复原状，直径 2.0、2.5、3.0mm。

（2）弹簧圈之间间距不大于 5mm，最大处半径 8mm，弹簧丝在总刺长占比大于 30%。

3.4.4 连接金具

3.4.4.1 防鸟刺用 L 形夹具

防鸟刺用 L 形夹具和针刺根数组合表见表 4-9，L 形夹具规格见表 4-10。

表 4-9　L 形夹具和针刺根数组合表

针刺型号	FNCT-FG-25-2.0		FNCT-FG-36-2.5		FNCT-FG-45-3.0	
L 形夹具型号	L-Q-80	L-FQ-80	L-Q-90	L-FQ-90	L-Q-110	L-FQ-110

表 4-10　L 形夹具规格表　　　　　　　　　　（mm）

序号	型号	塔材宽度	夹具宽度 W	夹具厚度 H	夹具单边长度 L_1	防滑长孔最宽 W_1	防滑长孔最窄 W_2
1	L-Q-80L-FQ-80	≤80	40	4	120	13	9
2	L-Q-90L-FQ-90	>80 ≤110	40	4	150	13	9
3	L-Q-110L-FQ-110	>110	50	5	180	17	13

注　L 形夹具在外层安装的支架应设置葫芦形防滑长孔，可有效防止紧固螺栓上紧后螺栓向楔形较薄的方向滑移而产生松动。

3.4.4.2 防鸟刺用 U 形夹具要求详见表 4-11。

3.4.5 压接要求

防鸟刺针刺与夹具宜采用液压压接联结，详见表 4-12。

表 4-11 U 形夹具规格表   （mm）

序号	型号	夹具长度 L_1	夹具宽度 W	夹具厚度 H	夹具间隙 D
1	U-Q-15U-FQ-15	70	60	7	15
2	U-Q-20U-FQ-20	70	70	10	20

表 4-12 防鸟刺压接长度范围表

序号	针刺数量 （根）	压接长度范围 （mm）
1	25	≥20±2
2	36	≥25±2
3	45	≥30±2

3.5 试验要求

3.5.1 外观及尺寸检测

外观检测采用目测。镀锌件表面应连续完整，镀层厚度均匀，无漏镀面、滴瘤、黑斑、无溶剂残渣、氧化皮夹杂物等缺陷。镀锌颜色一般呈灰色或暗灰色。尺寸检测选用校准过的卷尺、游标卡尺等工具测量。

（1）刺针长度：应为（$L\pm5$）mm（L 为标称长度）。

（2）刺针直径：应为（2.0 ± 0.2）mm，（2.5 ± 0.25）mm 或（3.0 ± 0.25）mm。

（3）夹具尺寸应符合设计图纸要求。

3.5.2 特性检测

3.5.2.1 防鸟刺钢丝 1%伸长时的应力试验

将从试样上截取的试件在拉力试验机的夹头内夹紧，施加 200MPa 的初应力负荷，并按 250mm 标距安装引伸仪，调节引伸仪的起始值为 0.25。均匀增加负荷，直到引伸仪指示出伸长原始标距的 1%为止。在该点记下负荷读数，并应将该负荷除以镀锌钢丝截面积（由实测值经计算），得到 1%伸长时的应力值。该数值应不小于 1140MPa。

3.5.2.2 防鸟刺钢丝拉力试验

将从试样上截取的试件，在合适的拉力试验机上进行拉断力试验。在 1%伸长前期和 1%伸长后期，应均匀增加负荷。拉力试验机夹头的移动速度应不小于标准距离的 0.1 倍（mm/min），也不大于标准距离的 0.4 倍（mm/min）。拉断力除以钢丝截面积（由实测值经计算）计算得到的抗拉强应不小于 1700MPa。

3.5.2.3 防鸟刺钢丝压接强度试验

取压接好的防鸟刺样品，将其中一根钢丝和压接钢丝的母体分别夹在拉力试验机的两个钳口中进行拉脱试验，均匀增加负荷。拉力试验机夹头的移动速度取 5mm/min，记录下钢丝拉脱的最大拉力，应不低于 1kN。

3.5.3 锌层试验

3.5.3.1 刺针锌层试验

（1）镀锌层质量试验。按照 GB/T 3428—2012 中 11.1、11.2、11.3 规定的方法进行试验。

（2）镀锌层附着性试验。从每种防鸟刺上截取一个试件，以不超过 15r/min 的速度在圆形芯轴上紧密卷绕 8 圈，芯轴直径为刺针直径的 4 倍。镀锌层应牢固地附着在刺针上而不开裂，或用手指摩擦锌层不会产生脱落、起皮。

3.5.3.2 夹具镀锌层试验

（1）镀锌层厚度试验。按照 GB/T 4956—2003 规定的磁性法进行局部厚度检查。至少取 5 个测量点测厚，计算平均值即为锌层局部厚度，因几何形状的限制不允许测 5 个点的情况下，可以用 5 个试样的测厚平均值。当夹具厚度不大于 5mm 时，其锌层厚度应不小于 50μm，当夹具厚度大于 5mm 时，其锌层厚度应不小于 70μm。

（2）镀锌层均匀性试验。按照 GB/T 2694—2010 附录 A 中规定的方法进行试验，镀锌层均匀性应达到耐浸蚀次数不少于 4 次而不露铁。

（3）镀锌层附着性试验。按照 GB/T 2694—2010 附录 B 中规定的方法进行试验，镀锌层附着性应满足经落锤试验后镀锌层不凸起、不剥离。

3.5.4 防鸟刺整体防腐性能试验

按照 GB/T 2423.17 中规定的方法进行试验，防鸟刺整体防腐性能应满足刺整体经 168h 盐雾试验不得出现白锈、黑斑、红锈等现象。

3.6 其他要求

防鸟装置的选型配置应依据鸟害故障风险分布图，明确线路杆塔所属的鸟害故障风险区类型及风险等级，有针对性地进行配置。新建、改建线路在设计阶段，将防鸟装置列入工程概算，由施工单位负责安装。

国网河南省电力公司电网设备选型技术原则
（相间间隔棒、双摆防舞器）

1 总体技术要求

架空输电线路常用的防舞动装置主要包括相间间隔棒、双摆防舞器等。

2 标准和规范

DL/T 1058 交流架空线路用复合相间间隔棒技术条件

DL/T 1098 间隔棒技术条件和试验方法

河南省电力公司输电线路防舞动系列试行管理规定的通知（豫电运维〔2012〕1481 号）

3 选型技术要求

3.1 一般要求

（1）防舞动装置的配置应依据舞动风险分布图、所属的舞动风险等级，坚持因地制宜的原则，可单一或组合使用。根据河南省输电线路舞动特点，选择复合相间间隔棒作为主要防舞措施。

（2）防舞动装置应不影响输电线路安全运行，现场装拆方便、安装牢固、防舞动效果好。

（3）防舞动装置应能长期耐受紫外线、雨、雪、冰、风、温度变化等外部环境和短时恶劣天气的考验，并通过相关材料、电气和机械性能试验。

3.2 选型要求

（1）防舞动装置的选型应结合线路状况及运行经验进行选择，见表 4-13。

表 4-13 输电线路防舞动装置选型一览表

装置名称	特 点	适用电压范围（kV）
相间间隔棒	220、110kV 线路主要防舞装置，应用于导线垂直排列的线路，可有效抑制舞动幅值，降低舞动跳闸率	110～500
双摆防舞器	应用于 500kV 导线水平排列线路	500

注 500kV 水平排列、紧凑型输电线路已有防舞动装置的效果有待进一步验证，可选择组合方式进行防舞设计选型。

（2）相间间隔棒需配有均压装置。

（3）相间间隔棒的整体（连同连接金具）额定机械拉伸负荷不小于 8kN。其中金具部分两只组合额定机械拉伸负荷为 8kN，破坏负荷不小于 10kN。

（4）双摆防舞器应设计合适的摆长和重量，具备足够的耐磨强度、良好的防电晕性能，与导线连接处应有防磨损导线措施。安装位置可选择在 $2/9L$ 或 $1/3L$ 处，档内双摆防舞器重量应占导线重量的 5%～8%，以此来确定安装个数。

3.3 材料要求

（1）相间间隔棒伞裙和护套材料需满足以下要求：

1）体积电阻率不小于 $1.0 \times 1012\Omega \cdot m$。

2）表面电阻率不小于 $1.0 \times 1012\Omega$。

3）击穿强度不小于 20kV/mm（厚度为 2mm）。

4）耐漏电起痕及电蚀损不低于 TMA4.5 级。

5）可燃性：FV-0 级。

6）抗撕裂强度（直角法）不小于 9kN/m。

7）机械扯断强度不小于 3.5MPa。

8）拉断伸长率不小于 100%。

9）邵氏硬度不小于 50shoreA。

（2）相间间隔棒芯棒材质需满足以下要求：

1）吸水率小于 0.05%。

2）雷电冲击耐受电压不小于 90kV（1cm 长）。

3）拉伸强度不小于 1000MPa。

4）耐应力腐蚀时间不小于 96h。

5）拉伸破坏负荷对比试验相差不超过 10%。

（3）伞套材料应选用复合硅橡胶（固态胶）绝缘材料。

（4）相间间隔棒绝缘部分两端金属附件的装配工艺推荐采用压接式工艺。

（5）330kV 及以上相间间隔棒所用芯棒推荐采用耐酸芯棒。

（6）相间间隔棒所用的端部金具设计成能与导线（包括单导线、双分裂导线、四分裂导线等）可靠连接，并保证在运行时承受微拉力。

3.4 试验要求

（1）相间间隔棒按批进行检验，以同批原料、同一工艺方法、连续生产制成的同一型号的相间间隔棒算作一批。每批数量最多不超过 10000 只。

（2）试验分类。相间间隔棒的检验一般分设计试验、型式试验、逐个试验和抽样试验。为提高相间间隔棒的运行可靠性，有必要进行补充试验。

1）设计试验旨在验证设计、材料和制造方法（工艺）是否合适。

2）型式试验的目的是验证相间间隔棒的主要特性，这些主要特性取决于其形状和尺寸。型式试验对已通过设计试验的相间间隔棒进行。仅当相间间隔棒的型式或材料改变时，才重新进行型式试验。

（3）逐个试验用来剔除有制造缺陷的相间间隔棒，对提交验收的每个相间间隔棒进行。

（4）抽样试验作为用户在订购相间间隔棒时的验收试验。抽样试验是为了验证相间间隔棒其他特性，包括取决于制造质量和所用材料的特性。样品从提交验收的批次中随机抽取。

（5）除进行产品设计试验和型式试验项目外，还宜进行工频电弧试验、人工污秽工频电压试验、机械振动试验以及大挠度屈曲试验和屈曲疲劳试验。人工污秽工频耐受电压试验和机械振动试验仅为供需双方协商试验项目。相间间隔棒试验项目见表4-14。

表 4-14　相间间隔棒试验项目

序号	项目名称	设计试验	型式试验	抽样试验	逐个试验
1	外观检查		√	√	√
2	例行拉伸负荷试验		√	√	√
3	尺寸检查		√	√	
4	憎水性试验		√	√	
5	护套最小厚度检查		√	√	
6	陡波冲击耐受电压试验		√	√	
7	额定拉伸负荷耐受试验		√	√	
8	机械破坏负荷试验		√	√	
9	机械负荷—时间试验	√		○	
10	金属接头与绝缘护套界面的渗透性试验	√		○	
11	突然卸载试验		√	○	
12	热机试验	√		○	
13	可见电晕试验	√		○	
14	无线电干扰试验	√		○	
15	人工污秽工频电压试验		√	○	
16	工频电弧试验		√	○	
17	湿工频耐受电压试验		√	○	
18	雷电冲击耐受电压试验		√	○	
19	湿操作冲击耐受电压试验①		√	○	
20	机械特性试验	√		○	

注　√表示检测的项目；○表示由供需双方协商的项目。
① 330kV 及以上电压等级，需单独湿操作冲击耐受电压试验。

3.5 其他要求

防舞动装置的选型配置应依据舞动风险分布图，依据《国网河南省电力公司输电线路防舞动系列试行管理规定》，有针对性地进行配置。新建、改建线路在基建阶段完成防舞动装置安装。

第 5 篇　配电专业

国网河南省电力公司电网设备选型技术原则

（配电变压器）

1 总体技术要求

配电变压器按相数分单相变压器和三相变压器，按冷却方式分干式变压器和油浸式变压器，按铁心型式分硅钢片铁心变压器和非晶合金铁心变压器。常用的型号有 S11-M（M.R）、SC（B）10、SGB10、SH15-M、D11-M（M.R）。

2 标准和规范

GB 311.1　绝缘配合　第 1 部分：定义、原则和规则

GB 1094.1　电力变压器　第 1 部分：总则

GB 1094.2　电力变压器　第 2 部分：液浸式变压器的温升

GB 1094.3　电力变压器　第 3 部分：绝缘水平、绝缘试验和外绝缘空气间隙

GB/T 1094.4　电力变压器　第 4 部分：电力变压器和电抗器的雷电冲击和操作冲击试验导则

GB 1094.5　电力变压器　第 5 部分：承受短路的能力

GB/T 1094.7　电力变压器　第 7 部分：油浸式电力变压器负载导则

GB/T 1094.10　电力变压器　第 10 部分：声级测定

GB 2536　电工流体　变压器和开关用的未使用过的矿物绝缘油

GB/T 4109　交流电压高于 1000V 的绝缘套管

GB 4208　外壳防护等级（IP 代码）

GB/T 5273　变压器、高压电器和套管的接线端子

GB/T 6451　油浸式电力变压器技术参数和要求

GB/T 7252　变压器油中溶解气体分析和判断导则

GB/T 7354　局部放电测量

GB/T 7595　运行中变压器油质量

GB/T 8287.1　标称电压高于 1000V 系统用户内和户外支柱绝缘子　第 1 部分：瓷或玻璃绝缘子的试验

GB/T 8287.2　标称电压高于 1000V 系统用户内和户外支柱绝缘子　第 2 部分：尺寸与特性

GB/T 11022　高压开关设备和控制设备标准的共用技术要求

GB/T 11604　高压电气设备无线电干扰测试方法

GB/T 13499　电力变压器应用导则

GB/T 16927.1　高电压试验技术　第 1 部分：一般定义及试验要求

GB/T 16927.2　高电压试验技术　第 2 部分：测量系统

GB/T 17468　电力变压器选用导则

GB 20052　三相配电变压器能效限定值及能效等级

GB/T 25446　油浸式非晶合金铁心配电变压器技术参数和要求

GB/T 26218.1　污秽条件下使用的高压绝缘子的选择和尺寸确定　第 1 部分：定义、信息和一般原则

GB/T 26218.2　污秽条件下使用的高压绝缘子的选择和尺寸确定　第 2 部分：交流系统用瓷和玻璃绝缘子

GB 50150　电气装置安装工程　电气设备交接试验标准

DL/T 572　电力变压器运行规程

DL/T 593　高压开关设备和控制设备标准的共用技术要求

DL/T 596　电力设备预防性试验规程

DL/T 984　油浸式变压器绝缘老化判断导则

DL 5027　电力设备典型消防规程

JB/T 3837　变压器类产品型号编制方法

JB/T 10088　6kV～500kV 级电力变压器声级

JB/T 10317　单相油浸式配电变压器技术参数和要求

Q/GDW 1771　10kV 三相非晶合金铁心配电变压器技术条件

Q/GDW 1772　10kV 三相非晶合金铁心配电变压器试验导则

IEC 60296　变压器和开关用新绝缘油规范

IEC 60156　绝缘油介电强度测定法

3　选型技术要求

3.1　通用选型技术要求

3.1.1　配电变压器常用产品型号及规格（见表 5-1）

表 5-1　配电变压器常用产品型号及规格

产品型号	额定电压（kV）	额定容量（kVA）	绝缘方式	相数	分接范围	联结组别	铁心材质	密封方式	调压方式
S13-M（M.R）	10	50、100、200、315、400、630	油浸	三相	±2×2.5	Dyn11	硅钢片	全密封	无载
SC（B）10SGB10	10	400、500、630、800、1000、1250	干式	三相	±2×2.5	Dyn11	硅钢片	非全密封	无载
SH15-M	10	100、200、315、400、630	油浸	三相	±2×2.5	Dyn11	非晶合金	全密封	无载
D11-M（M.R）	10	30、50、100	油浸	单相	±2×2.5	Ii0	硅钢片	全密封	无载
S13-M（SR）	10	100、200	油浸	三相	±2×2.5	Dyn11	硅钢片	全密封	无载
SH15-M（SR）	10	100、200	油浸	三相	±2×2.5	Dyn11	硅钢片	全密封	无载

注　产品型号说明：S——三相变压器；D——单相变压器；M——全密封；R——卷铁心；H——非晶合金铁心；C——固体成型（环氧树脂浇注）；（B）——低压箔式线圈；10、11、15——性能水平代号；ZT——有载调容；SR——三相高过载。

3.1.2 使用条件

（1）额定电压：配电变压器电压不低于 10kV，最高运行电压为 12kV。

（2）系统中性点接地方式：不接地、经消弧线圈接地或经小电阻接地。

（3）额定频率：50Hz。

（4）污秽等级：Ⅲ级。系统短路电流水平（高压侧）：20kA。

（5）环境温度：最高日温度为 45℃；最低日温度为－25℃；最大日温差为 25K；最热月平均温度为＋30℃；最高年平均温度为＋20℃。

（6）湿度：日相对湿度平均值不大于 95%；月相对湿度平均值不大于 90%。

（7）海拔：≤1000m。

（8）太阳辐射强度：$0.1W/cm^2$。最大覆冰厚度：10mm。

（9）平均最大风速：35m/s（离地面高 10m 处，维持 10min）。

（10）地面水平加速度：$2m/s^2$。正弦共振三个周期安全系数：≥1.67。

3.1.3 型号的选择

（1）配电变压器按相数分单相变压器和三相变压器：

1）单相变压器适用于单相供电负荷的城镇或农村小区、农村零散用电、临时居民生活用电、学校、幼儿园、小型办公楼、道路照明、收费站、加油站、无线通信站、大型广告牌、景观照明等用电。

2）三相变压器适用于纯三相供电负荷或三相、单相同时供电的负荷。

（2）配电变压器按冷却方式分干式变压器和油浸式变压器：

1）以下场所适合选择干式变压器：在防火要求较高的场所、人员密集的重要建筑物内（如地铁、高层建筑、剧院、商场、候机大楼等）和企业主体车间的无油化配电装置中（如电厂、钢厂、石化等）应选用干式电力变压器；与居民住宅连体的和无独立变压器室的配电站，宜选用干式电力变压器；难以解决油浸电力变压器事故排油造成环境污染的场所可选用干式电力变压器。

2）油浸式变压器适用于对事故排油不会造成环境污染的场所，户外或户内不限，且散热性能好。

（3）配电变压器按铁心型式分硅钢片铁心变压器和非晶合金铁心变压器：

1）非晶合金铁心变压器是用新型导磁材料，空载电流下降约 80%，但其噪声较大，不适合对噪声要求较高的场所。

2）硅钢片铁心变压器适用于负载平均且长期运行在经济区的场所。

（4）调容变压器和高过载变压器的选用：

1）以下场合适合选择调容变压器：年平均负载率低，季节性、时段性负荷变化差异大的地区，如水利灌溉台区，季节性旅游区，季节性返乡地区，昼夜负荷变化显著的城市商业区、开发区、工业区等配电台区；路灯变压器。

2）以下场合适合选用高过载变压器：台区年最大负荷增长率趋于平稳，台区年平均负载率较高且季节性、时段性出现负荷陡增的农村台区，建议选用高过载变压器。

3.1.4 容量的选择

变压器容量的选择应以现有负荷为基础，适当留有裕度。尽量采用 GB/T 321 中的 R10 序列，同时依据《国网河南省电力公司电网设备装备技术原则（2020 年版）》配电部分，关于全省供电区域划分及不同供电区装备配电变压器配置原则选定。

单相油浸式变压器应不超过 100kVA，宜选用 50、100kVA 两种规格，为简化设备序列，推荐选用 50kVA；三相油浸式硅钢片铁心配电变压器应不超过 400kVA，宜选用 50、100、200、315、400kVA 五种规格；三相干式变压器应不超过 1250kVA，宜选用 400、500、630、800、1000、1250kVA 六种规格；按照安装型式，柱上变压器单台容量宜选用 400kVA 及以下，箱式变电站单台容量宜选用 630kVA 及以下，配电站房干式配电变压器单台容量宜选用 800kVA 及以下。

3.1.5 其他重要参数的要求

（1）联结组别选择：三相配电变压器应选择 Dyn11；单相配电变压器应选择 Ii0。

（2）油浸式配电变压器应采用全封闭型式，干式配电变压器宜带防护外壳。

（3）分接头选择：一般选用 $\pm 2 \times 2.5$ 五挡。

（4）调压方式选择：一般选用无载调压。

（5）噪声要求：$\leqslant 45 \mathrm{dB}$。

（6）绝缘水平要求：

1）油浸式变压器应满足以下要求：雷电全波冲击电压（峰值）：$\geqslant 75 \mathrm{kV}$；雷电截波冲击电压（峰值）：$\geqslant 85 \mathrm{kV}$；高压绕组额定短时工频耐受电压（有效值）：$\geqslant 35 \mathrm{kV}$；低压绕组额定短时工频耐受电压（有效值）：$\geqslant 5 \mathrm{kV}$。

2）干式变压器应满足以下要求：具有良好的电气及机械性能，具备抗突发短路能力强和耐雷电冲击力高等特点，并符合 GB 1094.5 的试验规定。额定雷电耐受冲击电压（峰值）：组 I：10、60kV；组 II：10、75kV；应按变压器遭受雷击过电压和操作过电压的程度、系统中性点的接地方式以及过电压保护装置的类型（如果采用）来选择组 I 或组 II 的耐受电压值，见 GB 311.1 的规定。

（7）温升限值。

1）油浸式变压器：顶层油不大于 55K；绕组（平均）不大于 65K；绕组（热点）不大于 78K；铁心、油箱及结构表面不大于 75K。

2）干式变压器：额定电流下的绕组平均温升（F）不大于 100K；额定电流下的绕组平均温升（H）不大于 125K。

（8）工频过电压倍数（见表 5-2）。

表 5-2　工 频 过 电 压 倍 数

相—地	空载持续时间	满载持续时间	相—相	空载持续时间	满载持续时间
1.05	连续	连续	1.05	连续	连续
1.1	连续	20min	1.1	连续	20min
1.25	20s	20s	1.25		20s
1.9	—	1s	1.5	—	1s
2	—	0.1s	1.58	—	0.1s

（9）电压组合、联结组别及性能参数。

1）10kV 三相油浸式变压器（见表 5-3）。

表 5-3　10kV 三相油浸式变压器电压组合、联结组别及性能参数

变压器容量（kVA）	调压方式	高压（kV）	高压分接范围	低压（kV）	联结组别	空载损耗（kW）	负载损耗（kW）	短路阻抗（%）
50	无励磁	10	±2×2.5%	0.4	Dyn11	0.10	0.91	4.0
100						0.20	1.58	
200						0.34	2.73	
400						0.57	4.52	

2）10kV 三相干式变压器（见表 5-4）。

表 5-4　10kV 三相干式变压器电压组合、联结组别及性能参数

变压器容量（kVA）	高压（kV）	高压分接范围（%）	低压（kV）	联结组别	空载损耗（kW）	负载损耗（kW）	空载电流（%）	短路阻抗（%）	轨距 A×B（mm×mm）	噪声水平（dB）
400	10	±2×2.5	0.4	Dyn11	1.1	4.22	1.2	4.0	660×660	≤64
500					1.16	4.88	1.2		660×660	≤66
630					1.34	5.88	1.0		660×660	≤66
630					1.30	5.96	1.0	6.0	820×820	≤66
800					1.52	6.96	1.0		820×820	≤68
1000					1.77	8.13	1.0		820×820	≤68
1250					2.09	9.69	1.0		1070×820	≤72

3）10kV 三相油浸式非晶合金变压器（见表 5-5）。

表 5-5　10kV 三相油浸式非晶合金变压器电压组合、联结组别及性能参数

变压器容量（kVA）	高压（kV）	高压分接范围	低压（kV）	联结组别	空载损耗（kW）	负载损耗（kW）	空载电流（%）	短路阻抗（%）
50	10	±2×2.5%	0.4	Dyn11	0.043	0.91	0.5	4.0
100					0.075	1.58	0.9	
200					0.120	2.73	0.6	
400					0.20	4.52	0.5	

4）10kV 单相油浸式变压器（见表 5-6）。

表 5-6　10kV 单相油浸式变压器电压组合、联结组别及性能参数

变压器容量（kVA）	高压（kV）	高压分接范围	低压（kV）	联结组别	空载损耗（kW）	负载损耗（kW）	空载电流（%）	短路阻抗（%）
50	10	±2×2.5%	2×（0.22～0.24）或 0.22～0.24	Ii0Ii6	0.15	0.95	2.3	3.5

3.1.6 电气一次接口套管布置

（1）三相双绕组变压器套管排列顺序一般如图 5-1 所示。

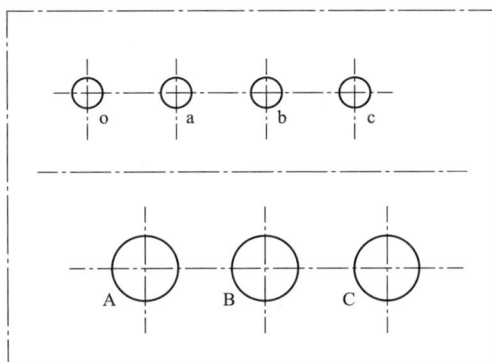

图 5-1　三相双绕组变压器套管排列顺序示意图

（2）单相变压器高、低压套管排列顺序从左向右依次为 A、X、a、x1、x（面向高压侧），带气隙的密封式单相变压器低压接线端子一般应在箱壁引出。

3.2　专用选型技术要求

3.2.1　油浸式变压器

（1）抗短路能力的要求。油浸式变压器在任何分接头时，都应能承受最大短路热稳定电流 3s，各部位无损坏和明显变形，短路后绕组的平均温度最高不超过 250℃。

（2）过载能力要求。任何附属设备的过载能力不应小于变压器的过载能力。在起始负荷 80%、环境温度 40℃的条件下，过负荷 50%允许运行 30min。变压器最热点温度不超过 140℃，变压器油顶层油温不超过 95℃。

（3）分接开关应有定位措施，并采用双密封结构。

（4）800kVA 及以上全密封油浸变压器应装气体继电器。

（5）铁心结构及材质。

1）铁心为硅钢片（包括卷铁心式及叠铁心式）。所有线圈材料采用铜线或铜箔，若采用漆包铜导线应采用缩醛漆包铜导线。铁心材料选用优质高磁密取向冷轧硅钢片，叠铁心式铁心采用全斜接缝、无孔绑扎。

2）铁心为非晶合金变压器。所有线圈材料采用无氧半硬铜材料制造的铜线或铜箔。铁心材料选用具有软磁特性的非晶合金带材，铁心采用悬挂式，不得受力。

（6）套管。采用纯瓷套管，应用棕色瓷套，10kV 爬距不小于 372mm，应具有良好的抗污秽能力和运行性能。

（7）变压器及其附件的技术条件应满足以下要求：

1）油箱顶部不应存在积水情况。

2）全密封变压器采用真空注油，变压器密封试验和变压器油箱机械强度试验应满足 GB/T 6451 的要求。

（8）接地。单相、三相油浸式变压器铁心和较大金属结构件均应通过油箱可靠接地。

（9）油浸式变压器油温测量装置。单、三相油浸式变压器均应有供玻璃温度计用的管座。管座应焊在油箱的上部，并深入油内（120±10）mm。

3.2.2 干式变压器

（1）抗短路能力的要求。干式变压器应具有良好的电气及机械性能，具备抗突发短路能力强和耐雷电冲击力高等特点，并符合 GB 1094.5 的试验规定。

（2）绕组采用铜导线或铜箔绕制，玻璃纤维与环氧树脂复合材料作绝缘，树脂不加填料，预埋树脂散热气道，真空状态浸渍式浇注，按特定的温度曲线固化成型，绕组内外表面用进口预浸树脂玻璃丝网覆盖加强。环氧树脂浇注的高低压绕组应一次成型，不得修补。

（3）变压器分接引线需包封绝缘护套。

（4）变压器运行过程中，温度控制装置巡回显示各相绕组的温度值，显示最热一相绕组的温度值，超温报警，超温跳闸，声光警示。若有风机，则需有起、停，风机过载保护，并带有仪表故障自检、传感器故障报警等功能。温控线根据现场要求配置，装置应符合相应技术标准。

（5）要求大部分材料由不可燃烧的材料构成，800℃高温长期燃烧情况下只产生少量烟雾。

（6）对带防护外壳的变压器门，要求加装机械锁或电磁锁，在变压器带电时，不允许打开变压器门，并装有行程开关，对变压器运行状态下，强行开门跳主变压器高压侧开关。变压器和金属件均有可靠接地，接地装置有防锈镀层，并有明显标识，铁心和全部金属件均有防锈保护层。

（7）变压器壳体选用易于安装、维护的铝合金材料（或者其他优质非导磁材料），下有通风百叶或网孔，上有出风孔，网孔不大于 $8mm^2$，外壳防护等级大于 IP20。壳体设计应符合 GB 4208 的要求。变压器柜体高低压两侧均可采用上部和下部进线方式，并在外壳进线部位预留进线口；对下部进线应配有电缆支架，用于固定进线电缆。

（8）铁心结构及材质。铁心为硅钢片（包括卷铁式及叠铁式）。铁心为优质冷轧、高导磁、晶粒取向硅钢片（铁心规格不低于 30ZH120）；采用优质环氧树脂。变压器铁心全斜接缝，心柱表面应喷涂绝缘漆，心柱采用绝缘带绑扎及拉板结构。

（9）干式变压器温度保护装置。干式变压器温度保护用于跳闸和报警，变压器应有超温报警和超温跳闸功能，见表 5-7。

表 5-7 干式变压器温度保护装置

保护名称	接点内容	电源及接点容量	接点数量
温度指示控制器	报警或跳闸	DC220V/110V 2.5A/5A	报警 1 对跳闸 1 对

（10）干式变压器冷却装置。变压器的冷却装置应按负载和温升情况，自动投切。变压器过负荷及温度异常由变压器温控装置起动风机。

国网河南省电力公司电网设备选型技术原则

（欧式箱式变电站）

1 总体技术要求

欧式箱式变电站是由高压开关设备、电力变压器、低压开关设备、电能计量设备、无功补偿设备、辅助设备和联结件等元器件组成的成套配电设备。欧式箱式变电站可分为终端型和环网型，可按不同变压器容量、低压配置等不同需要选择。

本原则规定应选择技术成熟、工艺可靠的产品或元器件，应具备权威机构颁发的 ISO 9000 系列的认证书或同等的质量保证体系认证证书；具备全部有效的型式试验报告；主要元器件可选择进口或合资的产品。

2 标准和规范

GB 311.1　绝缘配合　第 1 部分：定义、原则和规则

GB 1094.1　电力变压器　第 1 部分：总则

GB 1094.2　电力变压器　第 2 部分：油浸式变压器的温升

GB 1094.3　电力变压器　第 3 部分：绝缘水平、绝缘试验和外绝缘空气间隙

GB 1094.4　电力变压器　第 4 部分：电力变压器和电抗器的雷电冲击和操作冲击试验导则

GB 1094.5　电力变压器　第 5 部分：承受短路的能力

GB/T 1094.7　电力变压器　第 7 部分：油浸式电力变压器负载导则

GB/T 1094.10　电力变压器　第 10 部分：声级测定

GB 1984　高压交流断路器

GB 1985　高压交流隔离开关和接地开关

GB 2536　电工流体　变压器和开关用的未使用过的矿物绝缘油

GB 3804　3.6kV～40.5kV 高压交流负荷开关

GB/T 4109　交流电压高于 1000V 的绝缘套管

GB 4208　外壳防护等级（IP 代码）

GB/T 4585　交流系统用高压绝缘子的人工污秽试验

GB 5273　变压器、高压电器和套管的接线端子

GB/T 6451　油浸式电力变压器技术参数和要求

GB/T 7252　变压器油中溶解气体分析和判断导则

GB/T 7354　局部放电测量

GB/T 7595　运行中变压器油质量

GB 10230.1　分接开关　第 1 部分：性能要求和试验方法

GB 10230.2　分接开关　第 2 部分：应用导则

GB/T 13499　电力变压器应用导则

GB/T 13729　远动终端设备

GB 14048.1　低压开关设备和控制设备　第 1 部分：总则

GB 14048.2　低压开关设备和控制设备　第 2 部分：断路器

GB 16926　高压交流负荷开关　熔断器组合电器

GB/T 16927.1　高电压试验技术　第 1 部分：一般定义及试验要求

GB/T 16927.2　高电压试验技术　第 2 部分：测量系统

GB/T 16935.1　低压系统内设备的绝缘配合　第 1 部分：原理、要求和试验

GB 17467　高压/低压预装式变电站

GB/T 17468　电力变压器选用导则

GB/T 26218.1　污秽条件下使用的高压绝缘子的选择和尺寸确定　第 1 部分：定义、信息和一般原则

GB/T 26218.2　污秽条件下使用的高压绝缘子的选择和尺寸确定　第 2 部分：交流系统用瓷和玻璃绝缘子

GB 50148　电气装置安装工程电力变压器、油浸电抗器、互感器施工及验收规范

GB 50150　电气装置安装工程　电气设备交接试验标准

DL/T 537　高压/低压预装箱式变电站选用导则

DL/T 572　电力变压器运行规程

DL/T 593　高压开关设备和控制设备标准的共用技术要求

DL/T 596　电力设备预防性试验规程

DL/T 844　12kV 少维护户外配电开关设备通用技术条件

DL/T 911　电力变压器绕组变形的频率响应分析法

DL/T 1093　电力变压器绕组变形的电抗法检测判断导则

DL/T 1094　电力变压器用绝缘油选用指南

DL 5027　电力设备典型消防规程

Q/GDW 11380　10kV 高压/低压预装式变电站选型技术原则和检测技术规范

3　选型技术要求

3.1　欧式箱式变电站型式

欧式箱式变电站电压等级 10kV，按高压侧接线分为终端型和环网型，低压安装可分为面板式和柜式，变压器容量的选择应以现有负荷为基础，适当留有裕度。尽量采用 GB/T 321 中的 R10 序列，同时依据《国网河南省电力公司电网设备装备技术原则（2020 年版）》配电部分，关于全省供电区域划分及不同供电区装备配电变压器配置原则选定。常用型号有 400、500、630kVA 三种型号，单台容量不宜超过 630kVA，实际使用中，可按不同变压器容量、低压配置等不同需要选择，常用欧式箱式变电站配置见表 5-8。

表 5-8　欧式箱式变电站配置表

高压侧接线方式	变压器容量（kVA）	低压出线回路	电容器容量
终端型	400	6×400A	标准按变压器容量20%～40%配置
	500		
	630		
环网型（一进二出 3 柜）	400	6×400A6×630A	
	500		
	630		

3.2　使用条件

（1）额定电压：10kV。

（2）最高运行电压：12kV。

（3）10kV 系统中性点接地方式：不接地、经消弧线圈接地或经小电阻接地。

（4）额定频率：50Hz。

（5）污秽等级：Ⅲ级（污秽等级为Ⅳ级的需提供该地区的污秽等级图）。

（6）最高日温度：40℃。

（7）最低日温度：－25℃。

（8）最大日温差：25K。

（9）最热月平均温度：＋30℃。

（10）最高年平均温度：＋20℃。

（11）湿度：日相对湿度平均值不大于 95%，月相对湿度平均值不大于 90%。

（12）海拔：≤1000m。

（13）太阳辐射强度：1000W/m^2。

（14）最大覆冰厚度：10mm。

（15）最大风速：35m/s（风速是指离地面 10m 高的 10min 平均风速）。

（16）耐受地震能力：地面水平加速度为 2m/s^2；正弦共振三个周期安全系数不小于 1.67。

（17）安装场所：户外。

3.3　欧式箱式变电站技术参数（见表 5-9、表 5-10）

3.4　结构和其他要求

（1）结构要求。

1）欧式箱式变电站由高压室、变压器室、低压室三个独立小室组成。其内部布置结构按标准设计图纸要求设定。箱式变电站采用自然通风方式，自然通风条件下，在额定和 1.5 倍短时过负荷运行状态下的温升，应符合《国家电网公司输变电工程通用设备（66kV 及以下变配电站典型规范 2008 版）》的规定。箱站内部应采取除湿、防爆和防凝露措施。站用电控制箱应具有照明、检修维护等功能。

2）高压设备选用环网式或终端式开关柜；产品结构紧凑、体积小、安装方便、性能可靠、少维护。具有完备的"五防"连锁功能，连锁装置强度满足操作要求。开关柜内套管、隔板、活门、绝缘件等所有附件应为耐火阻燃材料。负荷开关组合电器的熔断器安装位置应便于运行人员更换熔断器。负荷开关柜其面板应安装带电显示及核相装置,提供核相装置的型号与参数。核相器及操作手柄作为必备附件,应每站一套。

3)高压柜柜体钢板均应采用不锈钢板或敷铝锌板,表面处理后静电喷塑,柜内的安装件均经镀锌,钝化处理,提高"三防"性能。

表5-9 欧式箱式变电站技术参数表

名 称			标准参数值
变压器	型号		S13-M
	额定容量(kVA)		400、500、630
	分接范围		±5%、±(2×2.5%)
	变压器铁心材料		优质硅钢片
	变压器铁心结构		卷铁心或叠片式结构
	变压器高压绕组额定电压		10、10.5
	联结组别		Dyn11
	绝缘水平	高压绕组雷电冲击(全波)(kV)	75
		高压绕组雷电冲击(截波)(kV)	85
		高压绕组工频耐压(kV)	35
		低压绕组工频耐压(kV)	5
	油面温升限值(K)		55
	空载损耗(kW)		见表3
	负载损耗(kW)		见表3
	空载电流(%)		见表3
	短时过载能力		1.5倍;2h
框架断路器(0.4kV)	额定电流(A)		800、1250、1600
	额定工作电压(V)		400
	额定绝缘电压(V)		660
	极数		3P
	额定运行短路分断能力(kA)		65
	额定峰值耐受电流(kA)		80
	智能脱扣器选型		电子式
塑壳断路器(0.4kV)	额定电流(A)		200、400、630
	额定工作电压(V)		400
	额定绝缘电压(V)		660
	极数		3P
	额定运行短路分断能力(kV)		50

表 5-9（续）

名　　称		标准参数值
塑壳断路器（0.4kV）	脱扣器选型	电子式
电流互感器（0.4kV）	变比	200/5、400/5、600/5、800/5、1000/5
	测量用 TA 精度	0.5
	计量用 TA 精度	0.2
电容器（0.4kV）	额定工作电压（V）	400
	额定容量（kvar）	按变压器容量 20%～40%配置
低压母线	母线材质	铜排（电解铜）/母线系统
	电流密度（A/mm^2）	≤0.9
低压防雷及浪涌保护器	最大冲击电流峰值 I_{IMP}（kA）（10/350s）	≥75
	噪声水平（dB）	≤50

注　12/24kV 环网柜技术参数详见环网柜选型技术原则。

表 5-10　10kV 变压器标准技术参数表

变压器容量（kVA）	高压（kV）	高压分接范围	低压（kV）	联结组别	空载损耗（kW）	负载损耗（kW）	短路阻抗（%）
三相油浸无励磁调压							
400	10 10.5	±5% ±（2×2.5%）	0.4	Dyn11Yyn0	0.57	4.52/4.30	4.0
500					0.68	5.41/5.15	
630	10 10.5	±5% ±（2×2.5%）	0.4	Dyn11Yyn0	0.81	6.20	4.5
三相油浸有载调压							
400	10 10.5	±（4×2.5%）	0.4	Dyn11Yyn0	比 GB/T6451 下降 20%	比 GB/T6451 下降 5%	4.0
500							
630							4.5
三相油浸非晶合金							
400	10 10.5	±5% ±（2×2.5%）	0.4	Dyn11	0.20	4.52/4.30	4.0
500					0.24	5.41/5.15	
630					0.32	6.20	4.5

注　表中斜线左侧的负载损耗值适用于 Dyn11 联结组别，斜线右侧的负载损耗值适用于 Yyn0 联结组别。

4）低压开关设备具体配置参照具体方案图。

5）欧式箱式变电站箱体宜选用高强度、使用寿命长的阻燃性非金属材料（GRC 外壳）制成，与外部环境相协调，美化环境（具体以图纸为准）。箱体采用双层保温结构，材料应阻燃，外围四角采用圆角工艺，外部机械撞击不小于 20J。箱站设计使用寿命不应小于 20 年。

6）顶盖采用双层、斜顶结构，有隔热作用，减少日照引起的变电站室内温度升高，顶部承受不小于 2500N/m^2 的负荷，确保站顶不渗水、滴漏。

7）箱体整体防护等级不低于 IP33D，除变压器室外的其他隔室对外界的防护等级不得低于 IP43D。各隔室之间的防护等级不得低于 IP3X。

（2）全部设备应能持久耐用，应满足在实际运行工况下作为一个完整产品一般应能满足的全部要求。

（3）低压配置低压无功自动补偿装置，按变压器容量 20%～40%配置电容器补偿容量，电容器采用干式自愈型低压电容器，系统停电 5min 以后自放电电压残压低于 50V。采用分组分相投切方式。电容器自动控制器具备保护、测量、显示、控制等功能。无功补偿投切控制器、投切开关的技术参数应符合 GB/T 14048、GB/T 13729 的规定。

（4）设备接线端子。

1）设备应配备接线端子，其尺寸应满足回路的额定电流及连接要求，并应提供铜质或不锈钢制造的螺栓、螺帽及防松垫圈。

2）接线端子的接触面应镀锡，变压器套管端子要求配置旋入式接线端子并加装绝缘防护罩。

3）设备的接地端子应是螺栓式，适合连接。接地连接线应为铜质，其截面应与可能流过的短路电流相适应。

（5）接地。变压器主要接地点应有明显的接地标志。箱体中应设有不少于两个与接地系统相连的端子，需要接地的高低压电器元件及金属部件均应有效接地。

（6）设备中所使用的全部材料应说明制定的品位和等级。

（7）焊接。变压器内部焊接应由电弧焊完成，不得发生虚焊、裂缝及其他任何缺陷。

（8）箱体外（不含基础）无外露可拆卸的螺栓，所有门轴必须采用不锈钢材料制作，所有锁盒采用户外铝合金锁盒。所有的门应向外开，开启角度应大于 90°，并设定位装置，门的设计尺寸应与所装用的设备尺寸相配合。箱式变电站外侧立面应设置明显的安全警告标识和标志，如带电危险、报修电话等。安全标识应符合国家标准要求。外壳应留有设备标识张贴位置，外壳应有防贴小广告措施。

（9）耐地震要求。设备及设备支座必须按承受地震荷载时能保持结构完整来设计。

（10）铭牌。

1）箱式变电站的铭牌应清晰，其内容应符合 GB 1984 的规定。

2）铭牌应为不锈钢铜材料，设备零件及其附件上的指示牌、警告牌应标识清晰。

（11）其他要求。

1）箱式变电站在使用寿命期内，用户按正常条件使用产品，产品不会因温度变化导致设备出现任何损伤。

2）产品阻燃性好，绝缘材料具有自动熄火的特性，遇到火源时不产生有害气体。

（12）应配置智能配变终端（新型 TTU）或预留安装位置。

3.5 试验

箱式变电站的型式试验、出厂试验均应符合国家相关标准要求。

3.5.1 型式试验

（1）满足 GB 3804 要求的负荷开关型式试验。

（2）满足 GB/T 17467 要求的箱式配电站、箱式开关站壳体的机械强度型式试验。

（3）满足 GB/T 17467 要求的型式试验（箱式变电站）。

（4）满足 GB 14048.2 要求的 0.4kV 受总断路器电子脱扣器电磁场骚扰抗干扰、热冲击型式试验。

（5）型式试验有效期 5 年。

3.5.2 出厂试验

（1）每台箱式变电站均应在工厂内进行整台组装，进行出厂试验，并附有满足国家出厂试验标准的测试数据和文件。

（2）试验项目及要求按照 DL/T 537 第 9 条执行。

3.6 调整完善原则

（1）在户外环境中，高压柜应选用全封闭、全密封、免维护设备，以保证高压柜的整体绝缘性，使开关装置具有极强的环境适应能力，并能防尘、防潮以及短时浸水等。

（2）应选用低噪声、节能型的变压器，其规格容量应逐渐优化减少。

（3）箱式外壳应充分考虑节能环保，并与周围环境充分相协调。

（4）低压开关柜优先考虑选用成套开关柜，其低压断路器优先采用合资品牌。

国网河南省电力公司电网设备选型技术原则

（低压综合配电箱）

1 总体技术要求

低压综合配电箱是指用于适用于交流频率 50Hz，额定电压为 400V 配电网中，安装于容量为 400kVA 及以下变压器低压侧，具备计量、测量、控制、保护、电能分配、动态无功补偿等功能为一体的配电箱。

2 标准和规范

GB 4208   外壳防护等级（IP 代码）（IEC 60529—2001，IDT）

GB/Z 6829   剩余电流动作保护电器的一般要求

GB 7251.1   低压成套开关设备和控制设备   第 1 部分：总则

GB/T 10233   低压成套开关设备和电控设备基本试验方法

GB 13955   剩余电流动作保护装置安装和运行

GB 14048.2   低压开关设备和控制设备   第 2 部分：断路器

GB/T 15576   低压成套无功功率补偿装置

GB/T 17626.2   电磁兼容   试验和测量技术   静电放电抗扰度试验

GB/T 17626.3   电磁兼容   试验和测量技术   射频电磁场辐射抗扰度试验

GB/T 17626.4   电磁兼容   试验和测量技术   电快速瞬变脉冲群抗扰度试验

GB/T 17626.5   电磁兼容   试验和测量技术   浪涌（冲击）抗扰度试验

DL/T 375   户外配电箱通用技术条件

DL/T 499   农村低压电力技术规程

DL/T 614   多功能电能表

DL/T 620   交流电气装置的过电压保护和绝缘配合

3 选型技术要求

3.1 低压综合配电箱技术参数（见表 5-11）

3.2 通用要求

（1）额定工作电压：交流 400V。

（2）额定频率：50Hz。

（3）额定绝缘电压：交流 660V。

（4）防护等级：不小于 IP44。

（5）通用选型技术要求：JP 柜按电压等级 400V，低压出线设置为三回出线，依据《国网河南省电力公司电网设备装备技术原则（2016 年版）》配电部分，关于全省供电区域划分及不同供电区装备配电变压器配置原则选定。常用型号有 200、400kVA 两种型号，根据电容配置及剩余电流保护器配置情况分为 8 个序列；其中 400kVA 适用于 400、315、200kVA 变压器；200kVA 适用于 100、50kVA 变压器。实际使用中可按不同区域和接地方式等不同需要选择，常用 JP 柜配置见表 5-12。

表 5-11　低压综合配电箱技术参数特性表

名　称			标准参数值
额定工作电压（V）			交流 400
额定频率（Hz）			50
额定绝缘电压（V）			交流 660
保护控制单元	进线断路器		具备明显断开标识
		额定电流（A）	见表 5-12
保护控制单元	进线断路器	额定运行短路分断能力（kA）	≥35
		脱扣器型式	热磁/电子/电子，带通信功能
		极数	3 极
	熔断器式隔离开关	额定电流（A）	630/400/100
		额定绝缘电压（V）	1000
		额定冲击耐受电压（V）	12000
		额定短时耐受电流（kA/s）	10
		极数	3 极
		熔断器极限分断能力（kA）	$I_{pk} \geqslant 30$
	隔离开关	额定短时耐受电流（kA/s）	10kA，1s
		额定电流（A）	400/630
		极数	3P
	出线剩余电流动作保护器（适用 TT 接地型式）		剩余电流动作值为（30～500）mA 可调，并具备延时功能，（0～1）s 可调
		额定电流（A）	见表 5-12
		额定运行短路分断能力（kA）	≥35
		脱扣器型式	热磁/电子/电子，带通信功能
		极数	4 极
		出线回路数	见表 5-12
	浪涌保护器		T1 试验

表 5-11（续）

名 称			标准参数值
计量/测量表计单元	互感器	计量	精度不应低于 0.2S 级的计量电流互感器
		测量	精度不应低于 0.5 级的计量电流互感器
无功补偿单元	电容器	共补	角形接线，容量见表 5-12
		分补	星形接线，容量见表 5-12
		放电	3min 之内 50V 以下
	低压复合开关		投切涌流小于 5 倍的电容器额定电流
	避雷器	系统标称电压［kV（r.m.s）］	0.22
		额定电压（kV）	0.28
		持续运行电压（kV）	0.24
		标称放电电流（kA）	1.5
		雷电冲击电流下的残压（峰值）（kV）	≤1.3

表 5-12　JP 柜 配 置 表

电容补偿方式	标称容量（kVA）	低压进出线配置	电容器配置	剩余电流保护器配置
有补偿	200	进线选择熔断器式隔离开关，出线开关选用断路器；进线额定电流 400A，出线额定电流（400A+2×250）A	补偿容量为 60kvar，补偿容量为三相共补（5+2×10+20）kvar，单相分补（5+10）kvar，实现无功需量自动投切，按需配置配电智能终端	带剩余电流保护；浪涌保护器必须采用 T1 级
	200	进线选择熔断器式隔离开关，出线开关选用断路器；进线额定电流 400A，出线额定电流（400A+2×250）A	补偿容量为 60kvar，补偿容量为三相共补（5+2×10+20）kvar，单相分补（5+10）kvar，实现无功需量自动投切，按需配置配电智能终端	浪涌保护器必须采用 T1 级
	400	进线选择熔断器式隔离开关，出线开关选用断路器；进线额定电流 630A，出线额定电流（630+2×400）A	补偿容量 120kvar，补偿容量为三相共补（3×10+3×20）kvar，单相分补（10+20）kvar，实现无功需量自动投切，按需配置配电智能终端	出线带剩余电流保护；浪涌保护器必须采用 T1 级
	400	进线选择熔断器式隔离开关，出线开关选用断路器；进线额定电流 630A，出线额定电流（630+2×400）A	补偿容量 120kvar，补偿容量为三相共补（3×10+3×20）kvar，单相分补（10+20）kvar，实现无功需量自动投切，按需配置配电智能终端	浪涌保护器必须采用 T1 级
无补偿	200	进线选择熔断器式隔离开关，出线开关选用断路器；进线额定电流 400A，出线额定电流（400+2×250）A	无	带剩余电流保护；浪涌保护器必须采用 T1 级

表 5-12（续）

电容补偿方式	标称容量（kVA）	低压进出线配置	电容器配置	剩余电流保护器配置
无补偿	200	进线选择熔断器式隔离开关，出线开关选用断路器；进线额定电流 400A，出线额定电流 4（400＋2×250）A	无	浪涌保护器必须采用 T1 级
	400	进线选择熔断器式隔离开关，出线开关选用断路器；进线额定电流 630A，出线额定电流（630＋2×400）A	无	出线带剩余电流保护；浪涌保护器必须采用 T1 级
	400	进线选择熔断器式隔离开关，出线开关选用断路器；进线额定电流 630A，出线额定电流（630＋2×400）A	无	浪涌保护器必须采用 T1 级

3.3 低压 JP 柜功能单元的划分和要求

3.3.1 断路器技术参数见表 5-11 中保护控制单元部分。

3.3.2 装置功能单元划分为计量单元、测量单元、控制保护单元、防雷保护和接地保护单元、无功补偿单元（如有）5 个部分。

3.3.2.1 计量单元

（1）应根据不同地区要求，选择不同的表计和计量方式。电能计量装置选择、安装、校验等应符合相关标准要求。

（2）用于计费的电流互感器，精度不应低于 0.2S 级。

（3）电能表应具备防窃电功能。有功电能表精度为 1 级及以上；无功电能表精度为 2 级及以上。宜采用全电子式电能表。有功电能表宜采用单相计量方式（如需要）。

（4）计量装置宜选择具有数据采集、汇总计算、存储、调阅和远程传输功能的综合元件。宜选择装设所辖台区内所有电能量集中采集功能的元件（如需要）。

3.3.2.2 测量单元

（1）应满足电压、电流基本量测量需求。

（2）电压表应能测量线电压和相电压，表计精度在 1.5 级及以上。

（3）电流表应能测量三相电流，表计精度在 1.5 级及以上。

（4）宜安装测量功率因数、功率等参数的测量装置。

（5）宜安装能实现测量数据采集、存储、调阅和远程传输功能的综合智能型元件。

3.3.2.3 控制保护单元

（1）装置进出线除具备投切正常负荷的控制功能外，还应具备过流、过负荷等异常跳闸的基本保护功能；装置进出线不能采用熔丝保护。

（2）用于农网系统的装置应具备剩余电流动作保护功能，其配置见 GB 14048.2、GB/Z 6829、GB 13955、DL/T 499。

（3）装置进线端应装设具有明显断开点的隔离器件，装置出线端宜装设有明显断开点的隔离器件。

（4）装置出线回路不宜超过 4 路，2、3 路额定分散系数值为 0.9，4、5 路额定分散系数值为 0.8。每条回路额定电流宜采用平均分配的原则进行。

3.3.2.4 防雷保护和接地单元

（1）防雷保护元件应选择Ⅰ类浪涌保护器，其接地线截面积不小于 $6mm^2$。

（2）装置金属外壳可作为装置内、外部接地的主接地体，统一设置公共接地端子。接地端子直径不小 10mm，应能耐腐蚀和氧化，并有持久、耐用且明显的接地标识。采用 SMC 材料的箱体，要装有专门的接地排。

（3）装置门与装置主体间，以及装有电气元件且活动的面板与装置主体间，应用 $6mm^2$ 铜编织线牢固连接，其与接地端子之间的电阻不大于 0.1Ω。

（4）装置主体同各个非组焊部件（如槽板等）之间的连接，不论采用螺丝、铰链或者其他任何方式，其与接地端子之间的电阻不应大于 0.1Ω。

（5）装置运行时外壳应接地（金属外壳）。

3.3.2.5 无功补偿单元（适用带无功补偿的低压综合配电箱）

（1）装置应具备无功补偿功能。

（2）参照 GB/T 15576。

（3）宜选用小容量电容器组配，实现精细补偿，防止过补偿。

（4）无功补偿单元应具备过流或速断基本保护配置。动态补偿方式的电压保护符合下列规定：保护动作电压至少在 1.1～1.2 倍装置额定电压间可调，当装置的过电压达到设定值时，电容应全部立即切除，并拒绝投入。

（5）动态补偿组合元件宜选择可控硅投切、接触器运行的复合开关。

（6）应选用低压自愈式电容器。电容器在额定电网中切除后，3min 之内将残压控制在 50V 以下。

（7）电容补偿的投切方式应采用可控硅复合开关或电磁继电器式开关，单独配置投切开关和保护开关的方式；补偿配置应采用混补的方式。

（8）电容补偿装置应具有进行远程投切、补偿参数设置、补偿记录查询、分区段功率因数统计的功能。应能通过电容电流与实际投切电容量的对比，实现电容器的在线状态检测。

（9）应选用低压自愈式电容器。电容器在额定电网中切除后，3min 之内将残压控制在 50V 以下。

（10）电容器电压参数要选取大于 1.1 倍系统运行额定有效值电压。容量较大的电容器宜（可）配置电抗器。

（11）电容器回路的过流或速断保护器件额定电流，按电容器额定电流的 1.5 倍选取，动作定值按计算数值定夺。热继电器动作定值适度加大。

（12）电力电容自动补偿装置的保护，采用高分断小型断路器或熔断器。壳体和部件要求采用高阻燃耐冲击塑料，机械强度高、耐热性能好、使用寿命长。

（13）电容补偿装置要求配置避雷器，防止雷电过电压、操作浪涌过电压和其他瞬态过电压对交流电源系统和用电设备造成的损坏。

3.4 装置的技术工艺要求
3.4.1 装置的一般要求
（1）装置内材料组别一般按Ⅲa选取。

（2）装置过电压类别：Ⅳ类。

（3）装置的短路耐受电流等级分10kA及以下、15、30、50、80kA等。用户应根据系统要求选择适宜等级的装置。短路耐受电流等级见表5-13。

表 5-13　短 路 耐 受 电 流 等 级

三相配电变压器容量 （kVA）	额定电流 （A）	承受短路耐受电流 （kA）
50～250	72～360	10
315	455	15
400	578	15

注　单相变压器参照执行。

3.4.2 壳体外观与结构
（1）装置外形尺寸及结构应设计合理，便于安装、巡视和检修。低压综合配电箱外形尺寸按照 1350mm×700mm×1200mm 设计，空间满足 400kVA 及以下容量配电变压器的 1 回进线、3 回馈线、计量、无功补偿、配电智能终端等功能模块安装要求。对于选用 10m 等高杆的偏远农村、山区，低压综合配电箱尺寸选用 800mm×650mm×1200mm，空间满足 200kVA 及以下容量配电变压器的 1 回进线、2 回馈线、计量、无功补偿、配电智能终端等功能模块安装要求。

（2）装置应能承受短路电流产生的热稳定和动稳定，以及搬运、使用中的电动、机械强度和防电磁干扰等要求。

（3）装置外壳应采用 2mm 厚不锈钢板制作。

（4）装置应设置搬运吊耳；具备锁具防淋雨，门轴防锈蚀和进出线防划割、进水措施，宜考虑结构安全防护。

（5）装置计量单元（包括电流互感器）应集中布置，密闭隔离，单独设门，并设观察窗。计量单元应具备防窃电功能。

（6）装置门的开合角度不应小于 90°，灵活启闭。

（7）装置一般按Ⅲ级污染等级设计，外壳防护等级不小于 IP44。

（8）装置应具备自然通风功能，顶部应有隔热层。

（9）装置焊接、组配、防腐处理等工艺应符合相关标准，无虚焊、毛刺、撕边、搭接不工整等现象。

（10）装置壳体使用寿命至少保证 8 年。

（11）配电箱应按国家电网有限公司相关要求统一安装安全警示标识。

3.4.3 箱体性能要求
（1）箱体板材采用 S30408 不锈钢板材，也可选用纤维增强型不饱和聚酯树脂材料（SMC）。

（2）箱体需采用专用三点定位门锁，锁芯加保护盖，安全可靠。箱门应能灵活开启，开启角大于 90°，关好门后，门柄旋过死点，锁舌同时上下插别。箱门应密封防水，应考虑防盗、防破坏的功能。表箱锁应有防雨、防撬、防锈等功能。

（3）不锈钢箱体表面进行亚光处理，有效避免光污染。

（4）箱门采用三节铰链式门轴固定方式，并提供固定件。铰链门轴采用不锈钢等金属材料构成。

（5）箱体需配备 4 个专用吊装环，满足运输和起吊要求。

（6）箱体结构需满足吊装或座装的安装要求。

（7）箱体应能满足下进线和下出线的需求。进出线孔大小及位置应根据选用电缆规格、数量和方式而定。

（8）箱体外壳应该设有明显的与外设接地系统相连接的接地装置，并设置永久性标志，该装置与外设接地系统可采用螺栓连接，螺栓不小于 M12，满足防腐蚀要求，箱体内部应设置并安装一条专用接地保护导体，应保证装置接地的电气连接线，确保箱体以及内部元器件的可靠接地。各箱门与箱体的接地保护导体之间用 $6mm^2$ 铜编织线牢固连接。各处连接端子之间的电阻不大于 0.1Ω。

（9）箱体标识设置应符合《国家电网公司品牌标识应用管理办法》和《国家电网公司标识应用手册》的相关规定。

3.4.4　电器元件和关键原材料的选择和安装

（1）主要元件（断路器、熔断器、隔离开关、电容器、导线等）应选择列入《电气电子产品类强制性认证实施规则》中"CCC"认证目录，并经过"CCC"认证的器件。未列入"CCC"认证目录的器件和关键原材料，如电能表、母排、绝缘支撑件、壳体材料等，应有材质单和必要的出厂或型式试验报告，并标明各相关重要数据，包括绝缘器件的阻燃指数、绝缘性能、机械强度，母排的材质和导电率，钢材碳含量等，且符合国家相关要求。

（2）塑壳熔断器底座和接线端子应按额定电流的 2.5 倍选择，接触器应按额定电流的 1.5～2 倍选择（如有）。

（3）电容器选择，其电压参数要选取大于 1.1 倍系统运行额定有效值电压。容量较大的电容器宜配置电抗器。

（4）电容器回路的过流或速断保护器件额定电流按电容器额定电流的 1.5 倍选取，动作定值按计算数值定夺。热继电器动作定值适度加大。

（5）电器元件安装应考虑元器件的技术要求（如飞弧距离、爬电距离、电气间隙、电磁干扰、防护要求）和产品说明书中注明的注意事项。

3.4.5　导体和布线

（1）材料：T2 电解铜。

（2）导体颜色按表 5-14 的要求选择。

表 5-14　电工成套装置中的导体颜色

颜　　色	用　　途
黄	交流 A 相线

表 5-14（续）

颜 色	用 途
绿	交流 B 相线
红	交流 C 相线
黄绿间隔（绿/黄）	PE 或 PEN 线
黑色	装置和设备内的布线
淡蓝色	交流 N 相
三芯电缆颜色由下列颜色构成：绿/黄＋淡蓝＋棕色或者黑＋淡蓝＋棕色	连接三相交流电路
四芯颜色构成：绿/黄＋淡蓝＋黑＋棕色	连接三相交流电路

注　二次交流系统选择：A、B、C 全部选择单一黑色，PE 或 PEN 线为黄绿间隔条形线。

（3）所选绝缘导线的参数，应同装置相应电路的额定参数及设计要求一致。

（4）主回路导线应采用耐气候型铜芯绝缘导线或母排，截面应以满足允许载流量（见 DL/T 375 附录 C 和附录 D）和温升控制（见 DL/T 375 附录 E）的要求。

（5）控制回路应选择耐气候型铜芯绝缘单股导线，截面积不小于 1.5mm^2；测量电流、电压回路及计量电压回路导线截面积不小于 2.5mm^2；计量电流回路导线截面积不小于 4mm^2。跨越装置内活动部位应使用软铜线，并留有适度裕度，防止机械损伤，软铜线截面积应适当加大。

（6）使用多股导线的接线端部应有相应材质的接线端头，宜采用冷压接方式。每根导线的中间不得有接头。一个端子只能连接一根导线（特殊设计的端子除外）。

（7）导线不应贴近具有不同电位和容易发热损坏绝缘层的带电部件，或贴近、穿越带有尖角的裸露带电部件边缘。否则，应采取防护措施。

（8）导线相序排列见表 5-15。

表 5-15　导线相序排列表

类 别	上下排列	左右排列	前后排列
A 相	上	左	远
B 相	中	中	中
C 相	下	右	近
中性线、中性保护线	最下	最右	最近

（9）装置内的铜排应外加绝缘护套。母排和母线各部接头处应加绝缘防护罩。装置内应无裸露带电部位，母线及馈出均绝缘封闭，并具有检修时能可靠验电接地的功能，保障检修人员的人身安全。

（10）铜排折弯应无砸痕、裂口、毛刺，符合 DL/T 499 的规定。其最小允许弯曲半径见 DL/T 375 要求。

3.5 电磁兼容性

装置的电磁兼容性应满足 GB/T 17626.2、GB/T 17626.3、GB/T 17626.4、GB/T 17626.5 的试验技术要求。

3.6 标志、包装、运输及贮存

3.6.1 标志

在装置内部，应能辨别出单独的电路及电器元器件。电器元器件所用的标记应与随同装置一起提供的电路图上的标记一致。

3.6.2 铭牌

每台装置应配备数个铭牌，铭牌应字迹清晰，安装应坚固、耐久，其位置应是在装置安装好后，易于看见的地方。制造商（生产厂）或商标、型号或其他标记、执行标准、额定电压、制造日期、出厂编号、额定容量等资料应在铭牌上标出；额定频率、防护等级、使用方式（户内/户外）、外形尺寸、额定电流、短路耐受强度、重量等数据可在铭牌上标出，也可以在制造商的技术文件中给出。

3.6.3 适用环境条件

（1）环境温度：$+45 \sim -25℃$。

（2）海拔：$\leq 1000m$。

（3）相对湿度：日平均值不大于 95%；月平均值不大于 90%。

（4）地震烈度：≤ 8 度。

（5）安装地点环境：无易燃，无爆炸，无导电尘埃、烟雾、蒸汽和腐蚀性介质等严重影响电器元件电气性能的场所，同时安装地点无剧烈震动和冲击，安装倾斜度不超过 5°。

3.6.4 安装方式

（1）低压综合配电箱采取悬挂式安装，下沿距离地面不低于 2.0m，有防汛需求可适当加高。

（2）低压进线采用交联聚乙烯绝缘软铜导线或相应载流量的单芯电缆，由配电箱侧面进线；低压出线可采用电缆（铜芯、铝芯或稀土高铁铝合金芯）或交联聚乙烯绝缘软铜导线，由配电箱侧面出线，电杆外侧敷设，低压出线优先选择副杆，使用电缆卡抱固定；若采用电缆入地敷设时，由配电箱底部出线。

国网河南省电力公司电网设备选型技术原则
（环网箱）

1 总体技术要求

环网箱用于电缆主干网，10kV 母线采用单母线接线，户外独立单元，电动操作、有自动化接口，一般采取 2 路进线，2、4、6 路出线，进出线开关优先采用断路器。柜型采用 SF_6 气体绝缘或固体绝缘介质。环网箱原则上选用共箱式的环网柜。

2 标准和规范

GB/T 191　包装储运图示标志

GB 1094.11　电力变压器　第 11 部分：干式变压器

GB 1984　高压交流断路器

GB 1985　高压交流隔离开关和接地开关

GB 3804　3.6kV～40.5kV 高压交流负荷开关

GB 3906　3.6kV～40.5kV 交流金属封闭开关设备和控制设备

GB 4208　外壳防护等级（IP 代码）

GB/T 5465.2　电气设备用图形符号　第 2 部分：图形符号

GB/T 7354　局部放电测量

GB/T 10228　干式电力变压器技术参数和要求

GB/T 11022　高压开关设备和控制设备标准的共用技术要求

GB 11032　交流无间隙金属氧化物避雷器

GB/T 12022　工业六氟化硫

GB/T 12706.4　挤包绝缘电力电缆及附件试验要求（IEC 60502-4-2005，MOD）

GB/T 15166.2　高压交流熔断器　第 2 部分：限流熔断器

GB 16926　高压交流负荷开关熔断器组合电器

GB 50150　电气装置安装工程电气设备交接试验标准

DL/T 402　高压交流断路器

DL/T 403　12kV～40.5kV 高压真空断路器订货技术条件

DL/T 404　3.6kV～40.5kV 交流金属封闭开关设备和控制设备

DL/T 459　电力系统直流电源柜订货技术条件

DL/T 486　高压交流隔离开关和接地开关

DL/T 538　高压带电显示装置（IEC 61958-2000-11，MOD）

DL/T 593　高压开关设备和控制设备标准的共用技术要求

DL/T 637　阀控式密封铅酸蓄电池订货技术条件

DL/T 728 气体绝缘金属封闭开关设备选用导则

DL/T 781 电力用高频开关整流模块

Q/GDW 741 配电网技术改造设备选型和配置原则

Q/GDW 742 配电网施工检修工艺规范

Q/GDW 11250 12kV 环网柜（箱）选型技术原则和检测技术规范

国家电网有限公司十八项电网重大反事故措施（2018 年修订版）

国家电网公司交流高压断路器技术标准、交流隔离开关和接地开关技术标准

国家电网公司关于印发《预防 12kV～40.5kV 交流高压开关柜事故补充措施》的通知

国家电网公司关于印发《预防交流高压开关柜人身伤害事故措施》的通知

国家电网公司物资采购标准 高海拔外绝缘配置技术规范

3 选型技术要求

3.1 通用选型技术要求

3.1.1 环网箱常用产品型号及规格（见表 5-16）

表 5-16 环网箱常用产品型号及规格

产　品　型　式	绝缘方式	进出线配置	外壳型式	操动方式
环网箱，AC10kV，2 进、2 出	SF_6 绝缘	进出线优先采用断路器	GRC 外壳	电动
环网箱，AC10kV，2 进、2 出	SF_6 绝缘	进出线优先采用断路器	GRC 外壳	电动
环网箱，AC10kV，2 进、4 出	SF_6 绝缘	进出线优先采用断路器	GRC 外壳	电动
环网箱，AC10kV，2 进、6 出	SF_6 绝缘	进出线优先采用断路器	GRC 外壳	电动
环网箱，AC10kV，2 进、2 出	SF_6 绝缘	进出线优先采用断路器	不锈钢外壳	电动
环网箱，AC10kV，2 进、2 出	SF_6 绝缘	进出线优先采用断路器	不锈钢外壳	电动
环网箱，AC10kV，2 进、4 出	SF_6 绝缘	进出线优先采用断路器	不锈钢外壳	电动
环网箱，AC10kV，2 进、6 出	SF_6 绝缘	进出线优先采用断路器	不锈钢外壳	电动

3.1.2 使用条件

典型 12kV 环网箱使用环境条件见表 5-17。特殊环境要求根据项目情况进行编制。

表 5-17 使 用 环 境 条 件 表

名　　　称		项目需求值
周围空气温度	最高气温（℃）	＋45
	最低气温（℃）	25
	最大日温差（K）	30
海拔（m）		≤1000
太阳辐射强度（W/m²）		1000

表 5-17（续）

名　　称		项目需求值
污秽等级		IV
覆冰厚度（mm）		10
湿度	日相对湿度平均值（%）	≤95
	月相对湿度平均值（%）	≤90
耐受地震能力	水平加速度（m/s²）	3.0
	垂直加速度（m/s²）	1.5
由于主回路中的开合操作在辅助和控制回路上所感应的共模电压的幅值（kV）		≤1.6

注　表中"项目需求值"为正常使用条件，超出此值时为特殊使用条件，项目单位可根据工程实际使用条件进行修改。

3.1.3　其他重要参数的要求

技术参数特性表是国家电网公司对采购设备的基础技术参数要求，12kV 环网箱技术参数特性见表 5-18。物资应满足 Q/GDW 741 的要求。

3.1.4　环网柜技术参数

环网柜技术参数见表 5-18 中环网箱共用参数。

3.2　通用要求

（1）环网箱的设计应保证设备运维、检修试验、带电状态的确定、连接电缆的故障定位等操作能安全进行。

表 5-18　环网箱技术参数特性表

名　　称		标准参数值
环网箱共用参数	额定电压（kV）	12
	绝缘介质	SF$_6$
	灭弧室类型	SF$_6$
	额定频率（Hz）	50
	额定电流（A）	630
	温升试验电流	1.1I_r
	额定工频 1min 耐受电压（相对地）（kV）	42
	额定雷电冲击耐受电压峰值（1.2/50μs）（相对地）（kV）	75
	额定短路开断电流（kA）	根据电源侧变电站实际情况合理选择，但不宜小于 20kA

213

表 5-18（续）

名 称			标准参数值
环网箱 共用参数	额定短路关合电流（kA）		50
	额定短时耐受电流及持续时间（kA/s）		20/4
	额定峰值耐受电流（kA）		50
	燃弧持续时间（s）		≥0.5
	额定有功负载条件下开断次数（次）		100
	辅助和控制回路短时工频耐受电压（kV）		2
	供电电源	控制回路（独立）（V）	DC48
		辅助回路（V）	DC48/AC220
		储能回路（独立）（V）	DC48/AC220
	使用寿命（年）		≥40
	防护等级	柜体外壳	IP4X
		隔室间	IP2XC
	SF$_6$ 气体年漏气率		≤0.1%
	操动机构型式或型号		电动，并具备手动操作功能
	备用辅助接点		6 动合、6 动断
	配电自动化配置		带配电网自动化接口
箱体要求	箱体	外壳材质	GRC 材料（玻璃纤维增强水泥），壁厚 45～65mm。薄弱地方应增加 FRP 加强筋以满足机械强度的要求；不锈钢采用 S304 材质，厚度不低于 2mm
		防护等级	IP43
负荷开关 参数	额定电流（A）		630
	额定工频 1min 耐受电压	隔离断口（kV）	48
		相间、对地（kV）	42
	额定雷电冲击耐受电压峰值（1.2/50s）	隔离断口（kV）	85
		相间、对地（kV）	75
	额定短时耐受电流（kA/s）		20/4

表 5-18（续）

名称		标准参数值
负荷开关 参数	额定峰值耐受电流（kA）	50
	机械稳定性（次）	≥5000
	额定电缆充电开断电流（A）	≥10
	切空载变压器电流（A）	15
	额定有功负载电流（A）	630
接地开关 参数	额定短时耐受电流（kA/s）	20/2
	额定峰值耐受电流（kA）	50
	额定短路关合电流（kA）	50
	额定短路关合电流次数（次）	≥2
	机械稳定性（次）	≥3000
电流互感器 参数	型式或型号	干式电磁式
	绕组	额定电流比	根据实际负荷配置
		额定负荷（VA）	≥10
		准确级	0.5
电压互感器 及熔断器参数	型式或型号	干式电磁式
	额定电压比	10/0.1/0.22
	准确级	0.2/0.5
	接线级别	V/V
	额定容量（VA）	50/1000
	三相不平衡度（V）	1
	低压绕组 1min 工频耐压（kV）	2
	额定电压因数	1.2 倍连续，1.9 倍 8h
	熔断器的额定电流（与电压互感器配合使用）（A）	1
	熔断器的额定短路开断电流（kA）	50
避雷器参数	型式	复合绝缘金属氧化物避雷器
	额定电压（kV）	17
	持续运行电压（kV）	13.6
	标称放电电流（kA）	5
	陡波冲击电流下残压峰值（5kA，1/3μs）（kV）	≤51.8

表 5-18（续）

名 称		标准参数值
避雷器参数	雷电冲击电流下残压峰值（5kA，8/20μs）（kV）	45
	操作冲击电流下残压峰值（250A，30/60μs）（kV）	≤38.3
	直流 1mA 参考电压（kV）	≥24
	工频参考电压（有效值）（kV）	≥16
	工频参考电流（峰值）（mA）	1
	长持续时间冲击耐受电流（A）	400（峰值）
	4/10s 大冲击耐受电流（kA）	65（峰值）
	压力释放能力（kA/s）	25/0.2
母线参数	材质	铜
	额定电流（A）	630
	额定短时耐受电流（kA/s）	20/4
	额定峰值耐受电流（kA）	50
直流电源系统	输入电压（V）	AC220
	输出电压（V）	DC48
	直流输出回路	10A，12 回
	蓄电池容量（Ah）	65
	充电模块（A）	2×5

（2）环网箱的设计应能在允许的基础误差和热胀冷缩的热效应下，不致影响设备所保证的性能，并满足与其他设备连接的要求，与结构相同的所有可移开部件和元件在机械和电气上应有互换性。

（3）环网箱应配置带电显示器（带二次核相孔、按回路配置），应能满足验电、核相的要求。高压带电显示装置的显示器接线端子对地和端子之间应能承受 2000V/1min 的工频耐压。传感器电压抽取端及引线对地应能承受 2000V/1min 的工频耐压。感应式带电显示装置，要求其传感器与带电部位保持 125mm 以上空气净距。

（4）环网箱按回路配置具有电缆故障报警和电缆终端测温功能的电缆故障指示器，并具有远方传输接点和远方复位控制接点，在未接到复位指令时，故障指示器闪光指示须大于24h。

（5）所有环网单元操作电源应采用直流 48V，并配置自动化接口。进出线柜应装设 2 只电流互感器、1 只零序电流互感器或 3 只电流互感器（自产零序）。设置独立二次小室，将各回路遥测、遥控、遥信信号引至二次小室，作为与配电终端（DTU）的预留接口。

（6）环网箱中各组件及其支持绝缘件爬电比距应满足瓷质材料不小于 18mm/kV、有机材料不小于 20mm/kV 的要求。

（7）对最小空气间隙的要求：

1）单纯以空气作为绝缘介质的环网箱，相间和相对地的最小空气间隙应满足 12kV 相间和相对地 125mm，带电体至门 155mm。

2）以空气和绝缘隔板组成的复合绝缘作为绝缘介质的环网箱，绝缘隔板应选用耐电弧、耐高温、阻燃、低毒、不吸潮且具有优良机械强度和电气绝缘性能的材料。带电体与绝缘板之间的最小空气间隙应满足 12kV 设备应不小于 30mm。

3）环网箱内部导体采用的热缩绝缘材料老化寿命应与环网箱设备使用寿命一致，并提供试验报告。

（8）环网箱设备的泄压通道应设置明显的警示标志。

（9）环网箱的柜体应采用不小于 2mm 厚的敷铝锌钢板弯折后拼接而成，柜门关闭时，防护等级应不低于 IP41，柜门打开时防护等级不低于 IP2XC。

（10）环网箱体颜色采用 RAL7035。

（11）设置外挂锁装置。

3.3 充气柜技术参数

充气柜技术参数应符合 DL/T 728 的规定，并满足以下条件：

（1）采用 SF_6 气体绝缘的环网单元，每个独立的 SF_6 气室应配置气体压力指示装置。采用 SF_6 气体作为灭弧介质的环网单元应装设 SF_6 气体监测设备（包括密度继电器、压力表），且该设备应设有阀门，以便在不拆卸的情况下进行校验。SF_6 气体压力监测装置应配置状态信号输出接点。

（2）采用气体灭弧的开关设备应具有低气压分合闸闭锁功能。

（3）制造厂应明确规定充气柜中使用的 SF_6 气体的质量、密度，并为用户提供更新气体和保持要求的气体质量的必要说明。SF_6 气体应符合 GB/T 12022 的规定。

（4）充气柜应设置用来连接气体处理装置和其他设备的合适连接点（阀门），并可对环网单元进行补气。

（5）气箱箱体应采用厚度不小于 2.0mm 的 S304 不锈钢板或优质碳钢弯折后焊接而成，气箱防护等级应满足 GB 4208 规定的 IP67 要求。SF_6 气体作为灭弧介质的气箱应能耐受正常工作和瞬态故障的压力，而不破损。

3.4 功能隔室技术要求

（1）环网箱应具有高压室和电缆室、控制仪表室与自动化单元等金属封闭的独立隔室。

（2）各隔室结构设计上应满足正常使用条件和限制隔室内部电弧影响的要求，能防止因本身缺陷、异常使用条件或误操作导致的电弧伤及工作人员，能限制电弧的燃烧范围，环网箱应有防止人为造成内部故障的措施。

（3）环网箱相序按面对环网箱从左至右排列为 A、B、C，从上到下排列为 A、B、C，从后到前排列为 A、B、C。

（4）环网箱应具有防污秽、防凝露功能，二次仪表小室内宜安装温、湿度控制器及加热装置。

（5）环网箱电缆室、控制仪表室和自动化单元室宜设置照明设备。

（6）环网箱电缆室应设观察窗，便于对电缆终端进行红外测温。

（7）环网箱电缆室电缆连接头至柜体底部的高度为 650mm，应满足设计额定电流下的最大线径电缆的应力要求。

（8）柜内进出线处应设置电缆固定支架和抱箍。

3.5 开关设备技术要求

3.5.1 环网箱柜内开关设备可选用负荷开关、断路器、负荷开关—熔断器组合电器及隔离开关等，各设备的功能和性能应满足 GB 1984、GB 1985、GB 3804、GB 16926 及 GB/T 11022 的规定。开关应配置直动式分合闸机械指示，开关状态位置应有符号及中文标识。

3.5.2 负荷开关（断路器）

负荷开关可选用二工位或三工位负荷开关，二工位负荷开关与接地开关间应有可靠的机械防误联锁，负荷开关及接地开关操作孔应有挂锁装置，挂锁后可阻止操作把手插入操作孔。技术参数见表 5-18。

3.5.3 对真空负荷开关（断路器）的要求

（1）真空灭弧室应与型式试验中采用的一致。

（2）真空灭弧室允许储存期不小于 20 年，出厂时灭弧室真空度不得小于 1.33×10^{-3}Pa。在允许储存期内，其真空度应满足运行要求。

（3）真空灭弧室在出厂时应做"老炼"试验，并附有报告。

（4）真空断路器接地金属外壳上应有防锈、导电性能良好、直径为 12mm 的接地螺钉，接地点附近应标有接地符号。

3.5.4 对 SF_6 负荷开关（断路器）的要求

（1）SF_6 气体应符合 GB/T 12022 的规定

（2）气体抽样阀。为便于气体的试验抽样及补充，断路器应装设合适的阀门。

（3）SF_6 气体系统的要求。断路器的 SF_6 气体系统应便于安装和维修，并有用来连接气体处理装置和其他设备的合适连接点。

（4）SF_6 气体监测设备。断路器应装设 SF_6 气体监测设备（包括密度继电器、压力表）。该设备应设有阀门，以便在不拆卸的情况下进行校验。

（5）SF_6 气体内的水分含量。断路器中 SF_6 气体在额定压力下、20℃时的最大水分含量应小于 150μL/L，在其他温度时应予修正。

（6）SF_6 负荷开关在零表压时，应能开断额定电流。

3.5.5 负荷开关—熔断器组合电器

（1）技术参数见表 5-18。

（2）负荷开关—熔断器组合电器用撞击器分闸操作时，应能开断转移电流，由分励脱扣器分闸操作时，应能开断交接电流。熔断器撞击器与负荷开关脱扣器之间的联动装置在任一相撞击器动作时，负荷开关应可靠动作，三相同时动作时，不应损坏脱扣器。

（3）负荷开关—熔断器组合电器回路如用于变压器保护时，可加装分励脱扣装置（如过温跳闸）。

（4）负荷开关+熔断器组合电器的环网箱，其熔断器的安装位置设计，应使其在因故障熔断、在负荷开关分断后便于更换熔断件。

3.5.6 隔离开关

技术参数见表 5-18。

3.5.7 接地开关

（1）技术参数见表 5-18。

（2）与二工位隔离开关配合使用，单独安装的接地开关应具备两次关合短路电流的能力。

（3）操动机构。可手动和电动（如有）操作，每组接地开关应装设一个机械式的分/合位置指示器；应装设观察窗，以便操作人员检查触头的位置。

3.6 电流互感器

（1）技术参数见表 5-18。

（2）对电流互感器应提供下列数据：励磁特性曲线、拐点电压、75℃时最大二次电阻值等。

（3）环网箱内的电流互感器在出厂前应做伏安特性筛选，同一柜内的三相电流互感器伏安特性应相匹配，并有出厂报告。

3.7 操动机构技术要求

（1）操动机构黑色金属零部件应采用防腐处理工艺，耐受 96h 及以上中性盐雾试验后，无明显锈蚀。

（2）开关设备采用手动操作配置时，宜具备电动升级扩展功能；开关设备采用电动操作配置时，应同时具备手动操作功能。

（3）断路器和负荷开关配置弹簧操动机构，断路器操动机构具有防止跳跃功能，应配置断路器的分合闸指示，操动机构的计数器、储能状态指示应明显清晰，便于观察，且均用中文表示。

（4）并联合闸脱扣器。

1）并联合闸脱扣器在合闸装置额定电源电压的 85%～110% 范围内，交流时在合闸装置的额定频率下，应可靠动作。

2）当电源电压不大于额定电源电压的 30% 时，并联合闸脱扣器不应脱扣。

（5）并联分闸脱扣器。

1）并联分闸脱扣器在分闸装置额定电源电压的 65%～110%（直流）或 85%～110%（交流）范围内，交流时在分闸装置的额定电源频率下，开关装置达到额定短路开断电流的操作条件下，均应可靠动作。

2）当电源电压不大于额定电源电压的 30% 时，并联分闸脱扣器不应脱扣。

（6）电动弹簧操动机构应电动机储能，并可手动储能，可紧急跳闸。

（7）在正常情况下，合闸弹簧完成合闸操作后，要立即自动开始再次储能，合闸弹簧应在 15s 内完成储能。在弹簧储能进行过程中不能合闸，弹簧在储能全部完成前不得释放。断路器在各位置时都应能对合闸弹簧储能。

（8）合闸弹簧的储能状态有机械装置指示，指示采用中文表示，清晰可视，并能实现远方监控。

3.8 主母线技术要求

（1）环网箱的主母线应采用绝缘母线，柜与柜间用金属隔板隔开，不得产生涡流，两端母线应用绝缘封堵密封。

（2）主母线接合处应有防止电场集中和局部放电的措施。

3.9 接地技术要求

（1）接地回路应能承受的短时耐受电流最大值，应不小于主回路额定短时耐受电流的 87%。

（2）主回路的接地按 DL/T 404 相关规定，并做如下补充：

1）主回路中凡规定或需要人可触及的所有部件都应可靠接地；接地母线应分别设有不少于 2 处与接地系统相连的端子，并应有明显的接地标志。

2）主回路中均应设置可靠的适用于规定故障条件的接地端子，该端子应有一紧固螺钉或螺栓用来连接接地导体，紧固螺钉或螺栓的直径应不小于 12mm。

3）接地连接点应标以 GB/T 5465.2 中规定的保护接地符号，与接地系统连接的金属外壳部分可以视为接地导体。

4）人可触及的电缆预制式电缆终端表面应涂覆半导电或导电屏蔽层，电缆终端半导电或导电屏蔽层连接后，应与接地母线可靠连接。

5）接地导体应采用铜质导体，在规定的接地故障条件下，额定短路持续时间为 2s 时，其电流密度应不超过 $110A/mm^2$，最小截面积应不小于 $240mm^2$。接地导体的末端应用铜质端子与设备的接地系统相连接，端子的电气接触面积应与接地导体的截面相适应，最小电气接触面积应不小于 $160mm^2$。

6）外壳应设置接地极（扁铁）引入孔。

（3）外壳的接地按 DL/T 404 相关规定，并做如下补充：

1）各个功能单元的外壳均应连接到接地导体上，除主回路和辅助回路之外的所有要接地的金属部件，应直接或通过金属构件与接地导体相连接。

2）金属部件和外壳到接地端子之间通过 30A 直流电流时，压降不大于 3V。功能单元内部的相互连接应保证电气连续性。

3）环网箱的铰链应采用加强型，门和框架的接地端子间应用截面积不小于 $2.5mm^2$ 的软铜线连接。

4）二次控制仪表室应设有专用、独立的接地导体。

5）当通过的电流引起热和机械应力时，应保障接地系统的连续性。

3.10　二次设备技术要求

3.10.1　电气接线

（1）环网箱内控制、电源、通信、接地等所有的二次线均用阻燃型软管、金属软管或线槽进行全密封，应采用塑料扎带固定，不允许采用粘贴方式固定。

（2）环网箱上的各电器元件应能单独拆装、更换，而不影响其他电器及导线束的固定。每件设备的装配和接线均应考虑在不中断相邻设备正常运行的条件下，无阻碍地接触各机构器件，并能完成拆卸、更换工作。

（3）环网箱内二次回路接线端子应具备防尘与阻燃功能。

（4）端子排应便于更换，且接线方便。正、负电源之间以及经常带电的正电源与合闸或跳闸回路之间，必须至少以一个端子隔开；每个接线端子最多允许接入两根线。

（5）环网箱、二次回路及端子的编号均使用拉丁字母、阿拉伯数字，此编号均与所提供的文件、图纸相一致，接地端子应标示明确。电缆两端有标示牌、标明电缆编号及对端连接单元名称。二次接线芯线号头编号应用标签机打印，标识应齐全、统一，字迹清晰、不易脱落。

（6）设有断路器的环网箱，可不单独配置继电保护装置，继电保护功能由 DTU 统一实现。

3.10.2　后备电源

（1）环网箱可选配后备电源，线路停电后，自动投入备用电源，实现环网单元的电动分合闸。

（2）后备电源在外部交流电源通电的情况下，蓄电池可自动进行浮充。在外部交流电源失电的情况下，电池自动投入到系统中运行。后备电源应保证停电后能分合闸操作 3 次，维持终端及通信模块至少运行 8h。

3.11　环网箱的"五防"及联锁装置

环网箱的"五防"及联锁装置应满足 DL/T 538、DL/T 593 的相关规定，同时满足以下要求。

（1）环网箱应具有可靠的"五防"功能：防止误分、误合断路器；防止带负荷分、合隔离开关（插头）；防止带电合接地开关；防止带接地开关送电；防止误入带电间隔。

（2）进、出线柜应装有能反映进出线侧有无电压、具有联锁信号输出功能的带电显示装置。当线路侧带电时，应有闭锁操作接地开关及电缆室门的装置。

（3）电缆室门与接地开关应同时具备电气联锁和机械闭锁。

（4）环网箱电气闭锁应单独设置电源回路，且与其他回路独立。

（5）负荷开关＋熔断器组合电器的环网箱中，熔断器撞击器与负荷开关脱扣器之间的联动装置在三相和单相两种条件下，在给定的撞击器型号（中型或重型）的最大和最小能量下及相应撞击器的动作方式（弹簧式或爆炸式）下，应使负荷开关良好地操作。

（6）环网箱开关部分采用断路器时，柜体仍应参照负荷开关＋熔断器组合电器要求，配置相应的机构及连锁装置，并应具有防跳装置，对电磁操动机构具有脱扣自我保护功能。

（7）采用两工位隔离开关时，隔离开关与负荷开关间应有可靠的机械防误联锁。

3.12　电压互感器、电流互感器、避雷器

应满足相关规定要求，并做以下补充：

（1）环网箱 TV 接线按需配置，一次侧可采用屏蔽型可触摸电缆终端连接。TV 设高压侧熔断器，通过负荷开关连接于母线或进线单元。

（2）环网箱配备的避雷器宜选用复合绝缘金属氧化物避雷器。

（3）环网箱前门应有清晰明显的主接线示意图，柜顶设有横眉，可装设间隔名称标识牌。环网单元前门表面应注明操作程序和注意事项。标志和标识牌的制作应符合 Q/GDW 742 的规定。

3.13　铭牌

应符合 DL/T 404 的相关规定，并做以下补充：

（1）操动机构应装设铭牌。铭牌应用 S304 不锈钢、铜材或丙烯酸树脂等不受气候影响和防腐蚀的材料制成，应采用中文印制。

（2）设备零件及其附件上的指示牌、警告牌以及其他标记也应采用中文印制，其规格按 Q/GDW 742 的规定要求。

（3）铭牌应标有有关产品标准中规定的必要信息。

（4）铭牌中至少应包含额定电压、额定电流、额定频率、额定工频耐受电压、额定雷电冲击耐受电压、额定短时耐受电流、额定峰值耐受电流、额定短路持续时间、额定操作电压、额定辅助电压、额定短路开断电流、内部电弧等级、制造厂名称、制造年月、产品型号、出厂编号等内容。

3.14　配套附件

应提供相应规格 10kV 预制式电缆终端及操作工具，电缆附件应按 GB/T 12706.4 的规定，并满足以下条件：

（1）进出线电缆三相水平排列。采用 10kV 全屏蔽、全绝缘可触摸电缆终端，电缆应可

靠固定，保证终端不受除重力以外的其他外力作用。

（2）电缆终端应采用硅橡胶、三元乙丙橡胶或其他性能更优的绝缘材料，电缆终端应采用内外层屏蔽、可触摸、预制式、可插拔、全绝缘及全密封结构。电缆附件应满足标称电压 8.7/15kV（U_m＝17.5kV）电缆的配合使用要求，每一只电缆头外壳应可靠接地。暂时未接入电缆的电缆终端应装设绝缘封帽，绝缘封帽应可靠接地。

3.15 观察窗技术要求

（1）观察窗的防护等级应至少达到外壳技术要求。

（2）观察窗应使用机械强度与外壳相当的透明板，应有足够的电气间隙和静电屏蔽措施，防止形成危险的静电电荷，且通过观察窗可进行红外测温。

（3）主回路的带电部分与观察窗可触及表面的绝缘应能耐受 DL/T 593 规定的对地和极间的试验电压。

（4）观察窗的玻璃应采用防爆型钢化玻璃，厚度不小于 14mm，并增加屏蔽网。

3.16 限制并避免环网箱内部电弧故障的要求

（1）环网箱应通过内部燃弧试验，具备相关试验报告。

（2）环网箱的各隔室之间，应满足正常使用条件和限制隔室内部电弧影响的要求；能防止因本身缺陷、异常或误操作导致的内电弧伤及工作人员，能限制电弧的燃烧范围。

（3）应采取防止人为造成内部故障的措施，还应考虑到由于柜内组件动作造成的故障引起隔室内过压及压力释放装置喷出气体，可能对人员和其他正常运行设备的影响。

（4）除二次小室外，在高压室、母线室和电缆室均设有排气通道和泄压装置，当产生内部故障电弧时，泄压通道将被自动打开，释放内部压力，释放的电弧或气体不得危及操作及巡视人员的人身安全和其他环网设备安全。

3.17 环网箱外箱体要求

（1）外箱体应采用厚度不小于 2mm、性能不低于 S304 不锈钢或 GRC（玻璃纤维增强水泥）等材料，外壳应有足够的机械强度，在起吊、运输和安装时不应变形或损伤。外箱体防护等级应不低于 IP43。

（2）金属材质外箱体应采取防腐涂覆工艺处理，涂层均匀、厚度一致，涂层应有牢固的附着力，保证 20 年不出现明显可见的锈斑，箱体外壳具有防贴小广告功能。

（3）外箱体颜色应与周围环境相协调，在与周围环境协调前提下宜选用 C100M5Y50K40（国网绿），箱壳表面应有明显的反光警示标志，保证 15 年不褪色。

（4）外箱体应设置明显的标志，如"设备名称""有电危险"等。标志和标识的制作应符合 Q/GDW 742 的规定。

（5）外箱体顶盖的倾斜度应不小于 10°，并应装设防雨檐。门开启角度应大于 105°，并设定位装置；装设暗锁，并设外挂锁孔。门锁具有防盗、防锈及防堵功能。

（6）外箱体应设有足够的自然通风口和隔热措施，保证在正常运行时，所有电器设备的温升不超过其允许值，并且不得因此降低环网箱的外箱体防护等级。

（7）外箱体底部应配备 4 根可伸缩式起吊销，起吊销应能承载整台设备的重量。

（8）户外环网箱应预留独立的配电自动化单元安装空间，一般按 DTU 遮蔽立式放置，预留宽度空间不低于 600mm，条件受限时也可采用 DTU 遮蔽卧式放置，预留高度空间不低于 520mm。

国网河南省电力公司电网设备选型技术原则

（低压电缆分支箱）

1 总体技术要求

低压电缆分支箱为户外型。箱内分为配置开关和不配置开关两种，用于线路的 T 接，具备性能可靠、检修方便、占地面积小、耐腐蚀等特点，结构紧凑、美观，结线方式简单、使用方便灵活，产品为全绝缘、全封闭、免维护，电压等级为 0.4kV，按照进出线回路数可分为 4、5、7 回路。

2 标准和规范

IEC 61641　封闭式低压成套开关设备和控制设备在内部故障引起电弧情况下的试验导则

GB 4208　外壳防护等级（IP 代码）

GB/T 5585.2　电工用铜、铝及其合金母线　第 2 部分：铝和铝合金母线

GB 7251　低压成套开关设备和控制设备

GB 14048　低压开关设备和控制设备

GB/T 16935.1　低压系统内设备的绝缘配合　第 1 部分：原理、要求和试验

GB/Z 18859　封闭式低压成套开关设备和控制设备在内部故障引起电弧情况下的试验导则

GB/T 20641　低压成套开关设备和控制设备空壳体的一般要求

GB 50150　电气装置安装工程　电气设备交接试验标准

3 选型技术要求

3.1 定义

低压电缆分支箱是指在配电网络中具备分接负荷功能，采用密封肘型（T 形）插头型式，实现电缆线路 T 接的户外箱式配电设备。

3.2 环境条件

（1）周围空气温度。

最高温度：+45℃。

最低温度：−25℃。

最大日温差：25℃。

日照强度：$0.1W/cm^2$（风速 0.5m/s）。

（2）海拔：$h \leqslant 2000m$。

（3）最大风速：35m/s（不超过 700Pa）。

（4）环境相对湿度。日平均值：$\leqslant 95\%$。月平均值：$\leqslant 90\%$。

（5）地震烈度：8 度。水平加速度：$0.2g$。垂直加速度：$0.15g$。

（6）污秽等级：Ⅳ级。

（7）覆冰厚度：10mm。

（8）安装位置：户外。

（9）使用环境场所：街道边、绿化带、墙体，要求倾斜度不大于 5°。

3.3 系统运行条件

（1）额定工作电压：0.4kV。

（2）额定频率：50Hz。

3.4 主要技术参数

（1）低压电缆分支箱外壳采用 S304 不锈钢材料，箱体、门体材料厚度均不应小于 2mm，采用 SMC 复合材料箱体，其 SMC 物理性能指标及测试数据满足表 5-19 的要求。不锈钢箱外表应抛光处理，使之不留焊痕。SMC 复合材料应具有防紫外线涂层，颜色与安装环境协调。

表 5-19 SMC 物理性能指标及测试数据要求表

项　目	合格指标
冲击强度（kJ/m²）	≥90
拉力（N/mm²）	95800
弯曲强度（MPa）	≥170
抗张强度（N/mm²）	≥60
工频介电强度（90°变压器油，连续升压法）（MV/m）	≥12.0
介质损耗因数 $\tan\delta$（1MHz）	≤0.015
相对介电常数（1MHz）	≤4.5
耐电弧（Sec）	≥180
耐漏电起痕性指数（PTI）（V）	600
体积电阻率（Ωm）	$>1.0\times10^{10}$
阻燃性	FV0
表面抗阻	13
吸水性（mg）	＜50
抗阻电流	10140hm×cm
击穿强度（kV）	220
泄漏电流	CTI600range
箱体材料热变形温度（℃）	≥200
老化寿命（年）	≥20
密度（g/cm³）	1.75～1.95
体积收缩率（%）	≤0.15

（2）电缆分支箱采用元件模块拼装、框架组装结构，母线及馈出均绝缘封闭。可采用 5 种结构型式：①进线采用绝缘封闭的隔离开关，出线采用塑壳断路器；②进线采用绝缘封闭的隔离开关，出线采用刀熔开关；③进线采用条形隔离开关，出线采用条形开关（带熔断器保护）；④进线不带开关，出线采用刀熔开关；⑤进出线均不配置开关。

（3）对于出线采用塑壳断路器型式的分支箱，应当满足以下要求：断路器的材料应具有耐热和火的能力。断路器采用 3 极，配置电子脱扣器，不带失压脱扣器，断路器同时具有隔离功能，表面应有明显的表示"分""合"状态的标志。

（4）出线采用熔断器型式的分支箱出线回路发生过载或短路故障时，每相应能独立分断，三相开关手柄为连动设计，可带负荷分合。开关分开后，应保证故障点完全从基体上脱开，并具有明显的断开点。

（5）外壳的防护等级不低于 IP44。外壳有足够的机械强度，在起吊、运输和安装时不会变形或损伤。外壳具有防火、防尘、防潮、耐腐蚀、防盐雾、抗污染等特点，适应各种恶劣环境。

（6）电缆分支箱外壳的结构满足户外全天候运行条件，保证工作人员的安全，且便于运行、维护、检查、监视、检修和试验。

（7）箱体底部有电缆进出口，每回线路各相均有固定的电缆支架，有防小动物及其他固体异物进入的措施。

（8）电缆分支箱带防雨檐。

（9）电缆分支箱门锁具有防雨、防堵、防锈功能，门上设挂锁孔，装有把手和暗闩，门子铰链采用内铰链；箱体的门具有限位和防回夹功能，开启角度大于 100°；门的设计尺寸与所装用的设备尺寸相配合；柜门有密封措施；开启式门有专门的铜辫线和箱体接地部分连接。

（10）箱体外有明显的铭牌标识、运行标志和安全标志。厂家名称只出现在产品铭牌中。标识不受气候影响，具有防腐蚀的功能。

（11）电缆终端头的接线端子为全铜镀锡端子。

（12）箱内一次连接线应采用质量合格的电工铜及塑料铜芯线，其截面应满足负荷安全载流要求，接头处应搪锡。接线应标明相序。带电部分至接地部分之间、不同相带电部分之间的安全距离应大于 20mm（复合绝缘适当简缩）。电器元件的安装应符合下列要求：

1）排列整齐，固定牢固，密封良好。

2）各元件能单独拆装、更换，而不影响其他电器及导线束的固定。熔断器的熔体规格、断路器的整定值应符合现场运行要求。

（13）母线系统。

1）采用矩形母线，材质为 T2 电工铜。采用不同相色热缩套管做绝缘处理。热缩套管不得开裂和起皱，母线接头处用热缩绝缘盒封闭。绝缘热缩护套材料应具备阻燃、防腐、抗老化的功能，老化寿命不小于 30 年，具体试验方法和要求参照 GB/T 2951.14 的规定执行。

2）铜排截面的选择，应保证能够耐受 IEC 60298 中推荐的额定短时耐受和峰值耐受电流的要求，N 相（L0）母线与三相母线规格相同，PE 排截面不低于相排截面的 1/2。设于户外的电缆分支箱配置 4 根母排（3L＋PEN），设于户内的电缆分支箱配置 5 根母排（3L＋N＋PE）。

3）装置中母线和导线的颜色及排列应符合 GB/T 4026 和 GB 7947 及表 5-20 的规定。

3.5 调整完善原则

各低压电缆分支箱生产厂家在供货时，应明确电缆附件的型号规格及接口尺寸，以便用户备品备件的采购。

表 5-20 母线和导线的颜色及排列规定

相别及颜色	垂直排列	水平排列	前后排列
A 相（黄色）	上	左	后
B 相（绿色）	中	中	中
C 相（红色）	下	右	前
中性线（N）（蓝色）	电缆分支箱底部		
保护线（PE）（黄绿相间）	电缆分支箱底部		

国网河南省电力公司电网设备选型技术原则

（高压电缆分支箱）

1　总体技术要求

高压电缆分接支箱为户外型。箱内不配置开关，仅用于线路的 T 接或对接，具备性能可靠、检修方便、占地面积小、耐腐蚀等特点，结构紧凑、美观，接线方式简单、使用方便灵活，产品为全绝缘、全封闭、免维护、可带电触摸。按照电压等级可分为 10kV，按照进出线回路数可分为 3、5 回路，其中 3 回路的可用于一进一出对接。

2　标准和规范

GB 3906　3.6kV～40.5kV 交流金属封闭开关设备和控制设备

GB/T 4109　交流电压高于 1000V 的绝缘套管

GB 4208　外壳防护等级（IP 代码）

DL/T 593　高压开关设备和控制设备标准的共用技术要求

3　选型技术要求

3.1　定义

10kV 电缆分支箱是指在配电网络中具备电缆连接和分接负荷功能，采用密封肘型（T 形）插头型式，实现电缆线路对接或 T 接的户外箱式配电设备。

3.2　环境条件

（1）周围空气温度。

最高温度：+45℃。最低温度：−25℃。最大日温差：25℃。日照强度：0.1W/cm^2（风速 0.5m/s）。

（2）海拔：$h \leqslant 1000$m。

（3）最大风速：35m/s（不超过 700Pa）。

（4）环境相对湿度。日平均值：$\leqslant$95%。月平均值：$\leqslant$90%。

（5）地震烈度：8 度。水平加速度：0.2g。垂直加速度：0.15g。

（6）污秽等级：Ⅳ级。

（7）覆冰厚度：10mm。

（8）安装位置：户外。

（9）使用环境场所：街道边、绿化带，要求倾斜度不大于 5°。

3.3　系统运行条件

（1）额定工作电压：10kV。

（2）最高工作电压：12kV。

（3）额定频率：50Hz。

3.4　电缆分支箱主要技术参数

（1）额定电流：630A。

（2）绝缘水平。工频（50Hz/1min）10kV：42kV。冲击（1.2/50μs）10kV：75kV。

（3）额定短时耐受电流：20kA/3s。

（4）电缆截面积35～400mm^2。

3.5　其他技术性能

3.5.1　外壳箱体

（1）电缆分支箱外壳材料采用S304不锈钢板，其厚度不小于2mm，标表面覆盖层为静电喷涂而成，涂层漆膜厚度不小于150μm，并均匀一致，至少15年不退色，外观颜色为环保绿色。

（2）外壳的防护等级不低于IP44。外壳有足够的机械强度，在起吊、运输和安装时不会变形或损伤。外壳具有防火、防尘、防潮、耐腐蚀、防盐雾、抗污染等特点，适应各种恶劣环境。

（3）电缆分支箱外壳的结构满足户外全天候运行条件，保证工作人员的安全，且便于运行、维护、检查、监视、检修和试验。

（4）箱体底部有电缆进出口，每回线路各相均有固定的电缆支架，有防小动物及其他固体异物进入的措施。

（5）电缆分支箱带防雨檐。

（6）电缆分支箱门锁具有防雨、防堵、防锈功能，门上设挂锁孔，装有把手和暗闩，门子铰链采用内铰链；箱体的门具有限位和防回夹功能，开启角度大于100°；门的设计尺寸与所装用的设备尺寸相配合；柜门有密封措施；开启式门有专门的铜辫线和箱体接地部分连接。

（7）箱体外有明显的铭牌标识、运行标志和安全标志。厂家名称只出现在产品铭牌中。标识不受气候影响，具有防腐蚀的功能。

（8）电缆终端全部为全密封预制式硅橡胶可触摸式，要求插头连接紧密，没有缝隙，达到全封闭结构，以保证人身安全，不可带电插拔，但可拆卸。每套电缆头都配置电缆头接地线，电缆的接线端子为全铜镀锡端子。

3.5.2　通用产品的选型（见表5-21）

表5-21　通用产品的选型

电压等级 （kV）	进出线回路数	
10	3回路	5回路

注　3回路可用于对接。

3.6　调整完善原则

各电缆分支箱生产厂家在供货时，应明确电缆附件的型号规格及接口尺寸，以便用户备品备件的采购。

国网河南省电力公司电网设备选型技术原则

（高压开关柜）

1 总体技术要求

高压开关柜一般为真空断路器加隔离开关（触头）的组合，隔离开关有可视断开点，断路器配用电磁或弹簧操动机构，具有完备的电气、机械双重"五防"闭锁装置，并配有完善的二次保护测量控制系统，额定电流在 1250A 及以上。开关柜可架空进出线，也可电缆进出线，电缆室空间充裕。

开关柜按断路器安装方式为移开式（手车式）。移开式（用 Y 表示）是指柜内的主要电器元件（如断路器）是安装在抽出的手车上的。常用的手车类型有隔离手车、计量手车、断路器手车、TV 手车、电容器手车和站用变压器手车等，如 KYN28A-12，KYN 为户内交流铠装移开式金属封闭开关设备，可配断路器手车、电压互感器手车、站用变压器手车、隔离手车等。

2 标准和规范

IEC 298　　1kV 以上 52kV 及以下交流金属封闭开关设备和控制设备

IEC 60694　　高压开关设备和控制设备标准的共用技术要求

GB 311.1　　绝缘配合　第 1 部分：定义、原则和规则

GB 3906　　3.6kV～40.5kV 交流金属封闭开关设备和控制设备

GB 4208　　外壳防护等级（IP 代码）

GB/T 11022　　高压开关设备和控制设备标准的共同技术要求

DL/T 593　　高压开关设备和控制设备标准的共用技术要求

Q/GDW 11252　　12kV 高压开关柜选型技术原则和检测技术规范

3 一次接口要求

3.1 对柜体的要求

（1）柜体材料要求：框架选用厚度不小于 2.0mm 敷铝锌钢板，门板选用不小于 2.0mm 冷轧钢板。

（2）紧固件要求：M8 及以上紧固件强度不低于 8.8 级，防锈处理。

（3）开关柜底部开孔应符合 Q/GDW 11252 的要求。

（4）柜体门板要求：所有门板应采用复折边工艺，门板内侧应加焊加强筋，以增加强度；上门、前中门、前下门门锁采用易操作型，禁止采用螺栓固定方式。需保证门板与柜体结合处的密封性；全部门板在锁止状态不能产生晃动现象。

（5）除继电器室外，在断路器室、母线室和电缆室均设有泄压通道和泄压装置，当产生

内部故障电弧时，泄压通道将被自动打开，释放内部压力，压力排泄方向为开关柜顶部，柜顶泄压通道盖板的柜后侧为尼龙螺钉，柜前侧为金属螺钉或铰链，泄压板的结构符合柜体内部故障电弧等级要求。

（6）为保证开关柜外观及颜色一致，统一柜体颜色优先推荐选用：浅灰色（RAL7035），要求柜体表面要采用先进喷涂工艺，具有面漆美观、附着力强硬度高、耐腐蚀、抗老化、保光保色性好。

3.2　观察窗的要求

（1）观察窗至少应达到对外壳规定的防护等级。观察窗材料应满足与外壳相当的机械强度，同时应有足够的电气间隙和静电屏蔽措施，防止危险的静电电荷。

（2）主回路的带电部分与观察窗的可触及表面的绝缘应满足相对地的绝缘要求。

（3）视窗位置要求：中门观察窗采用具有防爆功能的钢化玻璃且厚度不小于10mm夹层间有屏蔽网，位置要求在试验及工作位置时通过开关柜门板的观察窗应能直观看到手车在柜内所处的位置，能看到断路器分合闸状态指示器、弹簧储能状态指示。

（4）开关柜电缆室采用红外测温窗口，兼作观察窗。

3.3　母线要求

（1）要求柜内母线均用带圆角的电解铜母线，纯度大于99.9%，外形尺寸宽度误差不得大于±1.5mm，厚度误差不得大于±0.2mm，所有母线搭接面应镀锡处理。

（2）主母线统一为矩形圆角母线TMY-80X10。

（3）开关柜的主母线排列统一为"一"字形上中下布局，对主母线的支撑应只在母线端部安装支撑绝缘子作支撑。

（4）开关柜母线相序按面对开关柜操作面从左至右为A、B、C，从上到下排列为A、B、C，从后到前为A、B、C。

（5）柜中主母线及引下线，须采用阻燃的母线绝缘套管包封，母线搭接处采用绝缘护套包封，并分黄、绿、红相序标识，包封后必须满足国家相关标准。绝缘材料老化寿命应大于20年，并提供耐压、凝露、污秽、老化等相关的试验报告。

（6）开关柜的支母线搭接位置及母线扩建搭接位置及尺寸应符合Q/GDW 11252的要求。

（7）电缆终端室每相应能连接2根出线电缆，柜内接电缆的铜排应采用双开孔的方式，孔径为13mm，孔间距为35mm，并采用M12的螺栓连接。

（8）电缆连接端子离柜底距离不小于650mm，电缆连接在柜的下部进行预留电缆接线孔，并提供电缆进口的封板及电缆固定夹。

3.4　开关柜的接地要求

（1）接地导体应采用铜质导体，在规定的接地故障条件下，在额定短路持续时间为4s时，其电流密度不应超过110A/mm^2，统一截面积为240mm^2。接地母线型号及规格统一为矩形圆角母线TMY-40X6，并按标准涂黄绿双色，搭接面镀锡，接地导体的末端应用铜质端子与设备的接地系统相连接，端子的电气接触面积应与接地导体的截面相适应，但最小电气接触面积不应小于160mm^2。

（2）一二次接地铜排分开，二次控制仪表室应设有专用独立的二次接地导体，二次接地排采用TMY-30X5铜排，并采用绝缘子支撑与开关柜柜体绝缘，柜间连通。

（3）所有柜门应采取防静电措施。

3.5 穿墙套管要求

（1）开关柜中穿墙套管应采用 V0 级阻燃产品，装配前均应进行局放检测，单个绝缘件局部放电量不大于 5pC。

（2）要求穿墙套管统一安装在开关柜左侧，需保证主母线中心距保持一致。

4 二次接口要求

（1）开关柜内所有的二次导线宜用阻燃型软管或线槽进行全密封。

（2）开关柜内二次回路端子要求使用阻燃型产品，接线端子号应清晰可见。端子排安装位置要求（站在开关柜操作面前从外向里或从左至右依次排列为）：电流回路端子排、电压回路端子排、直流电源回路端子排、控制回路端子排、开入回路端子排、合分闸回路端子排、储能回路端子排、闭锁回路端子排、信号回路端子排、通讯回路端子排、加热照明回路端子排、备用回路端子排。

（3）端子应便于更换且接线方便。正、负电源之间以及经常带电的正电源与合闸或跳闸回路之间，必须以一个空端子隔开。

（4）高压室内固定二次导线束用的扎带宜优先采用金属扎带。

（5）小母线相关要求：

1）小母线要求采用$\phi6$ 紫铜棒。

2）小母线端子数量为 15 节（具体数量随工程），要求能压接$\phi6$ 铜棒。

3）小母线端子安装在开关柜右侧顶部。

（6）在柜体正面设置带电二次核相接口。

5 其他要求

5.1 对"五防"的要求

（1）开关柜应具有可靠的"五防"功能：防止误分、误合断路器；防止带负荷分、合隔离开关（插头）；防止带电分、合接地开关；防止带接地开关送电；防止误入带电间隔。

（2）电缆室门与接地开关应采取机械闭锁方式，并有紧急解锁装置，即：电缆室门不关闭不能操作接地开关，合闸断路器，同时设紧急解锁装置。

（3）当断路器处在合闸位置时，断路器小车无法推进或拉出。

（4）当断路器小车未到工作或试验位置时，断路器无法进行合闸操作。

（5）当接地开关处在合闸位置时，断路器小车无法从"试验"位置进入"工作"位置。

（6）当断路器小车处在"试验"位置与"工作"位置之间（包括"工作"位置）时，无法操作接地开关。

（7）所有柜应装有能反映出线侧有无电压的带电显示器，要求可不停电更换，带二次核相孔，并具备自检和验电功能、强制闭锁功能，能以无源接点型式提供有压或无压信号；当进出线侧带电时，若无接地开关，应闭锁后柜门打开。

（8）母线验电、接地小车只有在母联分段柜开关小车、对应主变压器开关小车在试验或检修位置时才允许推入。母线接地时，该母线上的验电、接地小车不能推入。

（9）站用变压器柜内的隔离小车与柜内的低压总开关应设机械闭锁或电气闭锁。其程序过程为应先拉开低压总开关、再拉出隔离小车，然后再开站用变柜门，反之亦然。

（10）开关柜电气闭锁应单独设置电源回路，且与其他回路独立。

（11）分段开关手车在工作位置时，分段隔离手车不能推进或拉出；分段隔离手车在工作位置时，分段开关手车才能推进或拉出。

（12）对于无接地开关的开关柜，当手车处于试验位置打开下门有触电可能时，要求其电缆室门与电缆室内导体的带电状态实现闭锁且只有手车在试验位置时，才能打开前后下门；只有前后门关闭后手车才能从试验位置推至工作位置。

（13）手车退出柜外后，要求开关柜活门机构具有防止人员误开启的功能，可靠防止检修时人员失误打开活门。

（14）要求开关柜具有闭门操作功能，即只有当手车室柜门关闭时，才能把手车由试验位置移到工作位置或由工作位置移到试验位置，手车在工作位置时，手车室柜门无法打开；只有当手车移到试验位置，手车室柜门才能打开。

（15）柜体前中门根据情况可装设紧急手动分闸装置，当手车处在工作位置时，在不开启手车室柜门的情况下，能够通过紧急分闸装置对在工作位置的断路器进行紧急机械分闸操作（仅作为主回路无异常时作紧急分闸用，以及试验时分闸用），紧急手动分闸装置需要分步进行，有明显警示标识，以防止运行中误操作。

（16）后部门板结构：下部为折页门板结构，上部为封板结构，下门压上封板，要求打开下门才能打开上封板。

5.2 安全标识

（1）柜体活门应标有母线侧、线路侧等识别字样；母线侧活门还应附有红色带电标志和相色标志；活门处带"止步高压危险"字样，手车室的活门警示文字及符号应符合 Q/GDW 11252 的要求，并按相序要求粘贴或丝印标记。

（2）开关柜大弯板后部检修孔封板处带"母线带电，禁止开启"字样。

（3）母线室、断路器室、电缆室均具有独立泄压通道。

（4）柜体印字要求：眉头采用 C100M5Y50K40（国网绿）底色，白字。

（5）柜体应附带接地开关紧急解锁标识、接地开关操作指示及注意事项、门板警示语等。

（6）开关柜前后门应粘贴本柜在工作和试验（检修）状态下的主回路带电部位示意图，带电部位用红色，不带电部位用绿色。

（7）手车室右防护板处设置"工作位置""试验位置"标识，用以表示手车的行进位置。

（8）在柜后上部适当高度有柜体编号及用途标识。

（9）在柜前中门左上部粘贴本柜主要一次元器件参数。

5.3 温升监控

（1）开关柜按照 1.1 倍额定电流进行温升试验，试验结论需满足国标要求。

（2）要求开关柜电缆室采用红外测温窗口，兼作观察窗，该观察窗的安装应不降低开关柜自身的防护等级，要求镜片可视直径 70mm 以上，红外透过率 90%以上，满足带电红外测温功能。可根据需要方便实时检测温度。

6 选型技术要求

（1）产品应确保人身安全、质量可靠、环境适应性强、满足环保要求、尺寸较小、安装快速简便、经济性好、维护方便。

（2）设备厂家具有较强的设备制造能力、研发能力、售后服务技术支持和积极的响应行动。

（3）具有可靠的设备历史运行记录。

（4）产品应能使设备安全地进行下述各项工作：正常运行、检查、维护操作、主回路验电、安装和扩建后的相序校核和操作联锁、连接电缆的接地、电缆试验、连接电缆或其他器件的绝缘试验以及消除危险的静电电荷等。

（5）产品应能在允许的基础误差和热胀冷缩的热效应下，不致影响设备所保证的性能，并满足与其他设备连接的要求。

（6）类型、额定值和结构相同的所有可移开部件和元件，在机械和电气上应有互换性。

（7）各元件技术参数应符合相关标准。

（8）柜体应采用敷铝锌钢板或冷轧钢板制成。

（9）开关柜应分为断路器室、母线室、电缆室和控制仪表室等金属封闭的独立隔室，其中断路器室、母线室和电缆室均有独立的散热、泄压通道。

（10）断路器室、电缆室门板采用高强度的铰链和门锁及锁紧方式，关闭时，柜门与柜体多点牢靠固定，锁紧强度好，门框增设防护条，能较好地抵抗柜内故障时高压气体的冲力，防止门板被冲出柜外、电弧外泄而造成人员伤害、设备损坏事故的发生。

（11）二次回路采用金属封闭线槽配线，并与高压室隔离。

（12）当开关柜有二次插头时，在断路器在工作位置时，其二次插头应接触可靠，并被锁定，不能拔出。

（13）断路器室的活门应标有"母线侧""线路侧"等识别字样。母线侧活门还应附有红色带电标志和相色标志。活门与断路器手车联锁。

（14）开关柜相序按面对开关柜从左至右排列为 A、B、C，从上到下排列为 A、B、C。

（15）开关柜内部导体采用的热缩绝缘材料老化寿命应大于 20 年。

（16）对接地的要求：

1）开关柜的底架上均应设置可靠的、适用于规定故障条件的接地端子，接地连接点应标以清晰可见的接地符号。主回路中凡规定或需要触及的所有部件都应可靠接地。

2）可抽出部件应接地的金属部件，在试验位置、隔离位置及任何中间位置均应保持接地。

3）在设有微机保护或电子监测元件时，二次系统应设有专用独立的接地导体，与一次系统接地分开。

（17）开关柜柜顶设有横眉，可粘贴间隔名称。开关柜前门表面应标有清晰明显的主接线示意图。

（18）观察窗至少应达到对外壳规定的防护等级。

（19）开关柜内电缆室和二次控制仪表室应设置照明设备。

（20）开关柜内应设电加热器，对于手动控制的加热器，应在柜外设置控制开关，以进行其投入或切除操作。加热器应为常加热型，确保柜内潮气排放。

（21）具有可靠的"五防"功能：防止误分、误合断路器；防止带负荷分、合隔离开关（插头）；防止带电分、合接地开关；防止带接地开关送电；防止误入带电间隔。开关柜电气闭锁应单独设置电源回路,且与其他回路独立。

(22)开关柜的各隔室之间,应满足正常使用条件和限制隔室内部电弧影响的要求;能防止因本身缺陷、异常或误操作导致的内电弧伤及工作人员,能限制电弧的燃烧范围。

(23)除继电器室外,在断路器室、母线室和电缆室均设有排气通道和泄压装置,当产生内部故障电弧时,泄压通道将被自动打开,释放内部压力,压力排泄方向为无人经过区域,泄压侧应选用尼龙螺栓。

(24)开关柜防护等级的要求。在开关柜的柜门关闭时,防护等级应达到 IP4X 或以上,柜门打开时,防护等级达到 IP2X 或以上。

(25)操动机构要求:

1)操动机构采用弹簧操动机构,应保证断路器能三相分、合闸以及三相跳闸和自动重合闸。

2)操动机构自身应具备防止跳跃的性能。应配备断路器的分合闸指示,操动机构的计数器、储能状态指示应明显清晰,便于观察,且均用中文表示。

3)弹簧操动机构应能电动机储能,并可手动储能,设防误碰紧急跳闸装置。

4)操动机构的额定电源电压为直流 220/110V 或交流 380/220V。

(26)KYN 柜型断路器二次插头应有自动导向插入装置,当断路器推进到工作位置时,辅助(保护)回路、控制回路自动可靠接通,防止因辅助(保护)回路、控制回路未接通时断路器合闸,而导致意外事故的发生。

(27)隔离开关、接地开关应装设观察窗,以便操作人员检查触头的位置。

(28)各相套管带电端部应涂明显的相别色标。

(29)柜体尺寸(建议)。12kV 开关柜 KYN 型:$I_e < 2500A$ 时,柜宽为 800mm;当 $I_e \geqslant 2500A$ 时,柜宽为 1000mm,馈线开关柜进深尺寸为 1500(1450)mm,架空进线开关柜进深为 1800(1750)mm。

(30)电源配置。开关柜顶设交直流电源小母线,各开关柜内按照交流、直流及保护、控制、联锁等不同要求设置电源小空气断路器,空气断路器上口与柜顶小母线连接。

(31)端子排及接线要求。端子排按不同功能进行划分,端子排布置应考虑各插件的位置,避免接线相互交叉。端子排列应符合标准,正、负极之间应有间隔,断路器的跳闸和合闸回路、直流电源和跳合闸回路不能接在相邻端子上,并留有一定的备用端子,端子排应编号。按照"功能分段"的要求,开关柜内的端子排应按照如下要求分别设置:TA 回路、TV 回路、交流电源回路、直流电源回路、断路器的控制、操作、信号回路、隔离开关位置的信号回路、"五防"闭锁回路、报警回路。其中"五防"闭锁回路由各厂家按照相关"五防"要求完成,应注意预留开关柜外闭锁条件接口。

(32)环境条件:

1)环境温度:+45~−25℃。

2)海拔:≤1000m。

3)相对湿度:日平均值不大于 95%;月平均值不大于 90%。

4)地震烈度:≤8 度。

5)没有火灾、爆炸危险、严重污秽、化学腐蚀及剧烈震动的场所。

6)污秽等级:Ⅲ级。

7　调整完善原则

（1）个别柜型在机械闭锁上较易产生问题，宜选用产品性能稳定的厂家。

（2）KYN 型计量柜不宜采用手车式，电压互感器应固定式安装。

（3）KYN 系列开关柜应在底盘的摇进机构上设套筒式离合装置，在防误闭锁时，使离合器自动空转打滑、并以机械响声警示。

（4）厂家生产的柜型性能平稳，在实际运行中没有手车底座变形情况发生。

（5）大电流开关柜应符合温升要求，配备专门的循环风道，必要时，配备强制降温装置。

国网河南省电力公司电网设备选型技术原则

（低压开关柜）

1 总体技术要求

低压开关柜一般为断路器加隔离开关（触头）的组合，隔离开关有可视断开点。开关柜可母线进出线，也可电缆进出线，电缆室空间充裕。

低压开关柜按断路器安装方式分为抽屉式和固定式。抽屉式（用 C 表示）是指柜内的主要电器元件（如断路器）是安装在可抽出的单元间隔上的，由于可抽出的单元间隔有很好的互换性，因此可以大大提高供电的可靠性，如 GCS 低压开关柜。固定式（用 G 表示）是指柜内所在的电器元件（如断路器）均为固定安装，固定式开关柜较为经济，如 GGD 低压开关柜。

2 标准和规范

IEC 61641　封闭式低压成套开关设备和控制设备在内部故障引起电弧情况下的试验导则

GB 4208　外壳防护等级（IP 代码）

GB/T 5585.2　电工用铜、铝及其合金母线　第 2 部分：铝和铝合金母线

GB 7251　低压成套开关设备和控制设备

GB 14048　低压开关设备和控制设备

GB/T 16935.1　低压系统内设备的绝缘配合　第 1 部分：原理、要求和试验

GB/Z 18859　封闭式低压成套开关设备和控制设备在内部故障引起电弧情况下的试验导则

GB/T 20641　低压成套开关设备和控制设备空壳体的一般要求

GB 50150　电气装置安装工程　电气设备交接试验标准

JB/T 5877　低压固定封闭式成套开关设备

3 选型技术要求

（1）产品应确保人身安全、质量可靠、环境适应性强、满足环保要求、尺寸较小、安装快速简便、经济性好、维护方便。

（2）设备厂家具有较强的设备制造能力、研发能力、售后服务技术支持和积极的响应行动。

（3）具有可靠的设备历史运行记录。

（4）产品应能使设备安全地进行下述各项工作：正常运行、检查、维护操作、主回路验电、安装和扩建后的相序校核和操作联锁以及消除危险的静电电荷等。

（5）产品应能在允许的基础误差和热胀冷缩的热效应下，不致影响设备所保证的性能，并满足与其他设备连接的要求。

（6）类型、额定值和结构相同的所有可移开部件和元件，在机械和电气上应有互换性。

（7）各元件技术参数应符合相关标准。

（8）柜体应采用厚度不小于 2mm 的敷铝锌钢板或冷轧钢板制成。

（9）功能单元之间、隔室之间的分隔清晰、可靠，不因某一单元的故障而影响其他单元工作，使故障局限在最小范围。

（10）开关柜的外壳应通过专门的接地点可靠接地，接地回路应满足短路电流的动、热稳定要求。除主回路和辅助回路之外的所有要接地的金属部件应直接或通过金属构件与接地导体相连接。外壳、框架等的电气连接宜用紧固连接，以保证电气上的连通。接地点的接触面和接地连线的截面积应能安全地通过故障接地电流。紧固接地螺栓的直径不得小于 12mm。接地点应标有接地符号。主回路应有可靠的接地措施，以保证维修工作的安全。

（11）柜内二次引线采用铜芯电缆，电流互感器引线截面积不小于 $4mm^2$/根；电压互感器引线截面积不小于 $2.5mm^2$/根。

（12）若开关柜有二次插头，当断路器处于工作位置时，其二次插头应接触可靠，并被锁定，不能拔出。

（13）开关柜柜顶设有横眉，可粘贴间隔名称。开关柜前门表面应标有清晰明显的主接线示意图。

（14）观察窗至少应达到对外壳规定的防护等级。

（15）开关柜内电缆室和二次控制仪表室应设置照明设备。

（16）开关柜的各隔室之间，应满足正常使用条件和限制隔室内部电弧影响的要求；能防止因本身缺陷、异常或误操作导致的内电弧伤及工作人员，能限制电弧的燃烧范围。

（17）开关柜防护等级的要求：在开关柜的柜门关闭时，防护等级应达到 IP3X 或以上，柜门打开时，防护等级达到 IP2X 或以上。

（18）操动机构要求：

1）框架断路器采用电子微处理器脱扣器，液晶显示，中文菜单操作及参数整定。框架断路器采用电动操作，并可手动操作。框架断路器采用三段保护，能实现"三遥"功能。

2）塑壳断路器采用手动操作，配电子脱扣器，应具备瞬时脱扣、短延时脱扣、长延时脱扣三段保护。

3）抽屉柜内断路器为抽出式，采用面板旋转手柄操作方式，固定绝缘柜内断路器为抽出式安装，固定式操作方式，固定柜内断路器为固定安装方式。

4）断路器应有运行位置、试验位置、分离位置 3 个明显的位置。本体（动触头）插入断路器底座（静触头）后，在断路器处于分闸状态时，断路器可视为试验位置；本体（动触头）拔出断路器底座（静触头）后，为分离位置，并形成明显的断开点。

5）断路器的位置应与面板有可靠闭锁，在断路器处于合闸位置时，严禁打开面板进行工作。低压断路器只有处于分离位置时，断路器本体才能从断路器底座上抽出。

6）断路器位置指示可采用双色位置指示灯，也可借助于操作手柄的位置变化加以识别。

7）断路器辅助电路的插接件应跟随断路器的动作，自动地接通和分离。

8）在断路器分断情况下，即使断路器上口带电，也能直接或借助于工具，安全地将断路器本体从断路器底座上抽出。

（19）隔离开关应装设观察窗，以便操作人员检查触头的位置。

（20）柜内的母线和分支接线须用 T2 铜材，并应满足以下要求：

1）母线连接采用高强度专用螺栓连接，接触面应镀锡，应有足够和持久接触压力。

2）母线的震动和温度变化在母线上产生的膨胀和收缩不致影响母线连接部位的接触特性。

3）母线固定应选用不饱合增强树脂（SMC）为材质制作的专用绝缘支撑件，以保证母线之间和母线与其他部件之间的安全距离和绝缘强度。

4）母线的布置和连接及绝缘支撑件应能承受装置额定短时耐受电流和额定峰值耐受电流所产生的热应力和电动力的冲击。

5）母线穿过金属隔板之外，应设计绝缘强度和机械强度符合要求，安装简单、牢固、可靠的绝缘套管和其他绝缘件。

6）每台柜内母线相对独立，适于现场安装，柜间母线连接设计有专用的连接板。

7）母线及馈出均绝缘封闭，具有检修时能可靠验电、接地的功能，以保障检修人员的人身安全。

8）铜排其折弯应无砸痕、裂口、毛刺，符合 DL/T 499 的规定，其最小允许弯曲半径见 DL/T 375 表 7。

9）导体、主母线及支线均采用矩形母线，并采用不同相色热缩套管做绝缘处理。热缩套管不得开裂和起皱，母线接头处用热缩绝缘盒封闭。绝缘热缩护套材料应具备阻燃、防腐、抗老化的特性，老化寿命不小于 30 年，具体试验方法和要求参照 GB/T 2951.14 中规定执行。

10）导体须满足额定短时电流和峰值耐受电流的要求。N 相（L0）母线与三相母线规格相同，PE 排截面积不低于相排截面积的 1/2。

11）相序的排列参见表 5-22。

表 5-22　母线相序排列表

类　　别	上下排列	左右排列	前后排列
A 相	上	左	远
B 相	中	中	中
C 相	下	右	近
中性线、中性保护线	最下	最右	最近

12）不同电流对应的铜母线规格配置详见表 5-23。

表 5-23　铜母线规格配置

母线电流（A）	主母排规格（mm）	PE 排规格（mm）	备注
800	60×6	40×4	
1250	80×8	60×6	
2000	125×10	80×8	
2500	2×（100×10）	100×10	

注　1. 铜母排横截面应为直角矩形。

2. 表中铜母线规格为建议值，投标厂家如选用以上规格或选用其他规格替代，应提供相关型式试验报告。

13）母线相色参见表 5-24。

表 5-24　电工成套装置中的母线相色

颜　　色	用　　途
黄	交流 A 相线
绿	交流 B 相线
红	交流 C 相线
黄绿间隔（绿/黄）	PE 或 PEN 线
黑色	装置和设备内的布线
淡蓝色	交流 N 相
三芯电缆颜色由下列颜色构成： 绿/黄＋淡蓝＋棕色或者黑＋淡蓝＋棕色	连接三相交流电路
四芯颜色构成：绿/黄＋淡蓝＋黑＋棕色	连接三相交流电路

注　二次交流系统选择：A、B、C 全部选择单一黑色，PE 或 PEN 线为黄绿间隔条形线。

（21）柜体尺寸（建议）。

1）进线柜、分段柜。

抽屉柜：柜宽为 800mm，开关柜深为 1000mm。固定柜：柜宽为 1000mm，开关柜深为 800mm。

2）馈线柜。

抽屉柜：柜宽为 600mm，开关柜深为 1000mm。固定柜：柜宽为 800mm，开关柜深为 800mm。

3）电容器柜。

配合抽屉柜：柜宽为 1000mm，开关柜深为 1000mm。配合固定柜：柜宽为 1000mm，开关柜深为 800mm。

（22）主电路。

1）各断路器主电路的导体和串联元件应充分考虑各元件的参数配合。各元件的额定电流、额定短时耐受电流、额定峰值耐受电流应满足相关技术条件的要求。

2）短路保护元件在额定的参数范围内，应能可靠地分断短路电流。

3）装置内短路保护元件的动作值应具有选择性。

（23）辅助电路。

1）用于控制、测量、信号、调节、数据处理等辅助电路的设计应采用电源接地系统，保证接地故障或带电部件和裸露导电部件之间的故障不会引起误动作。

2）辅助电路应装设保护元件，如果与主电路连接，保护元件的短路分断能力应与主电路保护元件相同。

3）辅助设备（仪表、继电器等）应能承受开关分、合闸产生的振动，而不会发生误动作。

4）辅助电路、辅助设备的接线应有适当的保护，以防来自主电路意外燃弧的损坏。

（24）环境条件。

1）环境温度：-25～+45℃。

2）海拔：≤1000m。

3）相对湿度：日平均值不大于95%；月平均值不大于90%。

4）地震烈度：≤8度。

5）没有火灾、爆炸危险、严重污秽、化学腐蚀及剧烈震动的场所。

6）污秽等级：Ⅲ级。

4 其他完善原则

（1）进线开关柜上部应按标准计量仓大小预留接线盒、考核计量表，计量互感器安装位置。

（2）分段柜柜内翻排，与主变压器低压进线柜间采取"三选二"的电气及机械闭锁。

（3）对组件的要求：同型号产品内额定值和结构相同的组件安装与柜内应能互换。装于开关柜内的各组件应符合各自的技术标准。

（4）厂家生产的柜型性能平稳，在实际运行中，没有手车底座变形情况发生。

（5）大电流开关柜应符合温升要求，应配备专门的循环风道，必要时配备强制降温装置。

国网河南省电力公司电网设备选型技术原则

（环网柜）

1 总体技术要求

环网柜核心部分采用断路器或负荷开关熔断器组合，优先采用断路器，其额定电流不超过 1250A，通常为 630A。环网柜一般分为空气绝缘和 SF$_6$ 绝缘两种，配空气绝缘的负荷开关主要有产气式、压气式、真空式，配 SF$_6$ 绝缘的负荷开关为 SF$_6$ 式。环网柜中的负荷开关，一般要求三工位，即切断负荷、隔离电路、可靠接地。一般真空负荷环网开关柜在负荷开关前再加上一个隔离开关，以形成隔离断口。

环网柜应能安全地进行下述各项工作：正常运行、检查、维护操作、主回路验电、安装和（或）扩建后的相序校核和操作联锁、连接电缆的接地、电缆试验、连接电缆或其他器件的绝缘试验以及消除危险的静电电荷等。

2 标准和规范

GB 311.1 绝缘配合 第 1 部分：定义、原则和规则

GB/T 1408.1 绝缘材料电气强度试验方法 第 1 部分：工频下试验

GB 1984 高压交流断路器

GB 1985 高压交流隔离开关和接地开关

GB 3804 3.6kV～40.5kV 高压交流负荷开关

GB 3906 3.6kV～40.5kV 交流金属封闭开关设备和控制设备

GB 4208 外壳防护等级（IP 代码）

GB/T 11022 高压开关设备和控制设备标准的共用技术要求

GB 11032 交流无间隙金属氧化物避雷器

GB/T 15166.2 高压交流熔断器 第 2 部分：限流熔断器

GB 16926 高压交流负荷开关熔断器组合电器

GB 50150 电气装置安装工程电气设备交接试验标准

DL/T 486 高压交流隔离开关和接地开关

DL/T 593 高压开关设备和控制设备标准的共用技术要求

DL/T 615 高压交流断路器参数选用导则

DL/T 728 气体绝缘金属封闭开关设备选用导则河南电网污区分布图

3 选型技术要求

（1）产品达到确保人身安全、质量可靠、环境适应性强、满足环保要求、尺寸较小、安装快速简便、经济性好、维护方便的功能。

（2）设备厂家具有较强的设备制造能力、研发能力、售后服务技术支持和积极的响应行动。

（3）具有可靠的设备历史运行记录。

（4）额定电压为 12kV，标准额定电流为 630A，主母排采用铜材料。

（5）技术参数符合相关标准（采购标准技术规范、国家标准、行业标准等），具有合格的型式试验和出厂试验报告。

（6）设备使用寿命不小于 20 年。设备其他部分的机械寿命和电气寿命符合相关规定。

（7）正常工作环境最高不超过 40℃，最低不低于－10℃。

（8）户外安装（环境条件比较恶劣的情况下）的环网柜原则上选用共箱式（气体绝缘）。户内安装的环网柜选用单元式（空气绝缘）或共箱式（气体绝缘）。

（9）可选用柜体为负荷开关柜、断路器柜、负荷开关＋熔断器柜、隔离开关＋SF_6 断路器关柜、隔离开关＋真空断路器柜、站用变柜等。

（10）类型、额定值、结构相同的所有可移开的部件、元件在机械和电气上应有互换性，各元件应符合各自的相关标准。

（11）设备短路电流水平应按电源侧变电站实际情况确定，但不宜小于 20kA/3s，条件许可时、特殊情况下可按 25kA/1s 选择。

（12）环网柜应分为负荷开关室（断路器）、母线室、电缆室等金属封闭的独立隔室，其中负荷开关室（断路器）、母线室和电缆室均有独立的泄压通道。所有开关柜体都应安装带电显示器，并且带二次核相孔。环网柜相序按面对环网柜从左至右排列为 A、B、C，从上到下排列为 A、B、C。

（13）负荷开关（断路器）应使用三工位开关，即"闭合""断开""接地"，具有闭锁功能，并能单独外加挂锁。

（14）柜体内各主要电气元件间隙应大于电气规定的最小安全距离。

（15）设备应可靠接地，设备保护接地及电气接地系统不易被破坏。

（16）选用的设备占用空间应比较小。可按如下所示参选：①对于气体绝缘柜：深 750mm、宽 500mm、高 1500mm；②对于空气绝缘柜：深 850mm、宽 500mm、高 2000mm；③对于断路器柜、母线设备柜和计量柜，宽度为 750mm。

（17）操动机构应比较灵活，开关操作三相同步，有与开关联动的相应操作位置指示，有安全的闭锁功能，机构不易锈蚀卡死；操动机构预留用于安装电机的空间；能够在母线带电的情况下，对操动机构进行维护和安装电机而不会对操作人员构成危险。

（18）具有较强的内燃弧耐受能力。可在额定短路电流下承受 0.3～0.5s 的内燃弧，而不对操作人员构成任何危险。

（19）柜体的防护等级要达到 IP4X，隔室间的防护等级要达到 IP2X；SF_6 柜、熔断器柜防护等级应达到 IP67。

（20）设备安装方便，在主母线电流不超过额定电流的条件下，具有比较灵活的单位扩展功能，并可根据客户实际需求，对各种柜体进行组合供给。

（21）智能化操作站原则上用电压互感器柜或站用变压器柜作为电源。未设置智能化操作站，断路柜的操作电源由本柜自行提供。

（22）环网柜内可根据需要设电加热器，对于手动控制的加热器，应在柜外设置控制开关，以进行其投入或切除操作。加热器应为常加热型，确保柜内潮气排出。

（23）能比较方便地通过电缆与其他电气设备连接存在多个厂家的电缆附件与之匹配。与设备连接可选截面积为 $35\sim400mm^2$ 的电缆，线材选铜芯，也可选铝芯。

（24）在给设备做试验时，能通过人工对柜门进行解锁（母线不带电时，在热备用状态打开柜门），完成设备的投运试验工作。

（25）有可视性的接地功能。

4 调整完善原则

（1）在恶劣环境中设置环网柜，其环网柜应为全封闭、免维护装置，保证环网柜的整体绝缘性，使开关装置具有极强的环境适应能力，并能防尘、防潮以及短时浸水等。

（2）具有较强的抗震性。

（3）可根据客户需要，进行特殊柜体设计。

（4）具有防止产生放电、生成臭氧的措施。

（5）与电缆连接的装置采用可触摸式电缆头，电缆头可短时浸水运行。

国网河南省电力公司电网设备选型技术原则

（避雷器）

1 总体技术要求

10kV 避雷器主要用于保护 10kV 电气设备或线路免受高瞬态过电压危害，并限制续流时间及续流幅值的电气装置，由非线性金属氧化物电阻片串联和（或）并联组成。

根据额定电压/残压值分为 17/45kV、17/50kV、13/40kV 三种；根据结构型式分为无间隙、带间隙、普通型、可装卸式，带间隙避雷器按间隙结构又分为纯空气间隙和带支撑件间隙；根据扩展功能分为带接地验电装置、不带接地验电装置；根据是否配置故障指示装置附件分为带脱离器、不带脱离器型式；按照连接方式分为固定式和插拔式；根据标称放电电流分为 5kA 和 10kA 两种。

2 标准和规范

IEC 60815　污秽条件下使用的高压绝缘子的选择和尺寸确定

GB 311.1　绝缘配合　第 1 部分：定义、原则和规则

GB/T 311.2　绝缘配合　第 2 部分：使用导则

GB/T 7354　局部放电测量

GB 11032　交流无间隙金属氧化物避雷器

GB/T 11604　高压电器设备无线电干扰测试方法

GB/T 16927.1　高电压试验技术　第 1 部分：一般定义及试验要求

GB/T 16927.2　高电压试验技术　第 2 部分：测量系统

GB/T 50064　交流电气装置的过电压保护和绝缘配合设计规范

GB 50150　电气装置安装工程　电气设备交接试验标准

JB/T 8177　绝缘子金属附件热镀锌层通用技术条件

JB/T 8952　交流系统用复合外套无间隙金属氧化物避雷器

JB/T 10492　金属氧化物避雷器用监测装置

DL/T 376　电力复合绝缘子用硅橡胶绝缘材料通用技术条件

DL/T 596　电力设备预防性试验规程

DL/T 768.7　电力金具制造质量钢铁件热镀锌层

DL/T 804　交流电力系统金属氧化物避雷器使用导则

DL/T 815　交流输电线路用复合外套金属氧化物避雷器

DL/T 1048　标称电压高于 1000V 的交流用棒形支柱复合绝缘子——定义、试验方法及验收规则

DL/T 1122　架空输电线路外绝缘配置技术导则

Q/GDW 370　城市配电网技术导则

Q/GDW 1813　配电网架空绝缘线路雷击断线防护导则

3　使用条件

3.1　正常环境使用条件

（1）周围空气温度：最高温度：+45℃。最热月平均气温：+30℃。年平均气温：+20℃。最低气温：−25℃（适用于户外安装）；−5℃（适用于户内安装）。最大日温差：30K。日照强度：$0.1W/cm^2$（风速 0.5m/s）。海拔：≤1000m。

（2）环境相对湿度（在 25℃时）：日平均值：95%。月平均值：90%。

（3）覆冰厚度：≤10mm。

（4）安装地点：户内/户外。

（5）污秽等级：≥D 级（户内）；≥E 级（户外）。

3.2　特殊环境使用条件

（1）凡是需要满足 3.1 条规定的正常环境条件之外的特殊使用条件，应由项目单位在招标文件中明确提出。

（2）对周围环境空气温度高于 45℃处的设备，其外绝缘在干燥状态下的试验电压应按要求进行温度校正。

（3）对用于海拔高于 1000m，但不超过 4500m 处的设备的外绝缘，海拔每升高 100m，绝缘强度约降低 1%，在海拔高于 1000m 的地点试验时，其试验电压应按要求进行海拔校正。

4　选型技术要求

（1）站室设备（含环网单元及箱式变电站设备）和架空线路设备的保护，一般选用复合外套无间隙金属氧化物避雷器（简称无间隙避雷器）保护，其中柱上配电变压器保护宜选用插拔式避雷器；架空线路导线保护一般选用复合外套串联外间隙金属氧化物避雷器（简称外间隙避雷器）。

（2）一般地区避雷器本体爬电距离不小于 372mm，沿海、严重污秽区域及高海拔地区避雷器可加大外绝缘爬电距离。

（3）避雷器本体外绝缘耐受雷电冲击 75kV 正、负极性 15 次，工频干耐受 40kV、湿耐受 30kV、1min。

（4）多雷的山区、河流湖叉区域等故障不易查找、处理的架空线路避雷器的标称放电电流可选 10kA。

（5）避雷器电阻片棒芯金属端头宜采用铝合金材料，接线端子及外间隙电极应采用不低于 A2-70 类的不锈钢材料。

（6）架空线路无间隙避雷器与绝缘线路连接，一般配置预制绝缘引线或绝缘罩防护。预制的绝缘引线或绝缘罩内不应积水，应避免积水对引线及接线端子的腐蚀。

（7）避雷器复合外套硅橡胶材质应符合国家、行业有关标准，复合外套表面单个缺陷面积（如缺胶、杂质、凸起等）不应超过 $10mm^2$，深度不大于 1mm，凸起表面与合缝应清理平整，凸起高度不得超过 0.8mm，粘接缝凸起高度不得超过 1.2mm，总缺陷面积不应超过复合外套总表面的 0.2%。

（8）在鸟害区域，复合外套避雷器硅橡胶材料应采取防鸟啄食的配方。

（9）站室保护避雷器。

1）变电站、开关站及配电室内避雷器应选用电站型无间隙避雷器。

2）环网单元或箱式变电站可选用分离型或外壳不带电型避雷器。

（10）架空线路设备保护避雷器。

1）柱上配电变压器、柱上负荷开关和柱上断路器（动断开关的避雷器应装在电源侧，动合开关的避雷器应装在两侧）、柱上动合隔离开关（避雷器应装在两侧）、柱上电缆终端、线路调压器、线路末端（末端无设备时）配置配电型无间隙避雷器。

2）架空线路设备保护复合外套避雷器伞裙宜采用大小伞裙外形。

3）有成熟运行经验的地区，可采用带脱离器的无间隙避雷器，脱离器应采用金属外壳热爆型。

4）用于柱上变压器台区等水平安装并起支撑作用的防雷避雷器，一般采用等径伞裙，避雷器接地梗横向应能耐受 2kN 试验负荷 10s，并不造成损坏。

（11）架空线路导线保护避雷器。

1）多雷区域保护架空线路导线（含绝缘导线、裸导线）避雷器应选用外间隙避雷器，保证避雷器与线路绝缘子之间伏秒特性曲线的配合。

2）多雷区域变电站馈出架空绝缘线路 1km 范围内、继电保护无法保护到的架空绝缘长线路末端、林区、临近居民区或带有重要负荷的架空绝缘线路，应采用外间隙避雷器保护。同杆多回 10kV 架空绝缘配电线路亦应采用外间隙避雷器保护。

3）多雷区域跨越高等级公路、铁路、河流等大档距线路宜采用外间隙避雷器保护。

4）外间隙避雷器安装的金具表面应热镀锌，锌层厚度应符合 DL/T 768.7 的规定。

5 技术参数

架空线路设备保护避雷器一般选用额定电压 17kV，避雷器持续运行电压 13.6kV，标称放电电流 5kA，雷电冲击电流残压不大于 50kV，操作冲击电流残压不大于 42.5kV，陡波冲击电流残压不大于 57.5kV。

5.1 交流避雷器的技术参数（见表 5-25）

表 5-25　10kV 氧化锌避雷器技术参数表

名　　称	电站型	配电型
额定电压（kV）	17	17
持续运行电压（kV）	13.6	13.6
直流 1mA 参考电压（kV）	≥24	≥25
标称放电电流（kA）	5/10	5/10
0.75 倍直流 1mA 参考电压下漏电流（μA）	≤50	≤50
额定频率（Hz）	50	50
工频参考电压（kV）	≥17	≤17
5kA 雷电冲击电流下残压（峰值，不大于）（kV）	≤45	≤50

表 5-25（续）

名　　称		电站型	配电型
操作冲击电流下残压（峰值，不大于）(kV)		≤38.3（250A）	≤42.5（100A）
5kA 陡波冲击电流下残压（峰值，不大于）(kV)		≤51.8	≤57.5
2ms 方波通流能力（18 次）(A)		75	75
大电流冲击耐受能力（4/10μs）2 次（kA/次）		65	65
长持续时间冲击电流耐受能力，2ms 方波冲击电流（峰值）(A)		150	75
额定短路耐受电流能力	大电流（0.2s）(kA)	16	
	小电流（A）	800	
工频电压耐受时间特性	4/10μs 大电流冲击耐受（1 次）(kA)	65	65
	暂时过电压曲线时间范围为 0.1s～20min，对于使用在无清除接地故障装置的中性点接地系统或谐振接地系统，时间应扩大到 24h		
复合绝缘外套雷电冲击耐压 (kV)		75	75
复合绝缘外套工频耐压 (kV)		42（干）/30（湿）	42（干）/30（湿）
密封试验方法及结果（复合外套）		符合 JB/T 8952 要求	符合 JB/T 8952 要求
耐污能力（等效爬电比距）(mm/kV)		25	25
最大局部放电量 (pC)		10	10
最大无线电干扰电压 (μV)		500	500
动作负载	电压分布不均匀系数	计算值应 ≤1+0.15H（H 为避雷器高度）	计算值应 ≤1+0.15H（H 为避雷器高度）
	加速老化试验的荷电率（%）	$U_{ct}×2/U_1$ mADC	$U_{ct}×2/U_1$ mADC
	4/10μs 大电流冲击（2 次）(kA)	65	65
机械强度（底座应考虑在内）	引线最大允许水平拉力 F_1 (N)	147	147
	拉伸负荷试验（仅对悬挂式适用）(N)	避雷器自重的 15 倍，1min	避雷器自重的 15 倍，1min
电蚀损和漏电起痕（仅适用于复合外套避雷器）		符合 JB/T 8952 要求	符合 JB/T 8952 要求
热机和沸水煮（仅适用于复合外套避雷器）		符合 JB/T 8952 要求	符合 JB/T 8952 要求
复合外套缺陷情况（仅适用于复合外套避雷器）		符合 JB/T 8952 要求	符合 JB/T 8952 要求
是否带计数器		不带	不带
是否带电流表		不带	不带
是否带脱离器		不带	带/不带
是否带接地验电装置		不带	带/不带
是否带外间隙		不带	带/不带

5.2 耐污秽性能

（1）户外用避雷器外套的最小公称爬电比距，一般 c 级污秽等级地区不小于 25mm/kV、d 级以上污秽等级地区不小于 31mm/kV。最小电气距离不小于 200mm。

（2）伞裙的伸出长度、伞间距应符合 IEC 60815 规定。

（3）避雷器伞裙造型应合理，避雷器运行中不应发生闪络。

（4）Ⅲ级及以上污秽等级地区用避雷器应做人工污秽试验。

5.3 密封结构

避雷器应有可靠的密封结构，在其寿命期内，不应因为密封不良而影响运行性能，具体密封试验应采用有效的试验方法进行。

5.4 复合外套

复合外套避雷器应通过规定程序的起痕和电蚀损试验，复合绝缘材料应进行材料性能试验，并满足相关性能的要求。

5.5 接地螺栓

避雷器应装设满足接地热稳定电流要求的接地极板或接地端子，并配有连接接地线用的接地螺栓，螺栓的直径不小于 8mm。

5.6 绝缘底座

避雷器底部若有绝缘底座，其爬电距离不应计及绝缘底座的长度，但验证避雷器的机械强度时，必须连同绝缘底座一并考核。

5.7 铭牌

避雷器铭牌应符合国家标准的要求，铭牌用耐腐蚀材料制成，字样、符号应清晰耐久，铭牌应在正常运行和安装位置明显可见。

铭牌内容应包括持续运行电压、额定电压、直流 1mA 参考电压、额定频率、标称放电电流、额定短路耐受电流能力、制造厂名或商标、避雷器型号和标志、制造年月及编号等。

5.8 镀锌件

避雷器所有镀锌件应符合 JB/T 8177 的规定。

5.9 脱离器

悬挂式避雷器若加装脱离器，脱离器应按 GB 11032 的要求试验。

5.10 电气一次接口

（1）采用高位布置，安装在支架上，用螺栓与支架固定，并有专用接地连线与地网可靠连接。

（2）避雷器的底座安装尺寸根据现场情况确定。

5.11 土建接口

避雷器安装在支架上，具体方式根据现场情况确定。

国网河南省电力公司电网设备选型技术原则

（熔断器）

1 范围

本标准规定了 10kV 户外跌落式、喷射式熔断器的选型原则及技术要求等内容。本标准适用于河南省电力公司系统各单位。

2 标准和规范

GB 311.1　绝缘配合　第 1 部分：定义、原则和规则

GB/T 772　高压绝缘子瓷件技术条件

GB/T 2900.20　电工术语高压开关设备

GB/T 4585　交流系统用高压绝缘子的人工污秽试验

GB/T 11022　高压开关设备和控制设备标准的共用技术要求

GB/T 16927.1　高电压试验技术　第 1 部分：一般定义及试验要求

GB/T 19519　架空线路绝缘子　标称电压高于1000V交流系统用悬垂和耐张复合绝缘子定义、试验方法及接收准则

GB/T 26218.1　污秽条件下使用的高压绝缘子的选择和尺寸确定　第 1 部分：定义、信息和一般原则

DL/T 593　高压开关设备和控制设备标准的共用技术要求

DL/T 640　户外交流高压跌落式熔断器及熔断件订货技术条件

DL/T 5220　10kV 及以下架空配电线路设计技术规程

3 选型技术要求

3.1 使用环境条件

（1）海拔：≤1000m。

（2）最高环境温度：+45℃。

（3）最低环境温度：−25℃。

（4）日照强度：0.1W/cm^2（风速：0.5m/s）。

（5）最大日温差：25K。

（6）相对湿度：日平均值不大于 95%，月平均值不大于 90%。

（7）最大风速：35m/s（风速是指离地面 10m 高的 10min 平均风速）。

（8）荷载：同时有 10mm 覆冰和 17.5m/s 的风速。

（9）耐地震能力：地面水平加速度 0.2g；垂直加速度 0.1g。采用共振、正弦、拍波试验方法；激振 5 次，每次 5 波，每次间隔 2s。安全系数不小于 1.67。

（10）系统额定频率：50Hz。

（11）外绝缘爬电比距：Ⅲ级及以下污区不小于 25mm/kV；Ⅳ级及以上污区不小于 30mm/kV。

（12）安装地点：户外。

3.2 技术要求

3.2.1 总体要求

（1）熔断器在电力系统中主要用于配电变压器的主保护，变压器高压端短路保护、过载及隔离电路作用。

（2）喷射式熔断器集喷射式和跌落式优点于一体，通过良好的设计，保证出现故障时自动跌落；不再增加额外的喷射罩，而是通过熔体的内部设计，靠燃弧产生的气体喷射，增加跌落的可靠性。熔体和触头采用纯铜材质镀纯银，出头之间采用球形接触面，接触面积不小于 $800mm^2$，保证接触电阻小于 $100\mu\Omega$。

（3）可对架空配电系统提供过流和短路保护，快速切断故障电流。

（4）同型号、同规格熔断器的安装尺寸应统一，相同部件、易损件和备品、备件应具互换性。

（5）熔丝应有多种熔化速率可供选择，以满足不同配合需要。

（6）熔丝应防止电流的热冲击、震动及老化等。

（7）熔断器的金属安装支架应有提供接地用的端子，接触面应是防腐金属面，并有不小于 M12 的紧固件。熔断器应有良好的机械稳定性，应能承受 500 次连续合分操作，并不得有变形。采用结实牢固的铜铸件，保证开合的可靠性，避免合闸时熔断件左右晃动。

（8）熔断器的结构必须保证安装后，熔管与铅垂线夹角为 15°～30°，熔丝器动作后应自动跌落到正常位置。

（9）熔断器可动接触部位应有良好的导电性能，上、下端触头经镀银氧化处理、弹簧加载，或采用直接插入式接线端子。上、下引线的接线避免采用铜铝鼻子过渡，以防断裂。

（10）采用新型材料的熔管和非有机材料的管壁消弧材料，熔管应不吸潮、不变形、开断容量大、抗紫外线、防老化。

（11）断体承受不小于 60N 的净拉力。当熔体采用低熔点合金时，应采取防止热延伸的措施。

（12）采用向下排气结构，避免游离气体对线路造成威胁。

（13）熔断件更换及拆卸简单方便，无需仔细对位和调整。

（14）户外 400kVA 及以下配电变压器宜选用全封闭喷射式熔断器，户外 400～800kVA 配电变压器、1000kVA 及以下分支线路宜选用带开合负荷电流装置的负荷熔断器，超过此容量建议选用断路器。

（15）偏远山区和重污染地区宜选用硅橡胶复合材料的熔断器。

（16）配电变压器熔丝的选择宜按下列要求进行：①容量在 100kVA 及以下者，高压侧熔丝按变压器额定电流的 2～3 倍选择；②容量在 100kVA 及以上者，高压侧熔丝按变压器额定电流的 1.5～2 倍选择。

（17）熔断器包括普通熔断器和负荷熔断器两种类型，负荷熔断器指配备灭弧装置，具备拉、合额定电流功能的熔断器。

（18）熔断器等级应选择 B 级。

（19）有高压电机、电弧炉等大冲击电流的负荷，不应安装跌落式及喷射式熔断器。

（20）熔断器宜采用产气向下喷射型。

（21）熔断器选型时，熔体应与载熔件及熔断器底座相匹配，100A 及以下熔体选用 100A 额定电流的载熔件及熔断器底座，100A 以上熔体选用 200A 额定电流的载熔件及熔断器底座。

（22）瓷质绝缘件采用白色，复合绝缘件采用浅灰色。

（23）熔断器所有紧固件应有防松装置。其中预留用于进、出线接线的紧固件，要求采用不锈钢螺栓和法兰面螺母（不低于 A2-70），以便于带电作业安装、拆卸引线。

（24）同型号、同规格熔断器的安装尺寸应统一、载熔件应具有互换性，相同部件、易损件和备品、备件应具互换性。

（25）熔断器触头应接触良好，用螺纹紧固的固定导电联结处应有防松件；可转动接触部位应有良好的导电性能，电气接触部位应涂有导电膏。

（26）熔断器载熔件的上端应有能用绝缘操作杆进行合分操作的结构，下端应有用绝缘操作杆装上或取下载熔件的结构。

（27）关于熔断器选用的特殊条件的分级，见 GB/T 15166.3—2008 中第 3 章和第 10 章。

（28）对用于电容器外保护和变压器回路的熔断器分别见 GB/T 15166.4 和 GB/T 15166.6。

（29）本原则涉及负载电流开合（指负荷熔断器），但不涉及关合故障能力。

（30）熔断器各铁件均应热镀锌，锌层厚度不小于 80μm。

（31）熔断器的铜铸件，其材质要求为硅黄铜 H65（含铜量 62%～65%）及以上。

（32）导电片应采用材质 T2 及以上，其中上、下触头导电片厚度不小于 2mm。导电片、上、下触头导电接触部分均要求镀银，且厚度不小于 3μm。

（33）熔断器应选用不锈钢丝（S30408）弹簧，保证上动、静触头接触良好，并保持持久的紧压力。

（34）负荷熔断器灭弧辅助触头应采用 S30408 不锈钢材质，辅助回路灭弧罩材质应采用高强度阻燃绝缘材料。

（35）熔断器的绝缘瓷件，其技术要求应符合 GB/T 772 的规定。

（36）熔断器的绝缘瓷件当选用复合材料时，应通过不低于 1000h 阳光辐射老化试验，具有憎水性、自洁、抗紫外线、不受气候影响蚀化的性能。复合绝缘子件的技术要求应符合 GB/T 19519 的规定。

3.2.2 技术参数（见表 5-26）

表 5-26 熔断器技术参数

名　　称		熔断器技术参数值
额定电压（kV）		12
额定频率（Hz）		50
额定电流（熔件）对 K 形和 T 形的熔断件	优先的额定值（A）	3、6、8、10、12、15、20、25、30、40、50、65、80、100
	中间的额定值（A）	8、12.5、31.5、50、80、125
	6.3A 以下额定值（A）	1、2、3.15、4、5

表 5-26（续）

名　　称		熔断器技术参数值
额定电流（底座）（A）		100/200
额定开断电流（kA）		12.5，16
额定工频 1min 耐受电压	断口（kV）	48
	对地（kV）	42
1min 工频湿耐受电压	断口（kV）	36
	对地（kV）	30
额定雷电冲击耐受电压（1.2/50s）峰值	断口（kV）	85
	对地（kV）	75
额定开合负荷电流		负荷熔断器应能开合额定电流及 1.3 与 0.05 倍额定电流值
主回路电阻（μΩ）		<300（<100 喷射式）
爬电距离（mm）		372
外绝缘		瓷绝缘/复合绝缘
机械稳定性（次）		≥1000
使用寿命（不小于）（年）		≥20

3.2.3　温升限值

熔断器的底座、载熔件和熔断件应当持续承载额定电流，而不超过表 5-27 中规定的温度和温升限值。即使熔断件的额定电流等于预定装入此熔断件的载熔件的额定电流，也不应超过这些限值。

表 5-27　组件或材料的温度和温升限值

组 件 或 材 料	最大值	
	温度（℃）	温升（K）
A．空气中的触头		
1．用弹簧压紧的触头（铜和铜合金）	75	35
—裸的		
—镀银或镍的	105	65
—镀锡的	95	55
—其他镀层	a	
2．用螺栓或其他等效方法连接（铜、铜合金和铝合金）		
—裸的	90	50
—镀锡的	105	65
—镀银或镍的	115	75
—其他镀层	a	

252

表 5-27（续）

组 件 或 材 料	最大值	
	温度（℃）	温升（K）
B. 空气中用螺栓紧固的接线端子 一裸的	90	50
一镀银、锡或镍的	105	65
一其他镀层	a	
C. 作为弹簧的金属部件	b	
D. 用作绝缘的材料和同下列等级绝缘接触的金属部件	90	50
一Y 级	100	60
一A 级	120	80
一E 级	130	90
一B 级	155	115
一F 级	100	60
漆：油基的	120	80
合成的	180	150
一H 级	c	
一其他级	90	50
	100	60

a 如果制造厂采用本表中未列出的镀层，则应考虑这些材料特性。

b 温度或温升不应达到损害金属弹性的数值。

c 要求仅限于不对周围部件产生任何损伤。

3.2.4 熔断件选型方法

（1）熔断件额定电流选择原则：

1）被保护的电力线路及设备正常和可能的过载电流。

2）保护变压器、电动机、电容器等应考虑回路可能出现的涌流对熔断件的影响。

3）与其他保护设备的保护特性相配合。

4）配电系统中同一线路及设备采用熔断器保护时，通常选择同型号熔断件。

5）熔断器外壳或其他可能影响熔断件温度的冷却条件的改变。

（2）用于配电变压器保护的熔断件，其选择要求应满足 GB/T 15166.6；用于电容器保护的熔断件要求应满足 GB/T 15166.4。

（3）保护配电变压器用的熔断件内，熔体类型应采用熔化速率为 6～8 的 K 形快速熔件，制造厂应提供有效时间—电流特性曲线试验报告。

（4）熔断件内熔体的时间—电流特性曲线应当标明：

1）弧前时间或动作时间。

2）至少在 0.01～300s 或 600s（熔断件额定电流大于 100A，取 600s）范围内的时间和预

253

期对称电流有效值之间的关系。

3）曲线所适用的熔断件的类型、额定值和速率标识。

4）曲线表示的时间和电流的平均值，试验电流的实际值应当处于曲线两侧电流值的±10%范围内。上述公差的适用范围是 0.01～300s 或 600s（熔断件额定电流大于 100A，取 600s）。

（5）熔断件的额定电流应根据配电网运行规程，按被保护变压器高压侧额定电流选择。

（6）熔断件内熔体应采用纯银或高纯度（银含量大于 95%wt）合金材质。

（7）载熔件由无碱玻璃纤维纱浸渍环氧树脂溶液沿轴向 50°～60°倾角进行缠绕、烘培固化而成；内消弧管应采用聚酯材料等高性能材质，保证低过载开断时具有良好的消弧效果。

（8）熔断件应有高强度的拉紧丝，拉紧丝与熔体两端应可靠压接或焊接，为熔体提供可靠的机械强度。

国网河南省电力公司电网设备选型技术原则

（柱上断路器）

1 范围

本原则规定了 10kV 柱上开关的选型原则、技术参数及要求等。

本原则规定了额定电压为 10kV，额定频率为 50Hz，额定电流为 630A 的 12kV 柱上断路器。

2 标准和规范

GB 311.1　绝缘配合　第 1 部分：定义、原则和规则

GB 1984　高压交流断路器

GB 1985　高压交流隔离开关和接地开关

GB/T 2900.1　电工术语基本术语

GB/T 2900.19　电工术语高电压试验技术和绝缘配合

GB/T 2900.20　电工术语高压开关设备

GB/T 3804　3.6kV～40.5kV 高压交流负荷开关

GB 4208　外壳防护等级（IP 代码）

GB/T 4585　交流系统用高压绝缘子的人工污秽试验

GB/T 7261　继电保护和安全自动装置基本试验方法

GB/T 11022　高压开关设备和控制设备标准的共用技术要求

GB/T 22071.1　互感器试验导则　第 1 部分：电流互感器

GB/T 22071.2　互感器试验导则　第 2 部分：电磁式电压互感器

DL/T 402　高压交流断路器

DL/T 403　12kV～40.5kV 高压真空断路器订货技术条件

DL/T 486　高压交流隔离开关和接地开关

DL/T 593　高压开关设备和控制设备标准的共用技术要求

DL/T 615　高压交流断路器参数选用导则

DL/T 844　12kV 少维护户外配电开关设备通用技术条件

Q/GDW 152　电力系统污区分级与外绝缘选择标准

3 选型技术要求

3.1 使用条件

3.1.1 正常使用条件

（1）本标准所规定的负荷开关和断路器，应满足下列环境条件使用：最高气温：＋45℃。最热月平均气温：＋30℃。最低气温：－25℃。最大日温差：25K。日照强度：0.1W/cm²（风

速 0.5m/s）。

（2）海拔高度：≤1000m。

（3）环境相对湿度（在 25℃时）。日平均值：95%，月平均值：90%。

（4）地震烈度：Ⅷ度。地面水平加速度：＜3.0m/s^2。地面垂直加速度：＜1.5m/s^2。

（5）覆冰厚度：≤10mm。

（6）最大风速：35m/s。

（7）安装地点：户外。

（8）污秽等级：Ⅳ级。

3.1.2 特殊使用条件

（1）凡是需要满足 3.1.1 条规定的正常环境条件之外的特殊使用条件，应由项目单位在招标文件中明确提出。

（2）特殊环境条件下，还应符合以下规定：

1）柱上断路器户外安装时，适用最低环境温度为－25℃，超出此值时，由项目单位在招标文件中明确提出。

2）在较高环境温度或高海拔环境下的温升和冷却，应满足 GB 3804 和 GB 1984 的要求。

3）在海拔不小于 1000m 环境下的外绝缘，应满足 GB 3804 和 GB 1984 的要求。

3.1.3 系统条件要求

（1）系统标称电压：10kV。

（2）设备额定电压：12kV。

（3）系统额定频率：50Hz。

（4）系统中性点接地方式：不接地、经低电阻或消弧线圈接地。

3.2 技术原则

3.2.1 12kV 柱上断路器技术要求

（1）额定电流 630A，额定短路开断电流应按电源侧变电站实际情况确定，但不应小于 16kA。

（2）结构型式。

1）断路器应具有良好的密封、防潮和防凝露性能。

2）壳体材质应采用厚度不小于 3mm、性能不低于 S30408 牌号的不锈钢或其他耐腐蚀材质，壳体防护等级应不得低于 GB 4208 规定的 IP65。壳体应具备防止锈蚀的有效措施。

3）壳体应设置 4 个吊环，吊环位置应位于壳体两侧，并对称布置。

4）断路器箱体上应有在地面易观察的、明显的分、合闸位置指示器，并采用反光材料，指示器与操动机构可靠连接，指示动作应可靠。

5）断路器的绝缘套管宜采用抗紫外线能力强、具有憎水性等性能的复合绝缘材料或防污型瓷式绝缘子，伞裙宜采用大、小伞裙交替结构，截面积不小于 300mm^2。

6）断路器外壳应有与接地体连接的部件，接地螺栓应不小于 M12，接地点应标有"接地"字样或其他接地符号，螺栓、螺母及垫片应采用耐腐蚀材料。

7）断路器加装的隔离开关应有明显可见的断口，并可靠联锁，满足"五防"要求；隔离开关应三相联动，操作手柄可在断路器的两侧进行操作，且操作角度可调。

8）导电部分与接地体的净空距离不小于 200mm。

（3）操动机构。

1）断路器可采用弹簧操动机构。

2）操动机构应具有良好的防锈蚀功能，采用空气绝缘的断路器，其操动机构宜内置。

3）操动机构可进行电动和手动操作，并具有防跳跃功能。

4）断路器应能在 10mm 厚的覆冰下可靠分断和关合。

5）操动机构应安装在防潮、防尘、防锈的密封壳体中，使用长效润滑材料。

6）操动机构应能够进行电动和手动储能合闸、分闸操作。

（4）操作电压及自动化接口。

1）当电源电压不大于额定电源电压的 30% 时，合闸脱扣器不应脱扣（用电容器储能的永磁操动机构除外）。并联合闸脱扣器在合闸装置额定电源电压的 85%～110% 范围内，交流时在合闸装置的额定频率下，应可靠动作。

2）当电源电压不大于额定电源电压的 30% 时，并联合闸脱扣器不应脱扣（当永磁操动机构储能元件的电压不大于其额定电压的 30% 时，合闸脱扣器不应脱扣）。

3）断路器应预留自动化接口。

（5）同型号真空断路器所配用的灭弧室，其安装方式、端部联结方式及联结尺寸应统一。

（6）真空断路器灭弧室的外绝缘可采用干燥空气或复合绝缘材料。

（7）真空断路器应装设记录操作次数的计数器。

（8）真空断路器应采用操动机构与本体一体化的结构。

（9）真空灭弧室应与型式试验中采用的一致。

（10）真空灭弧室允许储存期不小于 20 年，出厂时灭弧室真空度不得小于 1.33×10^{-3}Pa。在允许储存期内，其真空度应满足运行要求。

（11）真空灭弧室在出厂时应做"老炼"试验，并附有报告。

3.2.2 隔离开关（如果有）

（1）隔离开关的结构应简单。在规定的使用条件下，应能承受运行和操作时出现的电气及机械应力，而不损坏和误动。应能防止从合闸位置脱开，或从分闸位置合闸。

（2）每组隔离开关应为三相式，由三个独立的单相组成。隔离开关的全部绝缘子均应是高质量的实芯支柱绝缘子。

（3）隔离开关可根据用户需要，安装在水泥杆、铁架上，并可提供水平、垂直等多种安装方式。

（4）本体及其所配的螺栓、螺母及垫片，全部采用热镀锌工艺或不锈钢材料。转动部位采用密封处理，以确保润滑系统不受灰尘污染。

（5）隔离开关及操动机构的安装尺寸应统一，相同部件、易损件和备品、备件应具互换性。

（6）组装好的每相隔离开关应能耐受持续组合荷载和短时组合荷载。

（7）主接线端子板与线夹间接触表面的金属层应相同。

（8）隔离开关的触头应设计成在正常变化范围内，其接触压力保持不变。触指应具有足够的压力。

（9）触头弹簧应是防锈的，且不应通过电流。

（10）在不进行机械调整、维修或更换部件的情况下，隔离开关的机械寿命应不少于 2000 次分合操作。

（11）开关一侧带连体隔离开关的，要求隔离开关与断路器之间具有机械联锁装置；隔离开关应为三相联动，要求所有隔离开关触头和转动部分具有防雨措施。

（12）与电缆头或导线连接的端子，其截面除应满足额定电流外，连同支持绝缘子，均应能承受隔离开关的峰值耐受电流和短时耐受电流。

（13）隔离开关应能在 10mm 厚的结冰下分断和关合。

（14）开关机构应带有反光指示分合闸位置，方便操作人员的夜间操作。

（15）隔离开关的底座上，应装设 2 只防锈的导电性能良好、直径不小于 12mm 的接地螺栓。

（16）铭牌能耐风雨、耐腐蚀，保证使用过程中清晰可见。铭牌内容符合相关标准要求。

3.2.3　配电自动化配套与接口配置

（1）电压互感器，采用外置式，与弹簧机构、永磁机构配套时，电压比 10/0.22kV，额定容量不小于 150VA；短时容量不小于 300VA/10s；与电磁机构开关配套时，电压比 10/0.22kV，额定容量不小于 150VA，短时容量不小于 3000VA/1s。有配电自动化建设需求的开关，应在两侧各配置一只电压互感器。

（2）相电流互感器采用内置式，变比根据负荷情况决定，额定容量不小于 2.5VA，一次电流小于 $2I_n$ 时，精度 1 级；一次电流为 $2\sim10I_n$ 时，二次输出保持线性且不饱和。配置 A、C 两相电流互感器，需具有防 TA 开路设计。

（3）零序电流互感器，变比 20/1，额定容量不小于 1VA，一次电流 $0\sim60A$ 时，二次输出保持线性，一次电流大于 60A 时，二次输出不小于 3A。在通过三相平衡电流时无输出，需具有防 TA 开路设计。

（4）断路器应采用一、二次融合开关，或者预留 26 芯航空插座，作为与配电终端（FTU）的接口。26 芯航空插座定义要求与配电终端要求一致。航空插座配置有绝缘密封罩，保护接口。

3.3　选型原则

（1）用于配电线路大分支或用户的投切、控制、保护，应优先选择技术成熟、工艺可靠的 12kV 柱上断路器。

（2）12kV 柱上断路器的选型原则按 GB 1984 中第 8 章中的规定执行。

3.4　主要技术参数（见表 5-28）

表 5-28　10kV 柱上断路器技术参数表

名　称		标准参数值
断路器	系统标称电压（kV）	10
	额定电压（kV）	12
	雷电冲击耐受电压（kV）	相对地 75、断口 85
	1min 工频耐压（kV）	相对地 42、断口 48

表 5-28（续）

名　　称		标准参数值
断路器	额定频率（Hz）	50
	额定电流（A）	630
	额定短路开断电流（kA）	应按电源侧变电站实际情况确定，但不应小于 16
	额定短时耐受电流（kA）	应按电源侧变电站实际情况确定，但不应小于 20
	额定短时耐受电流持续时间（s）	4
	额定峰值耐受电流（kA）	40、50
	额定短路开断电流开断次数（次）	>30（真空开关） >20（SF$_6$ 开关）
	机械稳定性（次）	>10000（真空开关） >5000（SF$_6$ 开关）
	温升试验电流（A）	$1.1I_r$
	分、合闸不同期（ms）	≤2
	弹跳时间（ms）	≤2
	主回路电阻<300μΩ（μΩ）	80
	外绝缘爬电距离（mm）	372
	使用寿命（年）	不小于 20
操动机构	操动机构型式或型号	弹簧/永磁
	操作方式	手动和电动
	电动机电压（V）	DC：24、48、110、220 AC：110、220
隔离开关	系统标称电压（kV）	10
	额定电压（kV）	12
	雷电冲击耐受电压（kV）	相对地 75、断口 85
	1min 工频耐压（kV）	相对地 42、断口 48
	额定频率（Hz）	50
	额定电流（A）	630/1250
	额定短时耐受电流及持续时间（kA/s）	16、20/4
	额定峰值耐受电流（kA）	40、50
	温升试验电流（A）	$1.1I_r$
	外绝缘爬电距离（mm）	372
	主回路电阻（μΩ）	80
	机械稳定性（次）	≥3000
电流互感器 （配零序）	数量（只）	3
	准确级	0.5/5P20

表 5-28（续）

名 称		标准参数值
电流互感器（配零序）	二次负荷（VA）	2.5
	二次绕组对地工频耐压（V/min）	2000/1
	零序电流互感器	20/1
电压互感器	数量（只）	1
	额定电压比	10/0.1/0.22
	准确级	0.5
	容量（VA）	10/0.1 绕组，30VA；10/0.22 绕组，满足产品功耗要求，由投标人提供
	安装方式	外置
	自动化配置	预留 FTU 接口
	外壳防护等级	不低于 IP55
一、二次设备连接设计	控制连接方式	开关本体配置 26 芯航空接插插件
	辅助接点容量	AC250V、15A
控制器要求	整定及显示	控制器应具有零序电流定值、接地动作延时相间动作电流定值和相间短路动作时间定值的设定功能，且定值分档满足现场使用需求。自我诊断，LED 显示
	检测功能	故障电流检测、故障电流计数、复位功能、过流记忆功能、定值设定功能、涌流抑制功能、状态指示功能。起动电流、复位时间、动作记忆次数，可多单位调节
	逻辑判断	故障电流（零序、相间过流）应超过额定起动电流
	内置直流电源要求	在 TV 损坏或失电 96h 内，保证自动分段器设备的自动分断/保护功能的实现
	控制器外壳	防锈、防尘、防霉和抗老化性能，IP54
	接口	与本体连接采用航空插接件，户外连接电缆具备 TA 防开路装置，允许 10kV 线路带电带负荷情况下更换控制器
	自动化要求	提供异步 RS232/RS485 通信接口
	维护工具	维护软件采用中文界面，能查看实时数据和查询导出历史数据

国网河南省电力公司电网设备选型技术原则
（架空导线）

1 总体技术要求

常规架空线路所选用的导线按其结构分为裸铝绞线、钢芯铝绞线、架空绝缘线三大类。其中架空绝缘线按电压等级可分为 10、0.4kV，根据线芯结构又可分为架空绝缘铝绞线和架空绝缘钢芯铝绞线。为简化杆型选择、施工备料、运行维护，集中统一，架空配电线路导线根据不同的供电负荷需求进行归并，主干线采用 185、240mm^2 等两种截面的导线，分支线采用 70、120mm^2 等两种截面导线。架空绝缘导线 JKL（G）YJ 宜使用在出线走廊拥挤、树线矛盾突出、人口密集的城镇区域；乡村、山区等空旷地区原则上采用裸导线 LGJ，架空绝缘线 JKLYJ10（1）-1×35 只应用于小电流设备的引流线。

2 标准和规范

GB/T 1179　圆线同心绞架空导线

GB/T 2951　电缆绝缘和护套材料通用试验方法

GB/T 3048　电线电缆电性能试验方法

GB/T 3428　架空绞线用镀锌钢线

GB/T 3953　电工圆铜线

GB/T 3955　电工圆铝线

GB/T 3956　电缆的导体

GB/T 4909　裸电线试验方法

GB 6995　电线电缆识别标志

GB/T 12706　额定电压 1kV（U_m＝12kV）到 35kV（U_m＝40.5kV）挤包绝缘电力电缆及附件

GB/T 14049　额定电压 10kV 架空绝缘电缆

JB/T 8137　电线电缆交货盘

YB/T 5004　镀锌钢绞线

DL/T 5220　10kV 及以下架空配电线路设计技术规程

Q/GDW 180　66kV 及以下架空电力线路设计技术规定

3 选型技术要求

配电线路应采用多股绞合导线，其技术性能应符合 GB/T 1179、GB/T 14049 等规定。其机械强度应符合设计规程规定。裸铝绞线和钢芯铝绞线的安全系数不小于 2.5（重要地段不小于 3.0），架空绝缘导线的安全系数不小于 3.0，其悬挂点的安全系数不得小于导线使用安全系数的 0.9 倍。

10kV 及以下架空电力线路，遇下列情况应采用架空绝缘铝绞线，当使用档距超过 60m 宜采用架空绝缘钢芯铝绞线：①线路走廊狭窄，与建筑物之间的距离不能满足安全要求的地段；②高层建筑邻近地段；③繁华街道或人口密集地区；④线路保护区内及邻近区域异物碰线风险；⑤空气严重污秽地段；⑥线路保护区内及邻近区域存在建筑施工现场。其他区域考虑运行可靠性和安全性，宜采用架空绝缘导线。

配电线路导线截面主干线的宜根据正常运行方式下的负荷按经济电流密度进行选择，并按最大运行方式下的负荷，检验导线的长期允许载流量和允许电压降。

采用允许电压降校验时，中压绝缘配电线路，自供电的变电站二次侧出口至线路末端变压器或末端受电变电站一次侧入口的允许电压降为供电变电站二次侧额定电压的 5%。

校验导线的载流量时，裸铝绞线，钢芯铝绞线的允许温度采用＋70℃，架空绝缘线 XLPE 绝缘的导线的允许温度采用＋90℃。

根据总体技术要求，设计选型时，应按使用条件进行计算后，在表 5-29～表 5-34 所列型号内选取。

表 5-29　10kV 钢芯铝绞线 LGJ 技术参数表（等同于 JL/G1A）

标称截面积（mm²）	结构（根数/导体直径）（根/mm）		外径（mm）	20℃直流电阻（Ω/km）	计算拉断力（N）	计算重量（参考）（kg/km）	连续载流量参考值（25℃）（A）
	铝	钢					
50/8	6/3.20	1/3.20	9.6	0.5946	16870	195.1	227
70/10	6/3.80	1/3.80	11.40	0.4217	23390	275.2	287
120/20	26/2.32	7/1.85	15.07	0.2496	41000	466.8	390
185/30	26/2.98	7/2.32	18.90	0.1592	64320	732.6	518
240/30	24/3.6	7/2.4	21.60	0.1181	75620	922.2	610

表 5-30　10kV 架空绝缘线 JKLYJ（铝芯交联聚乙烯绝缘架空电缆）技术参数表

标称截面积（mm²）	结构（根数/导体直径）（根/mm）	电缆参考外径（mm）	绝缘标称厚度（mm）	绝缘屏蔽层标称厚度（mm）	20℃直流电阻（Ω/km）	计算拉断力（N）	计算重量（参考）（kg/km）	连续载流量参考值（30℃）（A）
50	6/8.3	16.3	3.4	1.0	0.641	7011	257	198
70	12/10.0	17.8	3.4	1.0	0.443	10354	285	249
120	18/13.0	21.1	3.4	1.0	0.253	17339	550	352
185	30/16.2	24.2	3.4	1.0	0.164	26732	755	465
240	34/18.4	26.5	3.4	1.0	0.125	34679	935	553

表 5-31　10kV 架空绝缘线 JKLGYJ（钢芯铝绞线交联聚乙烯绝缘架空电缆）技术参数表

标称截面积（mm²）	结构（根数/导体直径）（根/mm）	电缆参考外径（mm）	绝缘标称厚度（mm）	绝缘屏蔽层标称厚度（mm）	20℃直流电阻（Ω/km）	计算拉断力（N）	计算重量（参考）（kg/km）	连续载流量参考值（30℃）（A）
50/8	6/9.1	17.1	3.4	1.0	0.641	16870	277	198

表 5-31（续）

标称截面积（mm²）	结构（根数/导体直径）（根/mm）	电缆参考外径（mm）	绝缘标称厚度（mm）	绝缘屏蔽层标称厚度（mm）	20℃直流电阻（Ω/km）	计算拉断力（N）	计算重量（参考）（kg/km）	连续载流量参考值（30℃）（A）
95/15	12/12.9	20.9	3.4	1.0	0.32	35000	457	304
120/20	18/14.4	22.4	3.4	1.0	0.253	41000	557	352
185/25	30/17.1	25.2	3.4	1.0	0.164	56450	946	465
240/30	34/20	28	3.4	1.0	0.125	75620	1061	553

表 5-32　1kV 及以下架空绝缘线（JKYJ、JKLYJ、JKTRJY（JKRJY）、JKY、JKLY、JKTRY（JKRY）、JKGYJ、JKLGYJ）技术参数表

标称截面积（mm²）	导体中最少单线根数 紧压圆形 铜芯	导体中最少单线根数 紧压圆形 铝芯	导体外径（mm）	绝缘厚度（mm）	电缆外径（mm）	20℃时导体电阻（≤Ω/km）硬铜	20℃时导体电阻（≤Ω/km）软铜	20℃时导体电阻（≤Ω/km）铝芯	最小绝缘电阻（MΩ·km）70℃	最小绝缘电阻（MΩ·km）90℃	电缆拉断力（N）硬铜芯	电缆拉断力（N）铝芯	电缆拉断力（N）钢芯铝绞线
10	6	6	3.8	1	6.5	1.906	1.83	3.08	0.0067	0.67	3471	1650	4120
16	6	6	4.8	1.2	8	1.198	1.15	1.91	0.0065	0.65	5486	2512	6130
25	6	6	6	1.2	9.4	0.749	0.727	1.2	0.0054	0.54	8465	3762	9290
35	6	6	7	1.4	11	0.54	0.524	0.868	0.0054	0.54	11731	5177	12630
50	6	6	8.4	1.4	12.3	0.399	0.387	0.641	0.0046	0.46	16502	7011	16870
70	12	12	10	1.4	14.1	0.276	0.268	0.443	0.004	0.4	23461	10354	23390
95	15	15	11.6	1.6	16.5	0.199	0.193	0.32	0.0039	0.39	31759	13727	35000
120	18	15	13	1.6	18.1	0.158	0.153	0.253	0.0035	0.35	39911	17339	41000
150	18	15	14.6	1.8	20.2	0.128	—	0.206	0.0035	0.35	49505	21033	54110
185	30	30	16.2	2	22.5	0.1021	—	0.164	0.0035	0.35	61846	26732	64320
240	34	30	18.4	2.2	25.6	0.0777	—	0.125	0.0034	0.34	79823	34679	83370
300	34	—	20.6	2.4	28.5	—	0.0619	—	0.0033	0.33	—	—	—

表 5-33　1kV 及以下双芯结构平行集束导线 JKLV（JKLYJ、JKYJ）技术参数表

芯数×标称截面积（mm²）	导体中最少单线根数 紧压圆形 铜芯	导体中最少单线根数 紧压圆形 铝芯	导线外径（参考值）（mm）	绝缘厚度（mm）	连接筋尺寸（厚度×长度）（mm）	20℃时导体电阻（Ω/km）铜芯	20℃时导体电阻（Ω/km）铝芯	额定工作温度时最小绝缘电阻（MΩ·km）70℃	额定工作温度时最小绝缘电阻（MΩ·km）90℃	综合拉断力≥（N）铜芯	综合拉断力≥（N）铝芯
2×10	6	6	铜 3.8 铝 3.56	1	0.7×2.5	1.83	3.08	0.0067	0.67	4600	2752
2×16	6	6	4.8	1.2	0.9×3.0	1.15	1.91	0.0065	0.65	7360	4403

表 5-33（续）

芯数×标称截面积（mm²）	导体中最少单线根数 紧压圆形		导线外径（参考值）（mm）	绝缘厚度（mm）	连接筋尺寸（厚度×长度）（mm）	20℃时导体电阻（Ω/km）		额定工作温度时最小绝缘电阻（MΩ·km）	额定工作温度时最小绝缘电阻（MΩ·km）	综合拉断力 ≥（N）	
	铜芯	铝芯				铜芯	铝芯	70℃	90℃	铜芯	铝芯
2×25	6	6	6	1.2	1.0×3.0	0.727	1.2	0.0054	0.54	11500	6880
2×35	6	6	7	1.4	1.0×3.0	0.524	0.868	0.0054	0.54	16100	9632
2×70	12	12	10	1.4	1.0×3.0	0.268	0.443	0.004	0.4	32200	19180

表 5-34　1kV 及以下四芯结构平行集束导线技术参数表

芯数×标称截面积（mm²）	导体中最少单线根数 紧压圆型		导体外径（mm）	绝缘厚度（mm）	连接筋尺寸厚度×长度（近似值）（mm）		20℃时导体电阻 ≤（Ω/km）		额定工作温度时最小绝缘电阻（MΩ·km）		综合拉断力（N）	
	铜芯	铝芯			竖	横	铜芯	铝芯	70℃	90℃	铜芯	铝芯
4×16	6	6	4.8	1.2	0.7×3.0	0.3×7.5	1.15	1.91	0.0065	0.65	14720	8806
4×25	6	6	6	1.2	0.9×3.0	0.3×8.0	0.727	1.2	0.0054	0.54	23000	13760
4×35	6	6	7	1.4	0.9×3.0	0.4×8.5	0.524	0.868	0.0054	0.54	32200	19264
4×50	6	6	8.3	1.4	0.9×3.0	0.4×9.5	0.387	0.641	0.0046	0.46	46000	27520
4×70	12	12	10	1.4	0.9×3.0	0.4×11.0	0.268	0.443	0.004	0.4	64400	38360
4×120	18	15	13	1.6	1.0×3.0	0.5×12.5	0.153	0.253	0.0035	0.35	110400	65760

3.1　性能要求

（1）单股铝线的要求。单股铝线应是电工用的冷拉铝线，绞合之前的冷拉铝线应满足 GB/T 17048 的要求。铝线表面应光洁，且不得有可能影响产品性能的任何缺陷，如裂纹、粗糙、划痕和杂质等。成品绞线不允许外层铝线有任何种类的接头。

（2）镀锌钢线。镀锌钢线应满足招标技术条件，并符合 GB/T 3428 和 YB/T 5004 的要求，镀层应均匀连续，并且没有裂纹、斑疤、漏镀及其他缺陷。镀锌钢线中，不允许有任何种类的接头。对绞线制造工艺，要求钢芯的绞制设备应配有良好的预成型装置和张力控制装置。绞合后，所有钢芯应自然地处于各自位置，当切断时，各线端应保持在原位或容易用手复位。

（3）导线的要求。导线应满足招标所要求的技术条件，并应符合 GB/T 1179 的要求。对绞线制造工艺，要求绞线的绞制设备应配有良好的预成型装置，绞合后，所有单线应自然地处于各自位置，当切断时，各线端应保持在原位或容易用手复位。

导体中的单线为 7 根及以下时，所有单线均不允许有接头；单线为 7 根以上时，允许有接头，但成品绞线上两单线接头间的距离应不小于 15m。导线外层及加强芯不允许有任何种类的接头，对于大跨越导线，不允许有任何种类的接头。相邻层的绞向应相反，最外层的绞向是右向。

导线的节径比应在 GB/T 1179 中规定的限制之内，且最外层的节径比不应大于 12，一旦绞合开始，对于所有运到相同目的地的整批导线，都应保持相同的绞合参数。所提供的导线应为一次绞合而成的产品。

对于有多层的绞线，任何层的节径比应不大于紧邻内层的节径比。成品导线包装表面应有制造厂名、产品型号、额定电压、标称截面、导线长度的连续标志，字迹清楚、容易辨认，每盘导线应附有产品检验合格证，允许误差为（−0%，+0.5%），交货长度不得小于 2500m。

（4）架空绝缘线绝缘的要求。绝缘应采用交联聚乙烯绝缘，绝缘性能应符合 GB/T 14049 的要求，绝缘料应采用耐候料。绝缘应紧密挤包在导体屏蔽层上，绝缘表面应平整，色泽均匀。10kV 系统绝缘厚度采用 3.4mm，任意点绝缘厚度不小于标称值。

导体屏蔽所用半导电料为交联型，半导电屏蔽层应均匀包覆在导体上，表面应光滑，无明显绞线凸纹，不应有尖角、颗粒，不应有烧焦或擦伤的痕迹，半导电屏蔽材料性能应符合 GB/T 14049 的规定。

3.2 调整完善原则

由于河南省区域地形和气候条件差异较大，各地区的差异化设计较多，加强型钢芯铝绞线在特殊地段有所使用。因此，建议列入备选库中，目前未大量使用，此部分内容待时机成熟后再行补充。

国网河南省电力公司电网设备选型技术原则

（铁塔）

1 总体技术要求

    10kV 架空线路铁塔的制造，应根据现行国家及行业标准及有关技术文件，应依据国家电网有限公司配电网工程典型设计，结合当地气象条件和实际使用情况选型，主要作为配电网架空线路中较大转角、终端及不宜设置拉线的部位使用，且应根据电网发展规划（负荷发展多回路同杆架设、导线截面、高低压合杆）、档距大小、行道树等情况，一次确定杆高。

    产品质量应达到 GB/T 2694《输电线路铁塔制造技术条件》、DL/T 646《输变电钢管结构制造技术条件》、Q/GDW 384《输电线路钢管塔加工技术规程》等标准的要求，同时满足 GB 50205《钢结构工程施工质量及验收规范》的要求。

2 标准和规范

    GB/T 41   1 型六角螺母   C 级

    GB/T 470   锌锭

    GB/T 700   碳素结构钢

    GB/T 706   热轧型钢

    GB/T 709   热轧钢板和钢带的尺寸、外形、重量及允许偏差

    GB/T 805   扣紧螺母

    GB/T 985.1   气焊、焊条电弧焊、气体保护焊和高能束焊的推荐坡口

    GB/T 985.2   埋弧焊的推荐坡口

    GB/T 1591   低合金高强度结构钢

    GB/T 2694   输电线路铁塔制造技术条件

    GB/T 3098.1   紧固件机械性能   螺栓、螺钉和螺柱

    GB/T 3098.2   紧固件机械性能   螺母、粗牙螺纹

    GB/T 3274   碳素结构钢和低合金结构钢热轧厚钢板和钢带

    GB/T 3323   金属熔化焊焊接接头射线照相

    GB/T 5117   非合金钢及细晶粒钢焊条

    GB/T 5118   热强钢焊条

    GB/T 5267.3   紧固件   热浸镀锌层

    GB/T 5780   六角头螺栓   C 级

    GB/T 8110   气体保护电弧焊用碳钢、低合金钢焊丝

    GB/T 8162   结构用无缝钢管

GB/T 10045　碳钢药芯焊丝

GB/T 11345　焊缝无损检测　超声检测　技术、检测等级和评定

GB 50061　66kV 及以下架空电力线路设计规范

GB 50205　钢结构工程施工质量验收标准

GB 50233　110kV～750kV 架空输电线路施工及验收规范

HG/T 2537　焊接用二氧化碳

HG/T 3728　焊接用混合气体　氩—二氧化碳

JB/T 3223　焊接材料质量管理规程

YB/T 4163　铁塔用热轧角钢

CECS 80　塔桅钢结构工程施工质量验收规程

Q/GDW 370　城市配电网技术导则

3　选型技术要求

3.1　选型原则

在中压架空线路设计铁塔选型时，宜从表 5-35 中选取。

表 5-35　中压架空线路铁塔表

型式	材质	常规适用范围	备　　注
铁塔	Q235	10kV 架空线路，较大转角、终端及不宜设置拉线的部位使用	窄基角钢塔加工时，应刻装铭牌（铭牌内容包含生产厂家、出厂日期等）
	Q335		

3.2　铁塔加工技术要求和性能参数（角钢塔）

3.2.1　一般要求

（1）角钢塔制造除符合 GB/T 2694 规定外，还应满足工程技术规范和设计图纸的技术要求。

（2）铁塔用材质应符合现行有关标准规定和设计文件的技术要求，并附有质量证明书。按材料炉批号对制造铁塔所用的钢板、角钢、钢管、法兰、螺栓进行复验。

3.2.2　切断技术要求

钢材的切断可以采用冷切割（锯切、剪切）或热切割（等离子切割、火焰切割）。冷切割应优先采用锯切，热切割宜优先采用等离子切割，热切割后应对切割面进行处理。

3.2.3　制弯技术要求

零件的制弯应根据设计文件和施工图规定采用冷弯（宜在室温下）或均匀热弯（加热温度为 900～950℃），但不得不均匀加热制弯，如采用割炬、割嘴烘烤等制弯。碳素结构钢和低合金结构钢在温度分别下降到 750℃和 800℃之前，应结束加工，Q420、Q460 钢在热变形加工后，应适当保温缓冷，并符合高强钢热加工的有关规定。

3.2.4　制孔技术要求

除设计文件或图纸注明孔的制作方法外，不同材质允许冲孔的最大厚度应符合表 5-36 规定，大于表中规定时，应采用钻孔工艺。冲孔后，构件周围表面不得有明显的凹面缺陷，大于 0.3mm 的毛刺应清除；钻孔后，孔内壁粗糙度应达到 3.2～6.3μm。

表 5-36　允许剪切、冲孔的最大厚度

材质	剪切最大厚度（mm）	冲孔最大厚度（mm）
Q235	24	16
Q335	20	14
Q420	14	12
Q460	12	10

3.2.5　焊接技术要求

焊缝连接的结构，应按设计图纸中注明的焊缝质量等焊接和检验，其技术要求和检验标准，应符合 GB 50205、GB/T 2694 的有关规定，并满足下列要求：

（1）焊接前，连接表面及沿焊缝每边 30～50mm 处，铁锈、毛刺和油污等必须清除干净。

（2）定位焊所用的焊接人员、焊接材料、焊接工艺应与正式焊接要求相同，定位焊厚度不宜超过设计焊缝高度的 2/3。

（3）焊工应按规定的焊接工艺文件施焊。

（4）对设计或规范要求的一、二级焊缝，应进行焊缝外观质量检验，按规定对一、二级焊缝进行内部质量检验。

3.2.6　成品矫正技术要求

矫正后的部件外观不应有明显的凸凹面和损伤，表面划痕深度不宜超过钢材厚度允许偏差的最小值。

3.2.7　热浸镀锌要求

（1）热浸镀锌应符合 GB/T 2694 和 GB/T 13912 的要求，按规定对镀锌质量进行检验。

（2）热浸镀锌过程中，应控制构件的变形，当超过规范要求时，应进行矫正，矫正中若损坏镀锌层，应重新镀锌。

3.2.8　试拼与试装技术要求

零件、构件加工后，应按施工图进行试拼与试装检查。试拼检查是将束件各层所有的零件合并一起，检查孔位置的正确性；试装检查是将一定单元（整塔或其分段）的零件、部件组装一起，检查其控制尺寸和安装适宜性。试拼与试装检查应满足下列技术要求：

（1）铁塔的试装可采用黑件、卧式或立式试组装，应组装 4 个面（个别塔腿可装 2 个面），整塔试组装时，应有项目管理单位的代表及有关单位人员参加，组装时，各零部件均应按施工图要求进行就位。安装不适宜时，应查明原因，不得强行组装。

（2）试拼、试装中，当检查束件上孔的位置正确性时，应用量规进行。采用比螺栓公称直径大 0.3mm 或 0.4mm（前者适用于镀后检查，后者适用于镀前检查）的量规检查时，束件上所有的孔应全部通过。

（3）用于试装的零件、部件，应从具有互换性的产品中提取；用于试装的螺栓应与图纸设计要求一致。试装时，所使用的螺栓数目应不少于连接杆件端部螺栓总数的 50%，同一组孔螺栓数量不多于 3 个时，应全部安装，并应进行紧固。

（4）采用插入式基础的铁塔，其插入角钢应和塔腿联合放样、加工，并一起试组装。当插入角钢不在招标采购范围内时，插入角钢也应和塔腿联合放样。

（5）铁塔试组装检验应包括（但不限于）以下项目：①塔型控制尺寸检查；②构件规格与设计图或经批准的设计转换图的校对；③构件偏差的抽查；④构件几何断面尺寸偏差的抽查。

（6）试装中发现的问题应做好记录，并及时处理。损坏的镀锌层应进行重新镀锌；需要修改的部位，应由中标方提出清单报项目管理单位，经设计单位修改后，中标方再按修改的图纸、文件进行加工；在加工后，对修改的部位仍需进行试组装。如中标方未按上述程序加工，其后果由中标方承担。

（7）各种塔型应先加工一基，经零部件检验合格和整塔试组装验收合格后，方可成批下料加工。

3.2.9 塔脚板制作

（1）塔脚板四周应平整、光滑、无毛刺和裂纹。孔位、孔距满足设计要求。

（2）塔脚板上的靴板倾角应保证精度，在与塔身主材、斜材连接时，不得有超过 2mm 的空隙。塔脚板经矫正后，应平整，不得有凹凸缺陷，以致影响与基础的连接。

3.3 对原材料的控制要求

（1）使用的钢材必须满足国家电网公司对原材料负偏差的要求，采购能够满足这些要求的钢材制造商的相应产品，同时，在投标文件中《角钢、钢板承诺函》中注明钢材制造商名称。

（2）对采购的钢材要按标准进行理化检验和外形检验，同时满足以下要求：

1）角钢外形尺寸允许偏差执行 GB/T 706 的规定，且存在负偏差的抽检产品数量不超过所有抽检产品数量的 50%。

2）钢板厚度允许偏差执行 GB/T 709 的规定，且存在负偏差的抽检产品数量不超过所有抽检产品数量的 50%。

3.4 紧固件和防松、防卸装置

（1）中标方需对紧固件和防松、防卸装置的质量负责。其中，螺栓的型式尺寸应满足 GB/T 5780 的规定要求，其镀前螺纹等级为 6g，镀后机械性能应符合 GB/T 3098.1 规定要求；螺母的型式尺寸按 GB/T 41 规定要求，螺纹公差应符合 GB/T 5267.3 中的 6AZ 要求，镀后机械性能应符合 GB/T 3098.2 的规定要求。螺纹采用扩孔的方法容纳外螺纹镀层，内螺纹镀后应攻丝。

（2）紧固件合格供方应具有相应的生产及试验设备，其中生产 6.8 及以上级别螺栓时，应具有生产高强度螺栓和防松、防卸装置的设备和完善的热处理工艺，并有相配套的理化（含金相）检验设备。

（3）螺栓规格与级别。角钢铁塔螺栓均采用普通粗制螺栓，规格一般为 M16、M20、M24，螺栓等级一般采用 4.8 级、6.8 级（螺栓规格和强度级别以设计文件或本工程施工图为准）；钢管塔连接螺栓采用 6.8 级和 8.8 级，其中 8.8 级螺栓应由国家认可的检测单位按批次进行抽样检测。

（4）采用双螺帽螺栓连接时，应确保装好螺母后，螺栓出扣或平扣。

（5）防卸装置要求如下：

1）防卸装置与原螺栓同级别、同规格。

2）防卸装置不得破坏连接件的镀锌层。

3）防卸装置采用双帽，且应能复紧，安装后，露扣长度须满足规程和设计要求。

4）防卸装置应方便施工及检验，不宜使用专有工具。

5）防卸装置应具有防松性能。

6）防卸装置的无扣长应与普通螺栓一致。

3.5 其他技术说明

（1）原材料检验项目有外观质量、规格尺寸、力学性能试验及化学成分分析。钢材表面不得有裂纹、折叠、结疤、夹杂和重皮，表面锈蚀、麻点和划痕的深度不得大于钢材负允许偏差的 1/2，且累计误差在负允许偏差内。

（2）钢材的规格尺寸、力学性能、化学成分应符合 GB/T 700、GB/T 709、GB/T 1591 等标准的规定。钢材材料力学性能和化学成分抽检样品要求全部合格。

（3）锌锭检验其化学成分，按照 GB/T 470 按批次进行，锌锭质量等级应不低于 GB/T 470 牌号 Zn99.95。

（4）角钢塔所使用紧固件的规格、等级及防腐形式按设计文件要求选用，其产品质量应符合 GB/T 3098.1、GB/T 3098.2、GB/T 41、GB/T 5780、GB/T 95、GB/T 805 的规定。8.8 级及以上的高强度螺栓应有强度和塑性试验的合格证明。紧固件的镀锌层厚度应符合 GB/T 13912 的规定。

（5）焊材对其成分分析、拉伸试验、冷弯、冲击试验检测方法和要求应符合 GB/T 5117、GB/T 5118、GB/T 5293、GB/T 8110、GB/T 12470 和技术协议的规定。

（6）螺栓（螺母）的规格尺寸外观、机械性能、镀锌层检验方法和要求应符合 GB/T 90.1、GB/T 3098.1、GB/T 3098.2、GB/T 5267.3、GB/T 13912、Q/GDW 384 和产品技术协议的规定。

3.6 调整完善原则

（1）铁塔主要零、部件采用材料必须满足国家现行规范及国家电网公司对原材料偏差的要求。

（2）投标人有义务要求设计单位和项目单位澄清本工程所采用钢材的具体要求，并可在技术偏差表如实反映。

（3）爬梯与杆身使用防卸螺栓连接。其他螺栓除双帽螺栓外，均应带一防松扣紧螺母。当采用双螺帽螺栓连接时，应确保装好螺母后，螺杆平扣或出扣。

（4）铁塔所用材料负公差不超过国家标准允许的 50%。

国网河南省电力公司电网设备选型技术原则
（电杆）

1 总体技术要求

中压架空线路一般选用 12（10）m、15m 或 18m 高的钢筋混凝土电杆，结合当地气象条件和实际使用情况，不应使用预应力电杆和部分预应力电杆。大档距、3（4）回路情况下，可选用 18m 高电杆。应根据电网发展规划（负荷发展多回路同杆架设，导线截面，高、低压合杆）、档距大小、行道树等情况，一次确定电杆高度，尽量选用 15m 以上的电杆。根据地区气象条件、杆塔位置的土壤情况以及线路档距等选择适用的电杆。

2 标准和规范

GB 4623　环形混凝土电杆

GB 50061　66kV 及以下架空电力线路设计规范

Q/GDW 370　城市配电网技术导则

3 选型技术要求

3.1 选型原则

在中压架空线路设计选型时，宜从表 5-37 中选取合适的电杆型号。

表 5-37　中压架空线路常用电杆列表

开裂检验荷载等级	稍径 （mm）	高度 （m）	杆形	分段
G 级	190	10	锥形	不分段
G 级	190	12	锥形	不分段
I 级	190	10	锥形	不分段
M 级	190	10	锥形	不分段
M 级	190	12	锥形	不分段
M 级	190	15	锥形	不分段
M 级	190	18	锥形	中间法兰
N 级	230	12	锥形	不分段
N 级	230	15	锥形	不分段
N 级	230	15	锥形	不分段，根部法兰
N 级	230	18	锥形	中间法兰

表 5-37（续）

开裂检验荷载等级	稍径（mm）	高度（m）	杆形	分段
O 级	270	8	锥形	不分段
O 级	270	10	锥形	不分段
O 级	270	18	锥形	中间法兰
T 级	350	12	锥形	不分段，根部法兰
T 级	350	15	锥形	不分段，根部法兰
U2 级	430	12	锥形	不分段，根部法兰
U2 级	430	15	锥形	不分段，根部法兰

表 5-38 技 术 参 数 表

指 标		要 求
电杆的钢材		（1）普通纵向受力钢筋：热轧带肋钢筋。 （2）架立圈筋：宜采用热轧光圆钢筋、冷拔低碳钢丝。 （3）螺旋筋：宜采用冷拔低碳钢丝。
电杆的水泥料		（1）水泥宜采用硅酸盐水泥、普通硅酸盐水泥、矿渣硅酸盐水泥、抗硫酸盐硅酸盐水泥、快硬硅酸盐水泥。 （2）细集料宜采用中粗砂，细度模数为 3.2～2.3。粗集料宜采用碎石或卵石，其最大粒径不宜大于 25mm，且应小于钢筋净距的 3/4
水泥的设计强度		脱模时，混凝土抗压强度不低于 20MPa
混凝土标号		不低于 C40
主筋直径（mm）		应采用 I、II、III 级钢。主筋不宜小于 $\phi 10$，且不宜大于 $\phi 20$
外观及尺寸误差	表面裂缝	不得有纵向裂缝，环向裂缝宽度不得大于 0.05mm
	漏浆	（1）模边合缝处：不应漏浆。但当漏浆深度不大于 10mm、每处漏浆长度不大于 300mm、累计长度不大于杆长的 10%、对称漏浆的搭接长度不大于 100mm 时，允许修补。 （2）钢板圈（或法兰盘）与杆身结合面：不应漏浆。但当漏浆深度不大于 10mm、环向长度不大于 1/4 周长、纵向长度不大于 50mm 时，允许修补
	局部碰伤	局部不应损伤。但如碰伤深度不大于 10mm，每处面积不大于 50cm^2 时，允许修补
	露筋、蜂窝、塌落	不允许
	麻面、粘皮	不应有麻面或粘皮。但当每米长度内麻面或粘皮总面积不大于相同长度外表面积的 5% 时，允许修补
	杆长	整根杆 $^{+20}_{-40}$ mm，组装杆杆段 ±10mm
	壁厚	$^{+10}_{-2}$ mm
	外径	$^{+4}_{-2}$ mm
	保护层厚度	$^{+8}_{-2}$ mm
	弯曲度	≤L/1000

3.2 技术、性能要求

技术、性能要求包括抗裂裂逢宽度、承载力检验弯矩和挠度检验，应符合下列要求：

（1）钢筋混凝土电杆加荷载至开裂检验弯矩时，裂逢宽度应小于 0.2mm。加荷至开裂检验弯矩卸荷后，残余裂缝宽度不得超过 0.05mm。杆长大于等于 10m、小于等于 12m 时，杆顶挠度应小于（L_1+L_3）/32；杆长大于等于 12m，小于等于 15m 时，杆顶挠度应小于（L_1+L_3）/25（L_1+L_3 详见 GB/T 4623 中相关规定）。

（2）电杆宜设置与上下 2 个钢筋外接地螺栓，上螺栓离梢顶 1m 设置，下螺栓离根底 3m 设置，螺栓采用 ϕ16×38 热镀锌，并配有相应的弹簧垫圈及镀锌垫圈。

（3）电杆的梢顶及根底应用混凝土或砂浆封实。

（4）在离电杆根底 3m 处，应设置永久性"3m"标志符号，并在电杆适当位置设置永久性的荷载级别、配筋规格、生产厂家、出厂时间。

3.3 调整完善原则

在计算强度满足要求的条件下，以下情况宜采用高强度电杆。

（1）15°以上转角的线路。

（2）冬季雪灾、覆冰现象严重地区。

（3）跨越档，线路档距超过一般设计要求的。

国网河南省电力公司电网设备选型技术原则

[钢管杆（桩）]

1 总体技术要求

10kV 架空线路钢管杆（桩）的制造应根据现行国家及行业标准及有关技术文件，应依据国家电网公司配电网工程典型设计，结合当地气象条件和实际使用情况选型，主要作为配电网架空线路中较大转角、终端及不宜设置拉线的部位使用，且应根据电网发展规划（负荷发展多回路同杆架设、导线截面、高低压合杆）、档距大小、行道树等情况，一次确定杆高。

产品质量应达到 GB/T 2694《输电线路铁塔制造技术条件》、DL/T 646《输变电钢管结构制造技术条件》、Q/GDW 384《输电线路钢管塔加工技术规程》等标准的要求，同时满足 GB 50205《钢结构工程施工质量及验收规范》的要求。

2 标准和规范

GB/T 41　1 型六角螺母　C 级

GB/T 470　锌锭

GB 805　扣紧螺母

GB/T 2694　输电线路铁塔制造技术条件

GB/T 3098.1　紧固件机械性能　螺栓、螺钉和螺柱

GB/T 3098.2　紧固件机械性能　螺母粗牙螺纹

GB/T 5780　六角头螺栓　C 级

GB/T 9793　热喷涂　金属和其他无机覆盖层　锌、铝及其合金

GB 50061　66kV 及以下架空电力线路设计规范

GB 50205　钢结构工程施工质量验收标准

DLGJ 136　送电线路铁塔制图和构造规定

Q/GDW 370　城市配电网技术导则

3 选型技术要求

3.1 选型原则

在中压架空线路设计钢管杆（桩）选型时，宜从表 5-39 中选取。

表 5-39　中压架空线路钢管杆（桩）表

型式	材质	常规适用范围	备注
钢管杆（桩）	Q335	10kV 架空线路，较大转角、终端及不宜设置拉线的部位使用	钢管杆加工时，应刻装铭牌（铭牌内容包含生产厂家、出厂日期等）
	Q420		

3.2 钢管杆加工技术要求和性能参数

3.2.1 材料要求

（1）钢材应符合 GB/T 700、GB/T 709、GB/T 1591、GB/T 9787 等标准及设计图纸的要求，且应具有出厂质量合格证明书。

（2）钢材的表面不得有裂纹、折叠、结疤、夹杂和重皮，表面有锈蚀、麻点和划痕时，其深度不得大于该钢材负允许偏差值的 1/2，且累计误差在负允许偏差内。

（3）钢材应经力学性能试验（拉伸、冲击，Q420 及以上强度加做扭转试验）、化学元素成分分析合格，并具有试验报告书。

（4）表面防腐处理、焊接及各种紧固件原材料的质量应符合 GB/T 470、GB/T 5117、GB/T 5118 等标准和设计要求。

3.2.2 切断技术要求

（1）钢材切割面或剪切面应无裂纹、分层和大于 1.0mm 的边缘缺棱，切割面平面度为 $0.05t$（t 为厚度），且不大于 2.0mm，割纹深度不大于 0.3mm，局部缺口深度不大于 1.0mm。

（2）材料切割的允许偏差符合 DL/T 646 中 7.1.2～7.1.4 的规定。

3.2.3 制管技术要求

（1）钢板制弯后，其边缘应圆滑过渡，表面不得有损伤、褶皱和凹面，划痕深度不应大于 0.5mm。

（2）制管允许偏差符合 DL/T 646 中 7.3.2 的规定。

3.2.4 制孔技术要求

制孔表面不得有明显的凹面缺陷，大于 0.3mm 的毛刺应清除，制孔的允许偏差按 DL/T 646 的规定。

当钢板厚度大于孔径或者材质为碳素钢板且厚度大于 16mm、材质为低合金钢板且厚度大于 14mm 时，不应采用冲孔，宜采用钻孔。

3.2.5 焊接技术要求

（1）制造单位焊接施工前，应按照 DL/T 868 进行焊接工艺评定，并编制焊接工艺规程。

（2）焊工必须经过专门的基本理论和操作技能培训，考试合格，并取得合格证书。焊工焊接的钢材种类、焊接方法和焊接位置等均应与焊工本人考试合格的项目相符。

（3）焊缝质量分级。

1）一级焊缝：插接杆外套管插接部位纵向焊缝设计长度加 200mm。

2）二级焊缝：钢管的环向对接焊缝、钢板的拼接焊缝及杆身两端 200mm 范围内的纵向焊缝不低于二级焊缝要求，必须 100%焊透，对焊缝内部质量施行 100%无损探伤，并提供焊缝探伤报告；无劲肋板连接杆体与法兰盘的角焊缝、有劲肋板连接杆体与法兰盘角焊缝、外观和杆体与横担连接处的焊缝外观应符合二级质量标准。

3）三级焊缝：设计图纸无特殊要求的其他焊缝。

（4）钢管的纵向焊缝的焊接有效厚度不小于母材厚度的 80%。

（5）杆身或横担的纵焊缝应尽量布置在钢管的中和轴（直线、转角杆为垂直横担的对称轴方向，终端塔为平行横担对称轴方向）附近。

（6）定位焊的质量要求及工艺措施与正式焊缝相同，对一、二级焊缝的定位焊点，应由持有效合格证书的焊工施焊。

（7）应采取有效的防护措施，使得施工现场环境达到焊接环境要求。

（8）需进行焊前预热的焊缝，其预热温度应符合国家有关标准的规定。

（9）严禁在焊缝间隙内嵌入金属材料。

（10）焊接完毕，在距焊趾 50mm 显眼处打上焊工钢印号，且在防腐处理后清晰可见。

（11）焊缝坡口。

1）一般焊缝坡口型式和尺寸，应符合 GB/T 985.1、GB/T 986.2 的有关规定，对于图纸有特殊要求的焊缝坡口的型式和尺寸，应依据图纸，并结合焊接工艺评定来确定。

2）坡口加工优先采用机械加工，也可选用自动、半自动气割或等离子切割方法制备，难以用机械加工、自动、半自动气割或等离子切割加工的坡口可选用手工气割，焊缝坡口应保持平整无毛刺，不得有裂纹、气割熔瘤、夹层等缺陷，其坡口切割面质量应满足 ZBJ 59002 的规定要求。

（12）焊缝尺寸偏差、内部质量以及外观质量要求应符合 DL/T 646 中 8.5 条的规定。

（13）钢管杆杆身不允许有环向焊缝，法兰盘不宜拼接。

3.2.6 试组装

（1）钢管杆试组装可采用卧式。当多段组装时，一次组装的段数不应少于 3 段，并保证每个构件都经过试组装。

（2）试组装时，所用的螺栓规格（直径和长度）应和实际所用的螺栓规格相同。

（3）试组装时，各构件应处于自由状态，不得强行组装，所使用螺栓数目应能保证构件的定位需要，且每组孔不少于该组螺栓孔总数的 30%，还应用试孔器检查板叠孔的通孔率，当采用比螺栓公称直径大 0.3mm 的试孔器检查时，每组孔的通孔率为 100%。

（4）试组装后，应符合设计图纸要求，允许偏差符合 DL/T 646 中表 14 的规定。

3.2.7 热浸镀锌和热喷涂锌

（1）用于热浸镀锌的锌浴主要应由熔融锌液构成。熔融锌中的杂质总含量（铁、锡除外）不应超过总质量的 1.5%，所指杂质按 GB/T 470 的规定。

（2）热浸镀锌应有符合标准规定的镀锌工艺。（提供所用锌的型号）

（3）镀锌层表面应连续、完整，并且具有实用性，要求表面光滑，不得有过酸洗、漏镀、结瘤、积锌、毛刺等缺陷。镀锌颜色一般呈灰色或暗灰色。

（4）镀锌层厚度和镀锌层附着量应符合 DL/T 646 中表 15 的规定。

（5）镀锌层应均匀，做硫酸铜试验，并提供试验报告。

（6）镀锌层应与金属基体结合牢固，应保证在无外力作用下，没有剥落或起皮现象。经落锤试验，镀锌层不凸起、不剥离。

（7）严格控制浸锌过程的构件热变形，弯曲变形不大于构件长度的 1/1500。

（8）修复的总漏镀面积不应超过每个镀件总表面积的 0.5%，每个修复漏镀面积不应超过 10cm^2，若漏镀面积较大，应进行返镀。可以采用热喷涂镀锌或涂富锌涂层进行修补，修复层的厚度应比镀锌层要求的最小厚度厚 30μm 以上。

（9）钢管杆的防腐处理应采用热浸镀锌（内外壁均应镀锌），对无法采用热浸镀锌处理的较大构件时，应在技术差异表中列出。如采用热喷涂进行防腐处理时，其技术要求应符合 DL/T 646 中表 16 的要求。

3.2.8 紧固件

（1）中标方需对紧固件和防松、防卸装置的质量负责。其中，螺栓的型式尺寸应满足 GB/T

5780 的规定要求，其镀前螺纹等级为 6g，镀后机械性能应符合 GB/T 3098.1 的规定要求；螺母的型式尺寸按 GB/T 41 的规定要求，螺纹公差应符合 GB/T 5267.3 中的 6AZ 要求，镀后机械性能应符合 GB/T 3098.2 的规定要求。螺纹采用扩孔的方法容纳外螺纹镀层，内螺纹镀后攻丝。

（2）紧固件合格供方应具有相应的生产及试验设备，其中生产 6.8 及以上级别的螺栓时，应具有生产高强度螺栓，防松、防卸装置设备和完善的热处理工艺，并有相配套的理化（含金相）检验设备。8.8 级螺栓应由国家认可的检测单位按批次进行抽样检测，并提供强度和塑性试验的合格证明。

（3）紧固件的镀锌层满足 GB/T 5267.3 的规定。

（4）紧固件的其他要求按国家相关标准执行。

（5）钢管杆除双帽螺栓外，其他螺栓均带一防松扣紧螺母。当采用双螺帽螺栓连接时，应确保装好螺母后，螺杆平扣或出扣。

3.2.9 原材料

（1）原材料检验项目有外观质量、规格尺寸、力学性能试验及化学成分分析。钢材表面不得有裂纹、折叠、结疤、夹杂和重皮，表面锈蚀、麻点和划痕的深度不得大于钢材负允许偏差的 1/2，且累计误差在负允许偏差内。

（2）钢材的规格尺寸、力学性能、化学成分应符合 GB/T 700、GB/T 709、GB/T 1591、GB/T 9787 等标准的规定。钢材材料力学性能和化学成分抽检样品要求全部合格。

（3）锌锭检验其化学成分，按照 GB/T 470 要求按批次进行，锌锭质量等级应不低于 GB/T 470 牌号 Zn99.95。

（4）钢管杆所使用的紧固件规格、等级及防腐形式按设计文件要求选用，其产品质量应符合 GB/T 3098.1、GB/T 3098.2、GB/T 41、GB/T 5780、GB/T 95、GB/T 805 的规定。8.8 级及以上的高强度螺栓应有强度和塑性试验的合格证明。紧固件的镀锌层厚度应符合 GB/T 13912 的规定。

（5）焊材对其成分分析、拉伸试验、冷弯、冲击试验检测方法和要求应符合 GB/T 5117、GB/T 5118、GB/T 5293、GB/T 8110、GB/T 12470 和技术协议的规定。

（6）螺栓（螺母）的规格尺寸外观、机械性能、镀锌层检验方法和要求应符合 GB/T 90.1、GB/T 3098.1、GB/T 3098.2、GB/T 5267.3、GB/T 13912、Q/GDW 384 和技术协议的规定。

3.3 调整完善原则

（1）钢管杆主要零、部件采用热轧钢板、焊接管及无缝钢管。

（2）投标人有义务要求设计单位和项目单位澄清本工程所采用钢材的具体要求，并可在技术偏差表如实反映。

（3）爬梯与杆身使用防卸螺栓连接。其他螺栓除双帽螺栓外，均应带一防松扣紧螺母。当采用双螺帽螺栓连接时，应确保装好螺母后，螺杆平扣或出扣。

（4）钢管杆所用材料负公差不超过国家标准允许的 50%。

国网河南省电力公司电网设备选型技术原则

（绝缘子）

1 总体技术要求

配电线路常规使用的绝缘子按结构和功能分为悬式盘形绝缘子、棒形悬式绝缘子、支柱绝缘子、防雷支柱绝缘子、蝶式绝缘子 5 大类，按绝缘材料可分为玻璃绝缘子、瓷绝缘子、有机复合绝缘子。绝缘子选型应依照 Q/GDW 180 和 DL/T 620、GB 311.1 进行绝缘配合设计，使线路能在工频电压、操作过电压和雷电过电压等各种情况下安全可靠运行，爬电比距宜按不小于 3.36cm/kV 进行选用。绝缘子还应满足机械强度的要求，悬式盘形绝缘子安全系数不小于 2.7，有机复合绝缘子安全系数不小于 3.0，瓷支柱绝缘子安全系数不小于 2.5。通过污秽地区的架空配电线路，宜采用防污绝缘子、有机复合绝缘子。

2 标准和规范

GB 311.1　绝缘配合　第 1 部分：定义、原则和规则

GB/T 7253　标称电压高于 1000V 的架空线路绝缘子　交流系统用瓷或玻璃绝缘子件盘形悬式绝缘子件的特性

GB/T 21206　线路柱式绝缘子特性

DL/T 601　架空绝缘配电线路设计技术规程

DL/T 620　交流电气装置的过电压保护和绝缘配合

DL/T 5220　10kV 及以下架空配电线路设计技术规程

Q/GDW 180　66kV 及以下架空电力线路设计技术规定

3 选型技术要求（见表 5-40、表 5-41）

现按结构分类如下：

（1）悬式盘形绝缘子：根据所处的电压等级和污区等级及海拔高度（简称使用条件）等选用不同的片数及满足机械强度和重要性选用不同的联数组合成绝缘子串，一般使用于耐张杆的耐张串和跳线串及直线杆的悬垂串，10kV 一般选用 2 片。

（2）棒形悬式绝缘子为整支式结构，按其型号固定的技术参数对应使用条件进行选用，可根据机械强度和重要性选用不同的联数组合作用，一般使用于耐张杆的耐张串和跳线串及直线杆的悬垂串。

（3）柱式绝缘子为整支式结构，按其型号固定的技术参数对应使用条件进行选用，一般用于直线杆支持导线。

（4）防雷支柱绝缘子为整支式结构，按其型号固定的技术参数对应使用条件进行选用，一般用于架空绝缘导线直线杆支持导线。

表 5-40　常用绝缘子的使用范围和作用

型式	产品型号	常规适用范围	备 注
盘形悬式	U70B	一般区域	U-悬式；70-规定的机电或机械破坏负荷值（kN）；B-球窝
	U70C	一般区域	U-悬式；70-规定的机电或机械破坏负荷值（kN）；C-槽型
	U70BP	严重污秽区域	U-悬式；70-规定的机电或机械破坏负荷值（kN）；B-球窝；P-防污型
	U40C	一般区域，0.4kV架空线路使用	U-悬式；40-规定的机电或机械破坏负荷值（kN）；C-槽型
棒型悬式	SL-15/40	一般使用于10kV绝缘导线的耐张串，要求配碗头罩	S-实心；L-瓷拉棒；15-额定电压；40-额定机械拉伸负荷
	FXBW-10/70	使用在10kV架空线路上	FXB-棒形悬式复合绝缘子；W-伞型结构；10-额定电压；70-额定机械拉伸负荷
柱（针）式	FPQ-10/5	使用在10kV架空线路上	FP-复合柱式；Q-加强型；10-额定电压5-抗弯强度（kN）
	FZS-10/5		FZ-复合柱式；S-实心；10-额定电压；5-抗弯强度（kN）
	R5，ET95N		R-柱式绝缘子；5或12.5-抗弯强度（kN）E-外胶装；T-顶部绑扎型；95或105-雷电冲击耐受电压（kV）；L-有较长爬电距离
	R12.5，ET105L		
	P-6T	使用在1kV架空线路上	P-普通型针式绝缘子；T-铁担直脚；6-额定电压（kV）
防雷支柱绝缘子	PSJN-105/8Z	使用在10kV架空绝缘线路需防雷的直线杆上	P-柱式绝缘子；S-实心；J-线夹型；N-有较长爬电距离，缺省为普通；105-雷电冲击耐受电压（kV）；8-抗弯强度（kN）；Z-直立安装

表 5-41　常用绝缘子技术参数表

产品型号	额定电压（kV）	绝缘体直径（mm）	结构高度（mm）	绝缘/干弧距离（mm）	爬电距离（mm）	机械强度（kN）	雷电冲击耐受（kV）	工频1min湿受（kV）	工频击穿电压（kV）	雷电冲击电流5kA残压（kV）	连接方式
U70B		255	146		295	70	100	40	110		球窝
U70C		255	146		295	70	100	40	110		槽型
U70BP		255	146		400	70	120	42	120		球窝
U40C		190	140		200	40	75	30	90		槽型
SL-15/40	15	125	320		260	40	105	75			槽型
FXBW-10/70	10	125	310		350	70	75	42			球窝
FZS-10/5	10	125	215		290	5	75	28			M20
FPQ-10/5	10	205	285		450	5	110	40			M20

表 5-41（续）

产品型号	额定电压（kV）	绝缘体直径（mm）	结构高度（mm）	绝缘/干弧距离（mm）	爬电距离（mm）	机械强度（kN）	雷电冲击耐受（kV）	工频1min湿受（kV）	工频击穿电压（kV）	雷电冲击电流5kA残压（kV）	连接方式
R5，ET95N	10	125	283		360	5	95	40			M20
R12.5，ET105L	10	170	336		534	12.5	105	70			M20
PSJN-105/8Z	10	125	268		360	8	105	45			M20
P-6T		120	90		150		65	28	50		

4 调整完善原则

由于绝缘子生产厂家众多，各厂生产所依据的标准不同，造成了各型绝缘子命名型号的不同，其实本质是一致的。随着科技的进步，绝缘材料日新月异，必然会出现更多的型号，绝缘子应严格满足上表提供的技术参数符合选型时的技术参数和绝缘材料种类、连接方式。

国网河南省电力公司电网设备选型技术原则

（电缆）

1 总体技术要求

电力电缆选用应满足负荷要求、热稳定校验、敷设条件、安装条件、对电缆本体的要求、运输条件等。电力电缆采用交联聚乙烯绝缘电缆。电缆截面的选择，应在不同敷设条件下电缆额定载流量的基础上，考虑环境温度、并行敷设、热阻系数、埋设深度等因素后选择。

2 标准和规范

GB 2952　电缆外护层

GB 3048　电线电缆电性能试验方法

GB/T 3956　电缆的导体

GB 6995　电线电缆识别标志

GB 11032　交流无间隙金属氧化物避雷器

GB 12666　电线电缆燃烧试验方法

GB 12706　额定电压 1kV（U_m＝1.2kV）到 35kV（U_m＝40.5kV）挤包绝缘电力电缆及附件

GB/T 18380　电缆和光缆在火焰条件下的燃烧试验

GB/T 50064　交流电气装置的过电压保护和绝缘配合设计规范

GB 50168　电气装置安装工程电缆线路施工及验收规范

GB 50217　电力工程电缆设计标准

JB/T 10181　电缆载流量计算

DL/T 401　高压电缆选用导则

DL/T 1253　电力电缆线路运行规程

DL/T 5221　城市电力电缆线路设计技术规定

DL/T 5222　导体和电器选择设计技术规定

Q/GDW 1738　配电网规划设计技术导则

3 正常使用条件和特殊使用条件

3.1 正常使用条件

（1）环境温度。最高温度：＋45℃。最低温度：－40℃。

（2）环境相对湿度（在 25℃时）。日平均值：≤95%。月平均值：≤90%。

（3）海拔高度≤1000m。

（4）污秽等级户内 D 级，户外 E 级。

（5）一般采用隧道、电缆沟、排管、直埋或架空等辐射方式。

3.2 特殊使用条件

凡是需要满足 3.1 规定的正常使用条件之外的特殊使用条件，应由项目单位在招标文件中明确提出。

4 选型技术要求

4.1 电缆型号及适用范围

河南电网常规采用的 10kV 电缆主要为交联聚乙烯绝缘聚乙烯内护层钢带铠装聚氯乙烯护套铜芯或铝芯电力电缆，电缆芯数为三芯。电缆正常运行时，导体的长期最高允许温度为 90℃；短路时（最长持续时间 5s），电缆导体温度不得超过 250℃。电缆型号选择及适用范围见表 5-42。

表 5-42　电缆型号选择及适用范围

型　号		名　称	适　用　范　围
铜芯	铝芯		
YJV22	YJLV22	交联聚乙烯绝缘钢带铠装聚氯乙烯护套电力电缆	可在土壤直埋敷设，能承受机械外力作用，但不能承受大的拉力

4.2 电缆绝缘屏蔽、金属护套、铠装、外护套选择（见表 5-43）

表 5-43　10kV 电缆金属屏蔽、铠装、外护层选择

敷设方式	绝缘屏蔽或金属护套	加强层或铠装	外护层
直埋	软铜线或铜带	铠装（3 芯）	聚氯乙烯或聚乙烯
排管、电缆沟、电缆隧道、电缆工作井	软铜线或铜带	铠装/无铠装（3 芯）	

（1）在潮湿、含化学腐蚀环境或易受水浸泡的电缆，宜选用聚乙烯等材料类型的外护套。

（2）在保护管中的电缆应具有挤塑外护层。

（3）在电缆夹层、电缆沟、电缆隧道等防火要求高的场所，宜采用阻燃外护层，根据防火要求选择相应的阻燃等级。

（4）有白蚁危害的场所应采用金属套或钢带铠装，或在非金属外护套外采用防白蚁护层。

（5）有鼠害的场所宜在外护套外添加防鼠金属铠装，或采用硬质护层。

（6）有化学溶液污染的场所，应按其化学成分采用相应材质的外护层。

4.3 电缆截面选择

电缆截面的选择应考虑设施标准化，各供电区域中压电缆截面一般可参考表 5-44 选择。

表 5-44　中压电缆线路电缆截面推荐表

区　域	主干线（含联络线）（mm²）	分支线（mm²）
A＋、A、B、C	400、300、240	≥120
D	≥185	≥70

电缆导体最小截面的选择，应同时满足规划载流量和可能通过的最大短路电流时热稳定的要求。电缆导体截面的确定应结合敷设环境来考虑，10kV 常用电缆可根据表 5-45 中 10kV 交联电缆载流量，结合不同环境温度、不同管材热阻系数、不同土壤热阻系数及多根电缆并行敷设等各种载流量校正系数来综合计算，分别如表 5-46～表 5-49 所示。

表 5-45　10kV 电缆在不同环境温度时的载流量校正系数

缆芯最高工作温度（℃）	环境温度（℃）							
	空气中				直埋			
	30	35	40	45	20	25	30	35
60	1.22	1.11	1	0.86	1.07	1	0.93	0.85
65	1.18	1.09	1	0.89	1.06	1	0.94	0.87
70	1.15	1.08	1	0.91	1.05	1	0.94	0.88
80	1.11	1.06	1	0.93	1.04	1	0.95	0.9
90	1.09	1.05	1	0.94	1.04	1	0.96	0.92

表 5-46　10kV 交联电缆载流量

绝缘类型		交联聚乙烯			
钢铠护套		无		有	
缆芯最高工作温度（℃）		90			
敷设方式		空气中	直埋	空气中	直埋
截面积（mm²）	70	178A	152A	173A	152A
	120	251A	205A	246A	205A
	185	324A	252A	320A	247A
	240	378A	292A	373A	292A
	300	433A	332A	428A	328A
	400	506A	378A	501A	374A
环境温度（℃）		40	25	40	25
土壤热阻系数（℃·m/W）		—	2	—	2

表 5-47　不同土壤热阻系数时 10kV 电缆载流量的校正系数

土壤热阻系数（℃·m/W）	分类特征（土壤特性和雨量）	校正系数
0.8	土壤很潮湿，经常下雨。如湿度大于 9% 的沙土；湿度大于 10% 的沙泥土等	1.05
1.2	土壤潮湿，规律性下雨。如湿度大于 7% 但小于 9% 的沙土；湿度为 12%～14% 的沙泥土等	1
1.5	土壤较干燥，雨量不大。如湿度为 8%～12% 的沙泥土等	0.93

表 5-47（续）

土壤热阻系数 （℃·m/W）	分类特征（土壤特性和雨量）	校正系数
2	土壤干燥，少雨。如湿度大于 4% 但小于 7% 的沙土；湿度为 4%～8% 的沙泥土等	0.87
3	多石地层，非常干燥。如湿度小于 4% 的沙土等	0.75

表 5-48　土中直埋多根并行敷设时电缆载流量的校正系数

电缆根数		1	2	3	4	5	6
电缆之间净距 （mm）	100	1	0.9	0.85	0.8	0.78	0.75
	200	1	0.92	0.87	0.84	0.82	0.81
	300	1	0.93	0.9	0.87	0.86	0.85

表 5-49　空气中单层多根并行敷设时电缆载流量的校正系数

电缆根数		1	2	3	4	5	6
电缆中心距	$s=d$	1	0.9	0.85	0.82	0.81	0.8
	$s=2d$	1	1	0.98	0.95	0.93	0.9
	$s=3d$	1	1	1	0.98	0.97	0.96

注　1. s 为电缆中心间距离；d 为电缆外径。

　　2. 本表按全部电缆具有相同外径条件制订，当并列敷设的电缆外径不同时，d 值可近似地取电缆外径的平均值。

4.4　导体

10kV 电缆导体采用符合 GB/T 3956 的第 2 种裸退火铜导体或镀金属层退火铜导体，裸铝导体或铝合金导体。导体表面应光洁、无油污、无损伤屏蔽及绝缘的毛刺、锐边，无凸起或断裂的单线。导体应为圆形，并绞合紧压，紧压系数不小于 0.9，其他应符合 GB/T 3956 的规定。

4.5　挤出交联工艺

导体屏蔽、绝缘、绝缘屏蔽应采用三层共挤工艺，全封闭化学交联。绝缘料采用交联聚乙烯料，半导电屏蔽料采用交联型材料，绝缘料和半导电料从生产之日到使用不应超过半年。生产厂家提供对产品工艺制造水平的描述，包括干式交联流水线方式、生产设备中的测偏装置、干式交联、冷却装置的描述等。

4.6　电缆绝缘

绝缘标称厚度为 4.5mm，绝缘厚度平均值应不小于标称值，任一点最小测量厚度应不小于标称厚度的 90%。任一断面的偏心率 ［（最大测量厚度－最小测量厚度）/最大测量厚度］应不大于 10%。

电缆的绝缘偏心度应符合下式规定：

$$(t_{max}-t_{min})/t_{max}\leqslant 10\%$$

式中　t_{max}——绝缘最大厚度，mm；

$t_{\min}$——绝缘最小厚度，mm。

$t_{\max}$ 和 $t_{\min}$ 在绝缘同一断面上测得。

4.7 导体屏蔽

导体屏蔽由半导带和挤包半导电层复合组成，先绕包半导电带，然后再挤入半导电层屏蔽。

挤包半导电层应均匀地包覆在导体上，和绝缘紧密结合，表面光滑，无明显绞线凸纹，不应有尖角、颗粒、烧焦或擦伤的痕迹。在剥离导体屏蔽时，半导电层不应有卡留在导体绞股之间的现象。导体屏蔽标称厚度应为 0.8mm，最薄处厚度不小于 0.7mm。

4.8 绝缘屏蔽

绝缘屏蔽为可剥离或不可剥离挤包半导电层，电阻率不大于 $500\Omega \cdot cm$，半导电层应均匀包覆在绝缘表面，表面应光滑，不应有尖角、颗粒、烧焦或擦伤的痕迹。从老化前后的试样绝缘上剥下挤包半导电屏蔽的剥离力应为 8～45N，绝缘表面应无损伤及残留的半导电屏蔽痕迹。

三芯电缆绝缘屏蔽与金属屏蔽之间应有沿缆芯纵向的相色（黄绿红）标志带，其宽度不小于 2mm。

4.9 金属屏蔽

（1）金属屏蔽应由一根或多根金属带、金属编织带、金属丝的同心层或金属丝与金属带的组合结构组成。

（2）金属屏蔽中铜丝的电阻应符合 GB/T 3956 的要求。铜丝屏蔽的标称截面积应根据故障电流容量确定，不宜小于 $25mm^2$。

（3）铜丝屏蔽由疏绕的软铜线组成，其表面应用反向绕包的铜丝或铜带扎紧，相邻铜丝的平均间隙应不大于 4mm。

（4）铜带屏蔽由一层重叠绕包的软铜带组成，绕包连续均匀、平整光滑、没有断裂，铜带间的平均搭盖率不小于 15%（标称值），其最小搭盖率应不小于 5%。软铜带应符合 GB/T 11091 的要求，铜带标称厚度为三芯电缆不小于 0.10mm。铜带的最小厚度应不小于标称值的 90%。

4.10 内衬层及填充

内衬层可以挤包或绕包，圆形绝缘线芯电缆只有在绝缘线芯间的间隙被密实填充时，才允许采用绕包内衬层，挤包内衬层前允许用合适的带子扎紧。

挤包内衬层的近似厚度应符合 GB/T 12706.2 的要求，有防水要求时，宜选用 PE 内衬层。采用与电缆运行温度相适应的非吸湿性材料填充，应密实、圆整，并保证在成品电缆段附加老化试验后不粉化，三芯成缆后外形应圆整。

4.11 铠装

金属带铠装采用双层镀锌钢带或涂漆钢带，螺旋绕包两层，外层钢带的中间大致在内层钢带间隙上方，包带间隙应不大于钢带宽度的 50%，绕包应平整光滑，$3\times240mm^2$ 及以上电缆的钢带标称厚度为 0.8mm，$3\times240mm^2$ 以下电缆的钢带标称厚度为 0.5mm。

4.12 外护套

外护套应采用聚氯乙烯或聚乙烯料挤包，有特殊要求时，可使用化学添加剂，但所使用的添加剂不应包括对人类及环境有害的材料。外护套应有导电层，导电层应均匀、光滑、牢固、不脱落，在敷设和长期运行条件下，应牢固包覆在绝缘外护套上。如选择挤出外电极方式，外电极最大电阻率不大于 500Ω·m。三芯电缆外护套标称厚度见表 5-50。

外护套厚度平均值应不小于标称值，任一点最小厚度应不小于标称值的 90%。外护套通常为黑色或红色，也可以按照制造方和买方协议采用黑色以外的其他颜色，以适应电缆使用的特定环境。外护套应经受 GB/T 3048.10 规定的火花试验。

表 5-50　三芯电缆外护套标称厚度

电缆截面积（mm²）	外护套标称厚度（mm）		
	无铠装	有铠装	
		金属带	金属丝
70	3.6	3.8	3.9
120	3.8	4.1	4.2
185	4.0	4.3	4.4
240	4.2	4.5	4.6
300	4.3	4.6	4.7
400	4.6	4.9	5.0

4.13　电缆不圆度

同一截面上，电缆不圆度＝（电缆最大外径－电缆最小外径）/电缆最大外径×100%，电缆不圆度应不大于 10%。

4.14　成品电缆标志

成品电缆的外护套表面应连续凸印、激光打印或喷印印刷厂名、型号、电压、导体截面、制造年份和计米长度标志，标志应字迹清楚、容易辨认、耐擦。内护套表面应连续喷印厂名、制造年月。

4.15　电缆阻燃要求

采用阻燃电缆时，电缆的阻燃特性和技术参数要求需符合 GB/T 19666 的相关规定。

4.16　密封和牵引头

电缆两端应用防水密封套密封，密封套和电缆的重叠长度应不小于 200mm。如有要求安装牵引头，牵引头应与线芯采用围压的连接方式，并与电缆可靠密封，在运输、储存、敷设过程中，保证电缆密封不失效。

国网河南省电力公司电网设备选型技术原则

（电缆附件）

1 总体技术要求

（1）电缆附件的绝缘屏蔽层或金属护套之间的额定工频电压（U_0）、任何两相线之间的额定工频电压（U）、任何两相线之间的运行最高电压（U_m），以及每一导体与绝缘屏蔽层或金属护套之间的基准绝缘水平（BIL），应满足表 5-51 要求。

表 5-51　电 缆 绝 缘 水 平 表

系统中性点	非有效接地	有效接地
	10kV	
U_0/U（kV）	8.7/10	6/10
U_m（kV）	11.5	11.5
BIL（kV）	95	75
外护套冲击耐压（kV）	20	20

（2）敞开式电缆终端的外绝缘必须满足所设置环境条件的要求，并有一个合适的泄漏比距。在一般环境条件下，外绝缘的爬距在污秽等级最高情况下户外采用 400mm，户内采用 300mm，并不低于架空线绝缘子的爬距。

（3）电缆终端的选择。外露于空气中的电缆终端装置类型应按下列条件选择：

1）不受阳光直接照射和雨淋的室内环境应选用户内终端。

2）受阳光直接照射和雨淋的室外环境应选用户外终端。对电缆终端有特殊要求的，选用专用的电缆终端。目前最常用的终端类型有热缩型、冷缩型、预制型，在使用上根据安装位置、现场环境等因素进行相应选择。

（4）电缆中间接头的选择。三芯电缆中间接头应选用直通接头。目前最常用的有热缩型、冷缩型。考虑电缆敷设环境及施工工艺等因素进行相应选择。

2 标准和规范

GB 311.1　绝缘配合　第 1 部分：定义、原则和规则

GB/T 3048　电线电缆电性能试验方法

GB/T 7354　局部放电测量

GB/T 12706.4　额定电压 1kV（U_m＝1.2kV）到 35kV（U_m＝40.5kV）挤包绝缘电力电缆及附件　第 4 部分：额定电压 6kV（U_m＝7.2kV）到 35kV（U_m＝40.5kV）电力电缆附件试验要求

GB/T 14315 电力电缆导体用压接型铜、铝接线端子和连接管

GB/T 18889 额定电压 6kV（U_m＝7.2kV）到 35kV（U_m＝40.5kV）电力电缆附件试验方法

GB/T 19001 质量管理体系要求

DL/T 413 额定电压 35kV（U_m＝40.5kV）及以下电力电缆热缩式附件技术条件

JB/T 10739 额定电压 6kV（U_m＝7.2kV）到 35kV（U_m＝40.5kV）挤包绝缘电力电缆可分离连接器

JB/T 10740.1 额定电压 6kV（U_m＝7.2kV）到 35kV（U_m＝40.5kV）挤包绝缘电力电缆冷收缩式附件 第 1 部分：终端

JB/T 10740.2 额定电压 6kV（U_m＝7.2kV）到 35kV（U_m＝40.5kV）挤包绝缘电力电缆冷收缩式附件 第 2 部分：直通接头

3 正常使用条件和特殊使用条件

3.1 正常使用条件

（1）环境温度。最高温度：＋45℃。最低温度：－40℃。

（2）环境相对湿度（在 25℃时）。日平均值：≤95%。月平均值：≤90%。

（3）海拔高度≤1000m。

（4）污秽等级户内 D 级，户外 E 级。

（5）一般采用隧道、电缆沟、排管、直埋或架空等辐射方式。

3.2 特殊使用条件

凡是需要满足 3.1 规定的正常使用条件之外的特殊使用条件，应由项目单位在招标文件中明确提出。

4 选型技术要求

4.1 电缆附件常用规格型号（见表 5-52）

表 5-52 电缆附件常用规格型号

种类	截面积（mm²）/直径（mm）	金具材质	主要型式
户外终端头	3×70	铜/铝	冷缩型热缩型
	3×120		
	3×185		
	3×240	铜/铝	冷缩型热缩型
	3×300		
	3×400		
户内终端头	3×70	铜/铝	冷缩型热缩型
	3×120		
	3×185		

表 5-52（续）

种类	截面积（mm²）/直径（mm）	金具材质	主要型式
户内终端头	3×240	铜/铝	冷缩型热缩型
	3×300		
	3×400		
设备终端	3×70	铜/铝	预制型
	3×120		
	3×185		
	3×240		
	3×300		
	3×400		
电缆中间头	3×35	铜/铝	冷缩型热缩型
	3×70		
	3×120		
	3×150		
	3×185		
	3×240		
	3×300		
	3×400		
绝缘套管	$\phi 35$	—	冷缩
	$\phi 70$		
	$\phi 120$		
	$\phi 150$		
	$\phi 185$		
	$\phi 240$		
	$\phi 300$		
	$\phi 400$		

4.2 配电网电缆附件主要电气性能参数要求（见表 5-53）

表 5-53 配电网电缆附件主要电气性能参数要求

项 目	10kV 电缆附件标准参数值
工频电压试验	$4.5U_0$，5min
户外终端工频电压试验（淋雨下）	$4.0U_0$，15min
局部放电试验（室温、试验灵敏度 10pC 或更优，15kV 下）	无可检测放电
恒压负荷循环试验	按照 GB/T 12706.4 规定

表 5-53（续）

项　目	10kV 电缆附件标准参数值
局部放电试验（高温、试验灵敏度 10pC 或更优，15kV 下）	无可检测放电
冲击电压试验（95～100℃）	±95kV 各 10 次
冲击后工频电压试验	$2.5U_0$，15min
热稳定试验	按照 GB/T 12706.4 规定
动稳定试验	按照 GB/T 12706.4 规定
户外终端盐雾试验	$1.25U_0$，1000h
户内终端潮湿试验	$1.25U_0$，300h
中间接头浸水试验	$1.25U_0$，30 次循环

4.3　电缆附件敷设使用条件

（1）电缆附件的敷设条件。有直埋、排管、沟道、隧道、桥架等多种方式。

（2）户外终端的环境条件。固定电缆附杆与架空线连接。

（3）户内终端的环境条件。室内，与配电柜连接。

（4）中间接头的环境条件。沟道内积水时，电缆局部（包括中间接头）可完全浸于水中。

4.4　电缆附件技术条件要求

（1）冷缩（预制）型终端采用应力管（锥）结构的产品。

（2）冷缩（预制）型终端在安装时，具有良好的双接地，不应产生电位悬浮。冷缩（预制）型终端端头密封采用的是自粘性硅橡胶带。

（3）所有橡胶件内外表面应光滑，无肉眼可见的因材质和工艺不善引起的斑痕、凹坑和裂纹。

（4）绝缘材料为硅橡胶绝缘体，绝缘橡胶材料和半导电橡胶材料主要性能要求应符合国标规定。

（5）附件接地线截面积不小于 $10mm^2$；屏蔽地线（如果有）不小于 $25mm^2$。

（6）电缆中间接头采取多层密封措施，应有线芯密封、内护套密封和护套密封。

（7）中间接头铜网套屏蔽截面积应大于 $40mm^2$。应配备两条跨接线，截面积均大于 $25mm^2$。

4.5　电缆附件配套完整性

（1）附件产品主要部件、辅助材料和消耗材料应配套齐全，品种、数量应满足附件安装全部需要。辅助材料包括铜编织接地线、接线端子、弹性密封胶、应力控制胶、绝缘自粘带等。消耗性材料包括清洗剂、绝缘硅脂、安装用手套、焊料等。

（2）附件产品主要部件、辅助材料和消耗材料的材质应具有良好相容性、相同的质量标准，电气性能和物理化学性能应满足要求。

4.6　配网电缆附件结构要求

（1）不接受在现场绕包制作的电缆终端和接头。

（2）电缆附件应配套齐全，必须包括金具、绝缘件、配套材料、清洁剂和特殊安装工器具。

（3）三芯铠装电缆所用终端应配备两条接地线，接头应配备两条跨接线。

（4）清洁剂应无毒、易挥发，不与绝缘屏蔽相溶。

（5）户外终端所用外绝缘材料应具有抗大气老化、耐电蚀及耐漏电痕性能。

（6）连接金具的材质必须满足 GB 14315 标准第六条第一款的规定。铝材不低于 GB 3190 二号工业纯铝（L2）的规定。铜材不低于 GB 5231 二号铜（T2）的规定。金具应镀锡，户外终端用金具不得使用管材压制而成，铝导线和铜排连接时，应使用铜镀锡接线端子。导体连接金具的外径必须与压接模相配合，保证可靠压缩比。应明确其压接模与连接金具的外径的配合，压接后的连接金具必须符合 GB 9327 的规定。

4.7 防水剂存储要求

（1）电缆附件应满足密封防水要求，中间接头的内衬层和外护套防水层应单独恢复。终端防水宜选用硅橡胶绝缘带缠绕封堵。

（2）在正常的室温环境下储存，最少可以储存 2 年，在存储期内，不得有开裂、松垮等现象。

国网河南省电力公司电网设备选型技术原则
（配电终端）

1 总体技术要求

配电终端即配电自动化终端，是安装于配电网现场的各种远方监测、控制单元的总称，主要包括馈线终端、站所终端、配电变压器终端等。其中，馈线终端（FTU）安装在配电网架空线路杆塔等处，具有遥信、遥测、遥控、保护等功能的配电终端。站所终端（DTU）是安装在配电网馈线回路的开关站、配电室、环网柜、箱式变电站等处，具有遥信、遥测、遥控、保护等功能的配电终端。配电变压器终端（TTU）是安装在配电变压器低压出线处，用于监测配电变压器各种运行参数的配电终端。

2 标准和规范

DL/T 721　配电网自动化系统远方终端

DL/T 814　配电自动化系统功能规范

Q/GDW 382　配电自动化技术导则

Q/GDW 513　配电自动化主站系统功能规范

Q/GDW 514　配电自动化终端/子站功能规范

Q/GDW 625　配电自动化建设与改造标准化设计技术规定

国网运检部关于做好"十三五"配电自动化建设应用工作的通知（国网运检三〔2017〕6 号）

3 选型技术要求

3.1 通用选型技术要求

3.1.1 配电终端常用产品及型号（见表 5-54）

表 5-54　配电终端常用产品型号

序号	产品名称	功能分类	外壳形式	适用对象
1	馈线终端（FTU）	三遥	罩式	柱上开关
2	馈线终端（FTU）	二遥动作型	罩式	柱上开关
3	站所终端（DTU）	三遥	遮蔽立式	4 间隔户外环网柜
4	站所终端（DTU）	三遥	户外立式	4 间隔户外环网柜
5	站所终端（DTU）	三遥	组屏式	8 间隔小型站所
6	站所终端（DTU）	三遥	组屏式	12 间隔中型站所
7	站所终端（DTU）	三遥	组屏式	16 间隔大型站所

3.1.2 使用环境条件

馈线终端必须符合 C3 级别要求，工作场所环境温度和湿度分级见表 5-55。

表 5-55　工作场所环境温度和湿度分级

级别	环境温度		湿度		使用场所
	范围（℃）	最大变化率（℃/min）	相对湿度（%）	最大绝对湿度（g/m³）	
C1	−5～+45	0.5	5～95	29	非推荐
C2	−25～+55	0.5	10～100	29	室内
C3	−40～+70	1.0	10～100	35	遮蔽场所、户外
CX	特定（根据需要由用户和制造商协商确定）				

3.2　站所终端（DTU）技术参数要求

3.2.1　"三遥"站所终端的技术要求

（1）采集交流电压、电流。其中：

1）电压输入标称值：100/220V，50Hz；要求采集不少于 4 个电压量。

2）电流输入标称值：5/1A；要求采集不少于 12 个电流量。

3）电压电流采集精度：0.5 级；有功、无功测量精度：1.0 级。

4）有功电量计算精度：0.5S 级；无功电量计算精度：2 级；功率因数分辨率不大于 0.01。

5）在标称输入值时，核心单元每一电流回路的功率消耗应小于 0.75VA。

6）短期过量交流输入电流施加标称值的 2000%（标称值为 5/1A），持续时间小于 1s，配电终端应工作正常。

（2）采集不少于 20 个遥信量，遥信分辨率不大于 5ms，遥信电源电压不低于 24V。

（3）实现不少于 4 路开关的分、合闸控制，具备软硬件防误动措施。

（4）具备相间短路与单相接地故障检测、判断与录波功能及保护功能。

（5）应具备不少于 4 个串行口和 2 个以太网通信接口。

（6）核心单元正常运行直流功耗宜不大于 15W（不含通信模块、配电线损采集模块、电源管理模块），整机功耗不超过 40VA（不含通信模块、配电线损采集模块、后备电源）。

3.2.2　站所终端（DTU）参数要求（见表 5-56）

表 5-56　站所终端 DTU 技术参数表

序号	名　称	参　数	备注
1	装置工作电源	双交流或直流输入，AC 220V，DC 220V	
2	TA 二次额定电流	AC 5A、1A 可选	
3	TV 二次额定电压	AC 220V、AC 100V 可选	
4	配电自动化终端外箱尺寸（高×宽×深）	环网柜 DTU 不大于 800mm×600mm×400mm	
		开关站 DTU 不大于 2260mm×800mm×600mm	

表 5-56（续）

序号	名　称	参　数	备注
5	遥信回路电压等级	DC 24V	
6	遥信消抖时间	0.01～60s 可设定	
7	操作回路电压等级	DC 24V/DC 48V（或 AC 220V）	
8	控出节点容量	DC 24V/16A，DC 48V/10A	
9	开出节点输出方式	有源或空节点	

3.2.3　DTU 电气接口定义及接线要求

DTU 可以采用端子排或航空插头连接方式，此处给出端子排和航空接插件的定义；对一、二次融合成套环网箱所用的 DTU 按国家电网有限公司标准化设计执行。端子排定义及接线要求见表 5-57～表 5-60。

表 5-57　DTU 交流电源输入接口

引脚号	标记	标　记　说　明	电缆规格	备注	图　示	
1	U_{l1}	工作电源 1（交流火线/直流正）	RVVP1.5mm²	短接	JD	
2	U_{l1}	工作电源 1（交流火线/直流正）	RVVP1.5mm²	短接	U_{L1}	1
3				空	U_{L1}	2
4	U_{n1}	工作电源 1（交流零线/直流地）	RVVP1.5mm²	短接	空	3
5	U_{n1}	工作电源 1（交流零线/直流地）	RVVP1.5mm²	短接	U_{N1}	4
6				空	U_{N1}	5
7	U_{l2}	工作电源 2（交流火线/直流正）	RVVP1.5mm²	短接	空	6
8	U_{l2}	工作电源 2（交流火线/直流正）	RVVP1.5mm²	短接	U_{L2}	7
9				空	U_{L2}	8
10	U_{n2}	工作电源 2（交流零线/直流地）	RVVP1.5mm²	短接	空	9
11	U_{n2}	工作电源 2（交流零线/直流地）	RVVP1.5mm²	短接	U_{N2}	10
12					U_{N2}	11
13	GND	接地	RVVP2.5mm²	短接	空	12
14					同上	

表 5-58　DTU 直流电源输出接口

引脚号	标记	标记说明	电缆规格	备注	图示	
					ZD	
1	CN＋	储能＋	RVVP1.5mm^2		CN＋	1
2	CN－	储能－	RVVP1.5mm^2		CN－	2
3	TXDY＋	通信电源	RVVP1.5mm^2		TX＋	3
4	TXDY－	通信电源	RVVP1.5mm^2		TX－	4

表 5-59　DTU 电压输入接口

引脚号	标记	标记说明	电缆规格	备注	图示	
					UD	
1	U_{ab1}	第一路测量电压 A 相	RVVP1.5mm^2		U_{ab1}	1
2	备用					2
3	U_{cb1}	第一路测量电压 C 相	RVVP1.5mm^2		U_{cb1}	3
4	U_{bn1}	第一路测量电压 B 相公共端			U_{bn1}	4
5	U_{ab2}	第二路测量电压 A 相	RVVP1.5mm^2		U_{ab2}	5
6	备用					6
7	U_{cb2}	第二路测量电压 C 相	RVVP1.5mm^2		U_{ab2}	7
8	U_{bn2}	第二路测量电压 B 相公共端			U_{bn2}	8

表 5-60　DTU 电流输入及控制、信号接口

1ID						
引脚号	标记	标记说明	电缆规格	备注	图示	
					1ID	
1	I_a	A 相电流	RVV2.5mm^2		I_a	1
2	I_b	B 相电流	RVV2.5mm^2	可选	I_b	2
3	I_c	C 相电流	RVV2.5mm^2		I_c	3
4	I_n	相电流公共端	RVV2.5mm^2		I_n	4
5	I_0	零序电流	RVV2.5mm^2		I_0	5
6	I_{0com}	零序电流公共端	RVV2.5mm^2		I_{0ccm}	6
1CD						
1	HZ＋	合闸输出＋	RVVP1.5mm^2		1CD	
2	HZ－	合闸输出－	RVVP1.5mm^2		HZ＋	1
3	FZ＋	分闸输出＋	RVVP1.5mm^2		HZ－	2
4	FZ－	分闸输出－	RVVP1.0mm^2		FZ＋	3
5	DDW	地刀位置	RVVP1.0mm^2	可选	FZ－	4
6	YF	远方/当地	RVVP1.0mm^2	可选	DDW	5
7	HW	合位	RVVP1.0mm^2		HW	6
8	FW	分位	RVVP1.0mm^2	可选	FW	7
9	WCN	未储能位	RVVP1.0mm^2	可选	WCN	8
10	YXCOM	遥信公共端	RVVP1.0mm^2		YF	9
					YXCOM	10

表 5-60（续）

引脚号	标记	标记说明	电缆规格	备注	图　示
2ID					
2CD					
3ID …					

注　端子排列顺序按照 JD、ZD、UD、1ID、1CD、2ID、2CD、3ID、3CD 依次类推排列。端子排横向排列时，上侧接 DTU 内部出线，下侧预留接线路开关二次电缆；端子排竖向排列时，左侧接接 DTU 内部出线，右侧预留接线路开关二次电缆。

环网箱采用电磁互感器时，DTU 航空插头配套要求如下：

（1）开关和 DTU 的连接电缆双端预制，全部采用矩形连接器，接口定义与结构统一，不同厂家矩形连接器可互配。

（2）开关与 DTU 两侧各个间隔的航空插头具有防插错功能。

（3）TV 柜的接口：供电 TV（母线取电）输出、相/零序电压互感器（母线采集）输出，1 根电缆，1 个 10 芯矩形连接器。

（4）开关单元的接口：各间隔电流互感器（保护测量、零序电流、计量）输出、控制输入与信号接点输出，1 根电缆，1 个 26 芯矩形连接器。

（5）开关侧内部必须加装防开路设计，对带电拔插开关侧或 DTU 侧航空插头均能可靠安全防护。

（6）站所终端的接口：供电 TV（母线取电）输入、相/零序电压互感器（母线采集）输入，1 根电缆，1 个 10 芯矩形连接器；各间隔电流互感器（保护/测量、零序电流、计量）输入、控制输出与信号接点输入，1 根电缆，1 个 26 矩形连接器。

（7）矩形连接器的接口定义及接线要求，详见表 5-61、表 5-62。

表 5-61　一、二次矩形连接器工作电源、电压采集接口定义及接线

引脚号	标记	标记说明	电缆规格	备注	图示
1	U_{l1}	工作电源 1（交流火线/直流正）	1.5mm² 多股软线		
2	U_{n1}	工作电源 1（交流零线/直流地）			
3	BY1	备用 1			
4	U_a	A 相电压（计量/测量）			
5	U_b	B 相电压（计量/测量）			
6	U_c	C 相电压（计量/测量）			
7	U_n	相电压公共端			
8	BY2	备用 2			
9	U_0	零序电压			
10	U_{0n}	零序电压公共端			

296

表 5-62　一、二次矩形连接器电流采集与控制信号（电磁式电压互感器）接口定义及接线

引脚号	标记	标记说明	线芯规格	备注	图示
1	I_{a1}	A 相保护电流	2.5mm² 多股软线		
2	I_{b1}	B 相保护电流			
3	I_{c1}	C 相保护电流			
4	I_{n1}	保护相电流公共端			
5	I_{as1}	A 相计量电流			
6	I_{bs1}	B 相计量电流			
7	I_{cs1}	C 相计量电流			
8	I_{ns1}	计量相电流公共端			
9	I_{01}	零序电流			
10	I_{01com}	零序电流公共端			
11	HZ+	合闸输出+	1.5mm² 多股软线		
12	HZ−	合闸输出−			
13	FZ+	分闸输出+			
14	FZ−	分闸输出−			
15	CN+	储能+			
16	CN−	储能−			
17	BY1	备用 1			
18	GKW	隔离开关位置		可选	
19	DKW	接地开关位置		可选	
20	DQYBJ	低气压报警		可选	
21	DQYBS	低气压闭锁		可选	
22	WCN	未储能位		可选	
23	YF	远方/当地			
24	HW	合位			
25	FW	分位			

（8）基本性能：矩形连接器插头、插座具有防误插功能，防误插编码规则详见图 5-2；插针与导线的端接采用螺钉连接方式。插座和插头的结构应满足表 5-63 的要求。

表 5-63　矩形连接器结构要求

项目	10 芯	26 芯
插座	针式	针式
插头	孔式	孔式
锁定方式	螺钉固定	螺钉固定

297

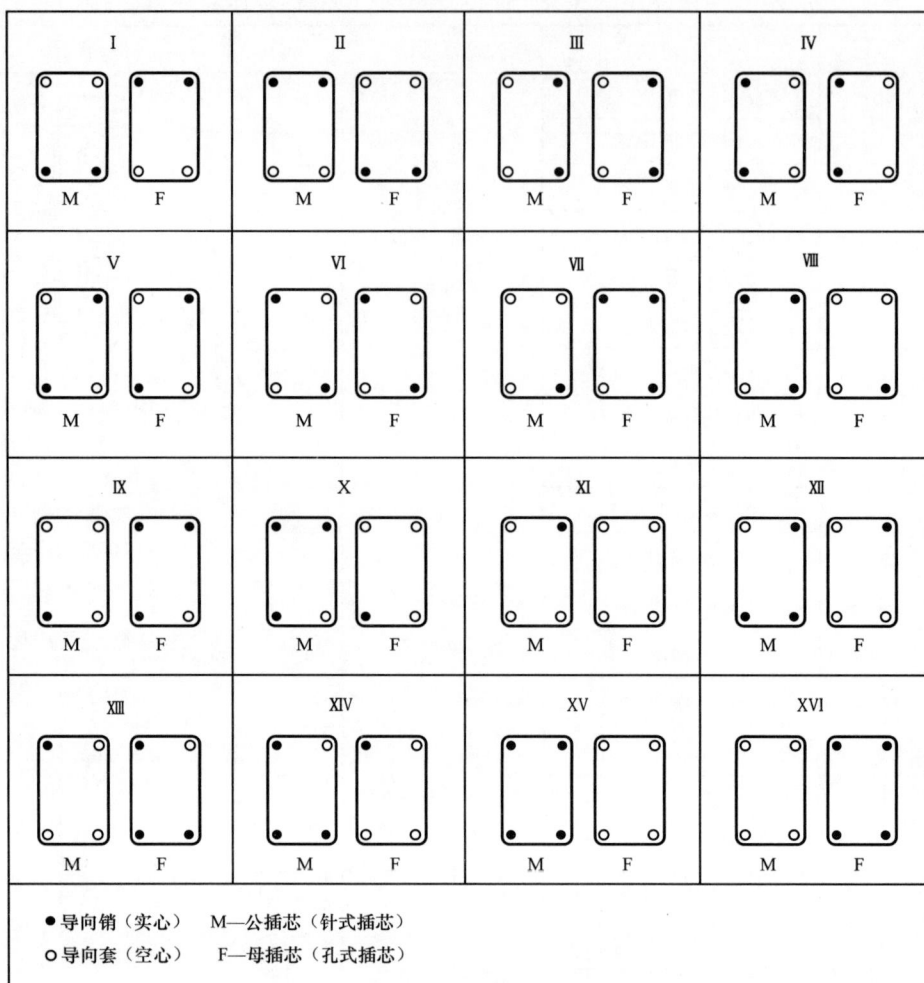

<table>
<tr><td>● 导向销（实心）</td><td>M—公插芯（针式插芯）</td></tr>
<tr><td>○ 导向套（空心）</td><td>F—母插芯（孔式插芯）</td></tr>
</table>

图 5-2　防误差导销导套装配排列规则

（9）矩形连接器技术指标：矩形连接器技术要求见表 5-64，10 芯矩形连接器技术参数见表 5-65，26 芯矩形连接器技术参数见表 5-66。

表 5-64　矩形连接器技术要求

序号	参 数 名 称	参 数 值
1	外观及材质	航空插头、插座的壳体采用 UL94VO 阻燃等级绝缘外壳，防止航空插座和柜体接触，非金属材质，外形为矩形
2	插芯材质	航空插座插芯内插针须表面镀银；保证连接可靠性
3	锁紧部件	航空插头、航空插座须有锁紧部件，连接后防止脱落
4	其他要求	航空插座有可靠防止凝露、结霜等设计
5	防误插设计	航插具备防误插设计，防止多个间隔的遥测、遥信、遥控信号混插

298

表 5-65　10 芯矩形连接器技术参数

额定截面积/直径	10 芯航插	开孔尺寸
	0.5～2.5mm^2	
额定电压	250V	
额定冲击耐受电压	4kV	
绝缘材料阻燃等级	V0＋	
芯数	10 芯	
额定电流（I_n）	20A	
端接方式	螺钉连接	
插拔次数	≥500 次	
电接触件	优质铜合金镀银	
工作条件	温度：−40～105℃；湿度 0%～95%	
使用寿命	≥20 年	
出线方式	必须同时满足水平出线方式和垂直出线方式	
振动	10～150Hz（加速度 50m/s^2）	
绝缘电阻	≥5000MΩ（常温）	
接地形式	专用接地位设计，满足防触电保护，当插头插入插座时，地线应最先接通，拔出时，地线应最后断开	

299

表 5-66　26 芯矩形连接器技术参数

额定截面积/直径	自短路航插	外型及开孔尺寸
	1.5～4mm^2	
额定电压	500V	
额定工频耐压	3kV	
额定冲击耐受电压	6kV	
绝缘材料阻燃等级	V0＋	
芯数	26 芯	
额定电流（I_n）	20A	
端接方式	螺钉连接	
插拔次数	≥500 次	
电接触件	优质铜合金镀银	
工作条件	温度：－40～105℃；湿度 0%～95%	
使用寿命	≥20 年	
型式	一体化	
功能	带有自短路功能，满足多种 电流电压连接方案	
振动	10～150Hz（加速度 50m/s^2）	
绝缘电阻	≥5000MΩ（常温）	
接地形式	专用接地位设计，满足防触电保护， 当插头插入插座时，地线应最先接通， 拔出时，地线应最后断开	

3.3　馈线终端（FTU）技术参数要求

3.3.1　馈线终端 FTU 技术要求

（1）具备三遥功能，采集模拟量和状态量，并具备测量数据、状态数据远传的功能。可根据实际运行的工况，灵活配置运行参数及控制逻辑，实现单相接地、相间短路故障处理等保护功能；当配合断路器使用时，可直接跳闸切除故障，具备自动重合闸功能，重合次数及时间可调；具备故障动作功能的现场投退功能。

（2）支持历史数据远程调阅，以文件方式上传至配网主站；历史数据包括：事件顺序记录、遥控操作记录、日冻结电量、电能定点数据、功率定点数据、电压定点数据、电流定点数据、电压日极值数据、电流日极值数据等。

（3）具备历史数据记录与循环存储功能，电源失电后保存数据不丢失；存储不少于 31 天的定点记录和极值记录、至少 1024 条事件顺序记录、至少 30 条遥控操作记录，定点数据每天等间隔产生 96 条，极值记录每天产生 1 条。

（4）遥信防抖功能，防抖动时间可设，支持上传带时标的遥信变位信息采取防误措施，避免装置初始化、运行中、断电等情况下产生误报遥信。

（5）具备双位置遥信处理功能，支持遥信变位优先传送，备电压越限、负荷越限等告警上送功能。

（6）具备故障指示手动复归、自动复归和主站远程复归功能，能根据设定时间或线路恢复正常供电后自动复归，也能根据故障性质（瞬时性或永久性）自动选择复归方式。

（7）具备对时功能，支持 SNTP 等对时方式，接收主站或其他时间同步装置的对时命令，与系统时钟保持同步。

（8）配电终端应满足《电力监控系统安全防护规定》（国家发展和改革委员会令 2014 年第 14 号）、《关于印发电力监控系统安全防护总体方案等安全防护方案和评估规范的通知》（国能安全〔2015〕36 号）及《国家电网公司关于进一步加强配电自动化系统安全防护工作的通知》（国家电网运检〔2016〕576 号）中相应的安全防护要求。

（9）交流电源电压标称值为单相 220V，频率为 50Hz，频率容差为±5%，标称电压容差为−20%～＋20%。

（10）工作电源满足同时为终端、通信设备、开关分合闸提供工作电源，主电源和后备电源都应独立满足终端、通信设备正常运行及对开关的正常操作。

3.3.2　馈线终端（FTU）参数要求（见表 5-67）

表 5-67　馈线终端（FTU）参数表

序号	名　称	参　数
1	装置工作电源	双交流输入，AC 220V
2	TA 二次额定电流	AC 5A
3	TV 二次额定电压	AC 220V
4	遥信回路电压等级	DC 24V
5	遥信防抖时间	0.01～60s 可设定
6	操作回路电压等级	DC 24V
7	控出节点容量	DC 24V/16A，AC 220V/10A
8	开出节点输出方式	有源或空节点
9	开出节点输出时间	0.1～60s 可设定

3.3.3 馈线终端（FTU）电气接口定义及接线要求

馈线终端（FTU）采用航空插头对外连接方式，终端安装航空插座，连接电缆采用航空插头。开关本体单元配置1只26芯航空插座。FTU配置1只6芯航空插座、1只6芯防开路航空插座和1只10芯航空插座。其中：10芯航空插座用于传输储能、分合闸控制、负荷开关状态信号；6芯防开路航空插座用于传输相电流、零序电流信号；6芯航空插座用于传输电压互感器的供电电源及线电压信号。航空接插件插头、插座采用螺纹连接锁紧，具有防误插功能。插针与导线的端接采用焊接方式。航空插头端子定义及要求如下：

（1）电源及电压输入接口：FTU电源及电压输入接口配置6芯航空接插件，6芯插头引脚定义及尺寸图分别如表5-68和图5-3所示。

单位：mm

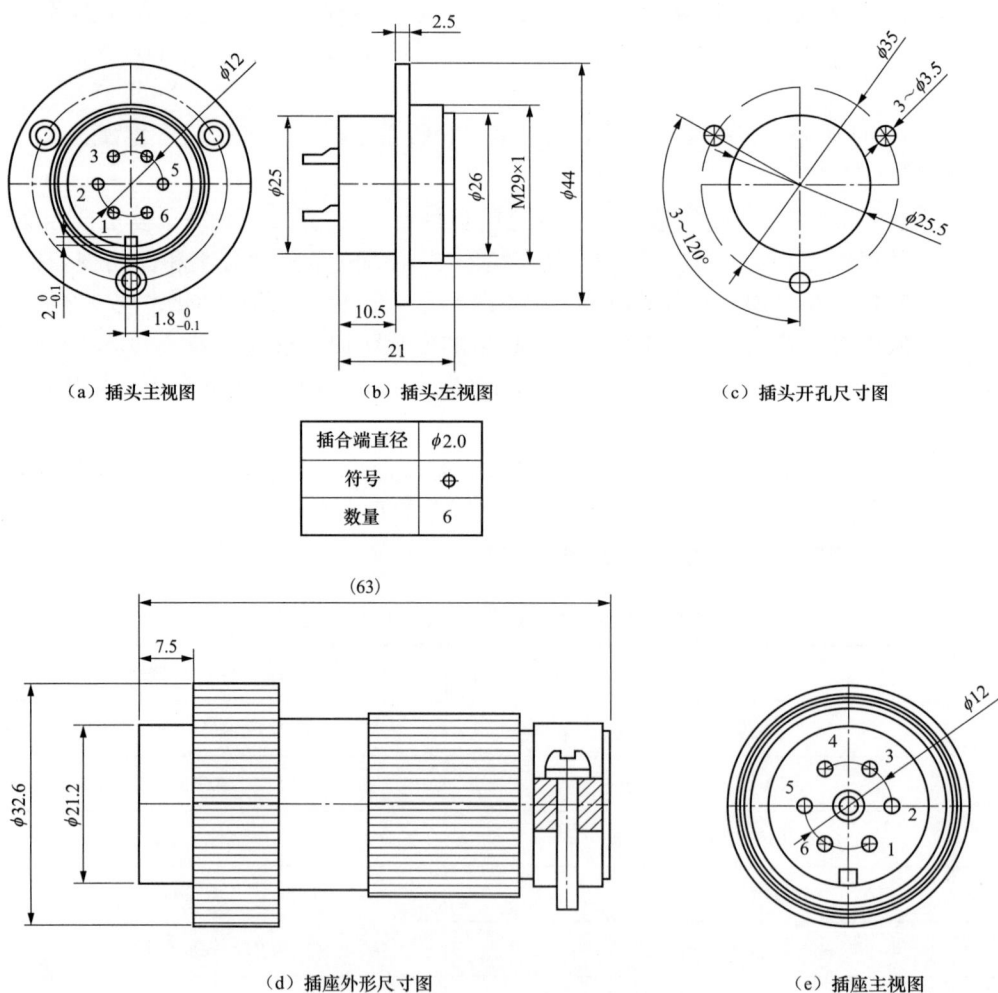

插合端直径	$\phi2.0$
符号	⊕
数量	6

（a）插头主视图　　　（b）插头左视图　　　（c）插头开孔尺寸图

（d）插座外形尺寸图　　　　　（e）插座主视图

图5-3　芯航插插头、插座尺寸图

（2）电流输入接口：配置1只6芯防开路航空插座，6芯防开路航插插座引脚定义及尺寸图分别如表5-69、图5-4、图5-5所示。

表 5-68　芯航插插座引脚定义

引脚号	标记	标 记 说 明	电缆规格	备注	图 示
1	1TVa	AB 线电压 TV 二次侧电压（对应 A 相）	RVVP1.5mm^2		
2	2TVc	CB 线电压 TV 二次侧电压（对应 C 相）	RVVP1.5mm^2		
3	1TVb	AB 线电压 TV 二次侧电压（对应 B 相）	RVVP1.5mm^2	可短接	
4	2TVb	CB 线电压 TV 二次侧电压（对应 B 相）	RVVP1.5mm^2		
5	U0＋	零序 TV 二次侧正极	RVVP1.5mm^2	可选	
6	U0－	零序 TV 二次侧负极	RVVP1.5mm^2		

表 5-69　6 芯防开路航插插座引脚定义

引脚号	标记	标 记 说 明	电缆规格	备注	图 示
1	I_a	A 相电流	RVV2.5mm^2		
2	I_b	B 相电流	RVV2.5mm^2	可选	
3	I_c	C 相电流	RVV2.5mm^2		
4	I_n	相电流公共端	RVV2.5mm^2		
5	I_0	零序电流	RVV2.5mm^2		
6	I_{0com}	零序电流公共端	RVV2.5mm^2		

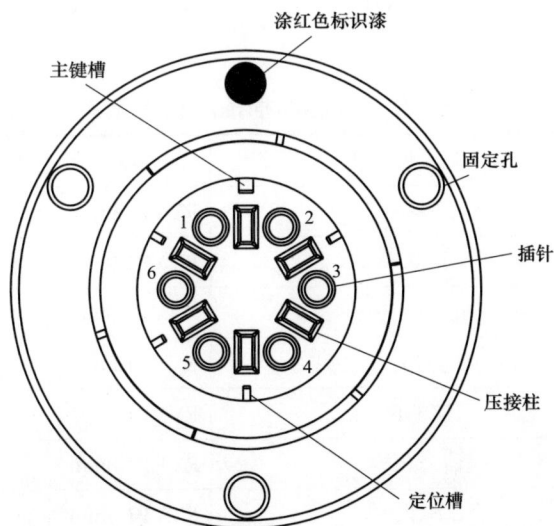

插合端直径	符号
$\phi 3$	

图 5-4　6 芯防开路航空插座孔位图（从插座结合面看）

303

单位：mm

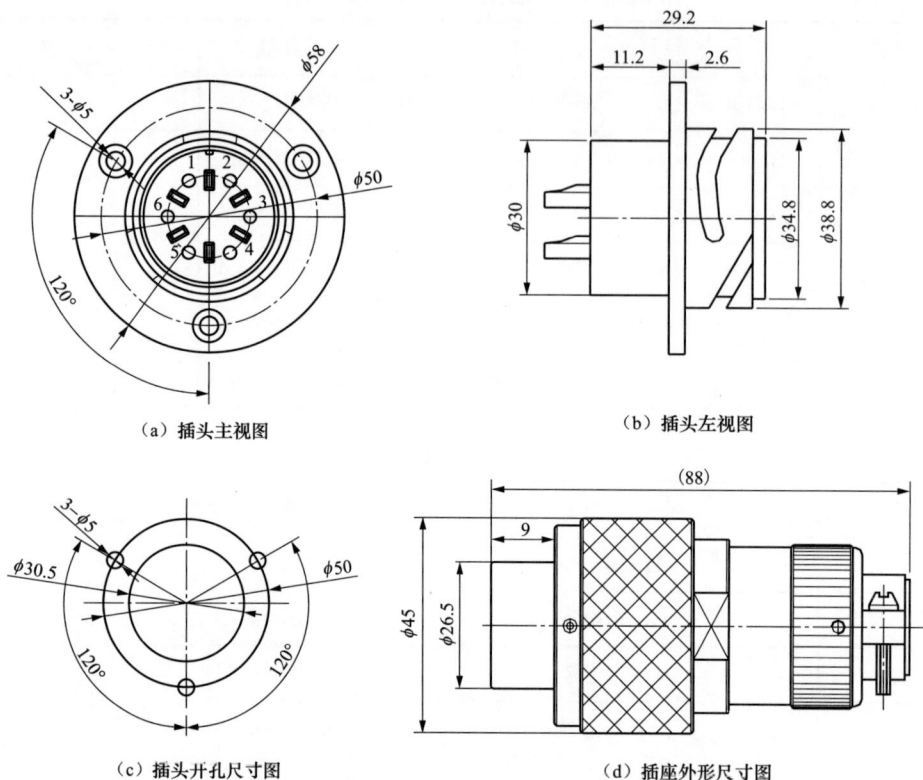

（a）插头主视图

（b）插头左视图

（c）插头开孔尺寸图

（d）插座外形尺寸图

图 5-5　6芯防开路航空插头、插座的尺寸

（3）控制与信号接口：配置 1 只 10 芯航空插座，10 芯航插插座引脚定义及尺寸图分别如表 5-70 和图 5-6、图 5-7 所示。

表 5-70　10 芯航插插座引脚定义

引脚号	标记	标 记 说 明	电缆规格	备注	图　　　示
1	HW	合位	RVVP1.0mm^2		
2	FW	分位	RVVP1.0mm^2	可选	
3	CN－	储能 CN－	RVVP1.5mm^2		
4	CN＋	储能 CN＋	RVVP1.5mm^2		
5	WCN	未储能位	RVVP1.0mm^2		
6	YXCOM	遥信公共端	RVVP1.0mm^2		
7	HZ－	合闸输出－	RVVP1.5mm^2		
8	HZ＋	合闸输出＋	RVVP1.5mm^2		
9	FZ－	分闸输出－	RVVP1.5mm^2		
10	FZ＋	分闸输出＋	RVVP1.5mm^2		

说明："二遥"型 FTU 多余的针脚预留备用；配永磁机构开关或配电磁机构开关 VSP5
时多余的针脚预留备用。

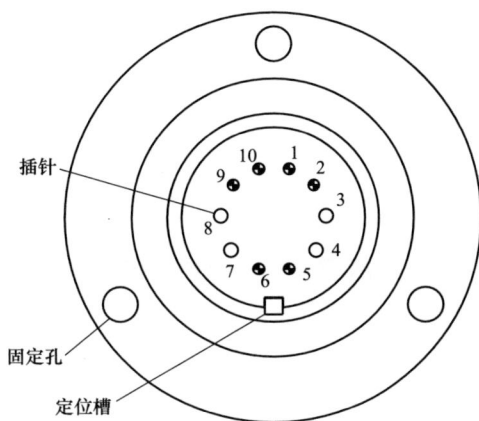

插合端直径	符号
$\phi 2$	○
$\phi 1.59$	✛

图 5-6 10芯航空插座孔位图（从插座结合面看）

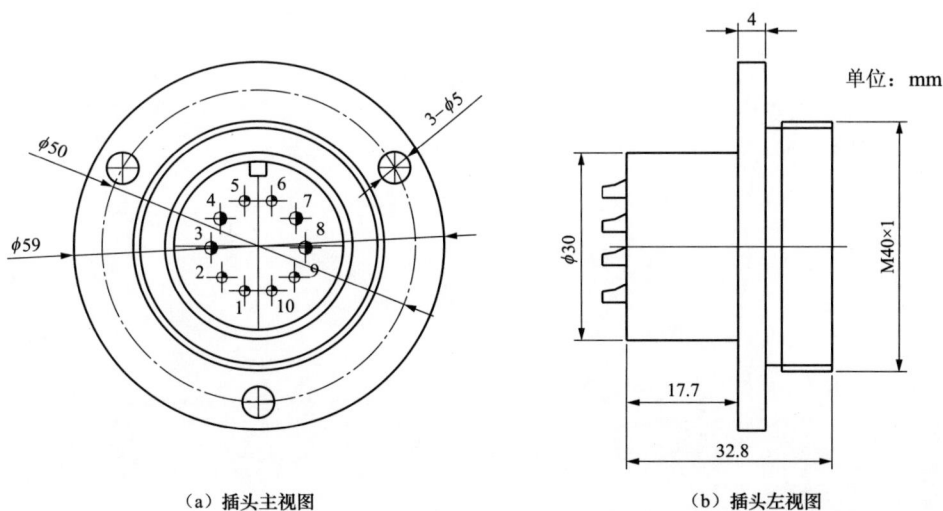

（a）插头主视图   （b）插头左视图

图 5-7 10芯航空插头、插座外形尺寸图（一）

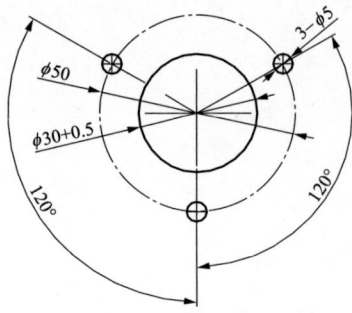

（c）插头开孔尺寸图

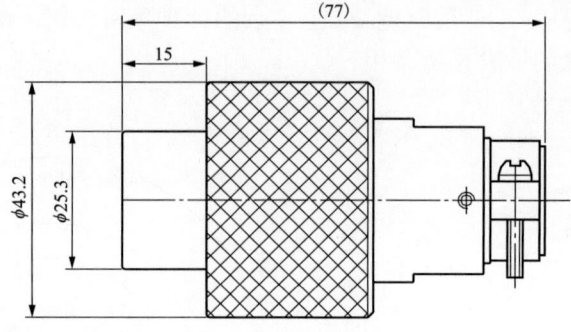

（d）插座外形尺寸图

图 5-7　10芯航空插头、插座外形尺寸图（二）

国网河南省电力公司电网设备选型技术原则
（故障指示器）

1 总体技术要求

配电线路故障指示器可以在线路发生故障时快速准确识别故障区域并远传故障信息，大大缩短了故障查找时间，为快速排除故障、恢复正常供电提供了有力保障。在正常运行时，通过配电线路故障指示器可以实时监测配电网的运行状况，可为配电网运行方式的优化提供支撑。配电线路故障指示器由采集单元和汇集单元组成，安装在配电线路上，监测线路运行参数，检测各类短路、接地故障，向配电主站上送监测信息和故障检测数据。

2 标准和规范

DL/T 721　配电网自动化系统远方终端

Q/GDW 436　配电线路故障指示器技术规范

Q/GDW 382　配电自动化技术导则

Q/GDW 625　配电自动化建设与改造标准化设计技术规定

Q/GDW 11413　配电自动化无线公网通信模块技术规范

配电线路故障定位装置选型技术原则和检测技术规范（征求意见稿）

国网运检部关于做好"十三五"配电自动化建设应用工作的通知（国网运检三〔2017〕6 号）

3 选型技术要求

3.1 通用选型技术要求

3.1.1 配电终端常用产品及型号（见表 5-71）

表 5-71　故障指示器常用产品型号

序号	产　品　名　称	接地检测方法	通信方式	适用对象
1	架空暂态录波型远传故障指示器	暂态录波	远传型	架空线路用
2	架空外施信号型远传故障指示器	外施信号	远传型	架空线路用

3.1.2 使用环境条件

工作场所环境温度和湿度分级见表 5-72。

3.2 外观与结构要求

（1）应具备唯一硬件版本号、软件版本号、类型标识代码和 ID 号标识代码，并采用二维码方式统一进行识别。

（2）采集单元重量不大于 1kg，架空导线悬挂安装的汇集单元重量不大于 1.5kg。

表 5-72　工作场所环境温度和湿度分级

级别	环 境 温 度		湿 度		使用场所
	范围（℃）	最大变化率（℃/min）	相对湿度（%）	最大绝对湿度（g/m³）	
C1	−5～+45	0.5	5～95	29	非推荐
C2	−25～+55	0.5	10～100	29	户外
C3	−40～+70	1.0	10～100	35	户外（推荐）
CX	特定				
CX 级别根据需要由用户和制造商协商确定					

（3）采集单元报警指示灯应采用不少于 3 只超高亮 LED 发光二极管，布置在采集单元正常安装位置的下方，地面 360°可见。汇集单元的底部应具备绿色运行闪烁指示灯，在杆下明显可见。

（4）采集单元应有电源、电池正负极等外接端子和 SIM 卡槽。

（5）采集单元应有内部电源正负极、外部输入电源正负、外部输入电场正负极 4 个外接端子。

（6）采集单元宜采用双 TA 回路设计，取电回路宜采用高磁导率的磁芯。

（7）采集单元和架空导线悬挂安装的汇集单元外壳应采用非金属阻燃材料，能承受 GB/T 5169.11 规定的 5 级着火危险。装置外壳应采用抗紫外线、抗老化、抗冲击和耐腐蚀材料，应有足够的机械强度，能承受使用或搬运中可能遇到的机械力，适应严酷的户外运行环境，满足户外长期免维护要求。

（8）安装结构合理、方便可靠，支持带电安装和拆卸。卡线结构应有合适的握力，安装牢固且不应造成线缆损伤，在不同截面线缆上安装方便可靠。结构件经 50 次装卸应到位且不变形，不影响故障检测性能。

（9）外观应整洁美观、无损伤或机械形变，内部元器件、部件固定应牢固，封装材料应饱满、牢固、光亮、无流痕、无气泡。

3.3　电源要求

3.3.1　采集单元

（1）应采用 TA 取电并辅以超级电容作为主供电源，能量密度不低于锂电池的非充电电池作为后备电源。主供电源和后备电源相互独立，当主供电源不能维持装置全功能工作时，后备电源自动投入。当主供电源恢复时，自动切回主供电源供电。超级电容在充满电时应可独立维持装置全功能工作不小于 12h。

（2）线路负荷电流大于等于 5A 时，TA 取电 5s 内应能满足装置全功能工作需求。线路负荷电流低于 5A 且超级电容失去供电能力时，装置应至少能判断短路故障，定期采集负荷电流，并上传至汇集单元。

（3）非充电电池额定电压应不小于 DC 3.6V，容量不低于 8.5Ah。在电池单独供电时，最小工作电流应不大于 80μA。在电池不更换情况下，持续工作时间应不低于 8 年，且满足闪光报警大于 2000h。

3.3.2 汇集单元

（1）可采用太阳能板或 TA 取电方式供电，并辅以可充电电池作为后备电源。

（2）采用太阳能板供电的汇集单元太阳能板额定输出电压不低于 DC 15V，容量不低于 15VA；电池额定电压为 DC 12V，容量不低于 7Ah。采用 TA 取电的汇集单元电池额定电压应不小于 DC 3.6V，容量不低于 8.5Ah。

（3）汇集单元整机功耗（在线，不通信）不大于 0.2VA。电池独立供电的情况下，应能全功能工作不少于 7 天。

3.4 通信功能要求

（1）采集单元应能主动实时上送故障信息，每 5min 记录一次负荷数据。

（2）应支持实时故障、负荷等信息召测，同时并能根据工作电源情况定期或定时上送至汇集单元。

（3）采集单元定时发送信息给汇集单元，汇集单元在 10min 内没有收到采集单元信息，即视为通信异常。采集单元与汇集单元通信故障时应能将报警信息上送至配电主站。可通过配电主站对汇集单元和采集单元进行参数设置。

（4）汇集单元应支持数据定时上送、负荷越限上送、重载上送和主动召测，最小上送时间间隔为 15min。

（5）采集单元与汇集单元通过无线双向通信，可视无遮挡通信距离应不低于 50m。采集单元与汇集单元之间如通过无线中继或路由方式通信，采集单元之间通信距离不低于 500m。

（6）汇集单元与主站通过无线公网双向通信，通信规约应遵循《国家电网公司 DL/T 634.5101—2002 规约实施细则》《国家电网公司 DL/T 634.5104—2009 规约实施细则》。

（7）汇集单元应支持主站及北斗或其他同步时钟装置对时具备对时功能，接收主站或其他时间同步装置的对时命令，与系统时钟保持同步，守时精度为 2s/24h。

（8）每组采集单元三相时间同步误差不大于 100μs。

3.5 功能要求

3.5.1 短路和接地故障识别

（1）短路故障判别应自适应负荷电流大小，故障突变电流的启动值宜不低于 150A，当装置检测到故障电流且该故障电流很快消失，残余电流不超过 5A 零漂值，则装置应能就地采集故障信息，以闪光形式就地指示故障，且能将故障信息上传至主站。

（2）发生接地故障，当装置不能判断出接地故障处于安装位置的上游和下游时，装置应能就地采集故障信息和波形，且能将故障信息和波形传至主站进行判断，同时汇集单元应能接收主站下发的故障数据信息，采集单元以闪光形式指示故障；当装置能判断出接地故障处于安装位置的上游和下游时，采集单元应能就地采集故障信息和波形，以闪光形式指示故障，且能将故障信息和波形上传至主站。

（3）能监测线路三相负荷电流、相电场强度、故障电流等运行信息和主供电源、后备电源等状态信息，并能将以上信息上送至主站，同时采集单元具备故障录波功能。

（4）接地故障判别适应中性点不接地、消弧线圈接地、经小电阻接地等配电网中性点接地方式，以及不同配电网网架结构；满足金属性接地、弧光接地、电阻接地等不同接地故障检测要求。

（5）当线路发生故障后，采集单元应能正确识别故障类型，并能根据故障类型选择复位形式。能识别重合闸间隔为不小于 0.2s 的瞬时性和永久性短路故障，并正确动作；永久性故障上电后自动延时复位，瞬时性故障后按设定时间复位，或执行主站远程复位。

3.5.2　接地故障录波

（1）接地故障发生时，采集单元应能实现三相同步录波，并上送至汇集单元合成零序电流波形，用于接地故障的判断。

（2）录波范围包括不少于故障前 4 个周波至故障后 8 个周波，每周波不少于 80 个采样点，录波数据循环缓存。

（3）汇集单元应能将 3 只采集单元上送的故障信息、波形，并标注时间参数合成为一个波形文件上送给主站，时标精度小于 100μs。

（4）录波启动条件可包括电流突变、相电场强度突变等，应实现同组触发、阈值可设。录波数据可响应主站发起的召测。

（5）上送配电主站的录波数据应符合 Comtrade1999 标准的文件格式要求，且只采用 CFG 和 DAT 两个文件，并且采用二进制格式。

（6）暂态性能中最大峰值瞬时误差应不大于 10%。

（7）故障起始时间和录波启动时间的时间偏差不大于 20ms。

3.5.3　防误报警

（1）负荷波动不应误报警。

（2）大负荷投切不应误报警。

（3）合闸涌流不应误报警。

（4）采集单元、悬挂安装的汇集单元带电安装拆卸不应误报警。

3.6　指标参数要求

（1）短路故障告警启动误差不应大于 ±10%，高低温运行环境下启动误差不应大于 ±10%。

（2）最小可识别短路故障电流持续时间应不大于 40ms。

（3）就地故障闪光报警信号每次亮 50ms 以上，闪烁周期为 5s。

（4）负荷电流为 0～300A 时，测量误差为 ±3A。

（5）负荷电流为 300～600A 时，测量误差为 ±3%。

（6）上电自动复位时间小于 5min。定时复位时间可设定，设定范围小于 48h，最小分辨率为 1min，定时复位时间允许误差不大于 ±1%。

3.7　数据存储

（1）汇集单元可循环存储每组采集单元至少 31 天的电流、相电场强度定点数据、64 条故障事件记录和 64 次故障录波数据，且断电可保存，定点数据固定为 1 天 96 个点。

（2）支持采集单元和汇集单元参数的存储及修改，断电可保存。

（3）具备日志记录功能。

第6篇 直流专业

国网河南省电力公司电网设备选型技术原则

（换流变压器）

1　总体技术要求

应符合《国网河南省电力公司电网设备装备技术原则（2020 年版）》及国家电网公司物资采购标准的相关规定，选择性能可靠、经济合理、技术先进、低噪声、少（免）维护、适合运行环境条件并具有良好运行业绩和成熟制造经验生产厂家的产品和型号。

2　标准和规范

GB 311.1　绝缘配合　第 1 部分：定义、原则和规则

GB/T 311.2　绝缘配合　第 2 部分：使用导则

GB 1094.1　电力变压器　第 1 部分：总则

GB 1094.2　电力变压器　第 2 部分：温升

GB 1094.3　电力变压器　第 3 部分：绝缘水平、绝缘试验和外绝缘空气间隙

GB/T 1094.4　电力变压器　第 4 部分：电力变压器和电抗器的雷电冲击和操作冲击试验导则

GB 1094.5　电力变压器　第 5 部分：承受短路的能力

GB/T 1094.6　电力变压器　第 6 部分：电抗器

GB/T 1094.7　电力变压器　第 7 部分：油浸式电力变压器负载导则

GB/T 1094.10　电力变压器　第 10 部分：声级测定

GB/T 2536　电工流体　变压器和开关用的未使用过的矿物绝缘油

GB/T 2900.33　电工术语　电力电子技术

GB/T 2900.95　电工术语　变压器、调压器和电抗器

GB/T 6451　油浸式电力变压器技术参数和要求

GB/T 7354　局部放电测量

GB/T 7595　运行中变压器油质量

GB/T 8287.1　标称电压高于 1000V 系统用户内和户外支柱绝缘子　第 1 部分：瓷或玻璃绝缘子的试验

GB/T 8287.2　标称电压高于 1000V 系统用户内和户外支柱绝缘子　第 2 部分：尺寸与特性

GB/T 8905　六氟化硫电气设备中气体管理和检测导则

GB 10230.1　分接开关　第 1 部分：性能要求和试验方法

GB 10230.2　分接开关　第 2 部分：应用导则

GB/T 11604　高压电器设备无线电干扰测试方法

GB/T 13499 电力变压器应用导则

GB/T 16927.1 高电压试验技术 第 1 部分：一般定义及试验要求

GB/T 16927.2 高电压试验技术 第 2 部分：测量系统

GB/T 17468 电力变压器选用导则

GB/T 18494.2 变流变压器 第 2 部分：高压直流输电用换流变压器

GB 50150 电气装置安装工程 电气设备交接试验标准

JB/T 3837 变压器类产品型号编制方法

JB/T 5347 变压器用片式散热器

DL/T 5426 ±800kV 高压直流输电系统成套设计规程

DL/T 722 变压器油中溶解气体分析和判断导则

DL/T 726 电力用电磁式电压互感器使用技术规范

DL/T 727 互感器运行检修导则

DL/T 866 电流互感器和电压互感器选择及计算规程

Q/GDW 147 高压直流输电用±800kV 级换流器通用技术规范

Q/GDW 152 电力系统污区分级与外绝缘选择标准

Q/GDW 11652.1 换流站设备验收规范 第 1 部分：换流变压器

国家电网公司直流换流站评价管理规定 第 1 分册 换流变压器精益化评价细则

国家电网公司直流换流站验收管理规定 第 1 分册 换流变压器验收细则

国家电网有限公司十八项电网重大反事故措施（2018 年修订版）（国家电网设备〔2018〕979 号）

国家能源局关于印发《防止电力生产事故的二十五项重点要求》的通知（国能安全〔2014〕161 号）

国家电网公司关于印发防《止变电站全停十六项措施（试行）》的通知（国家电网运检〔2015〕376 号）

国家电网公司关于印发《防止直流换流站单、双极强迫停运二十一项反事故措施》的通知（国家电网生〔2011〕961 号）

3 选型技术要求

3.2 换流变压器

3.2.1 铁心和绕组

（1）全部绕组应采用铜导线，优先采用半硬铜导线，绕组应有良好的冲击电压波分布，不宜采用加避雷器方式限制过电压：使用场强应严格控制，确保绕组内不发生局部放电；应对绕组漏磁通进行控制，避免在绕组和其他金属构件上产生局部过热。

（2）绕组内部应有较均匀的油流分布，油路通畅，避免绕组局部过热。

（3）换流变压器的铁心、夹件、接线装置应与油箱绝缘，通过装在油箱的套管引出，并在油箱下部分别与地网连接接地。油箱应有 2 个接地处，应有明显接地符号。

（4）接地极板应满足接地热稳定电流要求，并配有与接地线连接用的接地螺钉，螺钉的直径不小于 12mm。

（5）换流变压器铁心及夹件引出线采用不同标识，并引出至运行中便于测量的位置。

3.2.2　储油柜

（1）储油柜应具有与大气隔离的油室，应采取全密闭防油老化措施，以保证油不与大气接触，如在储油柜内部加装胶囊等，或采用其他防油老化措施；储油柜容积应保证在最高环境温度允许过载状态下油不溢出，在最低环境温度未投入运行时观察油位计，应有油位指示。储油柜油室中的油量可由构成气室的隔膜（袋）或其他的膨胀或收缩来调节。气室通过吸湿型呼吸器与大气相通。

（2）储油柜应有油位计、放气塞、排气管、排污管和进油管、排污装置及吊攀。

（3）储油柜与换流变压器油箱之间的联管应畅通。

（4）换流变压器应配置带胶囊的储油柜，储油柜容积应不小于本体油量的 10%。

（5）气体继电器与储油柜之间连接的波纹管，两端口同心偏差不应大于 10mm。

3.2.3　油箱

（1）换流变压器油箱的顶部不应形成积水，油箱内部不应有窝气死角。

（2）油箱上应设有温度计座、接地板、吊攀水平、千斤顶支架和水平牵引装置等。

（3）油箱上应装有梯子，梯子下部有一个可以锁住踏板的挡板，梯子位置应便于在换流变压器带电时从气体继电器中采集气样。

（4）油箱的下部箱壁上应装有油样阀门。油箱上部装滤油阀门，底部应装有排油装置。

（5）油箱的机械强度应承受住真空残压 13Pa 和正压不小于 0.1MPa 的机械强度试验，油箱不得有损伤和存在不允许的永久形变。

3.2.4　冷却装置

（1）换流变压器采用 Box_in 降噪方案时，所有的风机应安装在 Box_in 箱体外。

（2）换流变压器投入或退出运行时，工作冷却器均可通过控制开关投入与停止运行。控制开关装置应可在换流变压器旁就地手动操作，也可在控制室中遥控。

（3）冷却装置应采用低噪声的风扇和低转速的油泵，应考虑灰尘导致的冷却功能降低等因素，必要时加装冷却器自动清洗装置。

（4）换流变压器应采用强迫油循环风冷却方式，具有自启动风扇和随换流变压器顶层油温及负载自动分级启停冷却系统的功能，当工作或冷却器故障时，备用冷却器能自动投入运行。

（5）制造单位应提供在不同环境温度下，投入不同数量的冷却器时，换流变压器允许满负载运行时间及持续运行的负载系数。

（6）制造单位设计换流变压器时应提供冷却器布置方案（一般应有一台冷却器作为备用）。当需要时，备用冷却装置也可投入运行，即全部冷却装置（包括备用）投入运行。

（7）当冷却器发生故障切除全部冷却器时，在额定负载下至少允许运行 20min。当油面温度尚未达到 75℃时，允许上升到 75℃，但切除冷却器后的最长运行时间不得超过 1h。

（8）当投入备用电源、备用冷却器、切除冷却器和电动机损坏时，应发出信号，并提供接口。

（9）制造单位应提供冷却装置的电源总功率。冷却系统电动机的电源电压采用三相交流 380/220V，控制电源电压为直流 220V 或 110V。

（10）冷却系统电动机的三相均应装有过载、短路及断相运行的保护装置。

（11）制造单位应考虑在台风等恶劣的气象条件时冷却器的机械强度。

（12）换流变压器及油浸式平波电抗器内部故障跳闸后，应自动停运冷却器潜油泵。

（13）冷却器与本体之间连接的波纹管，两端口同心偏差不应大于 10mm。

（14）新订购强迫油循环变压器的潜油泵应选用转速不大于 1500r/min 的低速潜油泵。

（15）冷却器控制柜应安装在带空调、双层板隔热的户外柜内或室内控制保护柜中。

（16）换流变设计时应防止油循环死区造成局部温度偏高，影响设备寿命。

3.2.5 套管

（1）网侧套管使用油浸式套管，加装易于从地面检查油位的油位指示器；阀侧套管不宜采用充油套管，加装压力表，穿墙套管的封堵应使用非导磁材料。同时，接地末屏应通过小套管接地。

（2）换流变压器套管额定绝缘水平由具体工程规范确定。

（3）套管爬电比距：网侧线端、中性点套管的最小爬电比距均应不小于 25mm/kV；计算爬距时，应进行直径系数的校正；同时，套管应满足爬电系数（即：爬电距离/干弧距离）不大于 3.5；阀侧套管最小爬电比距应不小于 14mm/kV；爬电系数、外形系数、直径系数以及表示伞裙形状的参数，均应符合 IEC 60815 规定。

（4）套管端子：套管端子型式和尺寸应满足 GB 5273 中的有关规定，且有可靠的防锈层；每个套管应有一个可变换方向的平板式接线端子，以便于安装与电网的联结线。端子板的接触面应镀锡；套管端子允许载荷（连续作业）按具体工程实际设计确定。在具体工程规范书规定的最高环境温度下，换流变压器绕组端子的温度不应超过 IEC 600943-3 的有关规定；网侧套管 500kV 出线端子应按防电晕要求进行设计。

（5）套管的试验和其他性能要求应符合 IEC 60137 的规定。

（6）采用 SF_6 气体绝缘的换流变压器套管、穿墙套管等应配置 SF_6 密度继电器，密度继电器的跳闸触点应不少于三对，并按"三取二"逻辑出口。

（7）换流变阀侧套管、直流穿墙套管应优先选用复合外绝缘套管。

（8）中性线直流穿墙套管宜采用干式套管，避免 SF_6 气体泄漏导致设备停运。

（9）直流套管不应采用发泡材料作为绝缘介质，设计时应充分考虑不同特性绝缘介质体积电阻率的差异，避免绝缘破坏导致套管损坏。

（10）换流变阀侧套管不应使用瓷套式油浸纸绝缘，防止瓷套放电击穿导致套管损坏。

（11）新建工程换流变阀侧套管及直流穿墙套管内部导电杆应采用一体化设计，导电杆中间不应有接头，防止接头长期过热导致绝缘击穿。

（12）套管末屏接地方式设计应保证牢固，防止末屏接线松动导致套管损坏。

（13）换流变阀侧套管、直流穿墙套管等 SF_6 充气套管应在阀厅外或户内直流场外加装可观测 SF_6 气体压力的表计，具有在线补气功能，压力值应远传至监视后台。

3.2.6 套管式电流互感器

（1）套管电流互感器应符合现行标准的规定。

（2）所有电流互感器的变比在换流变压器铭牌中应列出。

（3）电流互感器的二次引线应经金属屏蔽管道引到换流变压器控制柜的端子板上，引线应采用截面积不小于 $6mm^2$ 的耐油、耐热的软线。

（4）换流变压器回路电流互感器、电压互感器二次绕组应满足保护冗余配置的要求。

（5）二次接线板及端子密封完好，无渗漏，清洁无氧化；二次引线连接螺栓紧固、接线可靠、二次引线裸露部分不大于 5mm；备用芯应使用保护帽；无渗漏油。

3.2.7 分接开关

（1）额定电流、调压范围应满足具体工程设计要求。

（2）机械寿命不少于 80 万次，电气寿命不少于 30 万次，检修换油周期不少于 10 万次。有载分接开关长期载流的触头，应能够承受外部短路电流，持续 1s，且触头不熔焊、烧伤、无机械变形，保证可继续运行。有载分接开关长期载流的触头，在 1.2 倍额定电流下，对换流变压器的稳定温升不超过 20K。有载分接开关长期载流的触头，应能够承受换流变压器外部短路电流，持续 2s，且触头不熔焊、烧伤、无机械变形，保证可继续运行。 有载分接开关的油箱应能经受 0.05MPa 压力的油压试验，经 1h 无渗漏现象。

（3）有载分接开关应装设在线滤油机。

（4）新购有载分接开关的选择开关应有机械限位功能，束缚电阻应采用常接方式。

（5）换流变压器有载分接开关不应配置浮球式的油流继电器。

（6）油灭弧有载分接开关应选用油流速动继电器，不应采用具有气体报警（轻瓦斯）功能的气体继电器；真空灭弧有载分接开关应选用具有油流速动、气体报警（轻瓦斯）功能的气体继电器。新安装的真空灭弧有载分接开关，宜选用具有集气盒的气体继电器。

（7）本体应采用双浮球并带挡板结构的气体继电器。

（8）换流变有载分接开关仅配置了油流或速动压力继电器一种的，应投跳闸；配置了油流和速动压力继电器的，油流应投跳闸，压力应投报警。

（9）换流变有载分接开关应采用流速继电器或压力继电器，不应采用带浮球的瓦斯继电器。

（10）有载分接开关的调压范固应比较大，特别是可能采用直流降压模式时，要求的调压范围往往高达 20% ～30%。

3.2.8 变压器油

（1）换流变绝缘油应满足 GB 2536 的规定、添加抗氧化剂，不应含有 PCB 成分，且不含其他任何添加剂的低含硫环烷基油，注入换流变后的新油应满足不大于 5μm 的颗粒不多于 2000 个/100mL 的要求。

（2）变压器新油应由生产厂家提供新油无腐蚀性硫、结构簇、糠醛及油中颗粒度报告。对 500kV 及以上电压等级的变压器还应提供 T501 等检测报告。

3.2.9 温度测量装置

（1）温度计指示结果（同侧现场温度计指示、控制室温度显示装置、监控系统显示的温度应基本保持一致，最大误差不超过±5℃，绕组温度不应低于油温）。

（2）温度计刻板指示（指示清晰、无锈蚀、进水现象，历史最高温度指示正确，表盘定值位置与定值单整定一致）。

（3）至少配置一台现场温度机械指示表，温度传感器应长轴两侧分别布置，网侧和阀侧温度差别不应超过±5℃，同组设备不同相别温度差应小于 10℃。

（4）温度计引出线固定（从本体引出线固定良好，绕线盘半径不小于 50mm）。

（5）油温计温包座与油箱本体之间应采用固定焊接方式，禁止采用螺纹可拆卸结构。

3.2.10 联结组别

绕组联结组别应与接入电网一致。

3.2.11 温升

（1）绕组平均温升：≤55K。

（2）绕组（热点）温升：≤78K。

（3）顶层油温升：≤50K。

（4）铁心、绕组外部的电气连接线或油箱的结构件：≤75K。

3.2.12 噪声

一般规定在制造单位空载条件下获得的换流变压器的最大声功率级，或者由用户与制造单位共同协商此声级功率。

3.2.13 在线监测装置

（1）换流变压器应配置成熟可靠的在线监测装置，并将在线监测信息送至后台集中分析。

（2）取油回油阀门应根据设计要求选取，不应在冷却管道的阀门上取油，取油回油阀门与设备本体间连接管道应装设取样阀门。

（3）阀门、油管、气路等连接处不应有渗漏油、漏气现象。

（4）油管外宜包有保温层，穿过变压器底层油池的油管应有保护措施；油管应带有油流标识，便于读取与检查。

（5）监测气体应为多组份。

（6）油中溶解气体监测最小监测周期不大于 4h，监测周期可根据需要进行调整。

（7）重复性试验油中溶解气体监测连续 5 次测量的最大值与最小值之差不超过平均值的10%。

（8）油中溶解气体监测向主机报送数据，内容包含"设备唯一标识、气体含量、时间"，异常时，应发出音响报警。

（9）油中溶解气体监测向主机报送诊断结果信息，内容包含"故障模式（放电、过热、受潮）、故障概率、时间"。

3.2.14 二次回路

（1）二次电缆浪管不应有积水弯和高挂低用现象，如有应临时做好封堵并开排水孔，二次元件标识应清晰、准确。

（2）绝缘电阻不小于 1MΩ，二次回路路应能承受 2000V、1min 对地外施耐压试验。

（3）发热元件宜安装在散热良好的地方，两个发热元件之间的连线应采用耐热导线。

（4）端子排在潮湿环境宜采用防潮端子或加装防尘罩，二次回路的连接件均应采用铜质制品，绝缘件应采用自熄性阻燃材料电流回路应经过试验端子，其他需断开的回路应经特殊端子或试验端子，端子应接触良好。端子排应无损坏，固定应牢固，绝缘应良好，正、负电源之间以及经常带电的正电源与合闸或跳闸回路之间，以空端子或绝缘隔板隔开。

（5）换流变压器上导线或电缆应在电缆桥架（走线槽）或电缆穿管（钢管或波纹管或蛇

皮管或橡塑管等）中穿行穿管固定，不应使用尼龙扎带，应采用不锈钢、铝制或铜制扎带或喉箍。

3.2.15　防锈防腐

（1）变压器油箱、储油柜、冷却装置及联管等的外表面均应涂漆，颜色应依照买方要求。

（2）油箱外部螺栓等金属件应采用热镀锌等防锈措施。

国网河南省电力公司电网设备选型技术原则

（换流阀及其控制系统）

1 总体技术要求

应符合《国网河南省电力公司电网设备装备技术原则（2020 年版）》及国家电网公司物资采购标准的相关规定，选择性能可靠、经济合理、技术先进、低噪声、少（免）维护、适合运行环境条件并具有良好运行业绩和成熟制造经验生产厂家的产品和型号。

2 标准和规范

GB 311.1　绝缘配配合　第 1 部分：定义、原则和规则

GB/T 311.2　绝缘配合　第 2 部分：使用导则

GB/T 13498　高压直流输电术语

GB/T 20990.1　高压直流输电晶闸管阀　第 1 部分：电气试验

GB/T 20992　高压直流输电用普通晶闸管的一般要求

GB/T 21420　高压直流输电光控晶闸管的一般要求

Q/GDW 10491　特高压直流输电换流阀设备技术规范

Q/GDW 11652.4　换流站设备验收规范　第 4 部分：换流阀

国家电网有限公司十八项电网重大反事故措施（2018 年修订版）（国家电网设备〔2018〕979 号）

国家电网公司关于印发《防止直流换流站单、双极强迫停运二十一项反事故措施》的通知（国家电网生〔2011〕961 号）

3 选型技术要求

3.1 换流阀

3.1.1 晶闸管组件

（1）晶闸管元件的各种特性应满足换流阀的技术要求和可靠性要求；每只晶闸管元件都应具有独立承担额定电流、过负荷电流及各种暂态冲击电流的能力。主回路中不能采用晶闸管元件并联的设计。

（2）同一单阀的晶闸管应采用同一供应商的同型号产品，不可混装。

（3）阻尼电容、阻尼电阻等元器件应采用防爆、阻燃设计，具备自熔断功能。

（4）在一次系统正常或故障条件下，触发系统都应能按照相关标准的规定正确触发晶闸管，并对晶闸管进行过电压保护、dv/dt 保护和暂态恢复保护等，保证在各种运行工况下晶闸管阀不受损坏，并能够上送晶闸管级状态监视信息。

（5）晶闸管级应具备在保护触发持续动作的条件下运行的能力，但在某些故障条件下不

能误动作，如交流系统故障后的甩负荷工频过电压等，换流阀的保护触发不能因逆变换相暂态过冲而动作，且不能影响此后直流系统的恢复；在正常控制过程中的触发角快速变化不应引起保护触发动作。

3.1.2 阀避雷器及饱和电抗器

（1）阀避雷器应采用无间隙金属氧化物避雷器，满足 GB/T 22389 相关要求。

（2）考虑电压不均匀分布后，阀的触发保护水平应高于避雷器保护水平。

（3）阀避雷器参数选择时应保证换流阀的各种运行工况下，不会导致阀避雷器的加速老化或其他损伤，同时阀避雷器应在各种过电压条件下有效保护换流阀。

（4）阀避雷器应具有记录冲击放电次数功能。计数器的动作信号应通过 VBE 接口传输至直流控制保护系统。

（5）饱和电抗器的线圈应采用冷却水直接冷却，连接排应焊接在其进出水管上，以利于接头的散热。

3.1.3 阀体冷却管路

（1）冷却水管路系统高点应设置自动排气装置，冷却水管路系统低点应有排水设施以利于设备检修及更换。

（2）单相阀塔顶部宜设置分支水管阀门，便于分相阀塔单独放水。阀塔主水管连接应优先选用法兰连接。阀塔主水管应采用对称固定方式，避免不对称固定引起受力不均，损坏漏水。

（3）水电极的选材、设计宜满足安装结构简单、方向布置能避免密封圈腐蚀的要求。

（4）冷却系统应安全可靠，避免因漏水、堵塞及冷却系统腐蚀等原因导致的电弧和火灾。

3.1.4 阀塔

（1）换流阀内应采用无油化设计，必须结构合理、运行可靠、维修方便。

（2）每个单阀中必须增加一定数量的冗余晶闸管。各单阀中的冗余晶闸管数，应不小于 12 个月运行周期内损坏的晶闸管数的期望值的 2.5 倍，也不应少于晶闸管数的 3%，也不应少于 2～3 个晶闸管。

（3）阀内元件在各种稳态运行条件下最高温度应低于 90℃。阀内所有元件额定值的选择都要从热性能和电气性能两方面考虑。

（4）换流阀内尽量减少电气连接点的数量，并采用各种防松措施。阀塔内主通流回路接头接触面积不应过小，接头材质所能承受载流密度应大于运行实际值。

（5）阀内的非金属材料应是阻燃的，并具有自熄灭性能，材料应符合 UL94 V-0 材料标准。

（6）在相邻的材料之间和光纤通道的内部应设置阻燃的防火板，或采用其他措施，阻止火灾在相邻绝缘材料之间以及光纤通道内的横向或纵向蔓延。阀内所采用的防火隔板布置要合理，避免由于隔板设置不当导致阀内元件过热。

（7）换流阀的结构应能保证泄漏出的冷却液体自动沿沟槽流出，离开带电部件，流至一个检测器并报警，而不会造成任何元部件的损坏。换流阀阀塔应设置漏水检测装置并具备报警功能。

3.2 阀控制系统

（1）换流阀的控制系统应保证换流阀在一次系统正常或故障条件下正确工作。在任何情况下都不能因为控制系统的工作不当而造换流阀的损坏，控制参数和控制精度应满足要求。

（2）阀控系统应双重化冗余配置，并具有完善的晶闸管触发、保护和监视功能，准确反映晶闸管、光纤、阀控系统板卡的故障位置和故障信息。

（3）除光纤触发板卡和接收板卡外，两套阀控系统不得有共用元件，其他板卡应能够在换流阀不停运的情况下进行故障处理。

（4）阀控系统应具备试验模式，该模式下可对处于检修状态的换流阀发触发脉冲，以进行可控硅导通试验、光纤回路诊断等测试。

（5）阀控系统接口板及插件应具有完善的自检功能，在主用及备用状态均能上送告警信号；当处理器故障或测量输入异常时应进行系统切换，防止误发跳闸命令。

国网河南省电力公司电网设备选型技术原则
（阀水冷设备）

1 总体技术要求

换流阀冷却系统应符合《国网河南省电力公司电网设备装备技术原则（2020 年版）》及国家电网公司物资采购标准的相关规定，选择性能可靠、经济合理、技术先进、少（免）维护、适合运行环境条件并具有良好运行业绩和成熟制造经验生产厂家的产品和型号。

2 标准和规范

GB/T 150　压力容器

GB/T 699　优质碳素结构钢

GB/T 755　旋转电机定额和性能

GB/T 912　碳素结构钢和低合金结构钢热轧薄钢板和钢带

GB/T 985　气焊、手工电弧焊及气体保护焊焊缝坡口的基本形式与尺寸

GB/T 1032　三相异步电动机试验方法

GB 1236　通风机空气动力性能试验方法

GB/T 1804　一般公差、未注公差线性和角度尺寸公差

GB/T 2682　电工成套装置中的指示灯和按钮的颜色

GB 2888　风机和罗茨鼓风机噪声测定法

GB/T 3214　水泵流量的测定方式

GB 3235　通风机基本型式、尺寸参数及性能曲线

GB/T 3274　碳素结构钢和低合金结构钢热轧钢板和钢带

GB 3797　装有电子器件电控箱技术条件

GB 4720　低压电器电控箱

GB/T 4942.2　低压电器外壳防护等级

GB 4979　防锈包装

GB/T 5039　机械通风冷却塔工艺设计规范

GB/T 5084　农田灌溉水质标准

GB/T 5657　离心泵技术条件

GB/T 6654　压力容器用钢板

GB/T 7261　继电器及继电器保护装置基本试验方法

GB/T 8923.1　涂覆涂料前钢材表面处理　表面清洁度的目视评定　第 1 部分：未涂覆过的钢材表面和全面清除原有涂层后的钢材表面的锈蚀等级和处理等级

GB/T 8978　污水综合排放标准

GB 10889　泵的振动测量与评价方法

GB 10890　泵的噪声测量与评价方法

GB/T 11604　高压电气设备无线电干扰测试方法

GB/T 11920　电站电气部分集中控制设备及系统通用技术条件

GB/T 12771　输送流体用不锈钢焊接钢管

GB/T 13498　高压直流输电术语

GB/T 14976　流体输送用不锈钢无缝钢管

GB/T 16935.1　低压系统内设备的绝缘配合　第1部分：原理、要求和试验

GB/T 17626　电磁兼容试验和测量技术

GB/T 17799.2　电磁兼容　通用标准　工业环境中的抗扰度试验

GB/T 17799.4　电磁兼容　通用标准　工业环境中的发射

GB/T 29531　泵的振动测量与评价方法

GB/T 30425　高压直流输电换流阀水冷却设备

GB/T 50050　工业循环水冷却设计规范

GB 50055　通用电器设备配电设计规范

GB/T 50150　电气装置安装工程电气设备交接试验标准

GB/T 50169　电气装置安装工程接地装置施工及验收规范

GB 50184　工业金属管道工程施工质量验收规范

GB/T 50205　钢结构工程施工及验收规范

GB/T 50235　工业金属管道工程施工规范

GB 50268　给水排水管道工程施工及验收规范

GB J87　工业企业噪声控制设计规范

JB/T 2932　水处理设备技术条件

DB31/T 614　节能、低噪声型冷却塔技术性能要求

DB31/T 959　闭式冷却塔节能评价值

UL 94　可燃性试验判据

IEC 60034-1　旋转电机性能与定额

IEC 60034-2　旋转电机确定损耗和效率的试验方法

IEC 60071-2　绝缘配合　第2部分：应用导则

3　选型技术要求

3.1　阀内冷系统

3.1.1　电动机

（1）电动机的绝缘等级应不低于F级，防护等级应不低于IP54。

（2）电动机的电压波动应不超过额定电压的±10%，频率波动应不超过额定频率的±2%，在80%额定电压情况下，仍能启动。

（3）卧式电动机应采用耐摩擦的含润滑油的轴承，所有耐磨轴承应至少正常运行50000h。

（4）所有电动机的转子都应动态平衡和静态平衡。

（5）户外电动机应是全封闭的。

（6）电动机应采用鼠笼式感应电动机。

3.1.2 主循环泵

（1）主循环泵与其拖动的电动机应一并固定在同一个单独的铸铁座或钢座上。

（2）每个主循环泵都应通过弹性联轴器与电动机相连，所有联轴器都应有保护装置。

（3）主循环泵和驱动器的旋转部分都应静态平衡和动态平衡。

（4）主循环泵的材料选择应考虑运行环境的要求，主循环泵泵体、泵盖、叶轮等不锈钢部件应选用 316 及以上材质。

（5）主循环泵电动机功率应满足超出泵特性曲线的越限情况下最大功率的要求。

（6）主循环泵的振动应符合 ISO 10816-1 的规定。

（7）主循环泵应冗余配置，互为备用；单台泵应满足系统设计要求，保证内冷却水以恒定的流速流过换流阀。

（8）主循环泵应采用定期自动切换设计方案，在切换不成功时应能自动切回；切换时间的选择应恰当，防止切换过程中出现低流量保护动作闭锁直流。主泵切换应具有手动切换功能。

（9）主循环泵切换延时引起的流量变化应满足换流阀对水冷系统最小流量的要求。

（10）主循环泵泵体轴承采用 SKF/FAG 重载轴承，设计使用寿命不小于 131000h。

（11）主循环泵宜采用软启动与旁路相结合的启动方式，软启动应优先采用外置旁通回路，确保软启动器故障后，工频直接启动作为后备。

（12）同一极相互备用的两台主循环泵电源应取自不同母线。

（13）主循环泵与管道连接部分宜采用软连接。主泵前后应设置阀门，以便在不停运阀内冷系统时进行主泵故障检修。主泵宜设计轴封漏水检测装置，及时检测轻微漏水。

（14）主循环泵电源馈线开关专用，不连接其他负荷。同一极相互备用的两台内冷水泵电源取自不同母线。

（15）主循环泵供电电源开关应只配置电流速断和反时限过负荷保护，其定值应躲过主泵的启动电流。

（16）主循环泵切换不成功判据延时与回切时间的总延时应小于流量低保护动作时间。

3.1.3 电动三通阀

（1）换流阀冷却系统应结合当地环境条件以及换流阀的运行工况，确定是否配置电动三通阀；电动三通阀置于主循环冷却水回路室外换热设备进水侧，可调节流经室外换热设备的冷却水流量比例，避免冷却水进阀温度过低。

（2）电动三通阀共设置 2 套，冗余配置，单套故障时能实现自动切换。

3.1.4 电加热器

（1）换流阀冷却系统应结合当地环境条件以及换流阀的运行工况，确定是否配置电加热器；电加热器置于主循环冷却回路，用于冬天室外温度极低及阀体停运时对冷却水温度的调节。

（2）电加热器应冗余配置，当单套电加热器故障时可实现在线更换。

3.1.5 去离子装置

（1）部分内冷却水流经去离子装置去除水中的杂质离子，以维持内冷却水的电导率在规定范围内。

（2）应设置不少于两套去离子装置，采用至少一套备用的工作方式。

（3）每个去离子装置中的离子交换器树脂的使用寿命至少应为一年。

（4）去离子装置的处理水量宜按照 2～3h 将内循环介质水系统容积水量处理一遍确定。

（5）去离子装置后设置精度不低于 10μm 的过滤装置，且过滤装置应 100%冗余。

3.1.6 主过滤器

（1）换流阀内冷却系统中应设置主过滤器，主过滤器的网孔径应不大于 200μm。

（2）主过滤器应冗余配置，一用一备，能在不中断运行的情况下清洗或更换，其滤芯应具有足够的机械强度以防在冷却水冲刷下损伤。

3.1.7 原水泵及补水泵

（1）换流阀冷却系统应设置补水泵，并根据情况设置自动、手动补水功能。

（2）补水泵应能在换流阀运行时正常工作。

（3）补水泵应冗余配置，一用一备，自动补水时互为备用。

（4）换流阀冷却系统应设置原水泵，原水泵出口设置过滤器。

3.1.8 补水罐

（1）补水罐应采用密封式，以保持补充水水质的稳定。

（2）补水罐应设置磁翻板液位计。当补水罐内液位低于设定值时，需启动原水泵补水，保持补水罐内补充水的充满。

3.1.9 稳压装置

（1）换流阀冷却系统稳压装置可采用充有惰性气体的膨胀水箱，也可采用高位水箱的形式或其他满足系统功能的稳压方式，保证循环水路运行稳定。

（2）稳压装置的水箱宜设置水位指示，并具备缓冲一次冷却水体积变化的功能。

3.1.10 管路及阀门系统

（1）换流阀冷却系统的管路宜选择高防腐性、高防锈性和高洁净度的材料。接触冷却水的材料不宜选择低于不锈钢（1Cr18Ni9Ti）等级。

（2）管道内、外表面应无明显划痕、凹陷及砂眼等机械损伤。

（3）换流阀冷却系统的管路系统在最大设计压力下连续运行时，循环水管道应无破裂、堵塞和泄漏现象。

（4）换流阀冷却系统应尽可能减少内冷却回路管接头的数量，内冷水进入阀塔的主水管道采用法兰连接，阀塔主水管与冷却系统的连接尽量减少接头。

（5）不锈钢管道应采用厂内预制，现场装配的方式，严禁现场焊接后再处理安装。现场安装前及水冷分系统试验后，应充分清洗直至换流阀冷却水满足水质要求。

（6）冷却设备运到现场前应严格清洗管道。清洗后的管道内表面应清洁，无残留氧化物、焊渣、二次锈蚀、点蚀及明显金属粗晶析出。清洗完成后，应及时密封管口。

（7）水系统中各类阀门应装设位置指示装置和阀门闭锁装置，防止人为误动阀门或者阀门在运行中受震动发生变位。

（8）内冷水进入阀塔的主水管道应采用法兰连接，提高连接可靠性。

（9）检修期间应对内冷水系统水管进行检查，发现水管接头松动、磨损、渗漏等异常要及时分析处理。

（10）冷却设备在管道的高点及容易积气的管段应设置手动或自动排气装置，管道低点应设置排水装置。

3.2 阀外冷系统

（1）对于外风冷系统，设计阶段应充分考虑环境温度、安装位置等的影响，保证具备足够的冷却裕度。

（2）外冷水系统喷淋泵、冷却风扇的两路电源应取自不同母线，且相互独立，不得有共用元件。禁止将外风冷系统的全部风扇电源设计在一条母线上，外风冷系统风扇电源应分散布置在不同母线上。每个冷却塔的喷淋泵、冷却风扇电源母线应按冷却塔独立配置。

（3）冗余配置的外冷系统喷淋泵及冷却风扇的控制回路、信号回路等应完全隔离，不得有公用元件，避免单一元件、回路故障导致外冷系统全停。

（4）换流阀外冷水水池应配置两套水位监测装置，并设置高低水位报警。

（5）换流阀外风冷电机、换流阀外水冷塔风扇电机及其接线盒应采取防潮防锈措施。

（6）阀门手柄应有锁定机构，防止运行中因管道震动改变阀门的状态。

（7）外风冷检修巡视平台按照运行人员每日巡视的功能要求进行设计，平台楼梯按照 45°倾斜度设计，平台空间要满足检修巡视的空间要求，平台围栏要满足安全要求。

3.2.1 空气冷却器

（1）空气冷却器应符合 NB/T 47007 的规定，其管束的设计压力和设计温度应取管束内可能达到的最高压力与相对应的最高设计温度。

（2）空气冷却器换热盘管应采用不锈钢材料。

（3）空气冷却器风侧与水侧宜采用逆流换热方式。

（4）空气冷却器应设置至少一组备用单元，备用单元的切除不应影响换流阀正常运行。

（5）空气冷却器的布置应保证通风良好，远离站内高温气体，远离站内露天热源。

（6）空气冷却器宜布置在站区主要建筑物及露天配电装置的冬季主导风向的下风侧。

3.2.2 闭式冷却塔

（1）闭式冷却塔换热盘管应采用不锈钢材料。

（2）闭式冷却塔风侧与水侧宜采用逆流换热方式。

（3）闭式冷却塔应设置至少一组备用单元，备用单元的切除不应影响换流阀正常运行。

（4）闭式冷却塔布置应保证通风良好，远离站内高温气体，远离站内露天热源，并应避免飘逸水和蒸发水对环境和电气设备的影响。

（5）闭式冷却塔宜布置在站区主要建筑物及露天配电装置的冬季主导风向的下风侧。

（6）闭式冷却塔应结合喷淋补充水的水质状况选择合适的水处理方式，以防止换热器的外表面结垢。

（7）单个闭式冷却塔退出时外冷水系统应能够满足直流系统满负荷运行需求，且不需要采取人为关闭退出运行冷却塔进出水阀门的措施。

3.2.3 风机

（1）风机的绝缘等级不应低于 F 级，防护等级不应低于 IP55。

（2）在电压变化均在额定值 10%内的运行条件下，风机电机仍应能良好地运行。

（3）风机的轴承应采用可在线润滑的滚珠轴承，具有承载重负荷的能力。

（4）风机转动部件都应静态平衡和动态平衡。

（5）风机的驱动部分，如联轴器、皮带、皮带轮、齿轮、轴等应承受 150%的额定功率。

3.2.4　喷淋泵

（1）每台闭式冷却塔可采用 1＋1 主备方式运行或 $N+1$ 方式运行，方便检修维护。

（2）喷淋泵采用不锈钢 316 材质，轴封采用优质机械密封，配防潮密闭型（TEFC）电机。

（3）喷淋泵应采用基坑式安装，基坑内应安装两个排污泵一用一备和两套报警浮球。

3.2.5　加药泵

（1）喷淋水池中需要投加相应的水处理药剂，通过加药泵向水池内注入药液。

（2）加药泵应冗余配置，一用一备，单台加药泵为 100%容量。

3.2.6　石英砂过滤器

（1）石英砂过滤器应选用不同粒径的石英砂滤料，自上而下粒径逐级分配。

（2）石英砂过滤器内部进水和集水装置的布水应均匀，不应有偏流现象。

（3）石英砂过滤器的进出口管径应满足方便石英砂填装的要求。

（4）石英砂过滤器应保证出水 SDI（污染指数）不大于 5。

（5）石英砂过滤器应为立式结构，通过压差或时间进行反冲洗，可将石英砂滤层的杂质冲洗出来，同时使滤层松动，提高流量及吸附效果。

3.2.7　活性炭过滤器

（1）活性炭过滤器应选用果壳活性炭滤料，对水中异味、胶体及色素、重金属离子、COD 等进行吸附去除。

（2）活性炭过滤器设备本体应设置人孔，以便于设备及设备附件的安装检修。

（3）活性炭过滤器本体将为钢制柱形容器，罐体内部应衬胶。

（4）活性炭过滤器本体上应设置窥视镜，窥视镜的材料是透明的，耐腐蚀的，厚度能承受容器的设计压力和试验时的试验压力，窥视镜的内表面将与容器的内表面平齐。

3.2.8　反渗透装置

（1）反渗透装置前端应设置保安过滤器，保安过滤器的结构将满足快速更换过滤单元的要求。

（2）反渗透装置前端应设置升压泵，升压泵的设置应防止膜组件受高压水的冲击，同时应满足当温度和原水含盐量等变化时，保持反渗透系统出力的稳定。

（3）升压泵过流部分材料均采用 316 不锈钢。密封方式将考虑耐腐蚀，机械密封。升压泵进口装设压力表及压力变送器，压力低时报警及停泵，出口设压力表及压力变送器，压力高时报警及停泵。

（4）反渗透装置膜组件的排列方式能保证膜元件正常运行和合理的清洗周期。

（5）反渗透装置浓水排水须装流量控制阀，以控制水的回收率，反渗透回收率应不低于 70%。

（6）反渗透装置每根高压容器产品水管和浓水管将设取样点，取样点的数量及位置将能有效地诊断并确定系统的运行状况。

（7）反渗透膜组件将安装在组合架上，组合架上将配备全部管道及接头，还包括所有的支架、紧固件、夹具及其他附件。

（8）反渗透膜组件应配置化学清洗单元，清洗单元包括清洗箱、化学清洗泵、清洗过滤器、管道、阀门等。清洗单元的材质和防腐涂层将能适用于所用的清洗液，化学清洗箱将设电加热器。

3.3 电气相关类设备

3.3.1 传感器及变送器

（1）传感器应具有自检功能，当传感器故障或测量值超范围时，该测量值不参与保护逻辑判断，不会导致保护误动。

（2）内冷水保护装置及各传感器电源应由两套电源同时供电，任一电源失电不影响保护及传感器的稳定运行。

（3）仪表、传感器、变送器等测量元件的装设应便于维护，能满足故障后不停运直流而进行检修及更换的要求；阀进出口水温传感器应装设在阀厅外，内冷水系统自动排气阀不宜设置在阀厅内。

（4）内冷却回路中至少应设置：压力、流量、温度、电导率、水位等参数的在线监测仪表。采用水—水冷却方式时，外冷却水回路中宜设置水位计水质等监测仪表。

（5）液位、压力、电导率、温度变送器均应具有防电磁辐射功能。

3.3.2 配电及控制盘柜

（1）配电盘柜及控制盘柜的制造应符合国家有关电气设备的制造标准，室外布置的配电盘柜、控制盘柜及端子箱面板要求采用亚光不锈钢 402 制作，材料厚度不小于 2.5mm。

（2）控制盘柜内应设有独立的计算机系统接地、机壳安全接地、电缆屏蔽接地端子，并与结构内部未接地电路板在电气上隔离。

（3）配电盘柜及控制盘柜门上应设置观察窗，防护等级为 IP56。

（4）控制盘柜的设计应满足电缆由柜底引入的要求。

（5）室内布置的配电盘和控制盘防护等级 IP52。

（6）对于控制盘柜，内部应提供有 220V AC 照明灯和标准电源插座。端子排、电缆夹头、电缆走线槽均应由阻燃型材料制造。端子排的安装位置应便于接线，距柜底不小于 300mm，距柜顶不小于 150mm，排与排之间的距离不小于 200mm。

（7）电气控制盘柜应设有手动/自动切换开关，手动时能在盘柜上手动操作各电动设备的启停，自动时则通过自动控制系统远程控制。

（8）电气控制盘柜应设有通电状态显示的指示灯，各电动设备的运行、停机和故障显示的指示灯及其他满足正常运行所必需的显示装置。

（9）电气控制盘柜应设置可就地操作的人机界面，显示运行参数、报警信息等，并可对部分参数进行设置。

（10）电气控制盘柜应设有各动力设备运行状态、故障和报警的接口。

3.3.3 软启动器

（1）内冷主循环泵采用软启动方式，同时设工频回路。软启回路用于主循环泵启动，启动完成后切换到工频运行。

（2）工频采用外置的旁通回路，旁通回路投入后，软启动器故障不影响工频回路的工作。

（3）持续运行时，软启动过压保护只报警不跳闸。

3.3.4 变频器

（1）变频器应采用最佳励磁控制方式，实现更高节能、更低噪声运行。

（2）变频器可满足长时间运行条件，不会因动力电源的切换导致故障的发生，具有掉电重启自复位功能。

3.3.5　控制及保护系统

（1）冷却设备的交流动力电源、直流控制电源、用于输出跳闸信号的关键传感器、换流阀冷却控制系统与换流阀直流控制和保护系统进行通信的接口等设备均应冗余配置，且切换都应是无扰动的。

（2）控制及保护系统应具备录波功能，记录保护动作前后 10s 的温度、流量、液位等信息。

（3）两套控制及保护系统工作电源及两套主泵电源宜来自不同直流电源耦合而成，防止一套耦合模块损坏导致冗余系统均无法工作。

（4）控制及保护系统故障信号及发出的跳闸信号不宜使用单一继电器输出，跳闸信号不宜采用常闭结点输出，条件不允许的可以对结点采用监视逻辑，防止误动。

（5）冷却系统必须配备完善的漏水监视和保护措施，确保及时发现冷却系统故障，并发出报警。

（6）内冷水控制及保护系统板卡工作电源应与信号电源分开。

（7）控制及保护系统至少应双重化配置，并具备完善的自检和防误动措施。作用于跳闸的内冷水传感器应按照三套独立冗余配置，每个系统的内冷水保护对传感器采集量按照"三取二"原则出口，当一套传感器故障时，出口采用"二取一"逻辑；当两套传感器故障时，出口采用"一取一"逻辑出口。控制保护装置及各传感器电源应由两套电源同时供电，任一电源失电不影响控制保护及传感器的稳定运行。当阀冷保护检测到严重泄漏、主水流量过低或者进阀水温过高时，应自动闭锁换流器以防止换流阀损坏。

国网河南省电力公司电网设备选型技术原则
（直流控保）

1 总体技术要求

（1）直流控制保护系统应满足现行有关国家标准、电力行业标准、国家电网公司企业标准、反事故措施、河南电网技术文件等要求。

（2）直流控制保护系统应通过具有相应资质的检测中心所进行的型式试验，并通过国家电网公司统一组织检测。

（3）直流控制保护系统应具有高可靠性、强抗干扰能力，能适应换流站继电器小室或户内配电装置区的环境要求。

（4）直流控制保护系统应满足《继电保护和安全自动装置技术规程》和《国家电网有限公司十八项电网重大反事故措施（2018年修订版）》中的配置要求。

2 标准和规范

GB/T 25843 ±800kV特高压直流输电控制与保护设备技术要求

国家电网有限公司关于印发十八项电网重大反事故措施（修订版）的通知（国家电网设备〔2018〕979号）

国家电网公司防止直流换流站单、双极强迫停运二十一项反事故措施（国家电网生〔2017〕961号）

国家电网公司关于印发《防止变电站全停十六项措施（试行）》的通知（国家电网运检〔2015〕376号）

关于印发《高压直流输电控制保护系统技术规范》的通知（国家电网科〔2011〕7号）

国调中心、国网运检部关于印发《国家电网公司直流控制保护软件运行管理实施细则》的通知（调继〔2017〕106号）

国家能源局关于印发《电力监控系统安全防护总体方案等安全防护方案和评估规范》的通知（国能安全〔2015〕36号）

3 选型技术要求

3.1 通用原则

（1）直流控制保护系统应至少采用完全双重化或三重化配置，每套控制保护装置应配置独立的软、硬件，包括专用电源、主机、输入输出回路和控制保护软件等。

（2）直流控制保护系统应具备完善、全面的自检功能，自检到主机、板卡、总线、测量等故障时应根据故障级别进行报警、系统切换、退出运行、停运直流系统等操作，且给出准确的故障信息。

（3）每套控制保护系统应采用两路电源同时供电，两路电源应分别取自不同（独立供电）的直流母线。

（4）直流控制保护系统应优先采用将双极控制保护功能分散到单极控制保护设备中的模式。

（5）控制保护软、硬件平台应采用国内外成熟、先进的直流控制保护制造技术，并优先采用商业化程度较高的硬件设备、软件平台和应用程序，以保证有可靠的备品备件来源，且用户具有方便的自行升级和开发能力。

（6）控制保护系统应采用可靠的冗余结构。

（7）控制保护系统自检能力要达到 100%的覆盖率。设备的自诊断功能应能覆盖包括控制保护主机、电源、测量回路，输入输出回路，通信回路、所有的硬件和软件模块在内的整个设备和接口。

（8）控制保护系统必须采取有效的防病毒侵入和扩散的措施。主机应采用安全的操作系统，站服务器和远动工作站宜采用 UNIX/LINUX 操作系统。硬件上应采用纵向加密和横向隔离等措施，软件上应采用完善的防/查/杀病毒程序，具备高度的保密性。

（9）控制与保护设备宜具有完备的、良好的抗干扰性能，应通过相关的电磁兼容试验。

（10）控制保护系统所有跳闸回路上的触点均应采用动合触点，尽量避免采用光耦继电器。跳闸回路出口继电器及用于保护判据的信号继电器动作电压应在额定直流电源电压 55%～70%范围内，动作功率不宜低于 5W。

（11）控制保护系统应具有较强的开放式结构，网络通信规约应采用标准的国际通用协议。

（12）控制保护系统的主机与 I/O 采样设备间应采用满足国际标准的高速现场总线进行连接。控制保护系统内部跨屏柜的模拟量和数字量采样数据传输应采用光纤实现。

（13）直流控制保护系统电源板卡或电源模块在交流窜入后应能稳定运行不会故障损坏。

3.2 控制保护系统的结构与配置

（1）控制保护系统的设备构成。直流控制保护系统应采用分层分布式的结构，由与交、直流系统运行密切相关的核心控制保护设备和换流站辅助二次设备等构成。

（2）控制与保护设备的分层结构。换流站直流控制保护系统的分层结构根据控制级别从高至低的顺序依次为远方监控通信层、运行人员监控系统层、控制保护设备层、现场 I/O 设备层 4 层设备。分层结构的各层设备之间以及同一层的不同设备之间应采用网络或总线接口，构成完整的控制保护系统。

1）远方监控通信层设备。远方监控通信层设备主要由远动工作站、远动 LAN 网、保护及故障录波信息子站、电能量计量系统工作站等组成。

2）运行人员控制层设备。运行人员控制层设备包括系统服务器、运行人员工作站、工程师工作站、站长工作站、培训系统、站局域网设备、硬件防火墙和网络打印机等。

3）控制保护层设备。控制保护层设备包括直流控制（双极、极和换流器控制）、交直流站控、直流系统保护（直流换流器/极/双极保护、换流变压器保护、直流滤波器保护、交流滤波器保护）等设备以及这些设备包含的测量系统等。控制和保护设备宜独立配置。

4）现场 I/O 层设备。现场 I/O 层设备主要由分布式 I/O 单元（测控装置）构成，采用分布式结构，按照一次设备间隔配置。

5）换流站辅助二次设备。换流站辅助二次设备主要包括站主时钟系统、交直流故障录波设备、电能量计量系统、直流线路故障定位装置、接地极线路监视系统等。

（3）交、直流站控系统、直流极控系统均按双重化冗余结构配置。运行人员监控系统中的服务器、站 LAN 网以及远动通信系统中的远动工作站等按双重化冗余结构配置。

（4）换流站控制系统的就地测控单元应按间隔（串）设计并配置设备。

（5）对于交流场的预留间隔，交流站控系统可不配置间隔层设备，但对不完整串应按完整串配置间隔层设备。运行人员监控系统设备（如服务器、运行人员工作站等）应按换流站的最终规模配置其软件和硬件。

（6）换流站站用电源的控制应按双重化冗余结构独立配置主机，站用电控制和保护独立。

（7）除运行人员工作站和远方调度中心外，设备控制层也应设置人机控制操作界面。

（8）换流器/极/双极保护应双重化或三重化配置。

（9）当直流极控与极保护统一设计实现时，允许直流保护直接接入站 LAN 网，以便运行人员监控系统集成直流保护信息及其故障录波信息。

（10）直流保护应能直接或通过规约转换装置接入保护子网，以便保护及故障录波子站采集直流保护的动作信号、故障曲线，供站内及调度中心查阅数据和分析故障。

（11）换流站远动信息应根据工程的具体要求直送国调主调/备调、相关网调和省调。

（12）远动工作站信息的接收和传送应遵循"直采直送"的原则，远动信息不能取自服务器。

（13）在直流控制系统中设置典型的直流附加控制功能，并预留软硬件接口，以供将来的安全自动装置接入使用；与安全自动装置的接口建议采用光纤数字接口。

（14）应根据工程需要配置直流输电线路融冰或阻冰功能。

（15）直流控制保护系统应具备与远程诊断系统的接口功能。

3.3 运行人员监控系统

（1）运行人员监控系统应包括双重化的站级 LAN 网、双重化的系统服务器、运行人员工作站、工程师工作站、站长工作站、培训工作站及仿真模拟装置、MIS 接口工作站、阀冷却室工作站、硬件防火墙、网络隔离装置等。

（2）系统 LAN 网设计，应在保证各个冗余系统数据传输可靠性的基础上，优化网络拓扑结构，避免存在物理环网，防止网络风暴造成直流强迫停运。

（3）双重化的控制保护主机应配置双物理网卡，每重控制保护系统应同时接入双重化的站 LAN 网，确保不存在物理上的环网。

（4）系统 LAN 网交换机、主机应具有网络风暴防护功能，防止网络风暴导致直流闭锁。

（5）运行人员监控系统 LAN 网交换机应启用端口自动恢复功能。百兆 LAN 网网线应使用五类及以上网线，千兆 LAN 网网线应使用六类及以上网线。

（6）运行人员监控系统应能够自动生成日报表，应至少包括水冷系统运行参数、直流系统运行参数、交流系统运行参数、光电流互感器运行参数等。

（7）运行人员监控系统应配置网络隔离设备，防止外部程序或外部电脑的非法入侵。一般推荐采用硬件实现方案。

（8）运行人员监控系统应能实现对换流站可靠、合理、完善的监视、测量、控制，并具备遥测、遥信、遥调、遥控等全部的远动功能，具有与调度通信中心计算机系统交换信息的能力。

（9）运行人员监控系统应提供图形页面维护、报表维护、曲线维护、数据库维护等灵活方便的维护工具。

（10）运行人员监控系统应具有自诊断功能，能够诊断系统通道和网络故障。

（11）冗余配置的服务器宜分别配置单独的磁盘阵列。

（12）运行人员控制层设备通过站 LAN 网与控制保护层设备直流站控系统、换流器/极/双极控制系统、极保护系统等连接在一起。站 LAN 网传输应满足 IEEE 802.3 系列标准，网络传输速率不低于 100Mbps。

（13）运行人员监控系统与阀冷却系统、UPS、火灾报警系统、直流电源系统、空调系统等辅助系统的通信采用串口或网络通信方式。

（14）站内交流系统和直流系统应合建一个统一的运行人员监控系统。

（15）操作系统应符合 IEEE1003.3 规定的开放性国际标准，宜采用国产安全操作系统。

（16）软件应按分层分布式结构设计，软件设计应遵循模块化原则或是面向对象设计原则。

（17）换流站的站 LAN 网应采用星型结构的以太网，网络传输速率不低于 100Mbps，传输层协议为 TCP/IP。LAN 网应设计为完全冗余的 A、B 双重化系统，所有外接装置或系统主机均应接入 LAN 网的 A、B 部分，并具有完善的系统自检功能以实现故障时的自动切换或解列。网络设计和设备选型中应充分考虑整个系统的可扩展性能，除满足当前需要外，交换机的接入端口数量至少应留有 50%以上的冗余度。

（18）换流站与运行人员监视控制功能相关的人机接口主要为运行人员工作站（OWS）、工程师工作站（EWS）、站长工作站（DWS）和培训工作站（TWS）等。系统一般配置 1 台 EWS，但为提高系统冗余度，当 EWS 故障时，应能够方便地选择 1 台 OWS 配置为 EWS 运行。

（19）换流站需配置双重化的时钟同步设备，作为全站统一的时间基准。

（20）系统应能接收全球定位系统（北斗卫星对时为主，GPS 对时为辅）的标准时间信号并以此同步系统内各台计算机的时钟，使其与标准时钟的误差保持在 1ms 以内。

（21）系统容量性能指标。

1）模拟量数≥16000。

2）数字量数≥9600。

3）数字量输出（控制）≥9600。

4）事件数（SOE）≥64000。

5）历史数据保存周期≥2 年。

（22）可靠性指标。

1）系统平均无故障时间（MTBF）≥17000h。

2）遥信处理正确率＝100%。

3）遥控、遥调正确率＝100%。

4）正常情况下网络负荷率≤20%。

5）故障情况下网络负荷率≤40%。

6）正常情况下各节点工作站的 CPU 负荷率≤30%。

7）故障情况下各节点工作站的 CPU 负荷率≤50%。

（23）实时性指标。

1）实时数据更新周期≤2s。

2）遥测信息响应时间（从 I/O 输入端至画面显示）≤2s。

3）遥信变位响应时间（从 I/O 输入端至画面显示）≤2s。

4）遥控遥调命令生成到输出时间≤2s。

5）画面调用实时响应时间≤3s。

6）事件记录分辨率≤1ms。

7）系统时钟误差≤1ms。

8）双机切换时间≤10s。

3.4 交、直流站控系统

（1）交、直流站控设备应至少采用完全双重化配置，每套交、直流站控设备应配置独立的软、硬件，包括专用电源、主机、输入输出回路和控制软件等。

（2）交、直流站控设备应具备完善、全面的自检功能，且给出准确的故障信息。

（3）每套交、直流站控设备应采用两路电源同时供电，两路电源应分别取自不同（独立供电）的直流母线。

（4）交、直流站控系统应由站级网络和分布式就地数据采集和控制单元构成，主要设备应包括：

1）直流站控主机及其分布式 I/O 接口。

2）交流站控主机及其分布式 I/O 设备。

3）站用电源系统监控主机及其 I/O 接口。

4）辅助系统监控主机及其 I/O 接口。

5）所有的现场 I/O 与站控系统主机之间的数据传输和信号交换，原则上均应使用现场总线来完成。

6）分布式 I/O 设备设计应按间隔配置。

7）分布式就地控制系统至少应包括模/数转换、数/模转换、数据采集处理、输入和输出、模拟（屏）显示、就地控制、就地报警、手动/自动同步装置和联锁控制。分布式 I/O 接口，应包括与交、直流一次设备间的接口，以及与换流站各个辅助系统之间的接口。

8）分布式 I/O 宜采用模块化结构，易维护和更换，任何一个模块故障应不影响其他模块的正常工作。

9）设备的每个环节包括站控主机、现场总线及分布式 I/O，应采用可靠冗余配置。

10）设备电源应双重化冗余设计，任一电源掉电均不应影响系统正常运行，应保证所有电源具备足够的容量设计，且抗干扰性能良好。

（5）整个系统应具有开放式结构，网络通信规约应采用标准的国际通用协议，以便与其他系统的联接和数据传输。

（6）交、直流站控设备应具备防网络风暴功能，并通过二次设备联调试验验证。

（7）交、直流站控系统应提供与换流站内其他设备的接口功能。

（8）任何时候运行的有效控制系统应是双重化系统中较为完好的一套，当运行控制系统故障时，应根据故障等级自动切换。．

（9）控制系统至少应设置三种工作状态，即运行、备用和试验，控制系统应设置三种故障等级，即轻微、严重和紧急。

（10）交、直流站控设备外部电源应采用双路完全冗余供电方式。

（11）交、直流站控设备每层 I/O 接口模块应配置双电源板卡供电。

（12）冗余控制系统的信号电源回路不应有公共元件。

（13）控制系统主机、板卡故障时应退出相关功能或相应系统，防止故障设备误发错误信号。

（14）交、直流站控设备无论在运行、备用状态，其保护报警信号均应正常报出。系统备用状态等条件不应屏蔽控制保护系统的报警。

（15）直流控制系统应具备完善的总线异常报警功能。

（16）交、直流站控系统应能接收来自运行人员或远方调度的控制命令，完成交直流场断路器/刀闸/地刀的操作、直流系统的顺序控制、换流变的控制、辅助系统的控制等操作。

（17）控制位置：站控系统的所有控制功能应在远方调度中心、换流站主控室、就地控制位置和设备就地这 4 个级别来完成。

（18）联锁功能：所有控制操作，应设计有安全可靠的联锁功能，联锁功能应禁止任何可能引起不安全运行的控制操作的执行。联锁包括硬件联锁和软件联锁，其中硬件联锁的种类包括机械联锁、电磁联锁和电气联锁，软件联锁在站控软件中实现。联锁范围包括：①直流开关场；②换流变、阀厅；③交流开关场（包括交流滤波器场）；④站用电系统（含 35kV、10kV、400V、UPS 和直流蓄电池系统等）。

（19）联锁系统的功能应在最低的控制层次完成，以保证即使设备处于继电器室内的就地控制或设备就地控制时，联锁也能有效地执行。

（20）为便于运行检修或紧急情况操作，应配置就地可以投/退联锁功能的手段。

（21）顺序控制：顺序控制主要是对换流站内一组电动开关、刀闸、地刀的开/合操作、换流阀的解锁/闭锁、运行模式的转换、控制模式的转换等操作提供自动执行功能。

（22）通过顺序控制功能，可以实现下述顺序操作：换流变充电/断电、极连接/隔离、极检修/隔离、极/双极的起动、极/双极的停运、阀解锁/闭锁功率/电流控制模式转换、正向/反向功率方向变换、直流全压/降压运行切换、金属回线/大地回线转换、正常运行/融冰运行方式切换、主/从站转移、直流滤波器投/切、交流滤波器/并联无功补偿设备投切、线路开路试验、功率反转。

（23）无功控制按以下优先级决定滤波器的投切，优先级 1 为最高优先级：①绝对最小滤波器要求（AbsMinFiler）；②最高/最低电压限制（U_{max}）；③最大无功交换限制（Q_{max}）；④最小滤波器要求（MinFilter）；⑤无功交换控制/电压控制（可切换）（$Q_{control}/U_{control}$）。

（24）无功控制根据各子功能的优先级，协调由各子功能发出的投切滤波器组的指令。

（25）无功控制应具备无功减载控制功能。

（26）无功控制具有手动/自动两种控制模式。

（27）在无功自动控制模式下，无功设备的投入/切除操作都由无功控制自动完成。

（28）无功控制功能应能选择投入，也可以选择退出。

（29）当无功控制选择投入模式时，系统将自动进入手动模式。此时，运行人员可在手动和自动模式之间切换。

（30）当无功控制选择退出模式时，无功控制不自动进行任何投/切滤波器的操作，也不会对运行人员给出任何提示，但运行人员可进行手动投/切操作。

（31）无功控制应能够根据当前运行工况以及滤波器组的状态，对可投/切的滤波器组进行优先级排序，决定投/切哪一类型的滤波器组，以及该类型中的哪一组滤波器。同一类型的滤波器组可被循环投入，无功控制应具有完善的逻辑保证所有可用的无功设备的投切任务尽可能相等。

（32）换流站内应配置同期功能，允许所有线路及主变压器进线实现同步联网。

（33）设备应具有手动和自动同期检测功能，同期功能应能满足检无压、检同期等不同控制方式的要求，同期成功、失败应有信息给出。

（34）对于交流场，除母线上设有电压互感器外，每个线路或变压器间隔还有专用的电压互感器，供同期系统使用。

（35）交、直流站控系统应能对换流站内所有设备的运行状态与操作进行全面的监视，监视信号应能上传到运行人员监控系统和远动通信系统。交、直流站控系统采集的数据信号应满足运行人员监控系统和远方调度运行人员监控系统的要求。

（36）交、直流站控系统通过数据采集（I/O）单元采集有关信息、检测出事件、故障、状态、变位信号及模拟量正常、越限信息等，进行包括对数据合理性校验在内的各种预处理，实时更新数据库，其范围包括模拟量、开关量等。

（37）交、直流站控系统应能够采集站控系统内部产生的和通过站控采集（I/O）单元采集到的其他系统和设备产生的事件，并将这些事件即时上传至运行人员监控系统刷新显示和系统数据库进行存贮。其事件时标的分辨率不应大于 1ms。

（38）交、直流站控系统应具有对全站谐波的自动监视和分析功能。

（39）交、直流站控系统的技术指标：

1）模拟量测量综合误差≤0.5%。

2）电网频率测量误差≤0.01Hz。

3）事件顺序记录分辨率（SOE）≤1ms。

4）遥测信息响应时间（从 I/O 输入端至远动通信装置出口）≤3s。

5）遥信变化响应时间（从 I/O 输入端至远动通信装置出口）≤2s。

6）控制命令从生成到输出的时间≤1s。

7）实时数据更新周期模拟量≤3s。

8）实时数据更新周期开关量≤2s。

9）双机系统可用率≥99.98%。

10）遥信量年正确动作率＝100%。

11）设备平均无故障间隔时间（MTBF）≥20000h（其中 I/O 单元模件 MTB≥50000h）。

12）各工作站的 CPU 平均负荷率。

13）GPS 对时精度≤1ms。

（40）可扩展性要求：应采用合理的软、硬件设计方案，以保证系统具有良好的可扩展性能。

（41）站间通信。

1）站间通信通道一般均采用冗余配置。站间通信系统的主、备通道均采用光纤通信方式实现。

2）站间通信系统应保证信号传输的可靠性，信号的残余误码率低于 10～12。

3）站间通信系统应将报警信号送至事件顺序记录系统。

4）站间通信系统至少应为各种类型的站间通信信号提供 25%的备用信号传输容量，如事件信号、模拟信号和控制信号。

3.5 直流极控系统

（1）直流极控系统包括直流极控屏柜以及与其相关的分布式 I/O 及现场总线。极控系统的应能根据当前运行情况，通过对整流侧和逆变侧触发角的调节，稳定直流电压，实现系统要求的输送功率或电流。

（2）直流控制系统的各子系统应采用模块化、分层分布式、开放式结构。

（3）直流控制功能应包括极功率/电流控制（含双极功率控制）、12 脉动阀组控制、点火控制、空载加压试验控制、换流变压器分接开关控制、过负荷限制、附加控制、阀解锁/闭锁顺序、自诊断、在极控中实现的保护性监控功能、站间通信等。

（4）直流系统检修、冷备用、热备用（交流连接、极隔离）等连接状态控制及其相互间的转换，大地回线、金属回线、融冰方式及其转换，主从站切换等顺序控制功能应满足技术规范的要求，能在手动状态和自动状态下切换，相应的提示和报警功能正确。

（5）在直流控制系统中设置典型的直流调制附加控制软件，并预留软硬件接口，以供将来的安全自动装置接入使用；与安全自动装置的接口建议采用数字接口。

（6）直流控制系统应采用完全冗余的双重化配置。

（7）双重化配置的控制系统之间应可以进行系统切换，任何时候运行的有效控制系统应是双重化系统中较为完好的一套。

（8）控制系统至少应设置三种工作状态，即运行、备用和试验。控制系统应设置三种故障等级，即轻微、严重和紧急。

（9）与换流变压器相连的交流场采用 3/2 接线时，换流变压器交流进线两侧最后一个断路器断开时，应立即闭锁对应极的直流系统。

（10）与换流变相连的交流场采用 3/2 接线方式时，应设置"中开关"逻辑。

（11）极控与站控之间除了由极控系统发出的跳闸指令外，其他信号的交换宜采用总线或站 LAN 网的方式。

（12）双重或多重化的直流保护系统的出口信号分别送至冗余的极控系统，冗余的极控系统也将信号送至多重化的直流保护系统。

（13）在双重化的控制系统中，当检测出工作系统故障时，有效系统应能自动从工作系统切换至并列的热备用系统。系统切换应能手动实现。如果一个系统有严重故障或已经被人工切换到试验状态，则不能再自动转换到有效状态。系统状态的转换不能影响直流系统的正常运行，不应使传输的直流功率受到扰动或使其产生任何变化。

（14）直流极控系统与阀控的接口形式可以采用电气接口或者光纤接口，优先采用光纤接口进行通信。直流系统受到阀控系统的跳闸命令后，应先进行系统切换。

（15）直流极控系统与运行人员监控系统通过 LAN 网络进行通信。

（16）直流极控系统与辅助系统的接口应采用硬接点或极控系统硬件支持的符合国际标准的工业现场总线进行通信。

（17）阀厅发生火灾后火灾报警系统应能及时停运直流系统，并自动停运阀厅空调通风系统。

（18）直流极控系统应支持 IRIG-B 码对时、脉冲对时和网络对时（IEEE 1588）方式。

（19）在规定的交流系统电压及频率变化范围内，直流极控系统都应具有维持稳定地传送直流功率的能力，以及使换流器保持稳定运行的能力。

（20）控制系统应防止任何原因引起的静态不稳定，包括由于交流电压波形畸变引起的不稳定。控制系统在任何条件下，都不应在交流系统中激发振荡，也不应对振荡提供负阻尼。

（21）直流极控系统的设计应能达到稳定、无漂移的运行要求，并能在全部稳态运行范围内，把被测直流功率值的误差保持在功率指令值的±1%之内，把被测直流电流值的误差保持在电流指令值的±0.5%范围之内。

（22）在通信系统故障时，控制系统不应对直流系统传送的功率产生扰动。直流系统应能按执行的功率指令继续运行。如果在功率升降过程中或电流指令变化过程中失去站间通信控制系统，也应能防止直流系统因失去电流裕度而崩溃。直流通信系统完全停运不能对输送功率从故障极向非故障极的转移产生任何影响。

（23）一般情况下，直流控制系统的 CPU 负载率应该在 50%以下。

（24）直流控制系统的应用软件应采用模块化的结构设计，支持用户软件扩充和增加新的控制功能。

（25）直流控制系统应预留 15%的开关量和模拟量输入、输出接口。

3.6 直流保护系统

（1）直流保护应采用分区设置，各区域交界面应相互重叠，防止出现保护死区。每一区域均应配置主、后备保护。

（2）直流保护宜与控制系统相对独立。

（3）换流器/极/双极保护应双重化或三重化配置，每重保护都应完整的覆盖所规定的区域。各重保护之间在物理上和电气上应完全独立。

（4）每一套直流保护出口均应独立起动跳闸及直流控制；每一套保护跳闸出口应分为两路，供给同一断路器的两个跳闸线圈。

（5）当保护主机或板卡故障时，程序应具有完善的自检能力，提前退出保护，防止保护误动作。

（6）换流站应至少配置两路站间通信通道，一路为专用通道，一路为复用通道，任一通道故障不影响保护正常运行。

（7）直流保护中，应尽量避免使用开关和刀闸单一辅助接点位置状态量作为选择计算方法和定值的判据，应考虑使用能反映运行方式特征且不易受外界影响的模拟量作为判据。对受检修方式影响的模拟量，应采用压板隔离方式，以便检修或测试。若必须采用开关和刀闸辅助接点作为判据时：

1）应按照保护回路独立性要求实现不同保护的回路完全分开，即进入每套保护装置的信号应取自独立的开关、刀闸辅助接点，且信号电源也应完全独立。对于采用"启动＋动作"原理的保护，启动和动作回路也应完全独立。

2）应同时采用分、合闸两个辅助接点位置作为状态判据，以避免单一接点松动或外部电源故障导致保护误动或拒动。当不能确定实际状态时，应保持逻辑或定值不变。

（8）直流控制保护系统应优先采用将双极控制保护功能分散到单极控制保护设备中的模式，以降低直流双极强迫停运风险。

（9）直流保护应既能用于整流运行，也能用于逆变运行。

（10）直流保护应配置内置的暂态故障录波功能，用以记录故障前后保护程序流程中相关状态量的情况。录波的测量精度应不低于0.5%，通道采样频率应不低于10kHz，一次录波记录时间不低于3s，记录周期内采用固定采样频率。

（11）保护功能配置。

阀组保护应包括但不限于阀短路保护、换流器差动保护、换相失败保护、换流器过流保护、中性点偏移保护、阀组旁通开关保护、阀组差动保护等。

极保护应包括极母差保护、极差保护、直流低压保护、直流过压保护、接地极线开路保护、中性母线开关保护、中性母线差动保护、线路低压保护、线路纵差保护、金属回线横差保护、金属回线纵差保护、交直流碰线报警、线路再启动保护、直流滤波器保护、双极中性线差动保护、金属回线接地保护、站接地过流保护、接地后备过流保护、接地极线不平衡报警、接地极线过流保护、金属回线转换开关保护、金属回线转换开关后备保护、大地回线转换开关保护、大地回线转换开关后备保护、中性线接地开关保护、中性线接地开关保护后备保护等。

国网河南省电力公司电网设备选型技术原则

（直流测量设备）

1 总体技术要求

应符合《国网河南省电力公司电网设备装备技术原则（2020 年版）》及国家电网有限公司物资采购标准的相关规定，选择性能可靠、经济合理、技术先进、低噪声、少（免）维护、适合运行环境条件并具有良好运行业绩和成熟制造经验生产厂家的产品和型号。

2 标准和规范

GB 311.1　绝缘配合　第 1 部分：定义、原则和规则

GB/T 311.2　绝缘配合　第 2 部分：使用导则

GB/T 7354　局部放电测量

GB/T 8287.1　标称电压高于 1000V 系统用户内和户外支柱绝缘子　第 1 部分：瓷或玻璃绝缘子的试验

GB/T 8287.2　标称电压高于 1000V 系统用户内和户外支柱绝缘子　第 2 部分：尺寸与特性

GB/T 8905　六氟化硫电气设备中气体管理和检测导则

GB/T 11604　高压电器设备无线电干扰测试方法

GB/T 16927.1　高电压试验技术　第 1 部分：一般定义及试验要求

GB/T 16927.2　高电压试验技术　第 2 部分：测量系统

GB/T 17468　电力变压器选用导则

GB 20840.2　互感器　第 2 部分：电流互感器的补充技术要求

GB 50150　电气装置安装工程电气设备交接试验标准

JB/T 3837　变压器类产品型号编制方法

JB/T 5347　变压器用片式散热器

JB/T 5356　电流互感器试验导则

JB/T 5357　电压互感器试验导则

JB/T 7068　互感器用金属膨胀器

DL/T 726　电力用电磁式电压互感器使用技术规范

DL/T 727　互感器运行检修导则

DL/T 866　电流互感器和电压互感器选择及计算规程

Q/GDW 152　电力系统污区分级与外绝缘选择标准

IEC 60060-1　高电压试验技术　第 1 部分：一般定义及试验要求

IEC 60186　电压互感器（包括修订 1 及 2）

IEC 60233　电气设备用空心绝缘子的试验（包括修订 1）

IEC 60270　局部放电试验

国家电网有限公司十八项电网重大反事故措施（2018年修订版）

国家能源局关于印发《防止电力生产事故的二十五项重点要求》的通知（国能安全〔2014〕161号）

国家电网公司关于印发《防止变电站全停十六项措施（试行）》的通知（国家电网运检〔2015〕376号）

国家电网公司防止直流换流站单、双极强迫停运二十一项反事故措施（2017修订版）

3　选型技术要求

3.1　直流分压器

3.1.1　结构形式

（1）直流分压器为具有电容补偿的电阻分压器，包括高压臂、低压臂、控制室内电子测量设备及连接电缆，分压器本体部分装在绝缘子（绝缘筒）内；分压器的型式应保证其绝缘子内、外表面泄漏电流不会影响到测量结果，绝缘子应不存在中间法兰；绝缘子内的放电现象不应影响其信号输出；高、低压臂的电容应使高、低压臂具有相同的暂态响应，其中低压臂电容须在安装现场进行调节；高、低压臂的电阻型式应相同以便有相同的温漂。

（2）电压分压器本体与控制楼之间信号传输应采用屏蔽同轴电缆。电压分压器应保证为每个电压信号提供六路独立的模拟信号输出。每通道具有独立的低通滤波器、高稳定性电阻二次分压器、以及隔离放大器，任一路输出通道故障都不应导致其他输出通道信号异常。

（3）测量回路应具备完善的自检功能，当测量回路或电源异常时，应能够给控制或保护装置提供防止误出口的信号。

（4）每台分压器提供的六路信号输出应独立冗余供电，每路电源具有监视功能，任一电源模块故障，不会导致设备工作异常。

（5）直流分压器的结构应便于现场安装、运行、维护。

（6）金属件外露表面应具有良好的防腐蚀层，产品铭牌及端子应符合图样要求。

（7）直流分压器应有直径不小于8mm的接地螺栓或其他供接地用的零件，如面积足够且有连接孔的接地板，接地处应有平坦的金属表面，并在其旁标有明显的接地符号。

（8）二次出线端子螺杆直径不得小于6mm，应用铜或铜合金制成，二次出线端子防潮性能良好，并有防转动措施。

（9）所有端子及紧固件应有良好的防锈镀层，足够的机械强度和保护良好的导电接触面。

（10）对于SF_6直流分压器的要求：

1）SF_6气体年泄漏率≤0.5%。

2）SF_6气体含水量<150×10^{-6}（体积比），应有取气样阀门以便测量SF_6气体含水量。

3）每台设备应配备一套气体运行监测装置（包括气体密度继电器、压力指示器），继电器应分级设置报警和跳闸信号，用于跳闸的非电量元件都应设置三副独立的跳闸接点，按照"三取二"原则出口。气体运行监测装置应能将信号传输至换流站一体化监控系统中。

4）提供的SF_6气体应符合IEC 376要求，对批量提供的SF_6气体应附合无毒性检验结果。

5）SF_6直流分压器零表压耐压试验，试验电压为最高系统工作电压的1.3倍（1min）。

3.1.2　二次端子过电压保护

直流分压器二次输出端子与地之间应具有过电压保护装置，保护装置的放电电压不大于0.5kV。

3.1.3　直流电压

（1）极线设备最大持续直流电压 U_{dmax}＝816kV。

（2）中性母线设备最大持续直流电压 U_{dmax}＝100/40（整流/逆变）kV。

（3）极线设备额定一次直流电压 U_{dN}＝800kV。

（4）中性母线设备额定一次直流电压 U_{dN}＝60kV。

（5）极线电压测量范围：±1200kV。

（6）中性母线设备电压测量范围：±200kV。

（7）中性母线设备暂态电压测量范围：±400kV。

3.1.4　标称电阻

（1）稳定性：高压臂电阻小于0.1%，低压臂电阻小于0.05%。

（2）标称直流电压下通过低压臂电阻的额定热电流：2.0mA。

（3）测量系统的阶跃响应，10%～90%：250μs。

（4）至电子测量设备电缆端的额定测量输入信号水平 U_s：供货商提供。

（5）分压器本体的边界频率（－3dB）：100kHz。

（6）电子测量设备额定输出电压水平：±5V。

（7）测量系统精度：0.2%。

（8）响应时间：＜250μs。

（9）电阻的温度特性：±0.25%。

3.1.5　绝缘水平

（1）一次回路绝缘水平。

1）极线设备额定雷电波冲击耐受电压（1.2/50μs）峰值：1950kV。

2）中性母线设备额定雷电波冲击耐受电压（1.2/50μs）峰值：574kV。

3）极线设备额定操作波冲击耐受电压峰值：1620kV。

4）中性母线设备额定操作波冲击耐受电压峰值：550kV。

5）极线湿态直流耐压以及局部放电测量试验（60min，湿）：1224kV。

6）中性母线直流耐压以及局部放电测量试验（60min，干）：150kV。

7）极线工频耐压试验（1min）：880kVrms。

8）中性母线工频耐压试验（1min）：275kVrms。

（2）二次回路绝缘水平。

1）二次回路电压分接头（低压臂电阻断开）对地的绝缘耐受短时工频耐压：3kV（有效值）1min。

2）末屏套管对地应能承受短时工频耐受电压：3kV（有效值）1min。

3.1.6　直流耐压试验及局部放电测量

分压器高压臂应耐受负极性直流电压 $1.5U_{dmax}$ 60min，试验中记录所有大于1000pc的局部放电脉冲。试验最后10min内最大脉冲幅值为1000pC及以上的局部放电脉冲应不超过10个。

3.1.7 直流耐压，带极性反转及局部放电测量

试验电压为 $1.25U_{dmax}$，分压器施加负极性试验电压 90min，然后电压反转至正极性试验电压耐受 90min。电压再次反转至负极性试验电压，维持 45min。每次极性反转过程应在 1min 内完成。在最后一次极性反转后试验最后 29min 内，大于 1000pC 的放电脉冲簇不应超过 29 个；最后 10min 内大于 1000pC 的放电脉冲簇不应超过 10 个。

3.1.8 高压臂电阻及低压臂电阻测量

在低电压下测量分压器高压臂电阻，测量设备精度应不低于 0.1%，测量正负极性下电阻值并取其平均值。在高压试验前后均测量低电压下电阻值，其前后电阻值偏差在满足测量精度的前提下应不大于 0.1%。

在低电压下测量分压器高压臂电阻，测量设备精度应不低于 0.05%，测量正负极性下电阻值并取其平均值。在高压试验前后均测量低电压下电阻值，其前后电阻值偏差在满足测量精度的前提下应不大于 0.05%。

3.1.9 电容及介质损耗因数测量

在 50Hz 频率下分别在三个测量点测量高压臂的电容值，测量方法应能够提供电容值和功率因数（损耗角）（一般使用电容电桥），以便证实高压电阻的负载效应与电容值相配合。

（1）测点 1：$0.5U_{dmax}/\sqrt{2}$ kV（有效值）。

（2）测点 2：$1.05U_{dmax}/\sqrt{2}$ kV（有效值）。

（3）测点 3：$1.5U_{dmax}/\sqrt{2}$ kV（有效值）。

3.1.10 可见电晕及无线电干扰水平

在最大持续电压下不应有外部可见电晕。按 IEC 60694 的规定测量，无线电干扰试验电压为 669kVrms。

3.1.11 暂态响应

（1）测量系统的暂态响应通过在分压器高压端施加阶跃电压，在隔离放大器的输出端测量响应。所测输出电压（由 10%~90%处）的上升时间不应超过 250μs。

（2）电阻性及电容性部分分压比的匹配，误差不大于 2%，检查方法通过测量起始阶跃后波形平滑的下降部分，其下降率在不小于 500ms 的时间段不超过 2%。

3.1.12 二次系统

（1）电压、电流回路各模块及回路数的设计应能够满足控制、保护、录波等设备对回路冗余配置的要求。

（2）不同控制系统、不同保护系统所用二次回路应完全独立，任一回路发生故障，不应影响其他回路的运行。

（3）电压、电流回路上的元件、模块应稳定可靠，不同回路间各元件、模块、电源应完全独立，任一回路元件、模块、电源故障不得影响其他回路的运行。

（4）直流分压器二次分压测量板卡应便于更换，且退出单一直流控制保护系统更换测量板卡时不应对该分压器其他直流电压值造成影响。

3.1.13 其他

SF_6 密度继电器表计接头处应安装可关闭的阀门或采用逆止阀设计。

3.2 光电流互感器

用于直流极线、400kV 母线、中性线及户外直流线路出口极线电流测量。

3.2.1　结构型式

（1）每个光纤式直流电流互感器包括安装在一次导电体上的作为采样的测量线圈及绕组以及位于控制室内的电子接口模块，整合为一个宽带的可以测量交、直流电流的光纤式电流互感器。直流场为悬吊式或自立式。

（2）每个极的每个测点配置 5 个测量通道，用于直流场直流极线线路侧的光纤电流测量装置还应提供一个谐波电流测量通道。

（3）每个通道采用数字信号或模拟信号输出，数字信号传输满足 TDM 协议或 IEC 60044-8 协议要求，具体规约形式在签订合同时由业主确定。所有通道均应有自检报警信号输出，当测量回路或电源异常时，应发出报警信号并给控制或保护装置提供防止误出口的信号。每一个通道由独立的远端模块、独立的传输光缆、独立的合并单元构成。任何一个通道故障不应影响其他通道的信号输出，不允许有多个通道共用的环节。

（4）合并单元按极、按通道配置，每一个测点的每个测量通道采用不同的合并单元，合并单元数量不少于通道数。

（5）每个合并单元应包含不少于 5 路输出端口，每一个输出端口均应能输出所有测点的电流数据。

（6）光电流互感器本体应至少配置一个冗余远端模块作为热备用，该远端模块至控制楼的光纤应做好连接并经测试功能正常。

3.2.2　机械强度

（1）直流电流测量装置应满足卧式运输要求。

（2）一次端子板允许承受的静态耐受试验荷载应不小于下列数值：①水平纵向：3000N；②垂直方向：2000N；③水平横向：2000N。

3.2.3　直流电压

（1）直流场极线处最大连续直流电压：816kV。

（2）直流场 400kV 母线处最大连续直流电压：409kV。

（3）直流场中性母线处最大连续直流电压：100/40kV（整流/逆变）。

3.2.4　直流电流（过负荷电流见表 6-1）

（1）额定一次直流电流 I_{dN}：5000A。

（2）额定短时热电流 I_{th}：34kArms。

（3）动稳定电流 I_{dyn}：85kAcrest。

表 6-1　过 负 荷 电 流

最大环温℃	过负荷时间	功率（p.u.）	过负荷电流 I_{dmax}（A）
45（户外）	3s	1.20	6231
	2h	1.05	5335
	连续	1.00	5046

（4）直流电流测量系统测量界限：600%I_{dN}。

（5）直流电流测量系统的阶跃响应时间：

1）响应时间：<400μs。

2）响应降至阶跃电流的 1.5%范围处的时间：＜5ms。

3）最大超调量：20%。

（6）对于下列各范围的一次电流，测量误差应不大于如下各值：

1）0～134% I_d×0.5%。

2）134%～300%I_d×1.5%。

3）300%～600%I_d×10%。

3.2.5　光纤

（1）最大允许光纤传输信号总衰减小于 4.5dB。

（2）一次高压部分光连接小于 1dB。

（3）光电流互感器、光纤传输的直流分压器二次回路应有充足的备用光纤，备用光纤一般不低于在用光纤数量的 100%，且不得少于 3 根。

3.2.6　直流滤波器测量

（1）结构型式：每个光纤式直流电流互感器包括安装在一次导电体上的作为采样的测量线圈及绕组以及位于控制室内的电子接口模块，整合为一个宽带的可以测量交、直流电流的光纤式电流互感器。型式为悬吊式。

（2）每个极的每个测点至少配置 5 个测量通道。其他结构要求与 800kV 极线光纤式电流互感器相同。

3.2.7　电磁兼容性

直流电流测量装置的二次部分应符合 IEC 60694 中第 6.9 条款的有关规定。

3.2.8　直流测量精度

以测量线圈与电子模块组成一个试验功能单元。并同时测量直流电流高至额定电流的 12p.u.线圈饱和时的直流精度。

3.2.9　密封

光电流互感器传输回路应根据当地气候条件选用可靠的防震、防尘、防水光纤耦合器，户外接线盒必须至少满足 IP67 防尘防水等级，且有防止接线盒摆动的措施。

3.2.10　二次系统

（1）电压、电流回路各模块及回路数的设计应能够满足控制、保护、录波等设备对回路冗余配置的要求。

（2）不同控制系统、不同保护系统所用二次回路应完全独立，任一回路发生故障，不应影响其他回路的运行。

（3）电压、电流回路上的元件、模块应稳定可靠，不同回路间各元件、模块、电源应完全独立，任一回路元件、模块、电源故障不得影响其他回路的运行。

（4）二次测量板卡应便于更换，且退出单一直流控制保护系统更换测量板卡时，不应对该分压器其他直流电压值造成影响。

（5）光电流互感器本体应至少配置一个冗余远端模块，该远端模块至控制楼的光纤应做好连接并经测试后作为备用。

3.3　零磁通电流互感器

3.3.1　结构型式

每套互感器含三个独立的一次传感器单元。每个传感器单元含 3 套相互独立的电子模块，分别输出 1 个测量信号和 2 个保护信号。测量回路应具备完善的自检功能，当测量回路或电源异常时，应发出报警信号并给控制或保护装置提供防止误出口的信号。

3.3.2　机械强度

（1）直流电流测量装置应满足卧式运输要求。

（2）一次端子板允许承受的静态耐受试验荷载应不小于下列数值：①水平纵向：3000N；②垂直方向：2000N；③水平横向：2000N。

3.3.3　额定二次测量比率

V/A：$1.66/(I_{dN})$。

3.3.4　测量线圈

三个测量绕组对应三个测量单元。

3.3.5　直流电压

NBGS 开关以及接地极线路互感器为 20kV，直流场中性线为 100/40kV（整流/逆变）。

3.3.6　直流电流

（1）额定一次直流电流 I_{dN}：5000A。

（2）额定短时热电流 I_{th}：40kArms。

（3）动稳定电流 I_{dyn}：100kAcrest

表 6-2　过 负 荷 电 流

最大环温℃	过负荷时间	功率（p.u.）	过负荷电流 I_{dmax}（A）
45（户外）/ 55（阀厅）	3s	1.20	6231
	2h	1.06	5394
	连续	1.00	5046

3.3.7　额定输出

（1）最大负载输出电流：10mA。

（2）不饱和输出电压幅值：10V。

3.3.8　直流电流测量系统界限

（1）稳态测量界限（≥）6231A DC。

（2）暂态测量界限（≥）40kA DC。

3.3.9　直流电流测量系统频率响应

（1）在 50～1500Hz 频率范围内：3%。

（2）在 50Hz 电流下的最大相角差：±10 分。

3.3.10　直流电流测量系统的阶跃响应时间

（1）响应时间：<400μs。

（2）响应降至阶跃电流的 1.5%范围处的时间：<5ms。

3.3.11　直流电流测量系统的精度

对于下列各范围的一次电流，测量误差应不大于如下各值：

（1）0.1%～1%I_d×1%。

（2）10%～150%I_d×0.2%。

（3）150%～300%I_d×1.5%。

（4）300%～600%I_d×10%。

3.3.12　电磁兼容性

直流电流测量装置的二次部分应符合 IEC 60694 中第 6.9 条款的有关规定。

3.3.13　直流测量精度

以测量线圈与电子模块组成一个试验功能单元。并同时测量直流电流高至额定电流的 12p.u.线圈饱和时的直流精度。

3.3.14　密封

户外端子箱和接线盒防尘防水等级至少满足 IP55 要求。

3.3.15　二次系统

（1）电压、电流回路各模块及回路数的设计应能够满足控制、保护、录波等设备对回路冗余配置的要求。

（2）不同控制系统、不同保护系统所用二次回路应完全独立，任一回路发生故障，不应影响其他回路的运行。

（3）电压、电流回路上的元件、模块应稳定可靠，不同回路间各元件、模块、电源应完全独立，任一回路元件、模块、电源故障不得影响其他回路的运行。

国网河南省电力公司电网设备选型技术原则
（直流断路器）

1 总体技术要求

高压开关设备生产企业（包括外资、合资企业）的生产条件和试验条件必须具备生产相应电压、电流等级产品的要求，产品应按国家标准、电力行业标准和 IEC 标准通过型式试验。提供的产品应具有 3 年 3 套以上的成功商业运行业绩。

2 标准和规范

GB 311.1　绝缘配合　第 1 部分：定义、原则和规则

GB/T 311.2　绝缘配合　第 2 部分：使用导则

GB/T 311.6　高电压测量标准空气间隙

GB/T 772　高压绝缘子瓷件　技术条件

GB 1984　高压交流断路器

GB 1985　高压交流隔离开关和接地开关

GB 3906　3.6kV～40.5kV 交流金属封闭开关设备和控制设备

GB/T 8287.1　标称电压高于 1000V 系统用户内和户外支柱绝缘子　第 1 部分：瓷或玻璃绝缘子的试验

GB/T 8287.2　标称电压高于 1000V 系统用户内和户外支柱绝缘子　第 2 部分：尺寸与特性

GB/T 11022　高压开关设备和控制设备标准的共用技术要求

GB 11023　高压开关设备六氟化硫气体密封试验方法

GB 11032　交流无间隙金属氧化物避雷器

GB/T 11604　高压电气设备无线电干扰测试方法

GB/T 12022　工业六氟化硫

GB/T 16927.1　高电压试验技术　第 1 部分：一般定义及试验要求

GB/T 16927.2　高电压试验技术　第 2 部分：测量系统

GB 50150　电气装置安装工程电气设备交接试验标准

DL/T 402　高压交流断路器

DL/T 403　12kV～40.5kV 高压真空断路器订货技术条件

DL/T 404　3.6kV～40.5kV 交流金属封闭开关设备和控制设备

DL/T 593　高压开关设备和控制设备标准的共用技术要求

DL 5027　电力设备典型消防规程

国家电网有限公司十八项电网重大反事故措施（2018 年修订版）

3 选型技术要求

3.1 直流旁路开关

3.1.1 选用原则

直流旁路开关采用 SF_6 气体绝缘、单柱双断口、单相操作型式。

3.1.2 产品型式和结构要求

直流旁路开关一般由单相 T 型柱式断路器组成，配有相应的操动机构。

3.1.3 SF_6 气体监测系统

SF_6 密度继电器应装设在与断路器本体同一运行温度环境的位置，并应满足不拆卸校验功能；每个独立气室均应配备单独的、具有温度补偿、带压力显示的密度继电器。户外安装的密度继电器应装设防雨罩，防雨罩应能将继电器、控制电缆接线端子一起放入；二次电缆护套应采用不锈钢金属软管，并具备完备的通风、透气、不积水措施。护套与设备连接部分的接头应采取有效的密封措施。

3.1.4 操动机构

可选用弹簧机构、液压机构。

3.1.5 机构箱

（1）户外汇控箱或机构箱的箱体应选用不小于 1.5mm 厚的亚光不锈钢、铸铝或耐锈蚀的材料，防护等级应不低于 IP55，箱体应设置可使箱内空气流通的迷宫式通风口，并具有防腐、防雨、防风、防潮、防尘和防小动物进入的性能。

（2）机构箱柜内的加热器宜采用多点布置，工作方式为小功率常投加有条件手动投用，以减少温湿度控制器寿命不长带来的影响；柜内的通风孔需增加转弯结构和防护网，通风孔应布置成对流方式；同时要求制造厂对加热条件进行计算校核。

3.1.6 二次元件要求

（1）应选用经充分试验验证的优质产品，如辅助开关、空气开关、切换开关、接线端子（端子排外应设有透明防护罩）、继电器等。

（2）辅助开关与传动连杆的连接应可靠，并采用直连传动的方式。二次元件的布置应能防止误碰。

（3）二次配线应为耐受工频 2000V 的铜绞线，其截面积不得小于 $1.5mm^2$。

（4）控制和操作电源要求：DC 110/220V。

3.1.7 防锈蚀要求

（1）除有色金属之外，所有外露金属部件均应热镀锌。

（2）在满足机械强度的前提下，靠近或接触地面及混凝土基础的金属件的最小厚度为 5mm，其他镀锌金属件的最小厚度为 3mm。镀锌层厚度为 80～100μm。

3.2 直流转换开关

3.2.1 选用原则

直流转换开关有断路器，电容器，电抗器，非线性电阻器组成，具体参数由厂家根据系统要求设计，提出最终方案。

3.2.2 产品型式和结构要求

（1）直流转换开关断路器采用 SF_6 气体绝缘，配单相操动机构。

（2）直流转换开关电容器一般由油浸式电容器单元组成。

（3）直流转换开关电抗器采用空气式电抗器。

（4）直流转换开关非线性电阻器应选用氧化锌避雷器。

3.2.3　SF$_6$气体监测系统

SF$_6$密度继电器应装设在与断路器本体同一运行温度环境的位置，并应满足不拆卸校验功能；每个独立气室均应配备单独的、具有温度补偿、带压力显示的密度继电器。户外安装的密度继电器应装设防雨罩，防雨罩应能将继电器、控制电缆接线端子一起放入；二次电缆护套应采用不锈钢金属软管，并具备完备的通风、透气、不积水措施。护套与设备连接部分的接头应采取有效的密封措施。

3.2.4　操动机构

可选用弹簧机构、液压机构。

3.2.5　机构箱

（1）户外汇控箱或机构箱的箱体应选用不小于 1.5mm 厚的亚光不锈钢、铸铝或耐锈蚀的材料，防护等级应不低于 IP55，箱体应设置可使箱内空气流通的迷宫式通风口，并具有防腐、防雨、防风、防潮、防尘和防小动物进入的性能。

（2）机构箱柜内的加热器宜采用多点布置，工作方式为小功率常投加有条件手动投用，以减少温湿度控制器寿命不长带来的影响；柜内的通风孔需增加转弯结构和防护网，通风孔应布置成对流方式；同时要求制造厂对加热条件进行计算校核。

3.2.6　二次元件要求

（1）应选用经充分试验验证的优质产品，如辅助开关、空气开关、切换开关、接线端子（端子排外应设有透明防护罩）、继电器等。

（2）辅助开关与传动连杆的连接应可靠，并采用直连传动的方式。二次元件的布置应能防止误碰。

（3）二次配线应为耐受工频 2000V 的铜绞线，其截面积不得小于 1.5mm^2。

（4）控制和操作电源要求：DC 110/220V。

3.2.7　防锈蚀要求

（1）除有色金属之外，所有外露金属部件均应热镀锌。

（2）在满足机械强度的前提下，靠近或接触地面及混凝土基础的金属件的最小厚度为 5mm，其他镀锌金属件的最小厚度为 3mm。镀锌层厚度为 80～100μm。

第 7 篇　电能计量装置

国网河南省电力公司电网设备选型技术原则
（电能表）

1 总体技术要求

应符合《国网河南省电力公司电网设备装备技术原则（2020 年版）》及国家电网公司物资采购标准的相关规定，选择性能可靠、经济合理、技术先进、少（免）维护、适合运行环境条件并具有良好运行业绩和成熟制造经验生产厂家的产品和型号。

2 标准和规范

GB 4208　外壳防护等级（IP 代码）

GB/T 13384　机电产品包装通用技术条件

GB/T 17215　交流电测量设备　通用要求

DL/T 645　多功能电能表通信协议

DL/T 830　静止式单相交流有功电能表使用导则

JJG 596　电子式交流电能表

Q/GDW 1206　电能表抽样技术规范

Q/GDW 1354　智能电能表功能规范

Q/GDW 1355　单相智能电能表型式规范

Q/GDW 1356　三相智能电能表型式规范

Q/GDW 1365　智能电能表信息交换安全认证技术规范

Q/GDW 1827　三相智能电能表技术规范

IEC 62055-31　电测量付费系统特殊要求

3 选型技术要求

3.1 单相电能表

3.1.1 规格要求

3.1.1.1 准确度等级

准确度等级为有功 2 级。

3.1.1.2 标准的参比电压（见表 7-1）

表 7-1　标 准 参 比 电 压

电能表接入线路方式	参比电压（V）
直接接入	220

3.1.1.3 电能表电压工作范围（见表 7-2）

表 7-2   电 压 工 作 范 围

规定的工作范围	$0.9U_n \sim 1.1U_n$
扩展的工作范围	$0.8U_n \sim 1.15U_n$
极限工作范围	$0.0U_n \sim 1.15U_n$

3.1.1.4 标准的参比电流（见表 7-3）

表 7-3   标 准 参 比 电 流

电能表接入线路方式	参比电流（A）
直接接入	5，10

每款电能表的电压、电流规格应符合电能表电压、电流规格对照表的规定。

3.1.1.5 标准的参比频率

参比频率的标准值为 50Hz。

3.1.1.6 电能表常数

电能表根据不同规格推荐脉冲常数见表 7-4。

表 7-4   单相智能电能表推荐常数表

接入方式	电压（V）	最大电流（A）	推荐常数（imp/kWh）
直接接入	220	60	1200
	220	100	800

3.1.2 环境条件

3.1.2.1 参比温度及相对湿度

参比温度为 23℃；相对湿度为 45%～75%。

3.1.2.2 温湿度范围（见表 7-5、表 7-6）

表 7-5   温 度 范 围   （℃）

类别	户内式	户外式
规定的工作范围	10～45	25～60
极限工作范围	25～60	40～70
寒冷地区极限工作范围	25～60	45～70
储存和运输极限范围	25～70	40～70
寒冷地区储存和运输极限范围	25～70	45～70

表 7-6   相 对 湿 度

年 平 均	＜75%
30 天（这些天以自然方式分布在一年中）	95%
在其他天偶然出现	85%

招标方可根据实际使用情况对温度范围提出特殊要求。

3.1.2.3 大气压力

63.0～106.0kPa（海拔 4000m 及以下），特殊订货要求除外。高海拔地区要求电能表满足在海拔 4000～4700m 正常工作。

3.1.3 机械及结构要求

电能表机械和结构要求应符合 Q/GDW 1355 的规定。

3.1.4 功能要求

电能表的功能配置应满足 Q/GDW 1354 的有关要求。

3.1.5 准确度要求

3.1.5.1 电流变化引起的误差极限

出厂误差数据应控制在表 7-7 规定误差限值的 60% 以内。

表 7-7 百 分 数 误 差 限

负 载 电 流	功 率 因 数	电能表误差极限（%）
$0.05I_b \leqslant I < 0.1I_b$	1	±1.5
$0.1I_b \leqslant I \leqslant I_{max}$		±1.0
$0.1I_b \leqslant I < 0.2I_b$	$0.5L$，$0.8C$	±1.5
$0.2I_b \leqslant I \leqslant I_{max}$		±1.0

3.1.5.2 起动

在 $0.004I_b$ 起动电流条件下，仪表应能起动并连续记录。若为双向计量仪表，应对每个计量方向进行试验。

3.1.5.3 潜动

当电能表只加电压，电流线路无电流时，其测试输出不应产生多于一个的脉冲。

3.1.5.4 电能表常数

测试输出与显示器指示之间的关系，应与铭牌标志一致。

3.1.5.5 计度器总电能示值组合误差

计数器示值（增量）的组合误差应符合下式规定：

$$\left| \Delta W_D - (\Delta W_{D1} + \Delta W_{D2} + \cdots + \Delta W_{Dn}) \right| \leqslant (n-1) \times 10^{-\alpha}$$

式中　　　　　　ΔW_D——该时间内，电子显示器总电能计数器的电能增量；

$\Delta W_{D1}, \Delta W_{D2}, \cdots, \Delta W_{Dn}$——该时间内，各费率时段对应的计数器的电能增量；

n——费率数；

α——电子显示总电能计数器小数位数。

3.1.5.6 时钟准确度

（1）在参比温度及工作电压范围内，时钟准确度不应超过 0.5s/d。

（2）在工作温度范围 −25～+60℃ 内，时钟准确度随温度的改变量不应超过 0.1s/（d·℃），在该温度范围内时钟准确度不应超过 1s/d。

3.1.5.7 误差一致性

同一批次数只被试样品在同一测试点的测试误差与平均值间的偏差不应超过表 7-8 的限

定值。

表 7-8 误差一致性限值

误差限值	I_b（$\cos\varphi=1$、$0.5L$）	$0.1I_b$（$\cos\varphi=1$）
	±0.3%	±0.4%

3.1.5.8 误差变差要求

对同一被试样品相同的测试点，在负荷电流为 I_b、功率因数为 1 和 0.5L 的负载点进行重复测试，相邻测试结果间的最大误差变化的绝对值不应超过 0.2%。

3.1.5.9 负载电流升降变差

电能表基本误差按照负载电流从小到大，然后从大到小的顺序进行两次测试，记录负载点误差；在功率因数 1、负荷电流 $0.05I_b \sim I_{\max}$ 变化范围内，同一只被试样品在相同负载点处的误差变化的绝对值不应超过 0.25%。

3.1.5.10 测量的重复性

电能表各测量结果按照下式计算标准偏差估计值 S（%），该值不应超过表 7-9 规定限值。

$$S = \sqrt{\frac{1}{n-1}\sum_{i=1}^{n}(\gamma_i - \overline{\gamma})^2}$$

式中　n——对每个负载点进行重复测量的次数，$n \geqslant 5$；

γ_i——第 i 次测量得出的相对误差（%）；

$\overline{\gamma}$——各次测量得出的相对误差平均值（%），即：

$$\overline{\gamma} = \frac{\gamma_1 + \gamma_2 + \cdots + \gamma_n}{n}$$

表 7-9 测量重复性限值

负 载 电 流	功 率 因 数	S（%）
$0.1I_b \sim I_{\max}$	1	0.2
$0.2I_b \sim I_{\max}$	0.5L	0.2

3.1.5.11 影响量

（1）影响量相对于参比条件的变化引起的附加百分数误差改变应按等级符合表 7-10 的规定。

表 7-10 影 响 量

影　响　量	电 流 值	功率因数	平均温度系数（1/K）
环境温度改变	$0.1I_b \leqslant I \leqslant I_{\max}$	1	0.05%
	$0.2I_b \leqslant I \leqslant I_{\max}$	0.5L	0.07%
—	—	—	百分数误差改变极限
电压改变±10%	$0.05I_b \leqslant I \leqslant I_{\max}$	1	0.7%
	$0.1I_b \leqslant I \leqslant I_{\max}$	0.5L	1.0%

表 7-10（续）

影 响 量	电 流 值	功率因数	百分数误差改变极限
电压改变（−20%，+15%）[a]	$0.05I_b \leq I \leq I_{max}$	1	2.1%
电压小于 $0.8U_n$[a]	I_b	1	−100%～+10%
频率改变±2%	$0.05I_b \leq I \leq I_{max}$	1	0.5%
	$0.1I_b \leq I \leq I_{max}$	0.5L	0.7%
电压电流线路中的谐波分量	$0.5I_{max}$	1	0.8%
交流电流线路中直流和偶次谐波	$I_{max}/\sqrt{2}$	1	3.0%
交流电流线路中奇次谐波	$0.5I_b$	1	3.0%
交流电流线路中偶次谐波	$0.5I_b$	1	3.0%
工频磁场强度 0.5mT	I_b	1	2.0%
射频电磁场抗扰度	I_b	1	2.0%
射频场感应的传导骚扰抗扰度	I_b	1	2.0%
快速瞬变脉冲群抗扰度	I_b	1	4.0%

[a] 此项试验不是影响量试验，仅用于验证仪表电源电压影响试验中的扩展工作范围和极限工作范围，电压小于 $0.8U_n$ 时的技术要求（−100%～+10%）是指仪表的百分数误差，而非仪表百分数误差改变量。

（2）0.5mT 工频磁场无负载。电能表处于工作状态，电流线路无电流，将其放置在 0.5mT 工频磁场干扰中，电能表的测试输出不应产生多于一个的脉冲。

（3）外部恒定磁感应。电能表处于工作状态，将其放置在 200mT 恒定磁场干扰中，电能表应不死机、不黑屏；内置负荷开关的电能表，其负荷开关不应误动作，并能正确执行拉合闸命令；电能表计量误差改变量不超过 1.0%。

3.1.6　电气要求

3.1.6.1　功耗

3.1.6.1.1　电压线路功耗

（1）在参比频率、参比电流和参比电压条件下，电能表处于非通信状态（带通信模块电能表模块仓不插模块），背光关闭，电压线路的有功功率和视在功率消耗不应大于 1.5W、10VA。

（2）电能表在通信状态下，电压线路的有功功率不应大于 3W。

3.1.6.1.2　电流线路功耗

在参比电流、参比温度和参比频率下，电流线路的视在功率消耗不应超过 1VA。

3.1.6.2　电源电压影响

电压短时中断和暂降对仪表影响应满足 GB/T 17215.301 的规定。

3.1.6.3　短时过电流影响

直接接入式电能表应能经受 $30I_{max}$（允差为 +0～−10%）的短时过电流，施加时间为参比频率的半个周期。当回到初始工作条件时，电能表的信息不应改变并正确工作，且在电流为 I_b 和功率因数为 1 时的电能表误差改变量不超过 ±1.5%。

注：本要求不适用于在电流回路中有触点的电能表。

3.1.6.4　自热影响

在功率因数为 1 或 0.5L、负荷电流为 I_{max} 的工况下，由自热引起的误差改变量不应超过表 7-11 的规定。

表 7-11　自热影响误差改变量限值

电流值	功率因数	百分数误差改变极限（%）
I_{max}	1	0.7
	0.5L	1.0

3.1.6.5　温升影响

在额定工作条件下电路和绝缘体不应达到影响电能表正常工作的温度。电能表任何一点的温升，在环境温度为 40℃时不应超过 25K。

3.1.6.6　电流回路阻抗

电能表电流回路阻抗值是在电流回路通以最大电流 I_{max} 时，测试电流回路进出两端电压，然后除以最大电流 I_{max} 计算所得。内置负荷开关电能表在负荷开关通断后，其电流回路阻抗平均值应小于 2mΩ。

3.1.6.7　短时过电压

电能表电压线路施加 380V 交流电压 1h，电能表不应损坏，试验后电能表应能正常工作。

3.1.7　绝缘性能

3.1.7.1　脉冲电压

电能表应能承受脉冲电压影响，试验电压按表 7-12 规定施加。

表 7-12　脉 冲 电 压

从额定系统电压导出的相对地电压（V）	脉冲电压（V）
≤100	2500
≤300	6000

3.1.7.2　交流电压

试验应在下列条件下进行：

（1）试验电压波形：近似正弦波。

（2）频率：45～65Hz。

（3）电源容量：至少 500VA。

（4）试验电压：所有电流线路和电压线路以及参比电压超过 40V 的辅助线路连接在一起为一点，另一点是地，在该两点间施加 4kV 试验电压。

（5）试验时间：1min。

（6）在对地试验中，参比电压等于或低于 40V 的辅助线路应接地。

（7）试验中，仪表不应出现闪络、破坏性放电或击穿；试验后，仪表应无机械损坏，并能正确工作。

3.1.8 电磁兼容性要求

3.1.8.1 对电磁骚扰的抗扰度

电能表的设计应能保证在电磁骚扰影响下不损坏或不受实质性影响。

注：考虑的骚扰为：①静电放电；②浪涌抗扰度；③射频电磁场；④快速瞬变脉冲群；⑤射频场感应的传导电压。

3.1.8.2 无线电干扰抑制

电能表不应发生能干扰其他设备正常运行的传导和辐射噪声。

3.1.9 可靠性要求

产品的设计和元器件选用应保证整表使用寿命大于等于 10 年，产品从验收合格之日起，由于电能表质量原因引起的故障，其允许故障率应小于等于表 7-13 规定值。

表 7-13 寿命保证期内允许的故障率

运行年数	1	2	3	4	5	6	7	8	9	10
允许故障率（%）	0.2	0.25	0.3	0.35	0.4	0.45	0.5	0.55	0.6	0.65

3.1.10 数据安全性要求

单相表数据安全性要求应符合 Q/GDW 1365、Q/GDW 1354 的相关规定。

3.1.11 包装要求

应按照 GB/T 13384 的要求进行产品包装。

3.1.12 通信模块互换性要求

带载波模块或微功率无线模块的电能表，为保证电能表外置通信模块的互换性能，电能表的外置通信模块接口应和交流采样电路实行电气隔离，应有失效保护电路，即在未接入、接入或更换通信模块时，不应对电能表自身的性能、运行参数以及正常计量造成影响。

3.2 三相电能表

3.2.1 规格要求

3.2.1.1 准确度等级

准确度等级分为有功 0.2S、0.5S、1 级，无功 2 级。

3.2.1.2 标准的参比电压（见表 7-14）

表 7-14 标准参比电压

电能表接入线路方式	参比电压
直接接入	$3 \times 220/380V$
经电压互感器接入	$3 \times 57.7/100V$，$3 \times 100V$

3.2.1.3 电能表电压工作范围（见表 7-15）

表 7-15 电压工作范围

规定的工作范围	$0.9U_n \sim 1.1U_n$
扩展的工作范围	$0.8U_n \sim 1.15U_n$
极限工作范围	$0.0U_n \sim 1.15U_n$

3.2.1.4 标准的参比电流（见表 7-16）

表 7-16 标准参比电流

电能表接入线路方式	参比电流（A）
直接接入	5，10
经互感器接入	0.3，1.5

每款电能表的电压、电流规格应符合电能表电压、电流规格对照表的规定。

3.2.1.5 标准的参比频率

参比频率的标准值为 50Hz。

3.2.1.6 电能表常数

电能表根据不同规格推荐脉冲常数见表 7-17。

表 7-17 电能表推荐脉冲常数表

接入方式	电压（V）	最大电流（A）	推荐常数（imp/kWh）
直接接入	3×220/380	60	400
	3×220/380	100	300
经互感器接入	3×220/380	6	6400
	3×57.7/100	6	20000
	3×57.7/100	1.2	100000
	3×100	6	20000
	3×100	1.2	100000

3.2.2 环境条件

3.2.2.1 参比温度及相对湿度

参比温度为 23℃；相对湿度为 45%～75%。

3.2.2.2 温湿度范围（见表 7-18、表 7-19）

表 7-18 温度范围

类别	户内式	户外式
规定的工作范围	−10～45℃	−25～60℃
极限工作范围	−25～60℃	−40～70℃
寒冷地区极限工作范围	−25～60℃	−45～70℃
储存和运输极限范围	−25～70℃	−40～70℃
寒冷地区储存和运输极限范围	−25～70℃	−45～70℃

表 7-19 相 对 湿 度

年平均	<75%
30 天（这些天以自然方式分布在一年中）	95%
在其他天偶然出现	85%

招标方可根据实际使用情况对温度范围提出特殊要求。

3.2.2.3 大气压力

电能表在海拔 4000m 及以下（63.0～106.0kPa）应能正常工作，高海拔地区要求电能表满足在海拔 4000～4700m 正常工作。

3.2.3 机械及结构要求

电能表机械和结构要求应符合 Q/GDW 1356 的规定。

3.2.4 功能要求

电能表的功能配置应满足 Q/GDW 1354 的有关要求。

3.2.5 准确度要求

3.2.5.1 电流变化引起的误差极限

有功 0.2S 级和 0.5S 级电能表应符合 GB/T 17215.322 中的规定；有功 1 级电能表应符合 GB/T 17215.321 中的规定；无功 2 级电能表应符合 GB/T 17215.323 中的规定。

出厂误差数据应控制在误差限值的 60% 以内。

3.2.5.2 起动

在表 7-20 规定起动电流条件下，仪表应能起动并连续记录。若为双向计量仪表，应对每个计量方向进行试验。

表 7-20 起 动 电 流

电 能 表 等 级		0.2S	0.5S	1
起动电流	直接接入式	—	—	$0.004I_b$
	经互感器接入式	$0.001I_n$	$0.001I_n$	$0.002I_n$

3.2.5.3 潜动

当电能表只加电压，电流线路无电流时，其测试输出不应产生多于一个的脉冲。

3.2.5.4 电能表常数

测试输出与显示器指示之间的关系，应与铭牌标志一致。

3.2.5.5 电能表示值误差

3.2.5.5.1 计度器总电能示值组合误差

计数器示值（增量）的组合误差应符合下式规定：

$$\left| \Delta W_D - (\Delta W_{D1} + \Delta W_{D2} + \cdots + \Delta W_{Dn}) \right| \leqslant (n-1) \times 10^{-\alpha}$$

式中　　　　ΔW_D ——该时间内，电子显示器总电能计数器的电能增量；

$\Delta W_{D1}, \Delta W_{D2}, \cdots, \Delta W_{Dn}$ ——该时间内，各费率时段对应的计数器的电能增量；

n ——费率数；

α ——电子显示总电能计数器小数位数。

3.2.5.5.2 需量示值误差

需量测量准确度等级指数应与其有功电能的准确度等级指数一致，并根据测试负荷点做调整。电能表最大需量的测量准确度应符合以下公式要求：

$$\delta P = X + \frac{0.05 P_n}{P}$$

式中 δP ——电能表的需量误差，%；

        X ——电能表的等级；

        P_n ——额定功率，kW；

        P ——测量负载点功率，kW。

3.2.5.6 时钟准确度

（1）在参比温度及工作电压范围内，时钟准确度不应超过 0.5s/d。

（2）在工作温度范围−25～+60℃内，时钟准确度随温度的改变量不应超过 0.1s/（d·℃），在该温度范围内时钟准确度不应超过 1s/d。

3.2.5.7 误差一致性

同一批次数只被试样品在同一测试点的测试误差与平均值间的偏差不应超过表 7-21 的限定值。

表 7-21 误 差 一 致 性 限 值

电 流	功率因数	0.2S 级	0.5S 级	1 级
I_b (I_n)	1	±0.06%	±0.15%	±0.3%
	0.5L			
0.1I_b (I_n)	1	±0.08%	±0.20%	±0.4%

3.2.5.8 误差变差要求

对同一被试样品相同的测试点，在负荷电流为 I_b (I_n)、功率因数为 1 和 0.5L 的负载点进行重复测试，相邻测试结果间的最大误差变化的绝对值不应超过表 7-22 的限定值。

表 7-22 误 差 变 差 限 值

电 流	功率因数	0.2S 级	0.5S 级	1 级
I_b (I_n)	1	0.04	0.1	0.2
	0.5L			

3.2.5.9 负载电流升降变差

电能表基本误差按照负载电流从小到大，然后从大到小的顺序进行两次测试，记录负载点误差；在功率因数 1、负荷电流 0.05I_b (I_n)～I_{max} 变化范围内，同一只被试样品在相同负载点处的误差变化的绝对值不应超过表 7-23 的限定值。

表 7-23 负载电流升降变差限值

电 流	功率因数	0.2S 级	0.5S 级	1 级
0.05I_b (I_n) ≤I≤I_{max}	1	0.05	0.12	0.25

3.2.5.10 测量的重复性

电能表各测量结果按照下式计算标准偏差估计值 S（%），该值不应超过表 7-24 规定限值。

$$S=\sqrt{\frac{1}{n-1}\sum_{i=1}^{n}(\gamma_i-\overline{\gamma})^2}$$

式中　n ——对每个负载点进行重复测量的次数，$n\geqslant 5$；

　　　　γ_i ——第 i 次测量得出的相对误差（%）；

　　　　$\overline{\gamma}$ ——各次测量得出的相对误差平均值（%），即：

$$\overline{\gamma}=\frac{\gamma_1+\gamma_2+\cdots+\gamma_n}{n}$$

表 7-24 测 量 重 复 性 限 值

负载电流	功率因数	S（%）		
		0.2S 级	0.5S 级	1 级
$0.1I_b$（I_n）$\sim I_{max}$	1	0.04	0.1	0.2
$0.2I_b$（I_n）$\sim I_{max}$	0.5L	0.04	0.1	0.2

3.2.5.11 影响量

（1）相对于参比条件的变化引起的附加的百分数误差改变应按等级符合表 7-25 的规定。

表 7-25 影　响　量

影　响　量	电流值（除特殊说明外，为平衡负载）		功率因数	各等级仪表的平均温度系数（1/K）		
	直接接入仪表	经互感器工作仪表		0.2S 级	0.5S 级	1 级
环境温度改变	$0.1I_b\leqslant I\leqslant I_{max}$	$0.05I_n\leqslant I\leqslant I_{max}$	1	0.01	0.03	0.05
	$0.2I_b\leqslant I\leqslant I_{max}$	$0.1I_n\leqslant I\leqslant I_{max}$	0.5L	0.02	0.05	0.07
电压改变±10%	$0.05I_b\leqslant I\leqslant I_{max}$	$0.02I_n\leqslant I\leqslant I_{max}$	1	—	—	0.7
	$0.1I_b\leqslant I\leqslant I_{max}$	$0.05I_n\leqslant I\leqslant I_{max}$	0.5L	—	—	1.0
	—	$0.05I_n\leqslant I\leqslant I_{max}$	1	0.1	0.2	—
		$0.1I_n\leqslant I\leqslant I_{max}$	0.5L	0.2	0.4	—
电压改变 20%，+15%[①]	$0.05I_b\leqslant I\leqslant I_{max}$	$0.02I_n\leqslant I\leqslant I_{max}$	1	—	—	2.1
	—	$0.05I_n\leqslant I\leqslant I_{max}$	1	0.3	0.6	
电压小于 $0.8U_n$[①]	I_b	I_n	1	−100～+10		
频率改变±2%	$0.05I_b\leqslant I\leqslant I_{max}$	$0.02I_n\leqslant I\leqslant I_{max}$	1	—	—	0.5
	$0.1I_b\leqslant I\leqslant I_{max}$	$0.05I_n\leqslant I\leqslant I_{max}$	0.5L	—	—	0.7
	—	$0.05I_n\leqslant I\leqslant I_{max}$	1	0.1	0.2	—
		$0.1I_n\leqslant I\leqslant I_{max}$	0.5L	0.1	0.2	—
逆相序	$0.1I_b$	$0.1I_n$	1	0.05	0.1	1.5

表 7-25（续）

影　响　量	电流值 （除特殊说明外，为平衡负载）		功率 因数	各等级仪表的 平均温度系数（1/K）		
	直接接入仪表	经互感器工作仪表		0.2S 级	0.5S 级	1 级
电压不平衡[②]	I_b	I_n	1	0.5	1.0	2.0
电压电流线路中的谐波分量	$0.5I_{max}$	$0.5I_{max}$	1	0.4	0.5	0.8
交流电流线路中直流 和偶次谐波[③]	$I_{max}/\sqrt{2}$	—	1	—	—	3.0
交流电流线路中奇次谐波	$0.5I_b$	$0.5I_n$	1	—	—	3.0
交流电流线路中次谐波	$0.5I_b$	$0.5I_n$	1	0.6	1.5	3.0
工频磁场强度 0.5mT	I_b	I_n	1	0.5	1.0	2.0
射频电磁场抗扰度	I_b	I_n	1	1.0	2.0	2.0
射频场感应的传导骚扰抗扰度	I_b	I_n	1	1.0	2.0	2.0
快速瞬变脉冲群抗扰度	I_b	I_n	1	1.0	2.0	4.0
衰减振荡波抗扰度[④]	—	I_n	1	1.0	2.0	2.0

① 此项试验不是影响量试验，仅用于验证仪表电源电压影响试验中的扩展工作范围和极限工作范围，电压小于 $0.8U_n$ 时的技术要求（100%～10%）是指仪表的百分数误差，而非仪表百分数误差改变量。

② 此项试验仅适用于三个测量元件的多相仪表，不适用于两个测量元件的多相仪表。

③ 此项试验不适应于经互感器工作的仪表。

④ 此项试验仅适用于经电压互感器工作的仪表。

（2）0.5mT 工频磁场无负载。电能表处于工作状态，电流线路无电流，将其放置在 0.5mT 工频磁场干扰中，电能表的测试输出不应产生多于一个的脉冲。

（3）外部恒定磁感应。电能表处于工作状态，将其放置在 300mT 恒定磁场干扰中，电能表应不死机、不黑屏；内置负荷开关的电能表，其负荷开关不应误动作，并能正确执行拉合闸命令；电能表计量误差改变量不应超过 2.0%。

3.2.6　电气要求

3.2.6.1　功耗

3.2.6.1.1　电压线路功耗

（1）在三相施加参比电流和参比电压、参比频率条件下，电能表处于非通信状态（带通信模块电能表模块仓不插模块），背光关闭，每一电压线路的有功功率和视在功率消耗不应大于 1.5W、6VA。

（2）电能表在通信状态下，电压线路的有功功率不应大于 8W。

（3）电能表采用外部辅助电源供电时，每一电压线路的视在功耗不应大于 0.5VA。

3.2.6.1.2　电流线路功耗

电能表在参比电流和参比频率下，当参比电流小于 10A 时，每一电流线路的视在功率消耗不应超过 0.2VA；当参比电流不小于 10A 时，每一电流线路的视在功率消耗不应超过 0.4VA。

3.2.6.1.3　辅助电源线路功耗

电能表采用外部辅助电源供电时，辅助电源线路的视在功耗不应大于 10VA。

3.2.6.2 电源电压影响

电压短时中断和暂降对仪表影响应满足 GB/T 17215.301 的规定。

3.2.6.3 短时过电流影响

（1）直接接入仪表应能经受 $30I_{max}$（允差为 $+0\sim-10\%$）的短时过电流，施加时间为参比频率的半个周期。当回到初始工作条件时，电能表的信息不应改变并正确工作，且在电流为 I_b 和功率因数为 1 时的电能表误差改变量不应超过表 7-13 的限定值。

（2）经互感器接入仪表应能经受 $20I_{max}$（允差为 $+0\sim-10\%$）的电流，施加时间为 0.5s。当回到初始工作条件时，电能表的信息不应改变并正确工作，且在电流为 I_n 和功率因数为 1 时的电能表误差改变量不应超过表 7-26 的限定值。

表 7-26　短时过电流变差限值

仪表	电流值	功率因数	0.2S 级	0.5S 级	1 级
直接接入	I_b	1	—	—	1.5%
经互感器接入	I_n	1	0.05%	0.05%	0.5%

注　本要求不适用于在电流回路中有触点的电能表。

3.2.6.4 自热影响

在功率因数为 1 或 0.5L、负荷电流为 I_{max} 的工况下，由自热引起的误差改变量不应超过表 7-27 的限定值。

表 7-27　自热影响误差改变量限值

电流值	功率因数	0.2S 级	0.5S 级	1 级
I_{max}	1	0.1%	0.2%	0.7%
	0.5L	0.1%	0.2%	1.0%

3.2.6.5 温升影响

在额定工作条件下，电路和绝缘体不应达到影响电能表正常工作的温度。电能表任何一点的温升，在环境温度为 40℃时不应超过 25K。

3.2.6.6 抗接地故障抑制能力（仅适用于在非有效接地系统电网上使用的电能表）

对三相四线经互感器工作的，并且接入非有效接地系统或中性点不接地的星形配电网上的电能表，当电能表某一线发生接地故障，且三线对地有 10%过电压情况下，没有接地的两线应能耐受 1.9 倍的额定电压。电能表不应出现损坏，并且应正确工作。当电能表恢复到参比温度时，在功率因数为 1、负荷电流为 I_n 的工况下，误差的变化量不应超过表 7-28 的限定值。

表 7-28　接地故障引起的误差改变量限值

电流值	功率因数	0.2S 级	0.5S 级	1 级
I_n	1	0.1%	0.3%	0.7%

3.2.6.7 电流回路阻抗

电能表电流回路阻抗值是在电流回路通以最大电流 I_{max} 时，测试电流回路进出两端电压，然后除以最大电流 I_{max} 计算所得。内置负荷开关电能表在负荷开关通断后，其电流回路阻抗平均值应小于 2mΩ。

3.2.7 绝缘性能

3.2.7.1 脉冲电压

电能表应能承受脉冲电压影响，试验电压按表 7-29 规定施加。

表 7-29 脉 冲 电 压

从额定系统电压导出的相对地电压（V）	脉冲电压（V）
≤100	2500
≤300	6000

3.2.7.2 交流电压

试验应在下列条件下进行：

（1）试验电压波形：近似正弦波。

（2）频率：45～65Hz。

（3）电源容量：至少 500VA。

（4）试验电压：按表 7-30 选取试验电压。

（5）试验时间：1min。

（6）在对地试验中，参比电压等于或低于 40V 的辅助线路应接地。

试验中，仪表不应出现闪络、破坏性放电或击穿；试验后，仪表应无机械损坏，并能正确工作。

表 7-30 交 流 电 压 试 验

试验电压（有效值）	试 验 电 压 施 加 点
4kV	所有电流线路和电压线路以及参比电压超过40V的辅助线路连接在一起为一点，另一点是地，试验电压施加于该两点间
2kV	在工作中不连接的各线路之间

3.2.8 电磁兼容性要求

3.2.8.1 对电磁骚扰的抗扰度

电能表的设计应能保证在电磁骚扰影响下不损坏或不受实质性影响。

> 注：考虑的骚扰为：①静电放电；②浪涌抗扰度；③射频电磁场抗；④快速瞬变脉冲群；⑤射频场感应的传导电压；⑥衰减振荡波（仅对经互感器接入电能表）。

3.2.8.2 无线电干扰抑制

电能表不应发生能干扰其他设备正常运行的传导和辐射噪声。

3.2.9 可靠性要求

产品的设计和元器件选用应保证整表使用寿命大于等于 10 年，产品从验收合格之日起，由于电能表质量原因引起的故障，其允许故障率应不大于表 7-31 规定值。

表 7–31   寿命保证期内允许的故障率

运行年数	1	2	3	4	5	6	7	8	9	10
允许故障率（%）	0.2	0.25	0.3	0.35	0.4	0.45	0.5	0.55	0.6	0.65

3.2.10   数据安全性及软件要求

三相表数据安全性及软件要求应符合 Q/GDW 1365、Q/GDW 1354 的相关规定。

3.2.11   包装要求

应按照 GB/T 13384 的要求进行产品包装。

3.2.12   通信模块互换性要求

带载波模块、微功率无线模块或无线模块的电能表，为保证电能表外置通信模块的互换性能，电能表的外置通信模块接口应和交流采样电路实行电气隔离，应有失效保护电路，即在未接入、接入或更换通信模块时，不应对电能表自身的性能、运行参数以及正常计量造成影响。

国网河南省电力公司电网设备选型技术原则
（互感器）

1 总体技术要求

应符合《国网河南省电力公司电网设备装备技术原则（2020 年版）》及国家电网公司物资采购标准的相关规定，选择性能可靠、经济合理、技术先进、少（免）维护、适合运行环境条件并具有良好运行业绩和成熟制造经验生产厂家的产品和型号。

2 标准和规范

GB/T 1804 一般公差 未注公差的线性和角度尺寸的公差

GB/T 2423 电工电子产品环境试验

GB/T 5169 电工电子产品着火危险试验

GB/T 13384 机电产品包装通用技术条件

GB 20840.1 互感器 第 1 部分：通用技术要求

JJG 1021 电力互感器检定规程

Q/GDW 1205 电能计量器具条码

Q/GDW 1572 计量用低压电流互感器技术规范

Q/GDW 1893 计量用电子标签技术规范

Q/GDW 11681 10kV～35kV 计量用电流互感器技术规范

Q/GDW 11682 10kV～35kV 计量用电压互感器技术规范

3 选型技术要求

3.1 低压电流互感器

3.1.1 技术要求

3.1.1.1 环境类别和严酷等级

电流互感器应根据使用环境类别选择严酷等级，并按海拔、温度、湿热、日照辐射、霉菌、盐雾等类别进行等级标注，具体要求表 7-32 所示。

表 7-32 环境类别和严酷等级要求

项目	P 级	A 级
海拔高度	≤1000m，符合 GB 1208 中 4.1.2 要求	≤4000m，符合 GB 1208 中 4.2.2 要求
环境温度	−25～40℃，符合 GB 1208 中 4.1.1 要求	−40～55℃，符合 GB 1208 中 4.1.1 和 JJG 1021 表 1 要求
湿热	RH≤95%（日平均），符合 GB 1208 中 4.1.4 要求	符合 GB 1208 中 4.1.5 要求

表 7-32（续）

项目	P 级	A 级
日照辐射	无	符合 GB 1208 中 4.1.5 要求
霉菌	无	符合 GB/T 2423.16 中第 9 章要求
盐雾	无	符合 GB/T 2423.17 非导电性污要求

3.1.1.2 技术指标

3.1.1.2.1 工频耐压

一次绕组（或可能与一次导体接触的外壳表面）对二次绕组及接地底板、二次绕组对接地底板的工频耐受电压为 3kV，试验时间 1min，互感器应无击穿或闪络发生。

3.1.1.2.2 匝间绝缘强度

二次绕组开路，一次绕组通以额定扩大一次电流并维持 1min，互感器二次绕组的匝间绝缘无损坏。

3.1.1.2.3 绝缘电阻

一次绕组（若有）与二次绕组的绝缘电阻不低于 100MΩ；二次绕组对接地的金属外壳绝缘电阻不低于 30MΩ。

3.1.1.2.4 准确度等级

准确度等级包括有 0.2S 和 0.5S 级。

3.1.1.2.5 运行变差

运行变差应满足以下要求：

（1）等安匝误差不超过误差限值的 1/10。

（2）剩磁误差不超过误差限值的 1/3。

（3）温度附加误差不超过误差限值的 1/4。

3.1.1.2.6 磁饱和裕度

互感器铁心中的磁通密度相当于额定电流和额定负荷状态下的 1.5 倍时，互感器误差应不大于额定电流及额定负荷下误差限值的 1.5 倍。

3.1.1.2.7 温升限值

在额定扩大一次电流及额定二次负荷阻抗下，绕组的温升不应超过 40K，其他部位的温升不应超过 35K。

3.1.1.2.8 短时热电流

复匝式电流互感器的额定短时热电流规定为额定一次电流的 150 倍，持续时间 1s。

注：母线式互感器不规定短时热电流指标。

3.1.1.3 额定值

电流互感器的额定值要求如下：

（1）额定频率范围：（50±0.5）Hz。

（2）额定一次电流的标准值为：10、15、20、30、40、50、60、75、80A 及其十进位倍数或小数。

（3）额定扩大一次电流倍数的标准值为：1.2、1.5、2。

（4）额定二次电流的标准值为：5、1A。

（5）二次额定电流为 1A 的电流互感器，额定二次负荷的标准值为 2.5VA 和 5VA，额定下限负荷的标准值为 1VA，功率因数 0.8～1.0。

（6）二次额定电流为 5A 的电流互感器，额定二次负荷的标准值为 5VA 和 10VA，额定下限负荷的标准值相应为 2.5VA 和 3.75VA，功率因数 0.8～1.0。

（7）额定仪表保安系数标准值为：5、10。

（8）绝缘耐热等级不低于 E 级（温升限值 75K）。

3.1.1.4 可靠性要求

电流互感器产品的可靠性特征量规定为平均寿命（MTTF）。在正常使用条件下，互感器的平均寿命（MTTF）应不低于 20 年。

3.1.2 机械及结构要求

互感器机械和结构要求应符合 Q/GDW 1572 的规定。

3.2 10～35kV 计量用电流互感器

3.2.1 技术要求

3.2.1.1 环境类别和严酷等级

电流互感器环境严酷等级分为 P 级和 A 级，用户根据使用环境类别选择严酷等级，具体要求见表 7-33。其中 P 级项目不必标注，级项目必须标注。

表 7-33 环境类别和严酷等级要求

项目	P 级	A 级
海拔（m）	≤1000	>1000
环境温度（℃）	−25～55	−40～70
湿热	RH≤95%（日平均），符合 GB 20840.1 中 4.2.4 要求	考虑凝露或降水，符合 GB 20840.1 中 4.2.5 要求
日照辐射	无	符合 GB 20840 中 4.2.5 要求
霉菌	无	符合 GB/T 2423.16，第 9 章"严酷等级"28d 要求
盐雾	无	符合 GB/T 2423.17 要求

3.2.1.2 额定值

电流互感器的额定值要求如下：

（1）额定频率范围：（50±0.5）Hz。

（2）额定一次电流的标准值：5、10、15、20、25、30、40、60、75、80、125A 及其十进位倍数或小数。

（3）额定扩大一次电流倍数的标准值：1.2、1.5、2。

（4）额定二次电流的标准值：5、1A。

（5）二次额定电流为 1A 的电流互感器：额定二次负荷的标准值为 2.5VA 和 5VA，额定下限负荷的标准值为 1VA，功率因数 1.0。

（6）二次额定电流为 5A 的电流互感器：额定二次负荷的标准值为 5VA、10VA、15VA；

额定二次负荷为 5VA 的下限负荷为 2.5VA，额定二次负荷为 10VA、15VA 的下限负荷为 3.75VA，功率因数 0.8。

（7）额定仪表保安系数标准值：5、10。

（8）绝缘耐热等级不低于 E 级（温升限值 75K）。

3.2.2 技术指标

3.2.2.1 绝缘电阻

一次绕组与二次绕组间的绝缘电阻不低于 1500MΩ；二次绕组之间及二次绕组对接地的金属外壳之间绝缘电阻不低于 500MΩ。

3.2.2.2 绝缘水平

绝缘水平包括互感器绕组额定工频耐受电压及额定雷电冲击耐受电压。一次绕组（母线式电流互感器为与一次导体接触的外壳表面）对二次绕组及接地底板工频耐受电压、雷电冲击耐受电压按表 7-34 选取；二次绕组对地的工频耐受电压为 3kV。当电流互感器安装环境海拔超过 1000m 时，耐受电压应按照 GB 20840.1 进行修正。准确度等级包括有 0.2S 和 0.5S 级。

表 7-34　电流互感器的一次端额定绝缘水平耐压值

额定电压 （方均根值）（kV）	设备最高电压 （方均根值）（kV）	额定工频耐受电压 （方均根值）（kV）	额定雷电冲击耐受电压 （峰值）（kV）
10	12	42/30	75
20	24	65/50	125
35	40.5	95/80	185

注　斜线左侧的数据为设备外绝缘干状态的耐压，斜线右侧的数据为设备外绝缘湿状态的耐压。

3.2.2.3 二次匝间绝缘强度

二次绕组匝间绝缘的耐受电压不超过 4.5kV（峰值）。

3.2.2.4 局部放电水平

电流互感器局部放电水平应不超过表 7-35 的规定。

表 7-35　允许的局部放电水平

系统接地方式	局部放电电压（kV）	局部放电允许视在放电量（pC）
中性点绝缘系统或 非有效接地系统	$1.2U_m$	50
	$1.2U_m/\sqrt{3}$	20
中性点有效接地系统	U_m	50
	$1.2U_m/\sqrt{3}$	20

注　1. 若中性点接地方式没有明确，局部放电水平可按中性点绝缘或非有效接地系统考虑。

　　2. 局部放电的允许值，对于非额定频率同样适用。

　　3. U_m 表示设备最高电压。

3.2.3 准确度等级

准确度等级包括有 0.2S 级和 0.5S 级。在运行条件下电流互感器误差限值应符合表 7-36 要求，在实验室参比条件下误差限值应符合表 7-37 要求，实验室参比条件下的温度为（20±5）℃，相对湿度小于80%。

表7-36　电流互感器运行条件下的误差限值

准确等级	电压百分数（%）	1	5	20	100	120
0.5	比值差（%）	±1.5	±0.75	±0.5	±0.5	±0.5
	相位差（′）	±90	±45	±30	±30	±30
0.2	比值差（%）	±0.75	±0.35	±0.2	±0.2	±0.2
	相位差（′）	±30	±15	±10	±10	±10

注　1. 电流互感器的基本误差以退磁后的误差为准。
　　2. 对于母线式电流互感器，误差测量时一次导体与中心轴线的位置偏差，应不大于穿心孔径的1/10。

表7-37　电流互感器实验室参比条件下的误差限值

准确等级	电压百分数（%）	1	5	20	100	120
0.5	比值差（%）	±1.2	±0.45	±0.3	±0.3	±0.3
	相位差（′）	±72	±28	±18	±18	±18
0.2	比值差（%）	±0.68	±0.28	±0.12	±0.12	±0.12
	相位差（′）	±26	±12	±6	±6	±6

注　1. 电流互感器的基本误差以退磁后的误差为准。
　　2. 对于母线式电流互感器，误差测量时一次导体与中心轴线的位置偏差，应不大于穿心孔径的1/10。

3.2.3.1　剩磁误差

剩磁误差不超过表7-36所规定误差限值的1/3。

3.2.3.2　温度附加误差

温度附加误差不超过表7-36所规定误差限值的1/4。

3.2.3.3　磁饱和裕度

电流互感器铁心中的磁通密度相当于额定电流和额定负荷状态下的1.5倍时，其误差应不大于表7-36规定额定电流及额定负荷下误差限值的1.5倍。

3.2.3.4　温升限值

在额定连续热电流及额定二次负荷阻抗下，在规定的环境温度和海拔高度下长期工作，绕组的温升不应超过75K，其他部位的温升不应超过50K。

3.2.3.5　短时电流额定值

电流互感器的额定短时热电流和动稳定电流试验要求按照表7-38选择。

表7-38　电流互感器短时电流

电压等级（kV）	额定一次电流（A）	额定短时热电流（方根均值）（kA）	承受短时热电流时间（s）	额定动稳定电流（峰值）（kA）
10、20	20	5	2	12.5
	30、40	8	2	20
	50、60	10	2	25

表 7-38（续）

电压等级 （kV）	额定一次电流 （A）	额定短时热电流 （方根均值）（kA）	承受短时热电流时间 （s）	额定动稳定电流 （峰值）（kA）
10、20	75	16	2	40
	100、150、200	20	2	50
	300、400、500	25	4	63
	600、750	31.5	4	80
	1000、1250、2000	40	4	100
35	50	8	2	20
	100	16	2	40
	150、200	20	2	50
	300、400、500	25	4	63
	600、750、800	31.5	4	80

注 1. 电流互感器一次电流不在表 7-36 所列额定一次电流标准值中时，选择上一档的标准值；超出表 7-38 所列额定一次电流标准值范围时与用户协商确定。

2. 母线式电流互感器不规定短时热电流指标。

3.2.3.6 使用寿命

在正常使用条件下，电流互感器的使用寿命应不低于 20 年。

3.2.4 机械及结构要求

互感器机械和结构要求应符合 Q/GDW 11681 的规定。

3.3 10～35kV 计量用电压互感器

3.3.1 技术要求

3.3.1.1 环境类别和严酷等级

电压互感器环境严酷等级分为 P 级和 A 级，用户根据使用环境类别选择严酷等级，具体要求见表 7-39。其中 P 级项目不必标注，A 级项目必须标注。

表 7-39 环境类别和严酷等级要求

项目	P 级	A 级
海拔	≤1000m，符合 GB 20840.1 中 4.2.2 要求	>1000m
环境温度	−25～55℃	−40～70℃
湿热	RH≤95%（日平均），符合 GB 20840.1 中 4.2.4 要求	考虑凝露或降水，符合 GB 20840.1 中 4.2.5 要求
日照辐射	无	符合 GB 20840.1 中 4.2.5 要求
霉菌	无	符合 GB/T 2423.16 中第 9 章"严酷等级"28d 要求
盐雾	无	符合 GB/T 2423.17 要求

3.3.1.2 额定值

电压互感器的额定值要求如下：

（1）额定频率范围：（50±0.5）Hz。

（2）额定一次电压的标准值：10、10/$\sqrt{3}$、20、20/$\sqrt{3}$、35、35$\sqrt{3}$ kV。

（3）额定二次电压的标准值：100、100/$\sqrt{3}$ V。

（4）额定二次负荷的标准值：5、10、15、20VA，下限负荷为2.5 VA，功率因数0.8～1。

（5）绝缘耐热等级不低于E级（温升限值75K）。

3.3.2 技术指标

3.3.2.1 绝缘电阻

一次绕组与二次绕组间的绝缘电阻不低于1500MΩ；二次绕组之间及二次绕组对接地的金属外壳之间绝缘电阻不低于500MΩ。

3.3.2.2 绝缘水平

绝缘水平包括电压互感器绕组额定工频耐受电压及额定雷电冲击耐受电压。一次绕组对二次绕组及接地底板工频耐受电压、雷电冲击耐受电压按表7-40选取；二次绕组对地的工频耐受电压为3kV。当电压互感器安装环境海拔超过1000m时，耐受电压应按照GB 20840.1中附录C.5进行修正。

表7-40 电压互感器的一次端额定绝缘水平耐压值

额定电压 （方均根值）（kV）	设备最高电压 （方均根值）（kV）	额定工频耐受电压 （方均根值）（kV）	额定雷电冲击耐受电压 （峰值）（kV）
10	12	42/30	75
20	24	65/50	125
35	40.5	95/80	185

注 斜线左侧的数据为设备外绝缘干状态的耐压，斜线右侧的数据为设备外绝缘湿状态的耐压。

3.3.2.3 局部放电水平

电压互感器局部放电水平应不超过表7-41的规定。

表7-41 允许的局部放电水平

接线方式	局部放电测量电压 （kV）	局部放电允许水平（视在放电量） （pC）
不接地式电压互感器	1.2U_m	50
	1.2U_m/$\sqrt{3}$	20
接地式电压互感器	U_m	50
	1.2U_m/$\sqrt{3}$	20

注 1. U_m为互感器最高电压值。

2. 局部放电的允许值，对于非额定频率也是适用的。

3.3.3 准确度等级

准确度等级包括有0.2级和0.5级。在运行条件下电压互感器误差限值应符合表7-42要求，在实验室参比条件下误差限值应符合表 7-43 要求，实验室参比条件下温度为（20±5）℃，相对湿度小于 80 %。

表 7-42　电压互感器运行条件下的误差限值

准确等级	电压百分数（%）	80	100	120
0.5	比值差（%）	±0.5	±0.5	±0.5
	相位差（′）	±20	±20	±20
0.2	比值差（%）	±0.2	±0.2	±0.2
	相位差（′）	±10	±10	±10

表 7-43　电压互感器实验室参比条件下的误差限值

准确等级	电压百分数（%）	80	100	120
0.5	比值差（%）	±0.3	±0.3	±0.3
	相位差（′）	±12	±12	±12
0.2	比值差（%）	±0.12	±0.12	±0.12
	相位差（′）	±6	±6	±6

3.3.3.1　温度附加误差

温度附加误差不超过表 7-42 所规定误差限值的 1/4。

3.3.3.2　短路承受能力

电压互感器在额定电压励磁下时，应能承受持续时间为 1s 的外部短路的机械效应和热效应而无损伤。

3.3.3.3　使用寿命

在正常使用条件下，电压互感器的使用寿命应不低于 20 年。

3.3.4　机械及结构要求

互感器机械和结构要求应符合 Q/GDW 11682 的规定。

国网河南省电力公司电网设备选型技术原则

（终端）

1 总体技术要求

应符合《国网河南省电力公司电网设备装备技术原则（2020 年版）》及国家电网有限公司物资采购标准的相关规定，选择性能可靠、经济合理、技术先进、少（免）维护、适合运行环境条件并具有良好运行业绩和成熟制造经验生产厂家的产品和型号。

2 标准和规范

GB/T 2829　周期检验计数抽样程序及表（适用于对过程稳定性的检验）

GB/T 4208　外壳防护等级（IP 代码）

GB/T 5169　电工电子产品着火危险试验

GB 9254　信息技术设备的无线电骚扰限值和测量方法

GB/T 15464　仪器仪表包装通用技术条件

GB/T 16935.1　低压系统内设备的绝缘配合　第 1 部分：原理、要求和试验

GB/T 17215　交流电测量设备特殊要求

DL/T 614　多功能电能表

DL/T 645　多功能电能表通信规约

Q/GDW 1373　电力用户用电信息采集系统功能规范

Q/GDW 1374　电力用户用电信息采集系统技术规范

Q/GDW 1375　电力用户用电信息采集系统型式规范

Q/GDW 1376　电力用户用电信息采集系统通信协议

Q/GDW 1379　电力用户用电信息采集系统检验技术规范

3 选型技术要求

3.1 专用变压器采集终端

3.1.1 环境条件

3.1.1.1 参比温度及参比湿度

参比温度为 23℃；参比湿度为 40%～60%。

3.1.1.2 温湿度范围

终端设备正常运行的气候环境条件见表 7-44。

3.1.1.3 大气压力

63.0～108.0kPa（海拔 4000m 及以下），特殊要求除外。

表 7-44　气 候 环 境 条 件 分 类

场所类型	级别	空气温度		湿度	
		范围 （℃）	最大变化率 [a] （℃/h）	相对湿度 [b] （%）	最大绝对湿度 （g/m³）
遮蔽	C2	25～+55	0.5	10～100	
户外	C3	40～+70	1		35
协议特定	CX				

[a] 温度变化率取 5min 时间内平均值。

[b] 相对湿度包括凝露。

3.1.2　机械影响

终端设备应能承受正常运行及常规运输条件下的机械振动和冲击而不造成失效和损坏。机械振动强度要求：

（1）频率范围：10～150Hz。

（2）位移幅值：0.075mm（频率≤60Hz）。

（3）加速度幅值：$10m/s^2$（频率＞60Hz）。

3.1.3　工作电源

3.1.3.1　一般要求

终端使用交流单相或三相供电。三相供电时，电源出现断相故障，即三相三线供电时断一相电压，三相四线供电时断两相电压的条件下，交流电源能维持终端正常工作。

Ⅲ型专用变压器采集终端选配辅助电源。辅助电源供电电压为 100～240V，交直流自适应。主辅电源相互独立，互不影响，并可不间断自动切换。

3.1.3.2　额定值及允许偏差

（1）额定电压：220/380V，57.7/100V，允许偏差−20%～+20%。

（2）频率：50Hz，允许偏差−6%～+2%。

3.1.3.3　功率消耗

每一相电压线路在参比电压、参比温度、参比频率下，有功功率消耗和视在功率消耗应不超过表 7-45 规定。

表 7-45　功 率 消 耗

仪　表	供电电源连接到电压线路	供电电源不连接到电压线路
电压线路	10W，15VA	0.5VA
电流回路	—	0.25VA
辅助供电电源	—	10W，15VA

3.1.3.4　失电数据和时钟保持

供电电源中断后，应有措施至少保证与主站通信三次（停电后立即上报停电事件）并正常工作 1min 的能力，存储数据保存至少 10 年，时钟至少正常运行 5 年。电源恢复时，保存数据不丢失，内部时钟正常运行。

3.1.3.5 抗接地故障能力

终端的电源由非有效接地系统或中性点不接地系统的三相四线配电网供电时，在接地故障及相对地产生 10%过电压的情况下，没有接地的两相对地电压将会达到 1.9 倍的标称电压；在此情况下，终端不应出现损坏。供电恢复正常后，终端应正常工作，保存数据应无改变。

3.1.4 结构

终端的结构应符合 Q/GDW 1375.1 的结构要求。

3.1.5 绝缘性能要求

3.1.5.1 绝缘电阻

终端各电气回路对地和各电气回路之间的绝缘电阻要求如表 7-46 所示。

表 7-46 绝 缘 电 阻

额定绝缘电压（V）	绝缘电阻（MΩ）		测试电压（V）
	正常条件	湿热条件	
$U \leq 60$	≥ 10	≥ 2	250
$60 < U \leq 250$	≥ 10	≥ 2	500
$U > 250$	≥ 10	≥ 2	1000

注 与二次设备及外部回路直接连接的接口回路采用 $U > 250$V 的要求。

3.1.5.2 绝缘强度

电源回路、交流电量输入回路、输出回路各自对地和电气隔离的各回路之间以及输出继电器常开触点回路之间，应耐受如表 7-47 中规定的 50Hz 的交流电压，历时 1min 的绝缘强度试验。试验时不得出现击穿、闪络现象，泄漏电流应不大于 5mA。

输出继电器常开触点回路之间应耐受 1000V、50Hz 的交流电压，历时 1min 的绝缘强度试验。试验时不得出现击穿、闪络现象，泄漏电流应不大于 6mA。

表 7-47 试 验 电 压 （V）

额定绝缘电压	试验电压有效值	额定绝缘电压	试验电压有效值
$U \leq 60$	500	$125 < U \leq 250$	2000
$60 < U \leq 125$	1500	$250 < U \leq 400$	2500

注 对于交直流双电源供电的终端，交流电源和直流电源间的试验电压不低于 2500V。

3.1.5.3 冲击电压

电源回路、交流电量输入回路、输出回路各自对地和无电气联系的各回路之间，应耐受如表 7-48 中规定的冲击电压峰值，正负极性各 5 次。试验时应无破坏性放电（击穿跳火、闪络或绝缘击穿）现象。

表 7-48 冲 击 电 压 峰 值 （V）

额定绝缘电压	冲击电压峰值	额定绝缘电压	冲击电压峰值
$U \leq 60$	2000	$125 < U \leq 250$	5000
$60 < U \leq 125$	5000	$250 < U \leq 400$	6000

注 RS-485 接口与电源回路间试验电压不低于 4000V。

3.1.6 温升

在额定工作条件下，电路和绝缘体不应达到可能影响终端正常工作的温度。

具有交流采样的终端每一电流线路通以额定最大电流，每一电压线路（以及那些通电周期比其热时间常数长的辅助电压线路）加载 1.15 倍参比电压，外表面的温升在环境温度为 40℃时应不超过 25K。

3.1.7 数据传输信道

3.1.7.1 安全防护

终端应采用国家密码管理局认可的硬件安全模块实现数据的加解密。硬件安全模块应支持对称密钥算法和非对称密钥算法。密钥算法应符合国家密码管理相关政策，对称密钥算法推荐使用 SM1 算法。

3.1.7.2 通信介质

通信介质可采用无线、有线、电力线载波、光纤等。

3.1.7.3 数据传输误码率

专用无线、电力线载波信道数据传输误码率应不大于 10^5，微波信道数据传输误码率应不大于 10^6，光纤信道数据传输误码率应不大于 10^9，其他信道的数据传输误码率应符合相关标准要求。

3.1.7.4 通信协议

终端与主站的通信协议应符合 Q/GDW 1376.1 的要求。终端与电能表的数据通信协议至少应支持 DL/T 645。

3.1.7.5 通信单元性能

通信单元性能应符合 Q/GDW 1374.3 相关要求。

3.1.7.6 通信单元互换性要求

专变采集终端应可与多种标准通信单元匹配，完成数据采集的各项功能。专变采集终端应具备至少满足表 7-49 要求的带载能力，使通信单元正常工作。

表 7-49 带 载 能 力 要 求

接口类型	带载能力要求
远程通信单元接口	4V 电源输出接口接入 8Ω 纯阻性负载，应满足输出电压在 3.8～4.2V

3.1.8 输入/输出回路要求

3.1.8.1 电压、电流模拟量输入

交流采样模拟量输入有：

（1）交流电压：输入额定值为 57.7/100V、220/380V，输入电压范围为（0～120%）U_N。

（2）交流电流：输入额定值为 5A（或 1.5A），输入电流范围：0～6A，能承受 1.2 倍 I_{max} 至少 4h 连续过载；耐受 20 倍额定电流过载 5s 不损坏。

3.1.8.2 脉冲输入

脉冲输入回路应能与 DL/T 614 规定的脉冲参数配合，脉冲宽度为（80±20）MS。

3.1.8.3 状态量输入

状态量输入为不带电的开/合切换触点。每路状态量在稳定的直流 12V 电压输入时，其功耗不大于 0.2W。

3.1.8.4 控制输出

（1）应有防误动作和便于现场测试的安全措施。

（2）触点分断能力应满足交流 250V/5A，直流 110V/0.4A 或直流 30V/2A 的纯电阻负载。

（3）触点寿命：通、断上述额定电流不少于 10^5 次；通、断上述最大电流不少于 10^3 次。

（4）控制输出默认为：继电器脉冲式动作输出；周期 1min（保证每分钟的补跳），脉冲宽度为（300±100）MS。

3.1.9 功能要求

专变采集终端的功能配置应满足 Q/GDW 1374.1 的有关要求。

3.1.10 电磁兼容性要求

3.1.10.1 电压暂降和短时中断

在电源电压突降及短时中断时，终端不应发生死机、错误动作或损坏，电源电压恢复后终端存储数据无变化，并能正常工作。试验电压具体见 Q/GDW 1379.2 相关条款规定。

3.1.10.2 工频磁场抗扰度

终端应能抗御频率为 50Hz、磁场强度为 400A/m 的工频磁场影响而不发生错误动作，并能正常工作。试验具体要求见 Q/GDW 1379.2 相关条款规定。

3.1.10.3 射频辐射电磁场抗扰度

终端应能承受工作频带以外如表 7-50 所示强度的射频辐射电磁场的骚扰不发生错误动作和损坏，并能正常工作。试验具体要求见 Q/GDW 1379.2 相关条款规定。

表 7-50　阻尼振荡波、电快速瞬变脉冲群、浪涌、磁场试验的主要参数

试验项目	等级	试验值	试验回路
阻尼振荡波	2	1.0kV（共模）	交流电压、电流输入，状态信号输入，控制输出回路
	4	2.5kV（共模） 1.25kV（差模）	电源回路
电快速瞬变脉冲群		1.0kV（耦合）	通信线，脉冲信号输入线
	3	1.0kV	状态信号输入、控制输出回路（≤60V）
	4	2.0kV	交流电压、电流输入，控制输出回路（＞60V）
		4.0kV	电源回路
浪涌	2	1.0kV（共模）	状态信号输入，控制输出回路（≤60V）
	3	2.0kV（共模）	控制输出回路（＞60V）
	4	4.0kV（共模） 2.0kV（差模）	电源回路
射频辐射电磁场	3	10V/m	整机
	4	30V/m	整机
工频磁场		400A/m	整机
射频场感应的传导骚扰	3	10V	电源回路
无线电干扰抑制	B	—	整机

3.1.10.4 射频场感应的传导骚扰抗扰度

终端应能承受频率范围在 150kHz～80MHz、试验电平为 10V 的射频场感应的电磁骚扰

不发生错误动作和损坏，并能正常工作。试验具体要求见 Q/GDW 1379.2 相关条款规定。

3.1.10.5　静电放电抗扰度

终端在正常工作条件下，应能承受加在其外壳和人员操作部分上的 8kV 直接静电放电以及邻近设备的间接静电放电而不发生错误动作和损坏，并能正常工作。试验具体要求见 Q/GDW 1379.2 相关条款规定。

3.1.10.6　电快速瞬变脉冲群抗扰度

终端应能承受如表 7-50 所示强度的传导性电快速瞬变脉冲群的骚扰而不发生错误动作和损坏，并能正常工作。试验具体要求见 Q/GDW 1379.2 相关条款规定。

3.1.10.7　阻尼振荡波抗扰度

终端应能承受强度如表 7-50 所示的由电源回路或信号、控制回路传入的 1MHz 的高频衰减振荡波的骚扰而不发生错误动作和损坏，并能正常工作。试验具体要求见 Q/GDW 1379.2 相关条款规定。

3.1.10.8　浪涌抗扰度

终端应能承受如表 7-50 所示强度的浪涌的骚扰而不发生错误动作和损坏，并能正常工作。试验具体要求见 Q/GDW 1379.2 相关条款规定。

3.1.10.9　无线电干扰抑制

终端应满足 GB 9254 规定的无线电干扰抑制限值要求。试验具体要求见 Q/GDW 1379.2 相关条款规定。

3.1.11　连续通电稳定性

终端在正常工作状态连续通电 72h，在 72h 期间每 8h 进行抽测，其功能和性能以及交流电压、电流的测量准确度应满足相关要求。

3.1.12　可靠性指标

终端的平均无故障工作时间（MTBF）不低于 2×10^4h。

3.1.13　包装要求

应符合 GB/T 15464 可靠包装要求。

3.2　集中抄表终端

3.2.1　环境条件

3.2.1.1　参比温度及参比湿度

参比温度为 23°C；参比湿度为 40%～60%。

3.2.1.2　温湿度范围

终端设备正常运行的气候环境条件见表 7-51。

表 7-51　气候环境条件分类

场所类型	级别	空气温度		湿度	
		范围（℃）	最大变化率 a（℃/h）	相对湿度 b（%）	最大绝对湿度（g/m³）
遮蔽	C1	−5～+45	0.5	5～95	29
	C2	−25～+55	0.5	10～100	

表 7-51（续）

场所类型	级别	空 气 温 度		湿 度	
		范围 （℃）	最大变化率 a （℃/h）	相对湿度 b （%）	最大绝对湿度 （g/m³）
户外	C3	−40～+70	1	10～100	35
协议特定	CX				

a 温度变化率取 5min 时间内平均值。

b 相对湿度包括凝露。

3.2.1.3 大气压力

63.0～108.0kPa（海拔 4000m 及以下），特殊要求除外。

3.2.2 机械影响

终端设备应能承受正常运行及常规运输条件下的机械振动和冲击而不造成失效和损坏。机械振动强度要求：

（1）频率范围：10～150Hz。

（2）位移幅值：0.075mm（频率≤60Hz）。

（3）加速度幅值：10m/s² （频率>60Hz）。

3.2.3 工作电源

3.2.3.1 工作电源

Ⅰ型集中器应使用交流三相四线供电，采集器可使用单相或三相四线供电。三相四线供电时，在断一相或两相电压的条件下，交流电源应能维持Ⅰ型集中器和采集器正常工作和通信。

Ⅱ型集中器使用交流单相供电。

3.2.3.2 额定值及允许偏差

工作电源额定电压：220/380V，允许偏差−20%～+20%；频率：50Hz，允许偏差−6%～+2%。

3.2.3.3 功率消耗

在非通信状态下，Ⅰ型集中器三相消耗的视在功率应不大于 15VA、有功功率应不大于 10W；Ⅱ型集中器和采集器消耗的视在功率应不大于 5VA、有功功率应不大于 3W。

3.2.3.4 失电数据和时钟保持

集中器供电电源中断后，应有措施至少保证与主站通信三次（停电后立即上报停电事件）并正常工作 1min 的能力，数据和时钟保持两个月。电源恢复时，保存数据不丢失，内部时钟正常运行。采集器可选配此功能。

3.2.3.5 抗接地故障能力

集中器的电源由非有效接地系统或中性点不接地系统的三相四线配电网供电时，在接地故障及相对地产生 10%过电压的情况下，没有接地的两相对地电压将会达到 1.9 倍的标称电压；在此情况下，终端不应出现损坏。供电恢复正常后，终端应正常工作，保存数据应无改变。

3.2.4 结构

集中器的结构应符合 Q/GDW 1375.2 的结构要求，采集器的结构应符合 Q/GDW 1375.3 的结构要求。

3.2.5 绝缘性能要求

3.2.5.1 绝缘电阻

集中器、采集器各电气回路对地和各电气回路之间的绝缘电阻要求如表 7-52 所示。

表 7-52 绝 缘 电 阻

额定绝缘电压（V）	绝缘电阻（MΩ）		测试电压（V）
	正常条件	湿热条件	
$U \leqslant 60$	$\geqslant 10$	$\geqslant 2$	250
$60 < U \leqslant 250$	$\geqslant 10$	$\geqslant 2$	500
$U > 250$	$\geqslant 10$	$\geqslant 2$	1000

注 与二次设备及外部回路直接连接的接口回路采用 $U > 250$V 的要求。

3.2.5.2 绝缘强度

电源回路、交流电量输入回路、输出回路各自对地和电气隔离的各回路之间以及输出继电器常开触点回路之间，应耐受如表 7-53 中规定的 50Hz 的交流电压，历时 1min 的绝缘强度试验。试验时不得出现击穿、闪络现象，泄漏电流应不大于 5mA。

表 7-53 试 验 电 压 （V）

额定绝缘电压	试验电压有效值	额定绝缘电压	试验电压有效值
$U \leqslant 60$	500	$125 < U \leqslant 250$	2000
$60 < U \leqslant 125$	1500	$250 < U \leqslant 400$	2500

注 输出继电器常开触点间的试验电压不低于 1500V；对于交直流双电源供电的终端，交流电源和直流电源间的试验电压不低于 2500V。

3.2.5.3 冲击电压

电源回路、交流电量输入回路、输出回路各自对地和无电气联系的各回路之间，应耐受如表 7-54 中规定的冲击电压峰值，正负极性各 5 次。试验时应无破坏性放电（击穿跳火、闪络或绝缘击穿）现象。

表 7-54 冲 击 电 压 峰 值 （V）

额定绝缘电压	试验电压有效值	额定绝缘电压	试验电压有效值
$U \leqslant 60$	2000	$125 < U \leqslant 250$	5000
$60 < U \leqslant 125$	5000	$250 < U \leqslant 400$	6000

注 RS-485 接口与电源回路间试验电压不低于 4000V。

3.2.6 温升

在额定工作条件下，电路和绝缘体不应达到可能影响终端正常工作的温度。

具有交流采样的终端每一电流线路通以额定最大电流，每一电压线路（以及那些通电周期比其热时间常数长的辅助电压线路）加载 1.15 倍参比电压，外表面的温升在环境温度为 40℃ 时应不超过 25K。

3.2.7 数据传输信道

3.2.7.1 安全防护

集中器应采用国家密码管理局认可的硬件安全模块实现数据的加解密。硬件安全模块应支持对称密钥算法和非对称密钥算法。密钥算法应符合国家密码管理相关政策，对称密钥算法推荐使用 SM1 算法。

3.2.7.2 通信介质

通信介质可采用无线、有线、电力线载波、光纤等。

以太网为集中器的标准配置，如远程通信单元为光纤介质时，不需要在模块上单独提供以太网接口。

3.2.7.3 数据传输误码率

专用无线、电力线载波信道数据传输误码率应不大于 10^{-5}，微波信道数据传输误码率应不大于 10^{-6}，光纤信道数据传输误码率应不大于 10^{-9}，其他信道的数据传输误码率应符合相关标准要求。数据传输其他指标如数据丢包率、回复率、响应时间、信道时延等，应符合系统功能规范要求。

3.2.7.4 通信协议

集中器与主站的通信协议应符合 Q/GDW 1376.1 的要求，集中器与本地通信模块间应支持 Q/GDW 1376.2，集中器与远程通信模块间应支持 Q/GDW 1376.3。

3.2.7.5 通信单元性能

通信单元性能应符合 Q/GDW 1374.3 相关要求。

3.2.8 功能要求

集中抄表终端的功能配置应满足 Q/GDW 1374.2 的有关要求。

3.2.9 采集数据可靠性

3.2.9.1 采集数据准确度

集中器直接或通过采集器采集电能表的数据时，集中器采集的电能表累计电能量读数 E 应与电能表示值 E_0 一致。

3.2.9.2 数据采集成功率

集中器、采集器和一定数量的电能表组成一个数据采集网络。在试验条件下以 0.5h 的采集周期自动定时采集各电能表数据，运行时间 7 天，统计集中器采集电能表数据的成功率应满足表 7-55 的规定。

表 7-55 试验条件下数据采集成功率指标

集中器下行信道类型	一次采集成功率（%）
有线	＞99
无线	＞98
电力线载波	＞97

3.2.10 电磁兼容性要求

集中器、采集器应能承受传导的和辐射的电磁骚扰以及静电放电的影响，设备无损坏，并能正常工作。

电磁兼容试验项目包括电压暂降和短时中断、工频磁场抗扰度、射频电磁场辐射抗扰度、射频场感应的传导骚扰抗扰度、静电放电抗扰度、电快速瞬变脉冲群抗扰度、阻尼振荡波抗扰度、浪涌抗扰度、无线电干扰抑制。试验具体要求见 Q/GDW 1379.3 相关条款规定。试验等级和要求见表 7-56。

表 7-56　电磁兼容试验的主要参数

试验项目	试验等级	试验值	试验回路
电压暂降和短时中断		3000:1（60%），50:1，1:1	整机
工频磁场抗扰度		400A/m	整机
射频辐射电磁场抗扰度	3/4	10V/m（80～1000MHz） 30V/m（1.4～2GHz）	整机
射频场感应的传导骚扰抗扰度	3	10V（非调制）	电源端和保护接地端
静电放电抗扰度	4	8kV，直接和间接	外壳
电快速瞬变脉冲群抗扰度		1.0kV（耦合）	通信线脉冲信号输入线
	3	1.0kV	状态信号输入回路
	4	4.0kV	电源回路
阻尼振荡波抗扰度	2	1.0kV（共模）	状态信号输入回路 RS-485 接口
	4	2.5kV（共模） 1.25kV（差模）	电源回路
浪涌抗扰度	2	1.0kV（共模）	状态信号输入回路
	4	4.0kV（共模） 2.0kV（差模）	电源回路
无线电干扰抑制	B	—	整机

3.2.11 连续通电稳定性

集中器、采集器在正常工作状态连续通电 72h，在 72h 期间每 8h 进行抽测，其功能和性能以及交流电压、电流的测量准确度应满足相关要求。

3.2.12 可靠性指标

集中器、采集器的平均无故障工作时间（MTBF）不低于 7.6×10^4 h。

3.2.13 包装要求

应符合 GB/T 15464 可靠包装要求。

3.2.14 互换性要求

集中器、采集器应可与多种标准通信单元匹配，完成数据采集的各项功能。集中器、采集器应满足：

（1）集中器、采集器复位模块电平持续时间不小于 200ms。

（2）集中器、采集器与通信单元直接交互命令响应时间不大于 6s。

（3）集中器、采集器与通信单元经信道交互的命令响应时间不大于 90s。

（4）集中器、采集器应具备至少满足以下要求的带载能力（见表 7-57），使通信单元正常工作。

表 7-57 带 载 能 力 要 求

接口类型	集 中 器	采 集 器
本地通信单元接口	12V 电源输出接口接入 30Ω 纯阻性负载，应满足输出电压在 11～13V	12V 电源输出接口接入 96Ω 纯阻性负载，应满足输出电压在 11～13V
远程通信单元接口	4V 电源输出接口接入 8Ω 纯阻性负载，应满足输出电压在 3.8～4.2V	

国网河南省电力公司电网设备选型技术原则
（计量箱）

1 总体技术要求

应符合《国网河南省电力公司电网设备装备技术原则（2020 年版）》及国家电网有限公司物资采购标准的相关规定，选择性能可靠、经济合理、技术先进、少（免）维护、适合运行环境条件并具有良好运行业绩和成熟制造经验生产厂家的产品和型号。

2 标准和规范

GB/T 191　包装储运图示标志

GB/T 1043.1　塑料　简支梁冲击性能的测定

GB/T 2423.22　电工电子产品环境试验

GB/T 2518　连续热镀锌钢板及钢带

GB/T 3280　不锈钢冷轧钢板和钢带

GB 4208　外壳防护等级（IP 代码）

GB 7251.1　低压成套开关设备和控制设备　第 1 部分：总则

GB 7251.3　低压成套开关设备和控制设备　第 3 部分：由一般人员操作的配电板（DBO）

GB 7251.5　低压成套开关设备和控制设备　第 5 部分：公用电网电力配电成套设备

GB/T 9286　色漆和清漆　漆膜的划格试验

GB/T 9341　塑料　弯曲性能的测定

GB 10963.1　电气附件　家用及类似场所用过电流保护断路器

GB/T 13384　机电产品包装通用技术条件

GB 14048.2　低压开关设备和控制设备

GB 14048.3　低压开关设备和控制设备

GB/T 18663.1　电子设备机械结构　公制系列和英制系列的试验

GB/T 20641　低压成套开关设备和控制设备空壳体的一般要求

GB/T 23641　电气用纤维增强不饱和聚酯模塑料（SMC/BMC）

GB/T 25293　电工电子设备机柜　机械门锁

HG/T 2503　聚碳酸酯树脂

Q/GDW 205　电能计量器具条码

Q/GDW 572　计量用低压电流互感器技术规范

Q/GDW 1355　单相智能电能表型式规范

Q/GDW 1356　三相智能电能表型式规范

Q/GDW 1375.2　电力用户用电信息采集系统型式规范

Q/GDW 1375.3 电力用户用电信息采集系统型式规范

Q/GDW 11009 电能计量封印技术规范

3 选型技术要求

3.1 功能及安装要求

计量箱功能及安装要求应符合 Q/GDW 11008 的规定。

3.2 安全要求

计量箱应具备防触电与设备安全保障功能，其电气性能、机械性能应符合相应标准规定要求：

（1）电气设计应规范，其性能、技术指标应符合 GB 7251.3 中相应要求，每一型号的产品都为 3C 认证产品。

（2）计量箱电气配置应符合表 7-60 规定。

（3）通过对带电导体采用挡板及外罩隔离或绝缘包裹等防护措施，保证箱门开启状态下无裸露带电部分；接线端子、固定导体的螺钉、外部或内部的导体，与隔离罩间隙应满足相应要求；电器安装、电气连接、导线（母排）固定等措施应永久牢靠；电气开关与表计应有相应的电气隔离措施。

（4）PE 导体与裸露导电体间应有可靠连接措施。

（5）计量箱电气总线（母排）截面积符合相应载流量要求，电气互连机构工作方式应可靠。

（6）多表位计量箱（箱组式计量箱组合数量）满足进线箱额定电流要求。

（7）电器安装及保护措施可靠，电器元件与安装板（底板）之间应有绝缘措施，安装附件、安装板（底板）承载力应有足够安全裕度并能通过静载能力试验。

（8）计量箱外壳散热（尤其非金属）措施应有效、可靠，保证计量箱内各部位温升符合规定。

（9）电气开关应具有 3C 认证标志，开关上桩头为进线，下桩头为出线，安装满足规范操作方向要求（左或上位置为"合"，右或下位置为"分"），专业人员操作的开关应有防他人操作的防护措施。

（10）计量箱所配电气开关、导线、母排等电器应符合相应产品标准要求，并有相应合格保证资料。

（11）计量箱安全警告语、标志应清晰、永久，并能通过第 8 章中标志试验。

（12）计量箱外壳（非金属）及箱内电气绝缘支撑件、电气安装板应能通过绝缘材料耐受非正常发热和火焰的验证试验。

（13）计量箱外壳应有可靠的防雨及必要的防尘措施，其防护等级不低于 IP34D（包括电缆、导管入口），箱门、视窗及门锁应具有一定的防撬功能，电缆及导线穿孔具有防磨损保护措施。

（14）提交样品或供货产品（包括单独的电器）电气性能应能通过相应的电气性能试验。

3.3 可靠性要求（见表 7-58）

计量箱产品设计、材质及配件选用、制造工艺应保证其预期寿命不小于 20 年。

（1）计量箱所用非金属材料、外壳及金属件涂层、外壳结构强度、标志等应满足预期寿命不少于 20 年。

（2）铭文、标识应能保持清晰、完整，其标识、铭牌材料应耐腐蚀。

（3）计量箱配件在寿命周期内便于更换，计量箱门锁、铰链、电气开关、电能表接插件。

（4）机械寿命：门锁及铰链应不小于 5000 次；电气开关不小于 10000 次，电能表接插件不小于 1000 次。

（5）电气寿命：隔离开关电气寿命不小于 3000 次、微型断路器不小于 6000 次。

（6）箱门门锁应具备雨水防护功能或在箱门设置相应防护结构。

（7）电能表接插件电气插头应经过专门工艺处理使其耐腐蚀、耐氧化，具备长寿命、高可靠性。

（8）计量箱箱体结构应具备一定的扩展性、可改造性。

表 7-58　计量箱外壳材料及性能参数表

材　料　名　称	壳　体　部　分				观察窗部分
	金属		非金属		非金属
	连续热镀锌钢板	奥氏体非导磁不锈钢冷轧钢板	聚碳酸酯树脂＋丙烯腈-丁二烯-苯乙烯树脂	玻纤增强不饱和聚酯模塑料	聚碳酸酯树脂
材料相关标准	GB/T 2518	GB/T 3280	—	GB/T 23641	HG/T2503
材料代号	—	—	PC＋ABS（阻燃）	SMC 玻璃钢	PC
密度（g/cm³）	7.8	7.93	1.2	1.78	1.20
拉伸强度（MPa）	270～420	≥520	≥42	≥55	≥55
弯曲强度（MPa）	—	—	≥65	≥140[a]	≥95
无缺口简支梁冲击强度（kJ/m²）	—	—	≥42	≥55[b]	≥45
负荷变形温度［（T_{ff}1.8）℃］	—	—	≥100	≥180	≥130
电气强度（常态油中）（kV/mm）	—	—	≥15	≥20	≥16
阻燃等级	—	—	V0	V0	V0
屈服强度（MPa）	140～300	≥205	—	—	—
断裂伸长率（%）	≥26	≥40	—	—	—
参考型号	DX52D＋Z	1Cr18Ni9	优级品	GF25，Q，M	一级品
材料板厚（mm）	≥1.5	≥1.5	≥3（单表位）；≥4（多表位）		≥2.5

[a]　壳体取样为 120。

[b]　壳体取样为 45。

3.4 电气型式要求

3.4.1 电气控制与保护方案

计量箱电气控制及保护方案应符合表 7-59 规定：

（1）微型断路器、塑壳断路器、隔离开关性能应分别符合 GB 10963.1、GB/T 14048.2、GB/T 14048.3 中各项技术要求，并能通过产品标准中相应试验。

（2）安装费控外置型断路器电能表的计量箱，其出线侧断路器应具有与相应电能表跳闸信号相匹配的自动分闸、手/自合闸功能及其他扩展应用功能。

（3）电气开关外壳标识应规范、清晰。

表 7-59　计量箱电气控制与保护方案

计量箱类型	方案	电源接入端	电能表进线侧	电能表/互感器出线侧
多表位计量箱	1[a]	塑壳断路器	—	微型断路器
	2	塑壳断路器	微型隔离开关	微型断路器
单表位及其箱组式计量箱	1[a]	隔离开关		微型/塑壳断路器
	2	—		微型/塑壳断路器
经互感器接入式计量箱	1[a]	塑壳断路器	—	塑壳断路器
	2	熔断器	—	塑壳断路器

[a]　为推荐方案。

3.4.2 计量箱电气配置

计量箱电气配置及参数选择应符合表 7-60 规定。

表 7-60　计 量 箱 电 气 配 置

一、单相（电能表）计量箱					
规格（A）			40	60	80
布线导线（BV）截面积（mm²）			10	16	25
PE 线（BV）截面积（mm²）			16		
RS485 导线/控制线截面积（mm²）			2×0.4/2×0.75		
单相电能表规格（A）			5（60）	5（60）	10（100）
电能表接插件规格（mm）			$\phi7.5$	$\phi7.5$	$\phi8.5$
出线断路器[a]	额定电流 I_n（A）		40	63	80
	型式、主要参数要求		微型断路器，C 型，2P，6kA.；尺寸（2/3）×18mm		
进线（总）开关	额定电流 I_n（A）	单表位及其箱组式、单排多表位	63	100	100
		4 表位	80	125	160
		6 表位	100	125	160
		8、9 表位	125	200	200
	2~3 排	10、12 表位	160	200	250
		15 表位	160	250	—

389

表 7-60（续）

进线（总）开关	型式、主要参数要求	单表位及其箱组式、单排多表位	隔离开关 b	2P，AC-21B；12I_e 通电时间 1s；20I_e 通电时间 0.1s		
		2～3 排多表位	塑壳断路器	配电型，3P，25kA		
分线端子排（盒）	额定电流	同进线开关电流				
	型式	开关紧配连接式				
电气母排截面积	250A 及以下	4mm×20mm		250～300A		4mm×30mm

二、直接接入式三相（电能表）计量箱						
规格（A）			40	60	80	100
布线导线（BV）截面积（mm²）			10	16	25	
PE 线（BV）截面积（mm²）			16			
RS485 导线/控制线截面积（mm²）			2×0.4/2（1）×0.75			
三相电能表规格（A）			3×5（60）	3×5（60）	3×10（100）	
电能表接插件规格（mm）			ϕ7.5	ϕ7.5	ϕ8.5	
规格（A）			40	60	80	
出线分断路器 c	额定电流 I_n（A）		40	63	80	100
	型式、主要参数要求		微型断路器/塑壳断路器，C 型/配电型，4P/3P，6kA/25kA；尺寸（4/5）×18mm			
进线（总）开关	额定电流 I_n（A）	单表位及其箱组式、单排多表位	63	80	100	100
		2 排 — 2 表位	100	125	160	200
		2 排 — 4 表位	160	200	—	
		2 排 — 6 表位	200	250	—	
	型式、主要参数要求	单表位及其箱组式、单排多表位 — 隔离开关 d	3P，AC-21B；12I_e 通电时间 1s；20I_e 通电时间 0.1s			
		2 排多表位 — 塑壳断路器	配电型，3P，25kA			
分线端子排（盒）	额定电流	同进线开关电流				
	型式	开关紧配连接式				
电气母排截面积	250A 及以下	4×20（mm²）		250～300A		4×30（mm²）

注　1．100A 计量选用三相计量方式。

　　2．单表位三相 80A、100A 规格计量箱，必要时可选用分断能力 25kA 塑壳断路器。

a　安装负控外置型电能表的计量箱，选择与电能表跳闸信号匹配的自动分闸、手/自合闸功能断路器，延时时间 1s＜T＜2s，复位时间≤60s。

b　表前分路开关（可选配），每表一开关。

c　安装负控外置型电能表的计量箱，选择与电能表跳闸信号匹配的自动分闸、手/自合闸功能断路器，延时时间 1s＜T＜2s，复位时间≤30s。

d　表前分路开关（可选配），每表一开关。

表 7-60（续）

三、经互感器接入式计量箱（1表位）						
规格（A）	50	75	100	150	200	250
互感器型号、规格（A）（LMZ1D/LMZ2D）	50/5	75/5	100/5	150/5	200/5	300/5[a]
三相电能表、专变终端、集中器规格	3×1.5（6）A					
电能表接插件规格（mm）	$\phi 6.0$					
一次导线[b]（BV/BVR）截面积（mm²）	16	25	35	70	95	150
一次铜排/导线截面积（mm²）	4×20	4×20	4×20	4×20	4×20	4×20
二次导线（BV）截面积（mm²） 电压	2.5					
二次导线（BV）截面积（mm²） 电流	4					
PE 线（BV）截面积（mm²）	16					
RS485 导线/控制线截面积	2×0.4mm²/2（1）×0.75mm²					
联合接线盒型式	三相四线					
出线断路器[c] 额定电流 I_n（A）	63	80	100	160	200	250
出线断路器[c] 型式、分断能力	塑壳断路器，配电型，3P，25kA					
进线开关 额定电流 I_n（A）	100		125	200	225	250
进线开关 型式、分断能力	熔断器；塑壳断路器，配电型，3P，25kA					

[a] 无 250A/5A 互感器，采用 300A/5A 互感器替代。

[b] 一次导线布线困难时可采用软导线。

[c] 选择与电能表跳闸信号匹配的自动分闸、手/自合闸功能断路器，延时时间 $1s<T<2s$，复位时间≤30s。

国网河南省电力公司电网设备选型技术原则
（通信单元）

1 总体技术要求

应符合《国网河南省电力公司电网设备装备技术原则（2020 年版）》及国家电网有限公司物资采购标准的相关规定，选择性能可靠、经济合理、技术先进、低噪声、少（免）维护、适合运行环境条件并具有良好运行业绩和成熟制造经验生产厂家的产品和型号。

2 标准和规范

GB/T 2829　周期检验计数抽样程序及表（适用于对过程稳定性的检验）

GB/T 4208　外壳防护等级（IP 代码）

GB/T 5169.11　电工电子产品着火危险试验

GB/T 6113.102　无线电骚扰和抗扰度测量设备和测量方法规范

GB 9254　信息技术设备的无线电骚扰限值和测量方法

YD/T 1099　以太网交换机技术条件

YD/T 1141　以太网交换机测试方法

YD/T 1208　800MHz CDMA 数字蜂窝移动通信网无线智能网（WIN）阶段 1：接口技术要求

YD/T 1214　900/1800MHz TDMA 数字蜂窝移动通信网通用分组无线业务（GPRS）设备技术要求：移动台

YD/T 1475　接入网技术要求—基于以太网方式的无源光网络（EPON）

3GPPTS27.007　3rdGenerationPartnershipProject；TechnicalSpecificationGroupTerminals；ATcommandsetforUserEquipment（UE）

GSM07.07　DigitalCellularTelecommunicationsSystem（Phase2＋）；ATCommandSetforGSMMobileEquipment（ME）

GSM11.11　DigitalCellularTelecommunicationsSystem（Phase2＋）；SpecificationoftheSubscriberIdentityModule–MobileEquipment（SIM-ME）interface

GSM11.14　DigitalCellularTelecommunicationsSystem（Phase2＋）；SpecificationoftheSIMApplicationToolkitfortheSubscriberIdentityModule–MobileEquipment（SIM-ME）interface

ISO7816　Identificationcards—Integratedcircuitcards

FCCPart15　美国联邦通信委员会第 15 部分射频设备法规

3 选型技术要求

3.1 一般要求

通信单元结构根据安装要求可为无外封装的通信模块或有机壳封装的通信设备。模块的尺寸和接口应符合各类终端型式规范的要求。

3.2 外壳及其防护性能

有机壳封装的通信单元其外壳应有足够的强度，外物撞击造成的变形应不影响其正常工作。外壳防护性能应符合 GB/T 4208 规定的 IP51 级要求，即防尘和防滴水。

非金属外壳应符合 GB/T 5169.11 的阻燃要求，试验温度为 650℃，试验时间为 30s。

3.3 接线端子

对外的连接线应经过接线端子，交流电源端子的结构应与截面积为 1.5～2.5mm² 的引出线配合。其他弱电端子的结构应与截面为 0.5～1.5mm² 的导线配合。

阻燃性能应符合 GB/T 5169.11 的阻燃要求，试验温度为 650℃，试验时间为 30s。

3.4 金属部分的防腐蚀

在正常运行条件下可能受到腐蚀或能生锈的金属部分，应有防锈、防腐的涂层或镀层。

3.5 气候环境条件

通信单元正常运行的工作环境应符合用电信息采集终端的要求。分类见表 7-61。

表 7-61 气 候 环 境 条 件 分 类

场所类型	级别	空 气 温 度		湿 度	
		范围 （℃）	最大变化率 [a] （℃/h）	相对湿度 [b] （%）	最大绝对湿度 （g/m³）
遮蔽场所	C2	25～＋55	0.5	10～100	29
户外	C3	40～＋70	1		35
协议特定	CX	—			

[a] 温度变化率取 5min 内平均值。

[b] 相对湿度包括凝露。

3.6 本地通信单元

通信单元可采用工频交流电源或直流电源，工作电源电压允许偏差为额定值的－20%～＋20%。

交流单相或三相四线电源供电时，应有抗三相四线配电网单相接地故障的能力，耐受 1.9 倍标称电压 4h。

安装在终端或电能表的通信单元的功耗要求见表 7-62。

3.6.1 远程通信单元 GSM2.5G 要求

远程通信单元 GSM2.5G 要求见表 7-63。

3.6.2 远程通信单元 CDMA 等 3G 要求

远程通信单元 CDMA 等 3G 要求见表 7-64。

表 7-62　通信单元的功耗要求

通信单元类型	静 态 功 耗	动 态 功 耗
低压窄带电力线载波	三相表通信单元：≤0.35W； 单相表通信单元：≤0.25W； 终端通信单元：≤1W	三相表通信单元：≤2.5W； 单相表通信单元：≤1.5W； 终端通信单元：≤6W
低压宽带电力线载波	三相表通信单元：≤0.8W； 单相表通信单元：≤0.6W； 终端通信单元：≤1W	三相表通信单元：≤2.5W； 单相表通信单元：≤1.5W； 终端通信单元：≤6W
微功率无线	三相表通信单元：≤0.35W； 单相表通信单元：≤0.25W； 终端通信单元：≤1W	三相表通信单元：≤2.5W； 单相表通信单元：≤1.5W； 终端通信单元：≤2.5W

表 7-63　远程通信单元 GSM2.5G 要求

类别	GSM900	E-GSM900	GSM1800
频率范围（MHz）	TX：880-915	TX：880-890	TX：1710-1785
	RX：935-960	RX：925-935	RX：1805-1880
信道数	Channels1to124	Channels975to1023	374Carriers×8（TDMA） PCS：Channels512to885
	173carriers×8（TDMA）		
调制方式	GMSK		GMSK
双工收发信道间隔（MHz）	45		95
输出功率（W）	2（33dBm）		1（30dBm）
输出阻抗（Ω）	50		50
信道带宽（kHz）	200		200
发送相位精度	<5°（突发）		<5°（突发）
接受敏感度（dBm）	<102		<102
电源消耗	工作电流不超过 275mA		工作电流不超过 250mA

表 7-64　远程通信单元 CDMA 等 3G 要求

类别	CDMA800M
频率范围（MHz）	TX：824～849
	RX：869～894
调制方式	QPSK
双工收发信道间隔（MHz）	45
最大输出功率（dBm）	23～30
输出阻抗（Ω）	50
发送相位精度（kHz）	30
接受敏感度（dBm）	<−102（错帧率 FER<0.5%） （温度范围+20～+45℃）
电源消耗	待机电流不超过 5mA@-75dBm 工作电流不超过 230mA@-75dBm

3.6.3　通信超流量保护

远程通信单元提供可查询的 AT 指令用于查询数据流量。每一次网络连接上后，远程通信单元开始自动记录数据流量，直到这个连接断开，才终止流量记录。

3.6.4　主动上报

当有异常事件发生，模块可以实时上报异常事件无需上位机干预。

3.6.5　远程升级

支持 FTP 功能。

3.6.6　标志

远程通信单元上应有下列标志：

（1）产品名称及型号（包括软件版本）。

（2）制造厂名或商标。

（3）制造日期及厂内编号。

3.6.7　可靠性要求

使用寿命：在正常工作条件下，远程通信单元芯片可靠寿命不少于 10 年。

在正常工作条件下，远程通信单元平均无故障工作时间不少于 4×10^4h。

生产厂家应提供相应部门的远程通信单元特性试验报告、主要电子芯片器件及表计零部件的技术参数、所用材料的性能试验报告和认证证书。

远程通信单元采用业界主流厂商工业级产品，具有无线电发射设备型号核准证（或电信设备进网许可证）和国家权威机构颁发的 3C 认证。

3.7　电气安全要求

3.7.1　绝缘电阻

各电气回路对地和各电气回路之间的绝缘电阻要求见表 7-65。

表 7-65　绝　缘　电　阻

额定绝缘电压（V）	绝缘电阻（MΩ）		测试电压（V）
	正常条件	湿热条件	
$U \leq 60$	$\geqslant 10$	$\geqslant 2$	250
$60 < U \leq 250$	$\geqslant 10$	$\geqslant 2$	500

3.7.2　绝缘强度

电源回路对地应耐受 500V（＜60V 直流电源回路）或 2500V（220V 交流电源回路）的 50Hz 的交流电压，历时 1min 的绝缘强度试验。试验时不得出现击穿、闪络现象，泄漏电流应不大于 5mA。

3.7.3　冲击电压

电源回路、信号输入回路、信号输出回路各自对地和输入回路、输出回路和电源回路之间，应耐受如表 7-66 中规定的冲击电压峰值，正负极性各 5 次。试验时应无破坏性放电（击穿跳火、闪络或绝缘击穿）现象。

表 7-66   冲 击 电 压 峰 值 （V）

试验回路	冲击电压峰值	试验回路	冲击电压峰值
直流电源对地	500	信号输入回路对输出回路	500
交流电源对地	5000	信号输入回路对电源回路	4000
信号输入/输出对地	500	信号输出回路对电源回路	4000

3.7.4   电磁兼容性要求

通信单元应在表 7-67 所列的电磁骚扰环境下能正常工作，骚扰对通信单元工作影响程度用试验结果评价等级表示。

（1）评价等级 A：骚扰对通信单元工作无影响，试验时和试验后通信单元均能正常通信。

（2）评价等级 B：骚扰使通信单元暂时丧失通信功能，骚扰后不需人工干预，5min 内能自行恢复通信功能。

3.7.5   电压暂降和短时中断抗扰度

在电源电压突降及短时中断时，通信单元不应发生死机或损坏，电源电压恢复后应能自动恢复正常通信。

表 7-67   电 磁 兼 容 性 要 求

电磁骚扰源	严酷等级	骚扰施加值	施加端口	评价等级要求
工频磁场		400A/m	整机	A
射频辐射电磁场	3	10V/m	整机	A
	4	30V/m	整机	A
静电放电	4	8kV	外壳和操作部分	A/B
电快速瞬变脉冲群		1.0kV（耦合）	通信线	A
	4	4.0kV	电源端口	A/B
振荡波	2	1.0kV（共模）	信号输入/输出端口	A/B
	4	2.5kV（共模），1.25kV（差模）	电源端口	A/B
射频场感应的传导骚扰	3	10V	电源端口	A
浪涌	2	1.0kV（共模）	信号输入/输出端口	A/B
	4	4.0kV（共模），2.0kV（差模）	电源端口	A/B

3.7.6   工频磁场抗扰度

在表 7-67 所列严酷等级的工频磁场影响下，通信单元不应发生死机或损坏，应能正常通信。

3.7.7   射频辐射电磁场抗扰度

在表 7-67 所列严酷等级的射频辐射电磁场影响下，通信单元不应发生死机或损坏，应能正常通信。

3.7.8　静电放电抗扰度

有外封装的通信单元，在表 7-67 所列严酷等级的节点放电骚扰下，通信单元不应发生死机或损坏；允许出现复位或短时通信中断现象。

3.7.9　电快速瞬变脉冲群抗扰度

在表 7-67 所列严酷等级的电快速瞬变脉冲群骚扰下，通信单元不应发生死机或损坏；允许出现复位或短时通信中断现象。

3.7.10　振荡波抗扰度

在表 7-67 所列严酷等级的振荡波骚扰下，通信单元不应发生死机或损坏；允许出现复位或短时通信中断现象。

3.7.11　射频场感应的传导抗扰度

在表 7-67 所列严酷等级的射频场感应的传导骚扰下，通信单元不应发生死机或损坏，应能正常通信。

3.7.12　浪涌抗扰度

在表 7-67 所列严酷等级的浪涌骚扰下，通信单元不应发生死机或损坏；允许出现复位或短时通信中断现象。

3.8　匹配兼容性要求

通信单元可与符合型式规范尺寸和接口要求的终端相匹配，通信单元应能满足用电信息采集系统正常通信的要求。

国网河南省电力公司电网设备选型技术原则

（封印）

1 总体技术要求

应符合《国网河南省电力公司电网设备装备技术原则（2020 年版）》及国家电网有限公司物资采购标准的相关规定，选择性能可靠、经济合理、技术先进、少（免）维护、适合运行环境条件并具有良好运行业绩和成熟制造经验生产厂家的产品和型号。

2 规范性引用文件

GB 2408　塑料燃烧性能的测定水平法和垂直法

GB 2828.1　计数抽样检验程序　第 1 部分：按接收质量限（AQL）检索的逐批检验抽样

GB 2829　周期检验计数抽样程序及表（适用于对过程稳定性的检验）

GB/T 17215.211　交流电测量设备通用要求、试验和试验条件　第 11 部分：测量设备

GB 23704　信息技术自动识别与数据采集技术二维条码符号印制质量的检验

CJ 330　电子标签通用技术要求

Q/GDW 1205　电能计量器具条码

Q/GDW 1893　计量用电子标签技术规范

ISO/IEC 10373-6　Identificationcards-Testmethods-Part6：Proximitycard

ISO/IEC 14443　Identificationcards-Contactlessintegratedcircuit（s）cards-Proximitycards

ISO/IEC 18000-1　信息技术——项目管理用无线电频率鉴别　第 1 部分：标准化参数的参考结构和定义

3 选型技术要求

3.1 环境条件

计量封印应具有较高的抗氧化和耐气候性能，并在以下工作环境条件下应能保证连续使用 10 年以上，并且外观完好。

（1）工作温度要求：规定工作范围−20～70℃，寒冷地区极限工作范围−45～70℃。

（2）工作相对湿度≤95%。

（3）大气压力：63.0～106.0kPa（海拔 4000m 及以下）。

（4）招标方可根据实际使用情况对环境条件提出特殊要求。

3.2 性能要求

3.2.1 强度要求

封印的强度应满足以下要求：

（1）穿线式封印的封线固紧构件应能保证封线、锁扣承受 60N 拉力而不被拉断。

（2）卡扣式封印施加 30N 的加封力或者 10N 启封力，封印上表面不应有凹痕、裂纹等损伤。

3.2.2　可靠性要求

封印的可靠性应满足以下要求：

（1）穿线式封印的锁扣要保证在任何情况下都不能被无损坏的拉出，破坏后不可恢复。

（2）对处于施封状态的卡扣式封印上表面施加 10N 的拉力，封印不改变其施封状态。

（3）卡扣式封印应保证封印在施封状态下不可被无损坏的启封；封印启封或被外力破坏后，不能再恢复其施封状态。

3.2.3　施封力与启封力要求

封印的施封力与启封主要针对卡扣式封印，要求施封力应不大于 30N，启封力不大于 100N。

3.2.4　安全性

封印的安全性针对电子封印，应满足以下要求：

（1）封印的唯一标识符（UID）应具有唯一性且不允许修改。

（2）双向身份鉴别要求：封印应具有挑战应答双向身份鉴别机制，挑战应答双向身份鉴别过程应采用真随机数。

（3）数据传输机密性和完整性要求：利用挑战应答获得的双方随机数进行流加密密钥的协商，采用流加密方式保证传输数据的机密性和完整性。

（4）加密算法采用国家密码管理局批准算法，对称加密算法推荐采用 SM1 或 SM7 算法，算法采用硬件方式实现。封印所采用的加密芯片应通过国家密码管理局测试，并具有商用密码产品型号。

（5）封印芯片所用密钥应纳入用电信息密钥管理体系管理。

3.3　射频技术要求

封印的射频技术针对电子封印，应满足以下要求：

（1）根据射频技术的发展，电子封印可选用高频、超高频的无源标签。

（2）高频电子封印的射频技术要求应符合 ISO/IEC 14443 的要求。

（3）超高频电子封印的射频技术要求应符合 Q/GDW 1893《计量用电子标签技术规范》的要求。